普通高等院校土木工程专业"十三五"规划教材
国家应用型创新人才培养系列精品教材

土木工程材料学

主　编　姜晨光

中国建材工业出版社

图书在版编目（CIP）数据

土木工程材料学/姜晨光主编．--北京：中国建
材工业出版社，2017.7（2022.7 重印）
普通高等院校土木工程专业"十三五"规划教材　国
家应用型创新人才培养系列精品教材
ISBN 978-7-5160-1853-8

Ⅰ.①土…　Ⅱ.①姜…　Ⅲ.①土木工程—建筑材料—
高等学校—教材　Ⅳ.①TU5

中国版本图书馆 CIP 数据核字（2017）第 092988 号

内 容 提 要

　　本书较系统、全面地介绍了现代土木工程材料学的基本理论和相关技术，包括
绪论、土木工程材料性质的基本指标、气硬性无机胶凝材料、水泥、混凝土、建筑
砂浆、土木工程用金属材料、墙体材料与屋面材料、沥青及沥青混合料、木材与复
合木材、土木工程用高分子材料、土木工程结构用防水材料、土木结构物理环境处
置材料、土木结构装饰材料、土木工程材料常规试验等内容。本书依据国家现行的
各种规范、标准，将"学以致用"原则贯穿始终，努力借助通俗易懂的语言提高可
读性，最大可能地满足读者的自学需求。

　　本书除了作为高等院校土木类专业教材外，还可作为相关从业人员的参考
用书。

土木工程材料学

主　编　姜晨光

出版发行：中国建材工业出版社
地　　址：北京市海淀区三里河路 11 号
邮　　编：100831
经　　销：全国各地新华书店
印　　刷：北京印刷集团有限责任公司
开　　本：787mm×1092mm　1/16
印　　张：23.5
字　　数：570 千字
版　　次：2017 年 7 月第 1 版
印　　次：2022 年 7 月第 2 次
定　　价：62.00 元

本社网址：www.jccbs.com　　微信公众号：zgjcgycbs
本书如出现印装质量问题，由我社市场营销部负责调换。联系电话：(010) 57811387

本书编委会

主　编

　　姜晨光

副主编（按姓氏拼音排序）

　　陈伟清　贡　鸣　林　辉　刘兴权　宋　艳　孙晓玲

参　编（按姓氏拼音排序）

　　安丽洁　蔡洋清　曹宝飞　陈　丽　傅小英　黄奇璧

　　贾　旭　蒋旅萍　姜　勇　李　萍　刘进峰　刘群英

　　卢　林　欧元红　孙　伟　王风芹　王　伟　王晓菲

　　王雪燕　吴　军　吴　玲　吴银辉　夏伟民　杨洪元

　　叶　军　曾稀琪　张惠君　张伟华　赵　刚

前 言

材料和能源是支撑当代人类社会可持续发展的两大引擎。材料科学的重要性不言而喻，而土木工程材料是土木工程建设的物质基础，离开土木工程材料，土木工程就会成为无本之木、无源之水。每当出现新的优良土木工程材料（包括附属材料）时，土木工程就会有飞跃式的发展。土木工程材料所需的资金占土木工程投资的大部分，因此，应充分发挥其作用。土木工程材料学是研究土木工程材料的构造、组成、结构特征、综合性质（如化学性质、物理学性质、生物学性质）、综合性能（如承载能力、抗侵蚀能力）等的基本规律以及加工、合成方法的科学，属于工程技术科学的学科范畴。

随着土木工程技术的进步，土木工程材料学也在不断发展。如何使土木工程材料科学更好地服务于土木工程，是一个需要正视和认真对待的问题。在长期的教学、科研、生产实践中，编者逐步梳理出了土木工程材料学的脉络。为了更好地普及土木工程材料学知识，满足教学要求，作者不揣浅陋编写了本书。在此期间，编者借鉴了当今国内外的研究成果，吸收了前人的许多宝贵经验和知识。希望本书的出版能对土木工程专业人员有所帮助，对土木工程教育事业的健康发展有所贡献。

本书由江南大学姜晨光担任主编；青岛黄海学院宋艳、江南大学贡鸣、江阴职业技术学院孙晓玲、无锡市墙材革新和散装水泥办公室林辉、广西大学陈伟清、中南大学刘兴权（排名不分先后）担任副主编；青岛黄海学院安丽洁、孙伟、曾稀琪、张伟华、赵刚，平度市职业教育中心王晓菲，江阴职业技术学院曹宝飞、吴军、吴银辉，无锡市墙材革新和散装水泥办公室李萍、王雪燕，江南大学蔡洋清、陈丽、傅小英、黄奇壁、贾旭、蒋旅萍、姜勇、刘进峰、刘群英、卢林、欧元红、王凤芹、王伟、吴玲、夏伟民、杨洪元、叶军、张惠君等（排名不分先后）参与了相关章节的撰写工作。初稿完成后，《建筑技术》杂志创始人彭圣浩先生不顾耄耋之躯审阅全书，并提出了不少宝贵意见，为本书的最终定稿作出了重大贡献，谨此致谢！

鉴于水平、学识有限，书中难免存在疏陋与欠妥之处，敬请读者提出批评及宝贵意见。

主编 姜晨光
2016 年 10 月于江南大学

目　　录

第1章 绪论

1.1 土木工程材料的基本类型

土木工程材料按制造方法的不同可分为天然材料和人工生产材料两大类。天然材料的特点是对自然界中的物质只进行简单的形状、尺寸、表面状态等物理加工，而不改变其内部组成和结构，如天然石材、木材、土、砂等。人工生产材料是指通过对自然界中取得的素材进行煅烧、冶炼、提纯或合成等加工而得到的材料，如钢材、铝合金、砖瓦、玻璃、石油沥青等。

土木工程材料按化学组成的不同可分为有机材料、无机材料、复合材料三大类（表 1-1-1）。

表 1-1-1　土木工程材料按化学组成不同的分类情况

分类			举例
无机材料	金属材料	黑色金属	钢、铁、合金、不锈钢等
		有色金属	铅、铜、铝合金等
	非金属材料	天然石材	砂、石、石材制品
		烧土制品	砖、瓦、玻璃、陶瓷制品
		胶凝材料	水泥、石灰、石膏、水玻璃、菱苦土等
		混凝土及制品	混凝土、砂浆、硅酸盐制品等
		无机纤维材料	玻璃纤维、矿物棉等
有机材料	植物材料		木材、竹材、植物纤维及制品等
	沥青材料		天然沥青、石油沥青、煤沥青、页岩沥青
	合成高分子材料		塑料、合成橡胶、合成纤维、合成胶粘剂、合成树脂、涂料等
复合材料	无机非金属材料与有机材料的复合材料		玻璃纤维增强塑料、树脂混凝土、聚合物水泥混凝土、沥青混凝土
	无机金属材料与非金属材料的复合材料		钢筋混凝土、钢纤维混凝土
	无机金属材料与有机材料的复合材料		PVC钢板、金属夹芯板、塑钢等

土木工程材料按使用功能的不同可分为承重材料、装饰装修材料、隔断材料、防火耐火材料等类型。承重材料主要是指用作建筑物梁、柱、基础、承重墙体等承受外力作用的构件，它们构成了结构物的骨架，通常使用的承重材料为木材、石材、钢材、混凝土等。装饰装修材料主要是指用于建筑物内外表面，以分隔、美观、装饰及保护结构体为目的的材料，如涂料、瓷砖、壁纸、玻璃、装饰板材、金属板、地毯等。隔断材料是指以防水、防潮、隔声、保温隔热等为目的的材料，如防水材料、防水密封材料、具有控制温热效果的玻璃及保温板材等。防火耐火材料是指以防止火灾发生和蔓延为目的的材料，如防火门、石棉水泥板、硅钙板、岩棉、混凝土预制构件等。

土木工程材料按施工类别的不同可分为木工材料、混凝土材料、瓦工材料、喷涂材料等。

土木工程材料按材料使用部位的不同可分为基础材料、结构材料、屋顶材料、地面材料、墙体材料、顶棚材料等。

综上所述，土木材料种类繁多、性能各异，分类方法五花八门，可根据分析角度的不同或施工管理的方便等采取不同的分类方法。

1.2 土木工程材料在土木工程建设中的地位

任何一种土木工程结构物都是用土木工程材料按某种方式组合而成的，没有土木工程材料就没有土木工程活动，因此，土木工程材料是一切土木工程活动的物质基础。土木工程材料在土木工程中的应用量巨大，材料费用在工程总造价中占 40%～70%，如何从品种繁多的材料中选择物优价廉的品种对降低工程造价具有重要意义。土木工程材料的性能影响土木工程结构物的坚固性、耐久性和适用性，木结构、砌体结构、钢筋混凝土结构、砖混结构的建筑性能之间的明显差异不难想象。砖混结构建筑的坚固性通常优于木结构和砌体结构建筑，但舒适性却不及后者。即使同类材料，其性能也存在较大差异，如用矿渣水泥制作的污水管比用普通水泥制作的污水管耐久性好。因此，选用与土木工程活动性能匹配的材料是确保土木工程质量的关键。

任何一项土木工程活动都是由建筑、材料、结构、施工四方面组成的。这里的"建筑"是指建筑物（构筑物），是人类从事土木工程活动的目的；"材料""结构""施工"是实现这一目的的手段。其中，材料决定了结构形式，如木结构、钢结构、钢筋混凝土结构等。结构形式一经确定，则施工方法也会随之而定。土木工程活动中许多技术问题的突破往往依赖于土木工程材料问题的解决。新材料的出现会促使建筑设计、结构设计和施工技术发生革命性的变化，如黏土砖的出现促进了砖木结构的产生；水泥和钢筋的出现促进了钢筋混凝土结构的产生；轻质高强材料的出现推动了现代建筑向超高和大跨度方向发展；轻质材料和保温材料的出现对减轻建筑物的自重、提高建筑物的抗震能力、改善工作与居住环境条件等起到了十分有益的作用，并推动了节能建筑的发展；新型装饰材料的出现使得建筑物的造型及内外装饰焕然一新、生气勃勃。总之，新材料的出现远比结构设计与计算、采用先进施工技术对土木工程的影响大。土木工程活动归根到底都是围绕着土木工程材料来展开工作的，土木工程材料是土木工程活动的基础和核心。

1.3 土木工程材料的历史与发展

1.3.1 土木工程材料的历史

图 1-3-1 为土木工程材料的发展历史。土木工程材料的发展经历了从无到有，从天然材料到人工材料，从手工生产到工业化生产这几个阶段。

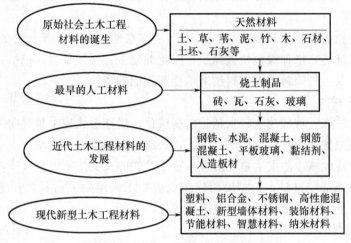

图 1-3-1 土木工程材料的发展历史

1.3.2 土木工程材料的发展趋势

1. 轻质高强型材料

随着城市化进程的加快，城市人口密度日益增大，城市功能日益集中和强化，需要建造大量的高层建筑，为人们提供居住和办公空间，这些势必要求结构材料向轻质高强方向发展。

2. 高耐久性材料

目前普通建筑的使用寿命一般按 50～100 年设计，现代社会基础设施的建设日趋大型化、综合化，超高层建筑、大型水利设施、海底隧道等工程耗资巨大，建设周期长，维修困难，对土木工程材料的耐久性要求也因此越来越高。

3. 新型墙体材料

墙体材料的改革已成为国家保护土地资源、节省建筑能耗的一个重要环节。鉴于此，国家已先后制定了"九五""十五""十一五""十二五""十三五"期间墙体材料改革与建筑节能目标。

4. 装饰装修材料

随着社会经济水平的提高，人们对舒适、美观、清洁居住环境的要求越来越高。为了构建美好的居室环境，未来对房屋建筑装饰装修材料的要求会越来越高，且需求量仍将继续增大。

5. 环保型材料

环保型材料是指考虑了地球资源与环境因素，在材料生产与使用过程中尽量节省资源和能源，对环境保护和生态平衡具有一定积极作用，并能为人类构造舒适环境的材料。为实现可持续发展的目标，将土木工程材料对环境造成的负荷控制在最小限度之内，就需要开发研究环保型材料。

6. 路面材料

现代社会交通事业空前发达，道路建设量十分庞大。大规模的道路建设需要大量的路面材料。路面材料的性能直接影响道路的畅通性、快捷性、安全性和舒适性。

7. 景观材料

景观材料是指能够美化环境、协调人工环境与自然之间的关系、增加环境情趣的材料。为保护自然环境，增加绿色植被面积，绿化混凝土、楼顶草坪，模拟自然石材或木材的混凝土材料以及各种园林造型材料越来越受到人们的青睐。

8. 耐火防火材料

随着人口的膨胀，现代建筑越来越趋向高层化，居住形式越来越趋向密集化，加之城市生活能源设施电气化、燃气化程度的提高，火灾发生的概率不断增大，避难难度也不断增大。火灾成为现代城市防灾的重要内容。鉴于严峻的火灾防范形势，一些大型建筑物要求使用不燃材料或难燃材料，小型民用建筑也应要求采用耐火材料，开发能防止火灾蔓延、燃烧时不产生毒气的土木工程材料至关重要。

9. 智能化材料

智能化材料是指本身具有自我诊断、预告破坏、自我调节、自我修复等功能，并可重复利用的材料。这类材料的研究开发目前尚处于起步阶段。

综上所述，人类为提高生活质量，改善居住环境、工作环境和出行环境，一直在开发、研究能够满足性能要求的土木工程材料，因此，土木工程材料的品种不断增加，功能不断完善，性能不断提高。

1.4 土木工程建设对土木工程材料的基本要求

为确保土木工程材料质量具有可靠的代表性和稳定性，每种产品质量标准中均规定了取样方法，材料的取样必须按规定的部位、数量和操作要求来进行，以确保所抽样品的代表性。抽样时应按要求填写材料见证取样表，并明确试验项目。常用材料的试验项目见表1-4-1，常用土木工程材料的施工现场取样方法见表1-4-2。

表 1-4-1　常用材料的试验项目

序号	名称	必试项目	视检项目
1	通用水泥	胶砂强度（3d，7d 或 28d）、标准稠度、安定性、凝结时间、细度	烧失量、碱含量、MgO、SO_3
2	钢筋	屈服强度、抗拉强度、伸长率、冷弯	化学分析 C、Si、Mn、S、P 等
3	碳素钢丝刻痕钢丝	屈服强度、抗拉强度、伸长率、反复弯曲	—

续表

序号	名称		必试项目	视检项目
4	冷拔低碳钢丝		抗拉强度、伸长率、反复弯曲	—
5	钢绞线		最大负荷、伸长率	—
6	钢丝绳		破断力	—
7	型钢		屈服强度、抗拉强度、伸长率、冷弯	化学分析 C、Si、Mn、S、P 等
8	低碳钢热轧		屈服强度（供拉丝用盘条无此项）、抗拉强度、伸长率、冷弯	化学分析 C、Si、Mn、S、P 等
9	钢筋焊接	焊接骨架	热轧钢筋：抗剪； 冷拔低碳钢丝：抗剪、拉伸	—
		焊接网	拉伸、弯曲、抗剪	
		闪光对焊	拉伸、弯曲	
		电弧焊	拉伸	
		电渣压力焊	拉伸	
		气压焊	拉伸	
10	钢筋机械连接		拉伸	—
11	钢结构焊接		拉伸、面弯、背弯、超声波或 X 射线探伤	—
12	砂		颗粒级配、含泥量、泥块含量、有机物含量	表观密度、堆积密度、坚固性
13	碎石或卵石		颗粒级配、含泥量、泥块含量、针片状含量、压碎指标、有机物含量	表观密度、堆积密度、坚固性、碱-集料反应
14	轻集料		堆积密度、剪压强度、1h 吸水率、级配	颗粒表观密度、软化系数
15	混凝土外加剂		固体含量、减水率、泌水率、抗压强度比、钢筋锈蚀	含水率、凝结时间、坍落度损失、碱含量
16	粉煤灰		细度、烧失量、需水量比	SO₃
17	混凝土、砂浆用水		pH 值、不溶物、可溶物、硫酸盐	硫化物
18	砌筑砂浆		配合比设计、28d 抗压强度	抗冻性、抗渗性、抗折强度
19	混凝土		配合比设计、坍落度、28d 抗压强度	抗冻性、抗渗性、抗折强度
20	砖		烧结普通砖：抗压强度； 蒸养（压）砖：抗压强度、抗折强度； 烧结多孔砖和空心砖：抗压强度	抗冻性、吸水率、石灰爆裂、泛霜
21	混凝土小型空心砌块		普通混凝土：抗压强度； 轻集料混凝土：抗压强度、表观密度	吸水率、抗冻性
22	路面砖		抗压强度	—
23	钢化玻璃		热稳定性、抗冲击性、抗弯强度	—

续表

序号	名称		必试项目	视检项目
24	建筑生石灰粉		CaO 和 MgO 含量、CO_2 含量、细度	—
25	石油沥青		针入度、软化点、延度	—
26	沥青		耐热度、柔韧性、黏结力	—
27	沥青嵌缝油膏		耐热度、黏结性、保油性、低温柔性、浸水黏结性	挥发率、施工度
28	聚氯乙烯胶泥		抗拉强度、黏结力、耐热度、常温延伸率	低温延伸率、迁移性
29	防水涂料	水性沥青基	黏结性、延伸性、柔韧性、耐热性、不透水性	老化、固体含量
		聚氨酯	拉伸强度、延伸率、低温柔性、不透水性	老化、固体含量
30	防水卷材	石油沥青油毡	拉力、耐热度、柔度、不透水性	吸水率
		石油沥青玻璃纤维油毡	拉力、柔度、不透水性	耐霉菌、老化
		石油沥青玻璃布油毡	拉力、耐热度、柔度、不透水性	耐霉菌
		塑性体沥青防水卷材	拉力、耐热度、低温柔性、不透水性、延伸率	老化、撕裂强度
		弹性体沥青防水卷材	拉力、耐热度、低温柔性、不透水性、延伸率	老化、撕裂强度
		三元丁橡胶防水卷材	不透水性、拉伸强度、断裂伸长率、耐碱性	热老化、人工候化
		聚氯乙烯防水卷材	拉伸强度、低温弯折、抗渗透性、抗穿孔性、伸长率	热老化、人工候化、水溶液处理
31	混凝土预制构件		允许开裂构件：挠度、裂缝宽度、承载力；限制开裂构件：挠度、抗裂、承载力	
32	民用建筑回填土		干密度、氨浓度	
33	市政土工		颗粒分析、液限和塑性指数、重型击实	相对密度、有机物含量、硫酸盐含量
34	路基回填土		压实度	—
35	装饰材料		内（外）照射指数、甲醛含量、TVOC、苯含量	—
36	进口钢筋		屈服强度、抗拉强度、伸长率、冷弯、化学成分、焊接性能	

表 1-4-2　常用土木工程材料的施工现场取样方法

序号	材料名称		取样单位	取样数量	取样方法
1	通用水泥		同厂、同品种、同强度等级、同编号水泥。散装水泥≤500t/批；袋装水泥≤200t/批。存放期超过 3 个月必须复试	≥12kg	对散装水泥，应在卸料处或输送机上随机取样，当所取水泥深度不超过 2m 时，采用散水泥取样管，并在适当位置插入水泥一定深度取样。 对袋装水泥，应在袋装水泥堆场取样，用袋装水泥取样管随机选择 20 个以上不同部位，插入水泥适当深度取样
2	钢筋混凝土用钢筋	热轧带肋钢筋	钢筋、钢丝、钢绞线均按批检查，每批样品均为同一厂别、同一罐号、同一规格、同一交货状态、同一进场（厂）时间，≤60t/批	拉伸 2 根，冷弯 2 根	试件切取时应在钢筋或盘条的任意一端截去 500mm。凡规定取 2 个的（低碳钢热轧圆盘条冷弯试件除外）均应从任意两根（或两盘中）分别切取，每根钢筋上切取 1 个拉伸试件、1 个冷弯试件。 低碳钢热轧圆盘条冷弯试件应取自同盘的两端。 试件长度： 对拉伸试件，$L \geq 5d$（或 $10d$）$+ 200mm$。 对冷弯试件，$L \geq 5d + 150mm$（d 为钢筋直径）。 化学分析试件可利用力学试验的余料钻取，如单项化学分析可取 $L = 150mm$。以上规定也适合于其他类型钢筋
		热轧光圆钢筋		拉伸 2 根，冷弯 2 根	
		低碳钢热轧圆盘条		拉伸 1 根，冷弯 2 根	
		余热处理钢筋		拉伸 2 根，冷弯 2 根	
3	冷轧带肋钢筋		按批检验，每批样品均为同一牌号、同一外形、同一规格、同一生产工艺和同一交货状态，≤60t/批	拉伸逐盘 1 个，冷弯每批 2 个	
4	冷拔低碳钢丝		抽样条件同上。甲级每盘一批；乙级同直径钢丝≤5t/批	甲级拉力 1 个，180°反复弯曲 1 个；乙级拉力 3 个，180°反复弯曲 3 个	甲级应在每盘钢丝上任一端截去不少于 500mm 后截取两个试样，分别做拉力和反复弯曲试验。 乙级应在任三盘中每盘各截取两个试样，分别做拉力和反复弯曲试验。 试件长度： 对拉伸试件，$L = 350mm$； 对冷弯试件，$L = 150mm$
5	预应混凝土用热处理钢筋		同一外形截面尺寸、同一热处理制度和同一炉罐号，≤60t/批	拉伸 2 根	从每批钢筋中选取 10%（≥25 盘）进行力学性能检验。从每批钢筋中选取 10%（≥25 盘）进行表面、尺寸偏差检查

序号	材料名称			取样单位	取样数量	取样方法
6	钢绞线			同一牌号、同一规格、同一生产工艺，≤60t/批	每个性能每盘1根	从每批中选取3盘，若每批小于3盘，则应逐盘检验。从每盘钢绞线端部正常部位截取1根试样
7	冷拉钢筋			同一级别、同一直径的冷拉钢筋，≤60t/批	拉伸2根，冷弯2根	从任意2根分别切取，每根钢筋上切取1个拉伸试件、1个弯曲试件
8	进口钢筋			抽样条件同上，≤60t/批	拉伸2根，冷弯2根	需先经过化学成分检验和焊接试验，符合有关规定后方可用于工程，取样方法参照国产钢筋相关规定
9	钢筋焊接头	电阻电焊骨架网	热轧钢筋焊点	凡钢筋级别、直径及尺寸相同的焊接骨架应视为同一类型制品，200件/批	抗剪3个	钢筋焊接头取样规则有两条：①力学性能试验的试件应从每批成品中切取，焊批按一批计算；②试件尺寸为从焊接部位两端各向外延长150mm，由几种接头的力学性能试验所切试件尺寸要符合规定
			冷拔低碳钢丝焊点		抗剪3个，对较小钢丝做拉伸3个	
			热轧带肋钢筋或冷拔低碳钢丝焊点	—	纵、横向钢筋各1个拉伸试件	试件长度为两夹头之间的距离，不应小于试件受拉钢筋的直径的20倍，且不小于180mm。对于双根钢筋，非受拉钢筋应在离交叉焊点约20mm处切断
			冷轧带肋钢筋焊点		纵、横向钢筋各1个拉伸试件	在单根钢筋焊接网中应取钢筋直径较大的一根；在双根钢筋焊接网中应取双根钢筋中的一根。试件长度应≥200mm，弯曲试件的受弯部位与交叉点的距离应≥25mm
			热轧钢筋、冷轧带肋钢筋或冷拔低碳钢丝焊点	—	抗剪3个	沿同一横向钢筋随机切取，其受拉钢筋应为纵向钢筋。对于双根钢筋，非受拉钢筋应在焊点切断，且不应损伤受拉钢筋焊点
		闪光对焊		在同一台班内，由同一焊工完成的300个同级别、同直径钢筋焊接接头应作为一批。当同一台班内焊接接头数量较少时，可在一周内累计计算；累计不足300个接头时，应按一批计算	拉伸3个，弯曲3个	力学性能试验时，应从每批接头中随机切取；焊接等长的预应力钢筋（包括螺丝端杆与钢筋）时，可按生产时同等条件制作模拟试件；螺丝端杆接头可只做拉伸试验。模拟试件的试验结果不符合要求时，应从成品中切取试件进行复试，其数量和要求应与初始试验时相同

\ 第1章 绪论 \

续表

9

序号	材料名称		取样单位	取样数量	取样方法
	钢筋焊接头	电弧焊	在工厂焊接条件下，以300个同接头型式、同钢筋级别的接头作为一批；在现场安置条件下，每1~2层中以300个同接头型式、同钢筋级别的接头作为一批；不足300个接头仍作为一批	拉伸3个	试件应从每批接头中随机切取
		电渣压力焊	在一般构筑物中，应以300个同级别钢筋接头作为一批；在现浇钢筋混凝土多层结构中，应以每一楼层或施工区段中300个同级别钢筋接头作为一批；不足300个接头仍作为一批	拉伸3个	试件应从每批接头中随机切取
		预埋件钢筋T形接头埋弧压力焊	应以300件同类型预埋件作为一批；一周内连续焊接时可累计计算；不足300件时应按一批计算	拉伸3个	试件应从每批预埋件中随机切取；试件的钢筋长度≥200mm，钢板的长度和宽度均应≥60mm
		气压焊	在一般构筑物中，以300个接头作为一批；在现浇钢筋混凝土房屋结构中，同一楼层中应以300个接头作为一批；不足300个接头仍作为一批	拉伸3个，在梁板水平钢筋连接中应加做3个弯曲试验	试件应从每批接头中随机切取
10	钢筋连接接头	带肋钢筋套筒挤压连接	同一施工条件下采用同一批材料的同等级、同型式、同规格接头，≤500个/批；若连续10批拉伸试验一次抽样合格，以上批量可≥1000个	拉伸不小于3根	随机抽取不小于3个试件做单向拉伸试验，接头试件的钢筋母材应进行抗拉强度试验
		钢筋锥螺纹接头			
11	建筑钢结构焊接工艺试验的焊接接头		每一工艺均应取样试验	拉伸、面弯、背弯和侧弯各2个试件；冲击试验9个试件	焊接接头连续性能试验以拉伸和螺纹（面弯、背弯）为主，冲击试验按设计要求决定。有特殊要求时应做侧弯试验

序号	材料名称		取样单位	取样数量	取样方法
12	砖砌块	烧结普通砖	同一产地、同一规格（其他砖和砌块与此相同），≤15万块/批	强度10块	预先确定抽样方案，在成品堆（垛）中随机抽取，不允许替换
		烧结多孔砖			
		粉煤灰砖（蒸养）	≤10万块/批		
		煤渣砖	≤10万块/批		
		灰砂砖	≤10万块/批		
		烧结空心砖和空心砌块	≤3万块/批		
		粉煤灰砌块	≤200m³/批	抗压强度3块	
		普通混凝土小型空心砌块	≤1万块/批	强度5块	预先确定抽样方案，在成品堆（垛）中随机抽取，不允许替换（抗冻10块，相对含水率、抗渗、空心率各3块）
		轻集料混凝土小型空心砌块			
13	砂		同分类、规格、适用等级及日产量≤600t时为1批。日产量超过2000t时，每1000t为1批	—	—
14	碎（卵）石		同分类、规格、适用等级及日产量≤600t时为1批。日产量超过2000t时，≤1000t/批，日产量超过5000t时，≤2000t/批	—	—
15	轻集料		同一产地、同一规格、同一进场时间	最大粒级≤20mm的取60L；最大粒级>20mm的取80L	对均匀料进行取样时，试样可以从堆料锥体自上而下的不同部位、不同方向任选10个点抽取，但要注意避免抽取离析的材料及面层材料，取样后缩减至所需数量。从袋装料抽取试样时，应从不同位置和高度的10个袋中抽取后再缩取
16	混凝土外加剂	减水剂、早强剂、缓凝剂、引气剂	同一厂家、同一品种、同一编号（其他外加剂亦同），每个编号为1批	不小于0.5t水泥所需量	试样应充分混匀，分成两等份
		泵送剂	≤50t/批	不小于0.5t水泥所需量	从至少10个不同容器中抽取等量试样混合均匀，并分成两等份
		防水剂	年产500t以上：≤50t/批；年产500t以下：≤30t/批	不小于0.5t水泥所需量	试样应充分混合均匀，并分成两等份

续表

序号	材料名称		取样单位	取样数量	取样方法
	混凝土外加剂	防冻剂	≤50t/批	不小于 0.5t 水泥所需量	试样应充分混合均匀，并分成两等份
		膨胀剂	≤50t/批	≥10kg	可连续取，也可从 20 个以上不同部位抽取等量试样混合均匀，分成两等份
		速凝剂	≤50t/批	4kg	从 16 个不同点取样，每个点取样 250g，共取 4000g，将试样混合均匀，分成两等份
17	粉煤灰		连续供应的同厂别、同等级，≤200t/批	平均试样	对散装粉煤灰，应从不同部位取 10 份试样，每份试样不少于 1kg，混合均匀，按四分法缩取比试验所需量大一倍的样（称为平均试样）。对袋装粉煤灰，应从每批中任抽 10 袋，并从每袋中各取试样不少于 1kg，混合均匀，按四分法缩取比试验所需量大一倍的样
18	建筑石油沥青、道路石油沥青		同一厂家、同一品种、同一标号，≤20t/批	1kg	从均匀分布（不少于 5 处）的部位，取洁净的等量试样，共 1kg
19	防水涂料	聚氨酯防水涂料	同一厂家、同一品种、同一进场时间（其他涂料亦同）。甲组分≤5t/批；乙组分按产品重量配比组批	2kg	随机抽取桶数不低于 $(n/2)^{0.5}$ 的整桶样品（n 是交货产品的桶数），逐桶检查外观。然后从初检过的桶内不同部位取相同量的样品，混合均匀
		溶剂型橡胶沥青防水涂料	≤5t/批	2kg	同聚氨酯防水涂料
		聚氯乙烯弹性防水涂料	≤20t/批	2kg	同聚氨酯防水涂料
		水性沥青基防水涂料	以每班的生产量为一批	2kg	同聚氨酯防水涂料
20	防水卷材	石油沥青油毡	同一厂家、同一品种、同一标号、同一等级（其他卷材亦同），≤1500卷/批	500mm 长，2 块	任抽一卷，切除距外层卷头 2500mm 后，顺纵向截取长为 500mm 的全幅卷材 2 块，一块做物理试验，另一块备用
		改性沥青聚乙烯胎防水卷材	≤10000m²/批	1000mm 长，2 块	任抽 3 卷，放在 15～30℃室温下至少放 4h。从中抽一卷，在距端部 2000mm 处顺纵向截取长 1000mm 的全幅 2 块
		弹（塑）性体沥青防水卷材	≤1000 卷/批	800mm 长，2 块	样品长为 800mm，其他同石油沥青油毡

序号	材料名称		取样单位	取样数量	取样方法
	防水卷材	三元丁橡胶防水卷材	同规格、同等级，≤300 卷/批	0.5mm 长，1 块	任抽 3 卷，从被检测厚度的卷材上切取 0.5m，进行状态调节后切取试样
		聚氯乙烯防水卷材、氯化聚乙烯防水卷材	≤5000m² /批	3000mm 长，1 块	任抽 3 卷，从外观质量合格的卷材中任取一卷，截去 300mm 后，纵向截取 3000mm 作为样品，进行状态调节
21	混凝土预制构件		在生产工艺正常下生产的同强度等级、同工艺、同结构类型构件≤1000 件/批，且≤3 个月/批；当连续 10 批抽检合格，可改为 ≤2000 件/批，且≤3 个月/批	正常 1 件，复检 2 件	随机抽取，抽样时宜从设计荷载最大、受力最不利或生产数量最多的构件中抽取
22	回填土	柱基	柱基的 10%	≥5 点	对环刀法，应每段每层进行检验，在夯实层下半部（至每层表面以上 2/3 处）用环刀取样；对灌沙法，其数量可比环刀法适当减少，取样部位应为每层压实后的全部深度
		基槽、管沟、排水沟	每层长度 20～50m	≥1 点	
		基坑、挖填方、地面、路面、室内回填	每层 100～500m²	≥1 点	
		场地平整	每层 400～900m²	≥1 点	环刀法
		路基	每层 1000m²	3 点	
23	普通混凝土		同一强度等级、同一配合比、同一生产工艺的混凝土应在浇注地点随机取样。强度试件（每组 3 块）的取样与留置应遵守以下 5 条规定：①每拌制 100 盘且不超过 100m³ 的同配合比的混凝土，取样不得少于一次；②每工作班拌制的同配合比的混凝土不足 100 盘时，取样不得少于一次；③当一次连续浇筑超过 1000m³ 时，同一配合比的混凝土每 200m³ 取样不得少于一次；④每一现浇楼层同配合比的混凝土，取样不得少于一次；⑤每次取样应至少留置一组标准养护试件，同条件养护试件的留置组数应根据实际需要确定。 对于有抗渗要求的混凝土结构（抗渗试件每组 6 个），应遵守以下规定：①同一工程、同一配合比的混凝土，取样不得少于一次，留置组数可根据实际需要确定；②连续浇筑混凝土每 500m³ 应留置一组抗渗试件，且每项工程不得少于两组；③采用预拌混凝土的抗渗试块，留置组数应视结构的规模和要求确定		
24	轻集料混凝土		同一强度等级、同一配合比、同一生产工艺的混凝土应在浇注地点随机取样。每次取样必须取自同一次搅拌的混凝土拌合物。强度试件留置应遵守以下两条规定：①每 100 盘且不超过 100m³ 的同配合比的混凝土，取样不得少于一次；②每一工作班拌制的同配合比的混凝土不足 100m³ 盘时，取样不得少于一次		
25	砌筑砂浆		同一强度等级、同一配合比的砂浆应在搅拌机出料口随机抽取，强度试件每组 6 个		

思考题与习题

1. 土木工程材料有哪些基本类型？
2. 简述土木工程材料在土木工程建设中的地位。

第2章　土木工程材料性质的基本指标

土木工程材料在土木工程结构物的各个部位起着不同的作用，为此，土木工程材料应具备与之相适应的相关性质。例如，结构材料应具备所必需的力学性能和耐久性能；屋面材料应具备绝热、抗渗性能；地面材料应具备耐磨性能。根据土木工程材料在土木工程结构物中的不同使用部位和功能要求，土木工程材料应具备与之匹配的绝热、吸声、耐腐蚀等性能。长期暴露于大气环境中的材料应具备抵抗风吹、雨淋、日晒、冰冻等破坏作用（如冲刷、化学侵蚀、生物作用、温度变化、干湿循环及冻融循环等）的能力（即耐久性）。由此可见，土木工程材料使用过程中所受的作用是非常复杂的，这些作用之间是相互影响的，因此，对土木工程材料性质的要求应当是全面的、严格的和多方面的。土木工程材料所具备的各种性质主要决定于材料的组成、结构和构造等因素。为确保土木工程结构物经久耐用，就需要掌握土木工程材料的性质，并了解这些性质与材料组成、结构、构造之间的关系，从而合理地选用材料。

2.1　土木工程材料的主要物理性质指标

2.1.1　土木工程材料的体积组成

大多数土木工程材料的内部都含有孔隙，孔隙的数量和特征显著影响材料的性能，掌握含孔材料的体积组成是正确理解和掌握材料物理性质的基础和出发点。孔隙特征是指孔的尺寸大小以及孔是否与外界连通。孔隙与外界相连通的叫开口孔，与外界不相连通的叫闭口孔。

如图 2-1-1 所示，含孔材料的体积可用材料绝对密实体积 V、材料孔体积 V_P、材料自然状态下体积 V_0 等三种方式表达。材料绝对密实体积 V 是指不包括材料内部孔隙的固体物质本身的体积。材料孔体积 V_P 是指材料所含孔隙的体积，可进一步细分为开口孔体积 V_K 和闭口孔体积 V_B。

$$V_P = V_K + V_B$$

材料在自然状态下的体积 V_0 为材料的密实体积 V 与材料所含全部孔隙体积 V_P 之和，即

$$V_0 = V + V_P$$

散粒状材料的松散体积组成见图 2-1-2。散粒状材料相关体积之间的关系为

$$V_0' = V_0 + V_S = V + V_K + V_B + V_S$$

式中，V_0'为散粒材料在自然堆积状态下的体积；V_S为颗粒与颗粒之间的间隙体积。

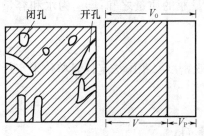
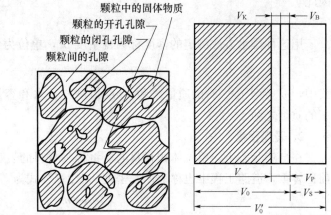

2-1-1　含孔材料的体积组成示意图　　　图 2-1-2　散粒材料的松散体积组成示意图

2.1.2　与质量有关的土木工程材料性质

与质量有关的土木工程材料性质主要有密度、表观密度、堆积密度、孔隙率、空隙率、密实度、填充率等。

1. 密度

在绝对密实状态下，单位体积材料的质量称为材料的密度（我国法定计量单位未实行前称"比重"）。计算公式为

$$\rho = m/V$$

式中，ρ 为密度（g/cm^3）；m 为材料在干燥状态下的质量（g）；V 为干燥材料在绝对密实状态下的体积（cm^3）。

材料在绝对密实状态下的体积是指不包括材料内部孔隙的固体物质本身的体积，也称实体积。土木工程材料中除钢材、玻璃等外，绝大多数材料均含有一定的孔隙。测定有孔隙的材料密度时，需将材料研磨成细粉（粒径小于 0.20mm），经干燥后用李氏瓶测得实体积。材料磨得越细，测得的密度值越精确。

多孔材料密度测定的关键是测出绝对密实体积，密度测定时的体积测定可按不同情况区别进行。对于玻璃、钢、铁、单矿物等完全密实材料，应根据其外形测定其体积。外形规则的可通过测量其几何尺寸来计算其绝对密实体积；外形不规则的可用排水（液）法测定其绝对密实体积。对于砖、岩石等多孔材料，应采用磨细烘干的方法，借助李氏瓶测定绝对密实体积。对于水泥、石膏粉等粉状材料，应用李氏瓶测定其绝对密实体积，测定时瓶中装入的液体类型应根据被测材料的性质确定，如测定水泥时，液体应采用煤油。对于砂、石子等在工程上被近似看成绝对密实的材料，可用排水法测定其近似密实体积 V'（cm^3）。材料的近似密实体积为

$$V' = V_0 + V_2 - V_1$$

式中，V_0 为干砂、石的体积之和；V_1 为试样、水和容量瓶的体积之和；V_2 为水和容量瓶的体积之和。

这里的 V' 具有特别的含义，前已述及 $V_0' = V_0 + V_S$，因砂、石孔隙率小，故其 $V_S \approx 0$。因此

$$V' \approx V_0$$

用这种排水方法测定的密度称为视密度 ρ'，单位为 g/cm^3。计算公式为

$$\rho' = m_0 / (m_0 + m_2 - m_1) \times 1000$$

式中，m_0 为干砂、石的质量之和；m_1 为试样、水和容量瓶的质量之和；m_2 为水和容量瓶的质量之和。

2. 表观密度

在自然状态下，单位体积材料的质量称为材料的表观密度（我国法定计量单位未实行前称容重，道路工程中也称毛体积密度）。计算公式为

$$\rho_0 = m / V_0$$

式中，ρ_0 为材料的表观密度 (kg/cm^3)；m 为材料的质量 (kg)。

外形规则材料的表观密度测定很简便，只要测得材料的质量和体积（可用量具量测），即可通过计算获得。不规则材料的体积要借助排水法获得。采用排水法时，材料表面应预先涂上蜡，以防止水分渗入材料内部，降低测定结果的准确性。

材料表观密度的大小与其含水状态有关，材料含水率变化时，其质量和体积也会有所变化，因此，测定材料表观密度时，需同时测定其含水率，并应予注明。通常情况下，材料的表观密度是指气干状态下的表观密度；烘干状态下的表观密度称为干表观密度。

3. 堆积密度

在自然堆积状态下，单位体积散粒材料的质量称为堆积密度。计算公式为

$$\rho_0' = m / V_0'$$

式中，ρ_0' 为散粒材料的堆积密度 (kg/cm^3)；m 为散粒材料的质量 (kg)。

散粒材料在自然堆积状态下的体积是指既含颗粒内部孔隙，又含颗粒之间空隙的材料总体积。散粒材料的体积可用已标定容积的容器测得，若以捣实体积计算，应称为紧密堆积密度。由于大多数材料或多或少都会含有一些孔隙，故一般材料的表观密度总是小于密度。土木工程中计算材料用量、构件自重、配料、材料堆放的体积或面积时常用到材料的密度、表观密度和堆积密度。常见土木工程材料的密度、表观密度和堆积密度见表 2-1-1。

表 2-1-1　常见土木工程材料的密度、表观密度和堆积密度

材料名称	密度 (g/cm^3)	表观密度 (kg/m^3)	堆积密度 (kg/m^3)	材料名称	密度 (g/cm^3)	表观密度 (kg/m^3)	堆积密度 (kg/m^3)
钢	7.85	7850	—	黏土陶粒	—	—	300～900
花岗岩	2.80	2500～2900	—	页岩陶粒	—	—	300～900
碎石	2.70	2650～2750	1400～1700	轻集料混凝土	—	760～1950	—
砂	2.60	2630～2700	1450～1700	铸铁	7.25	—	—
黏土	2.60	1600～2000	1600～1800	生石灰块	3.1	—	1100
硅酸盐水泥	3.10	—	1200～1250	生石灰粉	—	—	1200
普通水泥	3.15	—	1200～1250	石灰膏	—	1350	—

材料名称	密度 (g/cm³)	表观密度 (kg/m³)	堆积密度 (kg/m³)	材料名称	密度 (g/cm³)	表观密度 (kg/m³)	堆积密度 (kg/m³)
火山灰质水泥	3.0	—	850～1150	石膏粉	—	—	900
矿渣水泥	3.0	—	1100～1300	水玻璃	1.35～1.50	—	—
卵石	2.70	—	1550～1700	灰砂砖	—	1800～1900	—
烧结普通砖	2.70	1600～1900	—	粉煤灰砖	—	1800～1900	—
烧结空心砖	2.70	800～1480	—	煤渣砖	—	1700～1850	—
玻璃	2.55	2560	—	硅酸盐砖	—	1700～1900	—
普通混凝土	—	2100～2600	—	加气混凝土	—	400～800	—
粉煤灰	2.2	—	—	膨胀珍珠岩	—	—	80～250
水	1.0	900	—	炉渣	—	—	850
冰	—	—	300	膨胀蛭石	—	—	80～200
雪	—	—	230～280	玻璃棉	—	—	50～100
钢筋混凝土	—	2500	—	石棉板	—	1300	—
水泥砂浆	—	1800	—	石油沥青	—	1000～1100	—
混合砂浆	—	1700	—	焦油沥青	—	1340	—
石灰砂浆	—	1700	—	聚苯乙烯板	—	30	—
保温砂浆	—	800	—	大理石	—	2600～2700	—
红松木	1.55	400～800	—	胶合板	—	700～900	—
粉煤灰陶粒	—	—	600～900	泡沫塑料	—	20～50	—
菱苦土	—	—	800～900	三合土	—	1750	—

4. 孔隙率

材料的孔隙率 P 是指材料内部孔隙体积占总体积的百分率。计算公式为

$$P = (V_0 - V) / V_0 = 1 - V/V_0 = (1 - \rho_0/\rho) \times 100\%$$

材料孔隙率的大小直接反映材料的密实程度。孔隙率小，则密实程度高。孔隙率相同的材料，其孔隙特征（即孔隙构造）可以不同。

按孔隙特征的不同，材料的孔隙可分为连通孔和封闭孔两种。连通孔不仅彼此贯通，且与外界相通；而封闭孔则彼此不连通，且与外界隔绝。

根据尺寸大小的不同，材料的孔隙又可分为微孔、细孔及大孔 3 种。

材料孔隙率的大小及其孔隙特征与材料的强度、吸水性、抗渗性、抗冻性和导热性等许多重要性质关系密切。一般而言，孔隙率较小且连通孔较少的材料，其吸水性较小，强度较高，且抗渗性和抗冻性均较好。

5. 空隙率

材料的空隙率 P' 是指散粒材料的堆积体积中，颗粒间的空隙体积占总体积的百分率。计算公式为

$$P' = (V_0' - V_0) / V_0' = 1 - V_0/V_0' = (1 - \rho_0'/\rho_0) \times 100\%$$

空隙率的大小反映了散粒材料的颗粒之间相互填充的密实程度。配制混凝土时，砂、石的空隙率是控制混凝土中集料级配，计算混凝土含砂率的重要依据。

6. 密实度

材料的密实度 D 是指材料中的固体物质的体积占总体积的百分率。计算公式为

$$D=V/V_0=\rho_0/\rho \times 100\%$$

密实度 D 反映了材料体积内被固体物质所充实的程度。

$$P+D=1$$

或

$$孔隙率+密实度=1$$

7. 填充率

材料的填充率 D' 是指在某堆积体积中，被散粒材料颗粒所填充的程度。计算公式为

$$D'=V/V_0'=\rho_0'/\rho \times 100\%$$

$$P'+D'=1$$

或

$$空隙率+填充率=1$$

2.1.3 与水有关的土木工程材料性质

与水有关的土木工程材料性质主要有亲水性和憎水性、吸水性、吸湿性、耐水性、抗渗性、抗冻性等。

1. 亲水性和憎水性

当材料在空气中与水接触时，有些材料能被水润湿，即具有亲水性；而另一些材料则不能被水润湿，即具有憎水性。材料具有亲水性的原因是材料与水接触时，其间的分子亲和力大于水本身分子间的内聚力。当材料与水之间的分子亲和力小于水本身分子间的内聚力时，材料就会表现出憎水性。

材料被水润湿的情况可用润湿边角 θ 表示。当材料与水接触时，在材料、水、空气这三相体的交点处作沿水滴表面的切线，此切线与材料和水接触面的夹角称为润湿边角 θ（图 2-1-3）。θ 值越小，表明材料越易被水润湿。试验证明，当 $\theta \leqslant 90°$ 时 [图 2-1-3（a）]，材料表面会吸附水，材料能被水润湿而表现出亲水性，这种材料称为亲水性材料；当 $\theta > 90°$ 时 [图 2-1-3（b）]，材料表面不吸附水，这种材料称为憎水性材料。若 $\theta=0°$，则表明材料完全被水润湿。以上相关概念也适用于其他液体对固体的润湿情况，可相应称之为亲液性材料和憎液性材料。

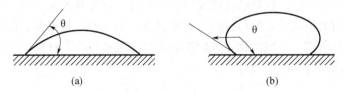

图 2-1-3 材料润湿示意图
（a）亲水性材料；（b）憎水性材料

亲水性材料易被水润湿，且水能通过毛细管作用而渗入材料内部；憎水性材料则能阻止水分渗入毛细管中，降低材料的吸水性。憎水性材料常被用作防水材料，或用作亲水性

材料的覆面层，以提高其防水、防潮性能。土木工程材料大多数为亲水性材料，如水泥、混凝土、砂、石、砖、木材等，只有沥青、石蜡及某些塑料等少数材料为憎水性材料。

2. 吸水性

材料在水中吸收水分的性质称为吸水性。材料的吸水性用吸水率表示，一般用质量吸水率和体积吸水率两种方法表示。

质量吸水率是指材料在吸水饱和时，其内部所吸收水分的质量占材料干质量的百分率。

$$W_m = (m_{da} - m_{dr}) / m_{dr} \times 100\%$$

式中，W_m 为材料的质量吸水率（%）；m_{da} 为材料在吸水饱和状态下的质量（g）；m_{dr} 为材料在干燥状态下的质量（g）。

体积吸水率是指材料在吸水饱和时，其内部所吸收水分的体积占干燥材料自然体积的百分率。

$$W_v = (m_{da} - m_{dr}) / (V_0 \rho_w) \times 100\%$$

式中，W_v 为材料的体积吸水率（%）；ρ_w 为水的密度，常温下取 1.0g/cm^3。

土木工程用材料一般采用质量吸水率。质量吸水率与体积吸水率的关系为

$$W_v = W_m \rho_0$$

材料所吸收的水分是通过开口孔隙吸入的，故开口孔隙率越大，材料的吸水量就越多。材料吸水饱和时的体积吸水率即为材料的开口孔隙率。

材料的吸水性与孔隙率及孔隙特征有关。对于细微连通的孔隙，孔隙率越大，则吸水率越大。封闭的孔隙内水分不易进去。开口大孔虽然水分易进入，但不易存留，故只能润湿孔壁，吸水率仍然较小。各种材料的吸水率差异很大，花岗岩的吸水率只有 0.5%～0.7%；混凝土的吸水率为 2%～3%；烧结普通砖的吸水率为 8%～20%；木材的吸水率可超过 100%。

3. 吸湿性

材料在潮湿空气中吸收水分的性质称为吸湿性。材料的吸湿性用含水率表示。含水率是指材料内部所含水的质量占材料干质量的百分率。

$$W_1 = (m_1 - m_{dr}) / m_{dr} \times 100\%$$

式中，W_1 为材料的含水率（%）；m_1 为材料在潮湿状态下的质量（g）。

材料的吸湿性随着空气湿度和环境温度的变化而改变。空气湿度较大且温度较低时，材料的含水率较大，反之较小。材料中所含水分与周围空气的湿度相平衡时的含水率称为平衡含水率。材料吸湿达到饱和状态时的含水率即为吸水率。具有微小开口孔隙的材料吸湿性特别强，它在潮湿空气中能吸收很多水分，这是由于这类材料的内表面积很大，吸附水的能力很强。材料的吸水性和吸湿性均会对材料的性能产生不利影响。材料吸水后会导致其自重增大，导热性增大，强度和耐久性产生不同程度的下降，材料干湿交替还会导致其形状、尺寸发生改变，影响其使用。

4. 耐水性

材料长期在饱和水作用下强度不显著降低的性质称为耐水性。材料的耐水性用软化系数 K_S 表示。

$$K_S = f_s / f_{dr}$$

式中，K_S 为材料的软化系数，$K_S = 0 \sim 1$；f_s 为材料在吸水饱和状态下的抗压强度（MPa）；f_{dr} 为材料在干燥状态下的抗压强度（MPa）。

K_S 值的大小可反映材料在浸水饱和后强度降低的程度。材料被水浸湿后强度通常会有所降低，这是因为水分被组成材料的微粒表面吸附而形成水膜，削弱了材料微粒间的结合力。K_S 值越小，表示材料吸水饱和后强度下降得越多，即耐水性越差。材料的软化系数为 $0 \sim 1$。不同材料的 K_S 值相差颇大。对黏土，$K_S = 0$；对金属，$K_S = 1$。土木工程中将 $K_S \geqslant 0.85$ 的材料称为耐水性材料。在设计长期处于水中或潮湿环境中的重要结构时，必须选用 $K_S > 0.85$ 的材料。用于受潮较轻或次要结构物的材料，其 K_S 值不宜小于 0.75。

5. 抗渗性

材料抵抗压力水渗透的性质称为材料的抗渗性。材料的抗渗性通常用渗透系数 K 表示。渗透系数是指一定厚度的材料在单位压力水头作用下，单位时间内透过单位面积的水量。

$$K = Wd/(tAH)$$

式中，K 为材料的渗透系数（mL/cm² · s）；W 为渗透水量（mL）；d 为材料的厚度（cm）；t 为渗水时间（h）；A 为渗水面积（cm²）；H 为静水压力水头（cm）。

K 值越大，表示渗透材料的水量越多，即抗渗性越差。

材料的抗渗性也可用抗渗等级表示。抗渗等级 Pn 是以规定的试件在标准试验条件下所能承受的最大水压力来确定的，其中 n 为该材料在标准试验条件下所能承受的最大水压力的 10 倍数，如 P4、P6、P8、P10、P12 分别表示材料能承受 0.4MPa、0.6MPa、0.8MPa、1.0MPa、1.2MPa 的水压而不渗水。

材料的抗渗性与其孔隙特征有关。细微连通的孔隙中水易渗入，故这种孔隙越多，材料的抗渗性越差。封闭孔隙中水不易渗入，因此封闭孔隙率大的材料，其抗渗性能仍然良好。开口大孔中水最易渗入，故其抗渗性最差。

抗渗性是决定材料耐久性的重要因素。在设计地下结构、压力管道、压力容器等结构时，均要求其所用材料具有一定的抗渗性能。抗渗性也是检验防水材料质量的重要指标。

6. 抗冻性

在吸水饱和状态下，材料经受多次冻融循环作用，而质量损失不大，且强度也无显著降低的性质称为材料的抗冻性。材料的抗冻性用抗冻等级表示。抗冻等级 Fn 是指试件在规定的试验条件下测得其强度降低和质量损失不超过规定值时所能经受的冻融循环次数，其中 n 为最大冻融循环次数，如 F25、F50 等。

材料抗冻等级的选择应根据结构物种类、使用要求、气候条件等决定。对烧结普通砖、陶瓷面砖、轻混凝土等墙体材料，通常要求其抗冻等级为 F15 或 F25；对用于桥梁和道路的混凝土，抗冻等级应为 F50、F100 或 F200；而对水工混凝土，抗冻等级应不低于 F500。

材料受冻融破坏主要是因其孔隙中的水结冰所致。水结冰时，体积会增大约 9%，若材料孔隙中充满水，则结冰膨胀会对孔壁产生很大的冻胀应力。当此应力超过材料的抗拉强度时，孔壁将产生局部开裂。随着冻融循环次数的增加，材料的破坏将会不断加重。因此，材料的抗冻性取决于其孔隙率、孔隙特征、充水程度和材料对结冰膨胀所产生的冻胀应力的抵抗能力。若材料孔隙中未充满水（即还未达到饱和），且具有足够的自由空间，则即使受冻也不致产生很大的冻胀应力。极细的孔隙虽可充满水,但因孔壁对水的吸附力极大,吸附在孔壁上的水的冰点很低,在一般负温下不会结冰。粗大孔隙中一般不会充满水分,对冻胀破坏可起缓冲作用。毛细管孔隙中易充满水分,又能结冰,故对材料的冰冻破坏影响最大。若材料的变形能力大、强度高、软化系数大,则其抗冻性较高。一般认为软化系数小于 0.80 的材料抗冻性较差。

另外,从外界条件来看,材料受冻融破坏的程度与冻融温度、结冰速度、冻融频繁程度等因素有关。环境温度越低、降温越快、冻融越频繁,则材料受冻融破坏越严重。材料的冻融破坏作用是从外表面开始产生剥落,并逐渐向内部深入发展的。

抗冻性良好的材料,抵抗大气温度变化、干湿交替等破坏作用的能力较强,所以抗冻性常作为考察材料耐久性的一项重要指标。在设计寒冷地区及寒冷环境(如冷库)的建筑物时,必须考虑材料的抗冻性。处于温暖地区的建筑物虽无冰冻作用,但为抵抗大气作用,确保建筑物的耐久性,也常对材料提出一定的抗冻性要求。

2.1.4 与热有关的土木工程材料性质

除了满足必要的强度及其他性能要求外,为降低建筑物的使用能耗,以及为生产和生活创造适宜的条件,常要求土木工程材料具有一定的热工性质,以维持室内温度。土木工程设计中常考虑的热工性质主要有材料的导热性、热容量和比热等。

1. 导热性

材料传导热量的能力称为导热性。材料的导热性可用导热系数 λ 表示。导热系数是指厚度为 1m 的材料,当其相对两侧表面温度差为 1K 时,在 1s 时间内通过一定面积的热量。

$$\lambda = \delta Q / [tA(T_2 - T_1)]$$

式中,λ 为导热系数 $[W/(m \cdot K)]$,热阻 $R = 1/\lambda$;δ 为材料的厚度(m);Q 为传导的热量(J);t 为热传导时间(s);A 为热传导面积(m^2);$(T_2 - T_1)$ 为材料两侧的温差(K)。

材料的导热系数越小,表示其绝热性能越好。各种材料的导热系数差别很大,大致范围为 0.029~3.5,如泡沫塑料和大理石。工程中通常把导热系数小的材料称为绝热材料。

导热系数与材料内部孔隙构造有密切关系。由于密闭空气的导热系数很小,所以,材料的孔隙率较大者,其导热系数较小,但如果孔隙粗大或贯通,则会因对流作用而使材料的导热系数不低反高。材料受潮或受冻后,其导热系数会大大提高,这是因为水和冰的导热系数比空气大很多(分别为 0.58 和 2.20)。因此,绝热材料应经常处于干燥状态,以利于发挥材料的绝热性能。

2. 热容量和比热

热容量是指材料受热时吸收的热量或冷却时放出的热量。

$$Q = mC(t_1 - t_2)$$

式中,Q 为材料的热容量(kJ);m 为材料的质量(kg);C 为材料的比热 $[kJ/(kg \cdot K)]$;$(t_1 - t_2)$ 为材料受热或冷却前后的温度差(K)。

比热 C 是指 1g 材料在温度升高或降低 1K 时所吸收或放出的热量。比热是反映材料的吸热或放热能力大小的物理量。不同材料的比热不同,即使是同一种材料,物态不同,比热也不同，如水的比热为 4.19，而结冰后的比热则是 2.05。材料的比热对保持建筑物内部温度的稳定有很大意义，比热大的材料能在热流变动或采暖设备供热不均匀时缓和室内的温度波动。

材料的导热系数和热容量是设计建筑物围护结构（墙体、屋顶）时进行热工计算的重要参数，设计时应选用导热系数较小而热容量较大的土木工程材料，以便保持室内温度的稳定性。导热系数也是工业窑炉热工计算和确定冷藏绝热层厚度的重要数据。几种典型材料的热工性质指标见表 2-1-2。由表可知，水的比热最大。

表 2-1-2　几种典型材料的热工性质指标

材料	导热系数 $[J/(g \cdot K)]$	比热 $[J/(g \cdot K)]$	材料	导热系数 $[J/(g \cdot K)]$	比热 $[J/(g \cdot K)]$
铜	370	0.38	松木（横纹）	0.15	1.63
钢	56	0.47	泡沫塑料	0.03	1.30
花岗岩	3.1	0.82	冰	2.20	2.05
普通混凝土	1.6	0.86	水	0.58	4.19
烧结普通砖	0.65	0.85	静止的空气	0.023	1.00

2.2　土木工程材料的主要力学性质指标

材料的力学性质主要是指材料在外力作用下的变形及抵抗破坏的性质。土木工程材料的主要力学性质指标包括材料的强度、弹性与塑性、脆性与韧性、硬度与耐磨性等。

2.2.1　土木工程材料的强度

1. 强度

材料在外力作用下抵抗破坏的能力称为强度。材料受外力作用时，其内部会产生应力，外力增加时，应力会相应增大。当材料内部质点间结合力不足以抵抗外力时，材料就会发生破坏。材料破坏时，应力达到极限值，这个极限应力值就是材料的强度，也称极限强度。根据外力作用形式的不同，材料的强度有抗压强度、抗拉强度、抗弯强度及抗剪强度之分（图 2-2-1）。材料的这些强度是通过静力试验测定的，故统称为静力强度。材料的静力强度通常是通过标准试件的破坏试验测得的。材料的抗压强度、抗拉强度和抗剪强度的计算公式可统一表示为

$$f = P/A$$

式中，f 为材料的抗压、抗拉或抗剪极限强度（MPa）；P 为试件破坏时的最大荷载（N）；A 为试件受力面积（mm^2）。

材料的抗弯强度与试件的几何外形和荷载施加的情况有关。对矩形截面试件和条形试件，当两支点的中间作用一集中荷载时，其抗弯极限强度可按下式计算。

$$f = 3FL/(2bh)$$

式中，f 为材料的抗弯极限强度（MPa）；L 为试件两支点间的距离（mm）；b、h 分别为试件截面的宽度和高度（mm）。

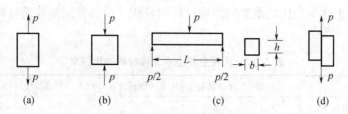

图 2-2-1 材料受外力作用示意图

(a) 抗拉；(b) 抗压；(c) 抗弯；(d) 抗剪

材料的强度与其组成和结构有关。即使材料的组成相同，但构造不同，则强度也不同。材料孔隙率越大，强度越低。同一品种的材料，其强度与孔隙率之间存在近似直线的反比关系。通常情况下，表观密度大的材料，其强度也高。晶体结构材料的强度与晶粒粗细有关，细晶粒的强度高。玻璃是脆性材料，抗拉强度很低，但当制成玻璃纤维后，则成了很好的抗拉材料。材料的强度与其含水状态和温度有关，含有水分的材料，其强度比干燥时低。温度升高时，材料的强度通常会降低，沥青混凝土尤为明显。材料的强度还与其测试所用的试件形状、尺寸有关，也与试验时加荷速度及试件表面性状有关。相同材料采用小试件测得的强度比大试件的高；加荷速度快时，强度值会偏高；试件表面不平或涂润滑剂时，强度值会偏低。由此可知，材料的强度是在特定条件下测定的数值，为使试验结果准确且具有可比性，各个国家都制定了统一的材料试验标准。材料强度的测定必须严格按照规定的试验方法进行。材料强度是大多数材料划分等级的依据。

2. 强度等级

各种材料的强度差别甚大。土木工程材料按其强度值的大小可划分为若干个强度等级，如烧结普通砖按抗压强度分为 5 个强度等级；硅酸盐水泥按抗压强度和抗折强度分为 4 个强度等级；普通混凝土按抗压强度分为 12 个强度等级。土木工程材料划分强度等级对生产者和使用者均具有重要意义。对生产者而言，它可使其在控制质量时有据可依，保障产品质量；对使用者而言，则有利于掌握材料的性能指标，以便合理选用材料，正确地进行设计，且便于控制工程施工质量。常见土木工程材料的强度见表 2-2-1。

表 2-2-1 常见土木工程材料的强度 (MPa)

材料	花岗岩	烧结普通砖	普通混凝土	松木（竖纹）	钢材
抗压强度	100～250	7.5～30	7.5～60	30～50	235～1600
抗拉强度	5～8	—	1～4	80～120	235～1600
抗弯强度	10～14	1.8～4.0	2.0～8.0	60～100	—

3. 比强度

为了对不同强度的材料进行比较，可采用比强度这个指标。比强度反映的是材料单位体积质量的强度，其值等于材料强度与其表观密度之比。比强度是衡量材料轻质高强性能的重要指标。优质的结构材料必须具有较高的比强度。几种主要土木工程材料的比强度见表 2-2-2。由表可知，玻璃钢和木材是轻质高强材料，它们的比强度大于低碳钢，而低碳钢的比强度大于普通混凝土。普通混凝土是表观密度大而比强度相对较低的材料，所以努力促进普通混凝土这一当代最重要的结构材料向轻质、高强发展是建筑材料行业的一项重要任务。

表 2-2-2　几种主要土木工程材料的比强度

材料	低碳钢	普通混凝土	松木（顺纹抗拉）	松木（顺纹抗压）	玻璃钢	烧结普通砖
表观密度 ρ_0（kg/m³）	7850	2400	500	500	2000	1700
强度 f（MPa）	420	40	100	36	450	10
比强度 f/ρ_0（MPa·m³/kg）	0.054	0.017	0.200	0.070	0.225	0.006

2.2.2　土木工程材料的弹性与塑性

材料在外力作用下产生变形，当外力取消后，变形即可消失，并能完全恢复到原始形状的性质称为材料的弹性。材料的这种可恢复的变形称为弹性变形。弹性变形属于可逆变形，其数值大小与外力成正比，其比例系数 E 称为弹性模量。材料在弹性变形范围内，弹性模量为常数，其值等于应力与应变之比，即

$$E = \sigma / \varepsilon$$

式中，E 为材料的弹性模量（MPa）；σ 为材料所受的应力（MPa）；ε 为材料在应力 σ 作用下产生的应变（无量纲）。

弹性模量是衡量材料抵抗变形能力的一个指标。弹性模量越大，材料越不易变形，亦即刚度越好。弹性模量是结构设计的重要参数。材料在外力作用下产生变形，当外力取消后不能恢复到原始形状的性质称为塑性。材料的这种不可恢复的变形称为塑性变形。塑性变形属于不可逆变形。

实际上，纯弹性变形的材料是不存在的。材料在受力不大时通常表现为弹性变形，当外力超过一定值时，则呈现塑性变形，如低碳钢［图 2-2-2 (a)］。另外，许多材料在受力时弹性变形和塑性变形会同时产生，当外力取消后，弹性变形即可消失，而塑性变形不能消失，如混凝土［图 2-2-2 (b)］。图 2-2-2 (c) 为弹塑性材料的变形曲线，其中，OA 为可恢复的弹性变形，AB 为不可恢复的塑性变形。

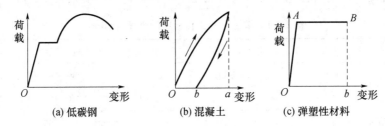

(a) 低碳钢　　　　(b) 混凝土　　　　(c) 弹塑性材料

图 2-2-2　弹、塑性材料的变形曲线

2.2.3　土木工程材料的脆性与韧性

材料受外力作用，当外力达到一定值时，材料突然破坏而无明显塑性变形的性质称为脆性。具有这种性质的材料称为脆性材料。脆性材料的抗压强度远大于抗拉强度（可高达数倍甚至数十倍）。脆性材料抵抗冲击荷载或振动作用的能力很差，只适合用作承压构件。

25

土木工程材料中，大部分无机非金属材料均为脆性材料，如天然岩石、陶瓷、玻璃、普通混凝土等。

材料在冲击或振动荷载作用下能吸收较大能量，同时产生较大变形而不破坏的性质称为韧性。材料的韧性用冲击韧性指标表示。冲击韧性指标 α_k 是指用带缺口的试件做冲击破坏试验时，断口处单位面积所吸收的能量。

$$\alpha_k = A_k / A$$

式中，α_k 为材料的冲击韧性指标（J/mm^2）；A_k 为试件破坏时所消耗的能量（J）；A 为试件受力净截面积（mm^2）。

在土木工程中，对于有承受冲击荷载和抗震要求的结构（如吊车梁、桥梁、路面等），其所用的材料均应具有较高的韧性。

2.2.4　土木工程材料的硬度与耐磨性

1. 硬度

硬度是指材料表面抵抗硬物压入或刻划的能力。测定材料硬度的方法很多，常用方法是刻划法和压入法。材料不同，其硬度的测定方法也不同。刻划法常用于测定天然矿物的硬度。按刻划法可将矿物硬度（莫氏硬度）分为 10 级，按硬度递增顺序依次为滑石（1级）、石膏（2级）、方解石（3级）、萤石（4级）、磷灰石（5级）、正长石（6级）、石英（7级）、黄玉（8级）、刚玉（9级）、金钢石（10级）。钢材、木材及混凝土等材料的硬度（布氏硬度）常用压入法测定。布氏硬度值是以压痕单位面积上所受压力来表示的。通常情况下，材料硬度越大，耐磨性越好。工程中有时也用硬度来间接推算材料的强度。

2. 耐磨性

耐磨性是指材料表面抵抗磨损的能力。材料的耐磨性用磨损率 N 表示。

$$N = (m_1 - m_2) / A$$

式中，N 为材料的磨损率（g/cm^2）；m_1、m_2 分别为材料磨损前、后的质量（g）；A 为试件受磨面积（cm^2）。

材料的耐磨性与组成成分、结构、强度、硬度等因素有关。在土木工程中，用作踏步、台阶、地面、路面等部位的材料应具有较高的耐磨性。强度较高且密实的材料，通常其硬度较大，耐磨性较好。

2.3　土木工程材料的耐久性

材料的耐久性是指材料在环境的多种因素作用下能经久不变质、不破坏，并长久保持其性能的性质。耐久性是材料的一项综合性质，抗冻性、抗风化性、抗老化性、耐化学腐蚀性等都属于耐久性的范围。另外，材料的强度、抗渗性、耐磨性等也与材料的耐久性关系密切。

2.3.1　环境对土木工程材料的作用

在结构物使用过程中，材料除内在原因会使其组成、构造、性能发生变化以外，还会因长期受到周围环境及各种自然因素的作用而破坏。这些作用可概括为物理作用、化学作用、机械作用、生物作用 4 种类型。

物理作用主要包括环境温度、湿度的交替变化，即冷热、干湿、冻融等循环作用。材料在经受这些作用后将发生膨胀、收缩并产生内应力，长期的反复作用将使材料逐渐遭受破坏。

化学作用主要包括大气和环境水中的酸、碱、盐等溶液或其他有害物质对材料的侵蚀作用，以及日光等对材料的作用。这些作用会使材料产生本质变化而逐渐遭受破坏。

机械作用主要包括荷载的持续作用或交变作用。这些作用会引起材料的疲劳、冲击、磨损等，长期的反复作用将使材料逐渐遭受破坏。

生物作用主要包括菌类、昆虫等的侵害作用。这些作用会导致材料遭受腐朽、蛀蚀等破坏。

各种材料耐久性的具体内容会因其组成和结构的不同而不同，如钢材易氧化而锈蚀；无机非金属材料常因氧化、风化、碳化、溶蚀、冻融、热应力、干湿交替作用等而遭破坏；有机材料多因腐烂、虫蛀、老化而变质等。

2.3.2 土木工程材料耐久性的测定方法

对材料耐久性最可靠的判断是对其在使用条件下进行长期的观察和测定，但这需要漫长的时间。为此，多采用快速检验法。快速检验法是指模拟实际使用条件，将材料在实验室进行相关的快速试验，根据试验结果对材料的耐久性作出判定。可在实验室进行快速试验的项目主要有干湿循环、冻融循环、碳化、加湿与紫外线干燥循环、盐溶液浸渍与干燥循环、化学介质浸渍等。

2.3.3 提高土木工程材料耐久性的重要意义

在设计选用土木工程材料时，必须考虑材料的耐久性问题。采用耐久性良好的土木工程材料对节约材料、保证建筑物长期正常使用、减少维修费用、延长建筑物使用寿命等都具有十分重要的意义。

2.4 土木工程材料的内部特征

材料的内部特征是指材料的组成特征、结构特征和构造特征。环境条件是影响材料性质的外部因素；材料的组成、结构、构造是影响材料性质的内部因素。

2.4.1 土木工程材料的组成

材料的组成是指材料的化学成分。材料的组成包括化学组成、矿物组成和相组成。

1. 材料的化学组成

材料的化学组成是指构成材料的基本化学元素或化合物的种类和数量。当材料与外界自然环境及各类物质相接触时，它们之间必然要按照化学变化规律发生作用。沥青的老化、混凝土的碳化、混凝土能够保护钢筋不锈蚀等都属于化学作用。

2. 材料的矿物组成

无机非金属材料中具有特定晶体结构、特定物理力学性能的组织结构称为矿物。材料的矿物组成是指构成材料的矿物种类和数量。对于土木工程材料中的天然石材、无机胶凝材料等，矿物组成是决定其性质的主要因素。石灰、石膏、石灰石的主要化学成分分别为氧化钙、硫酸钙、碳酸钙，这些化学成分导致石灰、石膏易溶于水且耐水性差，而石灰石则较稳定。硅酸盐类的水泥主要由硅酸钙、铝酸钙等熟料矿物组成，这些矿物决定了水泥具有凝结硬化的性能。当水泥所含的熟料矿物种类或含量不同时，所表现出的性质就会有所差异。提高硅酸三钙的含量，可制得高强度水泥；降低铝酸三钙和硅酸三钙的含量，可制得水化热低的水泥，如大坝水泥。

3. 材料的相组成

材料中具有相同物理、化学性质的均匀部分称为相。凡由两相或两相以上物质组成的材料称为复合材料。土木工程材料大多数是多相固体，可看作是复合材料。水泥混凝土可认为是集料颗粒（集料相）分散在水泥浆基体（基相）中所组成的两相复合材料。两相之间的分界面称为界面。实际土木工程材料中的界面是一个很薄的薄弱区，可称为界面相。土木工程材料的破坏往往首先发生在界面。通过改变和控制原材料的品质及配合比例，可改变和控制材料的相组成，从而改善和提高材料的相关技术性能，如研究混凝土配合比的目的就是为了改善混凝土的相组成，尽量使混凝土结构接近均匀而密实，以保证其强度和耐久性。

2.4.2　土木工程材料的结构

材料的结构和构造是决定材料性质的重要因素。材料的结构是指材料的组织状况，可分为宏观结构、细观结构和微观结构。

1. 宏观结构

宏观结构是指用肉眼、在 10～100 倍放大镜或显微镜下就可分辨的粗大级组织，其尺寸范围在 1mm 以上。材料的宏观结构直接影响材料的密度、渗透性、强度等性质。相同成分的材料，如果质地均匀、结构致密，则强度高，反之则强度低。按照材料内部孔隙尺寸的不同，宏观结构可分为致密结构、纤维结构、多孔结构、层状结构、散粒结构等几种类型。

（1）致密结构。致密结构多为密度和表观密度极其相近的材料构成的结构，一般可认为是无孔隙或少孔隙的材料。这类材料表观密度大、孔隙率小、强度高、导热性强，如钢材、玻璃、塑料等。

（2）纤维结构。纤维结构是指由纤维状物质构成的材料结构，如木材、岩面、矿棉、玻璃棉等。这些材料内部的质点排列具有方向性，其平行纤维方向、垂直纤维方向的强度和导热性等具有明显的差异。由于其含有大量空气，故在干燥状态下质量小，隔热性和吸声性强。

（3）多孔结构。材料中含有几乎均匀分布的几微米到几毫米的独立孔或连续孔的结构称为多孔结构，如加气混凝土、石膏制品等。这类材料质量小，保温隔热、吸声隔声性能好。

（4）层状结构。层状结构是用机械或黏结等方法把层状结构的材料积压在一起而成为整体的，它既可以有同种材料层压（如胶合板），也可以有异种材料层压（如纸面石膏板、蜂窝夹心板、玻璃钢等）。这类结构能提高材料的强度、硬度、保温及装饰等性能。

（5）散粒结构。散粒结构是指松散颗粒状结构，如砂子、卵石、碎石等。

2. 细观结构

细观结构也称亚微观结构。细观结构是指用光学显微镜能观察到的材料微米（μm，尺寸范围在 10^{-3} mm 以上）组织。细观结构主要用于研究组成物质的单个粒子（如晶粒、胶粒）的形貌，如分析水泥水化产物中水合物（C-S-H）粒子、AFt（水化硫铝酸盐）相生长的情况、形状、大小等。

3. 微观结构

微观结构是指用高倍显微镜、电子显微镜或 X 射线衍射仪等手段来研究获得的材料的结构，其分辨尺寸范围在纳米（nm，10^{-6} mm）以上。土木工程材料在微观结构层次上可分为晶体、玻璃体、胶体。

（1）晶体。物质中的分子、原子、离子等质点在空间呈周期性规则排列的结构称为晶体。晶体结构具有特定的几何外形、固定的熔点、各向异性（如导电性、折光性）等特点。但实际应用的晶体材料通常是由许多细小的晶粒杂乱排列组成的，所以晶体材料在宏观上显示为各向同性。晶体受力时具有弹性变形的特点，但又因质点密集程度的差异而存在许多滑移面，外力超过一定限度时就会沿着这些滑移面产生塑性变形。根据组成晶体的质点及化学键的不同，晶体可分为原子晶体、离子晶体、分子晶体、金属晶体等类型。

① 原子晶体。原子晶体是指中性原子以共价键结合而成的晶体。共价键的结合力很强，所以强度、硬度、熔点都较高，常为电、热的不良导体。原子晶体的密度较高，如石英、刚玉、金刚石等。

② 离子晶体。离子晶体是指正负离子以离子键结合而成的晶体。离子键的结合力也很强，所以强度、硬度、熔点都较高，常为电、热的不良导体。离子晶体的密度中等，如氯化钠、石膏、石灰岩等。

③ 分子晶体。分子晶体是指以分子间的范德华力（即分子键）结合而成的晶体。分子键结合力较弱，导致分子晶体具有较大的变形性能，为电、热的不良导体，但强度、硬度、熔点较低，且密度小，如石蜡及合成高分子材料等。

④ 金属晶体。金属晶体是指以金属阳离子为晶格，由自由电子与金属阳离子间的金属键结合而成的晶体。金属键的结合力最强，因而具有强度高和塑性变形能力大的特点，并具有良好的导电及传热性能，如钢材等。

晶体内质点的相对密集程度、质点间的结合力和晶粒的大小对晶体材料的性质具有重要影响。

（2）玻璃体。玻璃体也称非金属或无定型体。它与晶体的区别在于质点呈不规则排列，没有特定的几何外形、固定的熔点，但硬度较大。玻璃体的形成主要归因于熔融物质急剧冷却达到凝固点时具有的强大黏度，黏度作用使质点来不及形成晶体就凝成固体。由于玻璃体凝固时没有结晶放热过程，而在内部蓄积大量内能，因此，玻璃体是一种不稳定结构，具有较高的化学活性。火山灰、粒化高炉矿渣、粉煤灰等都属于玻璃体，在混凝土中掺入这些材料的目的是利用它们的化学活性来改善混凝土的性能。

（3）胶体。粒径为 $10^{-6} \sim 10^{-4}$ mm 的固体微粒分散在连续介质（水或油）中组成的分散体系称为胶体。胶体具有很大的表面能，因而具有很强的吸附力和黏结力。胶体结构中，若连续相介质（水或油等）比例相对较大，则称为溶胶，如油分和树脂较多而沥青质较少时的石油沥青胶体结构等。溶胶具有很好的流动性和塑性。溶胶体会由于脱水作用或质点的凝聚而形成凝胶结构。凝胶体具有固体的性质，其流动性和塑性较低，如氧化的石油沥青。溶胶和凝胶具有互变性，在外力作用下，结合键很容易断裂而使凝胶变成溶胶。黏度的降低使其重新具有流动性，这种流动称为黏性流动。混凝土的徐变性能就是由于水泥水化后形成的凝胶体的黏性移动而产生的。

2.4.3　土木工程材料的构造

土木工程材料的构造是指材料的宏观组织状况，如岩石的层理、木材的纹理、混凝土中的孔隙等。胶合板、夹心板等复合材料具有叠合构造。材料的性质与其构造有密切关系，混凝土的强度、抗渗性、抗冻性就与其孔隙率和孔隙特征密切相关。孔隙率增大，表观密度减小，强度降低。含有大量分散不连通孔隙的多孔材料常具有良好的保温、隔热、抗冻性能。含有大量与外界连通的微孔或气孔的材料能吸收声能，是良好的吸声材料。材料构造与材料结构比更强调相同材料或不同材料的搭配组合关系，如混凝土的孔隙率反映的就是在混凝土自然体积内孔隙体积所占的比例。

思考题与习题

1. 当某一土木工程材料的孔隙率及孔隙特征发生变化时，下表内的其他性质将如何变化？（用符号填写，"↑"表示增大；"↓"表示下降；"—"表示不变；"?"表示不定）

孔隙率、孔隙特征变化与其他性质变化的关系

孔隙率（P）		密度	表观密度	强度	吸水性	吸湿性	抗冻性	抗渗性	导热性	吸声性
$P\uparrow$										
P一定	开孔↑									
	闭孔↑									
公式										

2. 某岩石密度为 $2.75g/cm^3$，孔隙率为 1.5%，将该岩石破碎为碎石后测得碎石的堆积密度为 $1560g/cm^3$。试确定该岩石的表观密度和碎石的空隙率。

3. 某石材在气干、绝干、吸水饱和情况下测得的抗压强度分别为 $174MPa$、$178MPa$、$165MPa$。试确定该石材的软化系数，并判断该石材可否用于水下工程。

4. 一烧结普通砖在吸水饱和状态下重 $2900g$，绝干质量为 $2550g$，砖的尺寸为 $240mm\times115mm\times53mm$，经干燥并磨成细粉后取 $50g$ 用排水法测得绝对密实体积为 $18.62cm^3$。计算该砖的吸水率、密度、孔隙率、饱水系数。

第3章 气硬性无机胶凝材料

3.1 胶凝材料的类型及特点

胶凝材料是指能将其他材料胶结成整体并具有一定强度的材料。这里所指的其他材料包括粉状材料（如石粉）、纤维材料（如钢纤维、矿棉、玻璃纤维、聚酯纤维）、散粒材料（如砂子、石子）、块状材料（如砖、砌块）、板材（如石膏板、水泥板）等。人们习惯将胶凝材料分为有机胶凝材料和无机胶凝材料两大类。

1. 有机胶凝材料

有机胶凝材料是指以天然或人工合成高分子化合物为基本组成的一类胶凝材料。最常用的有机胶凝材料是沥青、树脂、橡胶等。

2. 无机胶凝材料

无机胶凝材料是指以无机氧化物或矿物为主要组成的一类胶凝材料。最常用的无机胶凝材料是石灰、石膏、水玻璃、菱苦土和各种水泥，有时也包括沸石粉、粉煤灰、矿渣、火山灰等活性混合材料。根据凝结硬化条件和使用特性的不同，无机胶凝材料又进一步细分为气硬性胶凝材料和水硬性胶凝材料两类。

（1）气硬性胶凝材料。气硬性胶凝材料是指只能在空气中凝结硬化，并保持和发展强度的材料，主要有石灰、石膏、水玻璃、菱苦土等。这类材料在水中不凝结，也基本没有强度，即使在潮湿环境中强度也很低，通常不宜使用于水中。

（2）水硬性胶凝材料。水硬性胶凝材料是指不仅能在空气中，而且能更好地在水中凝结硬化，并保持和发展强度的材料，主要有各类水泥和某些复合材料。这类材料在水中凝结硬化比在空气中更好，因此，在空气中使用时，凝结硬化初期要尽可能浇水或保持潮湿养护。

胶凝材料的凝结硬化过程通常伴随着一系列复杂的物理、化学反应和体积变化，许多内部和外部因素都会影响其过程，并最终使凝结硬化后的制品性能产生很大差异。不同胶凝材料之间的差异会更大。

3.2 石灰的特点及应用要求

石灰是一种传统的气硬性胶凝材料，其原料来源广、生产工艺简单、成本低，并具有某些优异性能，至今仍在土木工程中被广泛使用。

3.2.1 生产石灰的原材料

生产石灰的最主要原材料是含碳酸钙（$CaCO_3$）的石灰石、白云石和白垩。原材料的品种和产地对石灰性质的影响较大，一般要求原材料中黏土杂质含量小于8%。某些工业副产品也可作为生产石灰的原材料或直接使用，用碳化钙（CaC_2）制取乙炔时产生的电石渣的主要成分为氢氧化钙 [$Ca(OH)_2$]，可直接使用，但性能不太理想；氨碱法制碱的残渣的主要成分为 $CaCO_3$，可作为生产石灰的原料。土木工程中最常用的是以石灰石为原料生产的石灰。

3.2.2 石灰的生产工艺

1. 生石灰

石灰的生产实际上就是将石灰石在高温（900～1200℃）下煅烧，使 $CaCO_3$ 分解为 CaO 和 CO_2 的过程，其中的 CO_2 以气体方式逸出。反应式为 $CaCO_3\longrightarrow CaO+CO_2$。生产所得的 CaO 称为生石灰，是一种白色或灰色的块状物质。生石灰的特性是遇水快速产生水化反应，体积膨胀并放出大量热。煅烧良好的生石灰能在几秒钟内与水反应完毕，体积膨胀2倍左右。

2. 钙质生石灰与镁质生石灰

由于石灰生产原料中常含有碳酸镁（$MgCO_3$），$MgCO_3$ 煅烧后会生成 MgO，现行规范《建筑生石灰》（JC/T 479）将 MgO 含量不超过5%的生石灰称为钙质生石灰，MgO 含量超过5%的生石灰称为镁质生石灰。生石灰等级相同时，钙质生石灰的质量优于镁质石灰。

3. 欠火石灰与过火石灰

石灰生产中，煅烧温度过低或时间不足时，$CaCO_3$ 不能完全分解，会导致生石灰中含有石灰石，这类石灰称为欠火石灰。欠火石灰的特点是产浆量低、石灰利用率下降，其原因是 $CaCO_3$ 既不溶于水也无胶结能力，在熟化成为石灰膏时只能作为残渣被废弃，所以有效利用率下降。

石灰生产中，煅烧温度过高或时间过长时，部分块状石灰的表层会被煅烧成十分致密的釉状物，这类石灰称为过火石灰。过火石灰的特点是颜色较深、密度较大、与水反应熟化的速度较慢，它往往要在石灰固化后才开始水化熟化，产生局部体积膨胀，影响工程质量。由于过火石灰在生产中是很难避免的，所以石灰膏在使用前必须经过"陈伏"工艺进行预处理。

3.2.3 石灰的熟化工艺

1. 生石灰的熟化与熟石灰

生石灰（CaO）加水反应生成 $Ca(OH)_2$ 的过程称为熟化，其生成物 $Ca(OH)_2$ 称为熟石灰，反应式为 $CaO+H_2O\longrightarrow Ca(OH)_2+64.9kJ$。生石灰熟化过程的特点是速度快、体积膨胀、放出大量的热。熟化过程中，煅烧良好的 CaO 与水接触时几秒钟内即反应完毕，CaO 与水反应生成 $Ca(OH)_2$ 时，体积增大1.5～2.0倍。1g 的 CaO 熟化生成1g 的 $Ca(OH)_2$，并产生约64.9kJ 的热量。

2. 石灰膏

若生石灰熟化时加入大量的水，则会生成浆状石灰膏。CaO 熟化生成 Ca（OH）$_2$ 的理论需水量只要 32.1%，实际熟化过程均加入过量的水。其原因在于一方面要考虑熟化时放热引起的水分蒸发损失，另一方面要确保 CaO 充分熟化。工地上常在化灰池中进行石灰膏的生产，即将块状生石灰用水冲淋，再通过筛网滤去欠火石灰和杂质，过筛后物质流入化灰池沉淀，即得石灰膏。石灰膏面层必须蓄水保养，蓄水的目的是隔断石灰膏与空气的直接接触，防止其干硬固化和碳化固结，确保其不影响正常使用效果。

3. 消石灰粉

当生石灰熟化时加入适量（60%～80%）的水，则会生成粉状熟石灰，这一过程通常称为消化，其产品称为消石灰粉。工地上可通过人工分层喷淋消化获得消石灰粉。最常见的方法是在工厂集中生产消石灰粉后作为产品销售。

4. 石灰的"陈伏"

前已叙及，煅烧温度过高或时间过长将产生过火石灰，这在石灰煅烧中是难以避免的。由于过火石灰的表面包覆着一层玻璃釉状物，熟化很慢，若在石灰使用并硬化后再继续熟化，就会产生体积膨胀，并引起局部鼓泡、隆起和开裂。为消除上述过火石灰的危害，石灰膏使用前应在化灰池中存放 2 周以上，以使过火石灰充分熟化，这个过程称为"陈伏"。现场生产的消石灰粉一般也需要"陈伏"。但若将生石灰磨细后使用，则不需要"陈伏"，这是因为粉磨过程使过火石灰表面积大大增加，与水熟化反应速度会加快，几乎可以同步熟化，而且它通过磨细后会均匀分散在生石灰粉中，不至于引起过火石灰的种种危害。

3.2.4　石灰的凝结硬化机理

石灰在空气中的凝结硬化主要包括结晶和碳化两个过程。结晶作用是指石灰浆中多余水分蒸发或被砌体吸收，使 Ca（OH）$_2$ 以晶体形态析出，石灰浆体逐渐失去塑性，并凝结硬化产生强度的过程。碳化作用是指空气中的 CO_2 遇水生成弱碳酸，再与 Ca（OH）$_2$ 发生化学反应，生成 $CaCO_3$ 晶体的过程。碳化作用生成的 $CaCO_3$ 自身强度较高，且填充孔隙使石灰固化体更加致密，强度进一步提高，其反应式为 Ca（OH）$_2$ + CO_2 + nH_2O ⟶ $CaCO_3$ + （$n+1$）H_2O。

石灰凝结硬化过程的特点是速度慢、体积收缩大。凝结硬化过程中，水分从内部迁移到表层被蒸发或吸收的过程本身较慢，若表层 Ca（OH）$_2$ 被碳化，则生成的 $CaCO_3$ 会在石灰表面形成更加致密的膜层，使水分子和 CO_2 的进出更加困难，因此，石灰的凝结硬化过程极其缓慢，通常需要几周的时间。加快硬化速度的简易方法是加强通风或提高空气中的 CO_2 浓度。凝结硬化过程中的体积收缩容易产生收缩裂缝。

3.2.5　石灰的主要技术性质

石灰的主要技术性质是保水性与塑性好、凝结硬化慢且强度低、耐水性差、干燥收缩大。Ca（OH）$_2$ 颗粒极细，比表面积很大，每一颗粒均吸附一层水膜，使得石灰浆具有良好的保水性和塑性，因此，土木工程中常用来弥补水泥砂浆保水性和塑性差的缺陷。石灰浆凝结硬化的时间一般需要数周，且硬化后的强度一般小于 1MPa，1：3 的石灰砂浆强度仅为 0.2～0.5MPa，但通过人工碳化可使强度大幅度提高，如碳化石灰板及其制品。石灰浆在水中或潮湿环境中没有强度，在流水中还会溶解流失，但经人工碳化处理后，固化后的石灰制品的耐水性可大大提高。石灰浆体中游离水（特别是吸附水）的蒸发引起硬化时开裂、体积收缩，碳化过程也会引起体积收缩，因此，石灰一般不宜单独使用，通常掺入砂子、麻刀、纸筋等，以减少收缩或提高抗裂能力。

3.2.6 石灰的应用

石灰的应用主要体现在 4 个领域，即石灰乳涂料和抹面、石灰混合砂浆、石灰土和三合土、生产硅酸盐制品。

（1）石灰乳涂料和抹面。石灰乳通常采用石灰浆（膏）加入大量水调制成稀浆，用于要求不高的室内粉刷，目前已很少使用。石灰膏掺入麻刀或纸筋可作为墙面抹面材料，称为黄灰，过去较常用。目前主要采用石灰膏与水泥、砂，或石灰膏直接与砂配制成混合砂浆或石灰砂浆抹面。

（2）石灰混合砂浆。石灰、水泥和砂可按一定比例与水配制成混合砂浆，用于砌筑和抹面。

（3）石灰土和三合土。消石灰粉和黏土拌合后称为石灰土。石灰土中再加入砂和石屑、炉渣等即为三合土。$Ca(OH)_2$ 能和黏土中少量的活性 SiO_2 和 Al_2O_3 反应生成具有水硬性的产物，使密实度、强度和耐水性得到改善，因此可以广泛用于建筑物的基础和道路垫层，如石灰桩加固地基等。但目前更常用的方法是将石灰、粉煤灰和石子混合成三合土，作为道路垫层，其固结强度高于黏土（因粉煤灰中活性 SiO_2 和 Al_2O_3 的含量高），且利用了废渣，有利于环保。

（4）生产硅酸盐制品。硅酸盐制品主要包括粉煤灰混凝土、粉煤灰砖、硅酸盐砌块、灰砂砖、加气混凝土等。它们主要以石英砂、粉煤灰、矿渣、炉渣等为原料，其中的 SiO_2、Al_2O_3 与石灰在蒸汽养护或蒸压养护条件下生成水化硅酸钙和水化铝酸钙等水硬性产物，并产生强度，若没有 $Ca(OH)_2$ 参与反应，则强度很低。

生石灰块和粉料在运输和储存过程中应注意密封防潮，否则吸水潮解后会与空气中的 CO_2 作用生成碳酸钙，使石灰胶结能力下降。

3.2.7 石灰的技术标准

1. 建筑生石灰

根据 MgO 含量的不同，建筑生石灰可分为钙质生石灰和镁质生石灰。根据 CaO 和 MgO 总含量、未消化残渣含量、CO_2 含量和产浆量的不同，建筑生石灰可分为优等、一等和合格 3 个等级（表 3-2-1）。

表 3-2-1　建筑生石灰的主要技术指标

项目	钙质生石灰			镁质生石灰		
	优等品	一等品	合格品	优等品	一等品	合格品
CaO 和 MgO 总含量（%，不小于）	90	85	80	85	80	75
未消化残渣含量（5mm 圆孔筛余，%，不大于）	5	10	15	5	10	15
CO_2 含量（%，不大于）	5	7	9	6	8	10
产浆量（L/kg，不小于）	2.8	2.8	2.0	2.8	2.3	2.0

2. 建筑生石灰粉

与生石灰一样，建筑生石灰粉分为钙质生石灰粉和镁质生石灰粉。根据 CaO 和 MgO 总含量、CO_2 含量和细度不同，可分为优等、一等和合格 3 个等级（表 3-2-2）。

表 3-2-2　建筑生石灰粉的技术指标

项目		钙质生石灰粉			镁质生石灰粉		
		优等品	一等品	合格品	优等品	一等品	合格品
CaO 和 MgO 总含量（%，不小于）		85	80	75	80	75	70
CO_2 含量（%，不大于）		7	9	11	8	10	12
细度	0.90mm 筛筛余（%，不大于）	0.2	0.5	1.5	0.2	0.5	1.5
	0.125mm 筛筛余（%，不大于）	7.0	12.0	18.0	7.0	12.0	18.0

3. 建筑消石灰粉

根据 MgO 含量的不同，建筑消石灰粉分为钙质消石灰粉（MgO 含量<4%）、镁质消石灰粉（4%≤MgO 含量<24%）和白云石消石灰粉（24%≤MgO 含量<30%）3 类。根据 CaO 和 MgO 总含量、游离水含量、体积安定性和细度的不同，建筑消石灰粉可分为优等、一等和合格 3 个等级（表 3-2-3）。

表 3-2-3　建筑消石灰粉的技术指标

项目		钙质消石灰粉			镁质消石灰粉			白云石消石灰粉		
		优等品	一等品	合格品	优等品	一等品	合格品	优等品	一等品	合格品
CaO 和 MgO 总含量（%，不小于）		70	65	60	65	60	55	65	60	55
游离水含量（%）		0.4~2	0.4~2	0.4~2	0.4~2	0.4~2	0.4~2	0.4~2	0.4~2	0.4~2
体积安定性		合格	合格	—	合格	合格	—	合格	合格	—
细度	0.90mm 筛筛余（%，不大于）	0	0	0.5	0	0	0.5	0	0	0.5
	0.125mm 筛筛余（%，不大于）	3	10	15	3	10	15	3	10	15

3.3　石膏的特点及应用要求

石膏是以硫酸钙为主要成分的气硬性胶凝材料。石膏胶凝材料及其制品具有许多优良的性质。石膏原料来源丰富，生产能耗低，在土木建筑工程中应用广泛。目前常用的石膏胶凝材料有建筑石膏、高强石膏、无水石膏水泥等。

3.3.1　生产石膏的原材料

（1）生石膏。生石膏通常指天然二水石膏（也称"软石膏"），其分子式为 $CaSO_4 \cdot 2H_2O$，是生产建筑石膏的最主要原料。生石膏粉加水后不硬化且无胶结力。

（2）化工石膏。化工石膏是指含有二水硫酸钙（$CaSO_4 \cdot 2H_2O$）及 $CaSO_4$ 混合物的化工副产品。生产磷酸和磷肥时的废料称磷石膏，生产氢氟酸时的废料称氟石膏，此外还有盐石膏、芒硝石膏、钛石膏等，这些都可作为生产建筑石膏的原料，但性能比用生石膏制得的建筑石膏差。

（3）硬石膏。硬石膏是指天然无水石膏，不含结晶水，与生石膏差别较大，分子式为 $CaSO_4$。硬石膏通常用于生产建筑石膏制品或添加剂。

3.3.2 建筑石膏的生产工艺

将生石膏在 $107 \sim 170℃$ 条件下煅烧，脱去部分结晶水而制得的半水石膏称为建筑石膏，又称熟石膏，分子式为 $CaSO_4 \cdot 0.5H_2O$。其反应式为 $CaSO_4 \cdot 2H_2O \longrightarrow CaSO_4 \cdot 0.5H_2O + 1.5H_2O\uparrow$。生石膏在加热过程中，产品性能会随温度、压力的变化而变化。上述条件下生产的石膏为 β 型半水石膏，也是最常用的建筑石膏。若将生石膏在 $125℃$、$0.13MPa$ 的蒸压锅内蒸炼，则会生成 α 型半水石膏。α 型半水石膏晶粒较粗，拌制石膏浆体时的需水量较小，因此，硬化后强度较高，称为高强石膏。当煅烧温度升高到 $170 \sim 300℃$ 时，半水石膏会继续脱水，生成可溶性硬石膏（$CaSO_4\text{-Ⅲ}$）。$CaSO_4\text{-Ⅲ}$ 的凝结速度比半水石膏快，但需水量大，强度低。若温度继续升高到 $400 \sim 1000℃$，则会生成慢溶性硬石膏（$CaSO_4\text{-Ⅱ}$）。$CaSO_4\text{-Ⅱ}$ 难溶于水，只有在加入某些激发剂后才会具有水化硬化能力，但强度较高，耐磨性能较好。$CaSO_4\text{-Ⅱ}$ 与激发剂混磨后的产品称为硬石膏水泥。

3.3.3 建筑石膏的凝结硬化机理

二水石膏的溶解度比半水石膏小，所以二水石膏首先从饱和溶液中析晶沉淀，并促使半水石膏继续溶解，这一反应过程是连续不断进行的，直至半水石膏全部水化生成二水石膏为止。这就是对建筑石膏水化和凝结硬化机理的简单描述。

1. 建筑石膏的水化

建筑石膏加水拌合后与水发生水化反应生成 $CaSO_4 \cdot 2H_2O$ 的过程称为水化，其反应式为 $CaSO_4 \cdot 0.5H_2O + 1.5H_2O \longrightarrow CaSO_4 \cdot 2H_2O$。水化反应生成的 $CaSO_4 \cdot 2H_2O$ 与生石膏的分子式相同，但由于结晶度和结晶型态不同，故二者的物理力学性能有很大的差异。

2. 建筑石膏的凝结硬化

随着水化反应的不断进行，自由水分被不断水化、蒸发而不断减少，生成的二水石膏微粒比半水石膏细，且比表面积大，因而能吸附更多的水，使石膏浆体很快失去塑性而凝结。随着二水石膏微粒结晶的不断长大，其晶体颗粒逐渐互相搭接、交错、共生，产生强度（即硬化）。实际上，上述水化和凝结硬化过程是相互交叉且连续进行的。建筑石膏凝结硬化过程的最显著特点是速度快、体积微膨胀，其水化过程的时间一般为 $7 \sim 12min$，整个凝结硬化过程只需 $20 \sim 30min$。建筑石膏在凝结硬化过程中会产生约 1% 的体积膨胀，这是其他胶凝材料所不具有的特性。

3.3.4 建筑石膏的主要技术性质

建筑石膏的主要技术性质可概括为 7 点，即凝结硬化快、强度较高、体积微膨胀、色白可加彩色、保温性能好、耐水性差但具有一定的调湿功能、防火性好。

（1）凝结硬化快。建筑石膏加水拌合后 10min 内便会失去塑性而初凝，30min 内即可终凝硬化并产生强度。由于其初凝时间短，不便施工操作，故使用时一般均加入缓凝剂，以延长其凝结时间。常用的缓凝剂有经石灰处理的动物胶（掺量 0.1%～0.2%）、亚硫酸酒精废液（掺量 1%）、硼砂、柠檬酸、聚乙烯醇等。掺缓凝剂后，石膏制品的强度会有所降低。

（2）强度较高。建筑石膏的强度发展快，一般 7h 即可达最大值。其抗压强度约为 8～12MPa。

（3）体积微膨胀。建筑石膏在凝结硬化过程中的体积微膨胀特性会使石膏制品表面光滑、体形饱满、无收缩裂纹，因此，特别适用于刷面和制作建筑装饰制品。

（4）色白可加彩色。建筑石膏颜色洁白，杂质含量越少，颜色越白。因此，可加入各种颜料，调制成彩色石膏制品，且保色性好。

（5）保温性能好。石膏制品生产时往往会加入过量的水，蒸发后必然会形成大量的内部毛细孔，孔隙率达 50%～60%。由于表观密度小（800～1000kg/m³）、导热系数小，所以具有良好的保温、绝热性能，常被用作保温材料，并具有一定的吸声功能。

（6）耐水性差但具有一定的调湿功能。建筑石膏制品的软化系数为 0.2～0.3，不耐水。但由于其毛细孔隙较多、比表面积大，故当空气过于潮湿时能吸收水分，当空气过于干燥时则能释放出水分，具备调节空气相对湿度的能力。提高建筑石膏耐水性的主要措施是掺入矿渣、粉煤灰等活性混合材，掺入防水剂或进行表面防水处理。

（7）防火性好。建筑石膏制品导热系数小、传热慢、比热大，二水石膏遇火会脱水产生水蒸气，因而能有效阻止火势蔓延，起到防火作用，但脱水后制品强度会下降。

3.3.5 建筑石膏的应用

建筑石膏在土木工程中主要用于室内抹灰及粉刷，制作建筑装饰制品、石膏板及其他用途。

（1）室内抹灰及粉刷。抹灰是指以建筑石膏为胶凝材料，加入水和砂子配成石膏砂浆进行内墙面抹平。由建筑石膏的特性可知，石膏砂浆具有良好的保温隔热性能，能调节室内空气的湿度，并具备良好的隔声与防火性能，由于其不耐水而不宜在外墙使用。粉刷是指将建筑石膏加水和适量外加剂调制成涂料，以涂刷装修内墙面。其特点是表面光洁、细腻、色白且透湿透气，由于凝结硬化快、施工方便、黏结强度高，因而是一种良好的内墙涂料。

（2）制作建筑装饰制品。在杂质含量少的建筑石膏（有时称为模型石膏）中加入少量纤维增强材料和建筑胶水等可制作成各种装饰制品。当然，还可掺入颜料，将其制成彩色制品。

（3）制作石膏板。石膏板是土木工程中使用量最大的一类板材，常见的有石膏装饰板、空心石膏板、蜂窝板等，通常作为装饰吊顶、隔板或保温、隔声、防火等使用。

（4）其他用途。建筑石膏可作为生产某些硅酸盐制品时的增强剂，如粉煤灰砖、炉渣制品等。也可用于油漆或粘贴墙纸等的基层找平。

建筑石膏在运输和储存时要注意防潮，储存期一般不宜超过 3 个月，超期会导致石膏制品质量下降。

3.3.6 建筑石膏的技术标准

建筑石膏为粉状胶凝材料，其堆积密度为 $800\sim1000kg/m^3$，密度约为 $2.5\sim2.8g/cm^3$。根据强度、细度和凝结时间的不同，建筑石膏可分为优等品、一等品和合格品（表 3-3-1），其中各等级建筑石膏的初凝时间均不得小于 6min，终凝时间不得大于 30min。表中所列强度指标为 2h 的强度值。

表 3-3-1　建筑石膏的质量指标

等级	优等品	一等品	合格品
抗折强度	2.5	2.1	1.8
抗压强度	4.9	3.9	2.0～2.9
细度 0.2mm 方孔筛筛余（%，不大于）	5.0	10.0	15.0

3.4　水玻璃的特点及应用要求

3.4.1　水玻璃的组成与制备

水玻璃分为钠水玻璃和钾水玻璃两类，俗称泡花碱。钠水玻璃为硅酸钠水溶液，分子式为 $Na_2O \cdot nSiO_2$。钾水玻璃为硅酸钾水溶液，分子式为 $K_2O \cdot nSiO_2$。土木工程中主要使用钠水玻璃。工程技术要求较高时也可采用钾水玻璃。优质纯净的水玻璃为无色透明的黏稠液体且溶于水，含有杂质时呈淡黄色或青灰色。

钠水玻璃分子式 $Na_2O \cdot nSiO_2$ 中的 n 称为水玻璃的模数，代表 Na_2O 和 SiO_2 的分子数之比，是非常重要的参数。n 值越大，水玻璃的黏性和强度越高，但水中的溶解能力却会相应下降。n 大于 3.0 时只能溶于热水中并给使用带来麻烦。n 值越小，水玻璃的黏性和强度越低，且越易溶于水。土木工程中常用 n 值为 $2.6\sim2.8$，从而确保其既易溶于水又有较高的强度。

我国生产的水玻璃模数一般为 $2.4\sim3.3$。水玻璃在水溶液中的含量（或称浓度）常用密度或波美度表示。土木工程中常用水玻璃的密度一般为 $1.36\sim1.50g/cm^3$，相当于波美度 $38.4\sim48.3°Bé$。密度越大，水玻璃含量越高，黏度越大。

通常采用石英粉（SiO_2）加上纯碱（Na_2CO_3）在 $1300\sim1400℃$ 的高温下煅烧生成固体 $Na_2O \cdot nSiO_2$，再在高温或高温高压水中溶解制得溶液状水玻璃产品。

3.4.2　水玻璃的凝结固化机理

水玻璃在空气中的凝结固化与石灰的凝结固化非常相似，主要通过碳化和脱水结晶固结两个过程来实现，反应式为 $Na_2O \cdot nSiO_2 + mH_2O + CO_2 \longrightarrow Na_2CO_3 + nSiO_2 \cdot mH_2O$。随着碳化反应的进行，硅凝胶（$nSiO_2 \cdot mH_2O$）含量增加，接着自由水分蒸发和硅凝胶脱水，形成固体 SiO_2 而凝结硬化，其特点是速度慢、体积收缩、强度低。由于空气

中 CO_2 浓度低，故碳化反应及整个凝结固化过程十分缓慢。为加快水玻璃的凝结固化速度，提高强度，水玻璃使用时一般要求加入固化剂氟硅酸钠（Na_2SiF_6），其反应式为 $2(Na_2O \cdot nSiO_2) + mH_2O + Na_2SiF_6 \longrightarrow (2n+1)SiO_2 \cdot mH_2O + 6NaF$。$Na_2SiF_6$ 的掺量一般为 12%～15%，若掺量少，则凝结固化慢且强度低；若掺量太多，则凝结硬化过快，不便施工操作，且硬化后早期强度虽高，但后期强度明显降低。因此，使用时应严格控制固化剂掺量，并根据气温、湿度、水玻璃模数、密度在上述范围内进行适当调整，气温高、模数大、密度小时选下限，反之亦然。

3.4.3 水玻璃的主要技术性质

水玻璃的主要技术性质是黏结力和强度较高、耐酸性好、耐热性好、耐碱性和耐水性差。

（1）黏结力和强度较高。水玻璃硬化后的主要成分为硅凝胶（$nSiO_2 \cdot mH_2O$）和固体，其比表面积大，因而具有较高的黏结力。但水玻璃的自身质量、配合料性能及施工养护等因素对强度有显著影响。

（2）耐酸性好。水玻璃可以抵抗除氢氟酸（HF）、热磷酸和高级脂肪酸以外的几乎所有无机酸和有机酸。

（3）耐热性好。水玻璃硬化后形成的二氧化硅网状骨架在高温下强度下降很小，当采用耐热耐火集料配制水玻璃砂浆和混凝土时，其耐热度可达 1000℃，因此，可将水玻璃混凝土的耐热度理解为主要取决于集料的耐热度。

（4）耐碱性和耐水性差。因 SiO_2 和 $Na_2O \cdot nSiO_2$ 均为酸性物质，可溶于碱，故水玻璃不能在碱性环境中使用。同样，由于 $Na_2O \cdot nSiO_2$、NaF、Na_2CO_3 均溶于水而不耐水，所以可采用中等浓度的酸对已硬化的水玻璃进行酸洗处理，以提高其耐水性。

3.4.4 水玻璃的应用

水玻璃的应用主要体现在以下 5 个方面。

（1）涂刷材料表面，提高抗风化能力。水玻璃溶液涂刷或浸渍材料后能渗入缝隙和孔隙中，固化的硅凝胶能堵塞毛细孔通道，提高材料的密度和强度，进而提高抗风化能力。但水玻璃不得用来涂刷或浸渍石膏制品，因为水玻璃会与石膏反应生成硫酸钠，并在制品孔隙内结晶膨胀，导致石膏制品开裂破坏。

（2）加固土壤。将水玻璃与 $CaCl_2$ 溶液交替注入土壤中，两种溶液会迅速反应生成硅胶和硅酸钙凝胶，从而起到胶结和填充孔隙的作用，使土壤的强度和承载能力提高。这种方法常用于粉土、砂土和填土的地基加固，称为双液注浆。

（3）配制速凝防水剂。水玻璃可与多种矾配制成速凝防水剂，用于堵漏、填缝等局部抢修。这种多矾防水剂的凝结速度很快，一般凝结时间为几分钟，其中四矾防水剂的凝结时间不超过 1min，所以工地上使用时必须做到即配即用。多矾防水剂常用胆矾（硫酸铜，$CuSO_4 \cdot 5H_2O$）、红矾（重铬酸钾，$K_2Cr_2O_7$）、明矾［也称白矾，硫酸铝钾，$KAl(SO_4)_2 \cdot 12H_2O$］、紫矾［$KC_r(SO_4)_2 \cdot 12H_2O$］等四种矾。

（4）配制耐酸胶凝、耐酸砂浆和耐酸混凝土。耐酸胶凝是用水玻璃和耐酸粉料（常用石英粉）配制而成的。与耐酸砂浆和耐酸混凝土一样，耐酸胶凝主要用于有耐酸要求的工程，如硫酸池等。

（5）配制耐热胶凝、耐热砂浆和耐热混凝土。水玻璃耐热胶凝主要用于耐火材料的砌筑和修补。水玻璃耐热砂浆和耐热混凝土主要用于高炉基础和其他有耐热要求的结构部位。

3.5　镁质胶凝材料的特点及应用要求

3.5.1　镁质胶凝材料的生产原材料和生产工艺

镁质胶凝材料是指以 MgO 为主要成分的无机气硬性胶凝材料，有时称为菱苦土。它是由以 $MgCO_3$ 为主要成分的菱镁矿在 800℃左右煅烧而得到的。其生产方式与石灰相似，反应式为 $MgCO_3 \longrightarrow MgO + CO_2 \uparrow$。块状 MgO 经磨细后即为白色或浅黄色粉末状的镁质胶凝材料，类似于磨细生石灰粉，密度为 $3.1 \sim 3.4 g/cm^3$，堆积密度为 $800 \sim 900 kg/m^3$。此外，蛇纹石（$3MgO \cdot 2SiO_2 \cdot 2H_2O$）、冶炼镁合金的熔渣（MgO 含量＞25％）、白云石（$MgCO_3 \cdot CaCO_3$）等也可用来生产镁质胶凝材料，其性质和用途与镁质胶凝材料相似。采用白云石生产镁质胶凝材料时，温度不宜超过 800℃，以防止 $CaCO_3$ 分解。镁质胶凝材料的产品组成为 MgO 和 $CaCO_3$ 的混合物。

3.5.2　镁质胶凝材料的凝结硬化机理

镁质胶凝材料（MgO）与水拌合后的水化反应与石灰熟化相似，其特点是反应快（但比石灰熟化慢）并放出大量热，反应式为 $MgO + H_2O \longrightarrow Mg(OH)_2 + Q \uparrow$。镁质胶凝材料的凝结硬化机理与石灰完全相同，特点相同，即速度慢、体积收缩大且强度很低，因此，很少直接加水使用。

为了加快凝结硬化速度，提高制品强度，镁质胶凝材料使用时均需加入适量固化剂。最常用的固化剂为氯化镁（$MgCl_2 \cdot 6H_2O$）溶液，也可用硫酸镁（$MgSO_4 \cdot 7H_2O$）、氯化铁（$FeCl_3$）或硫酸亚铁（$FeSO_4 \cdot H_2O$）等盐类的溶液。$MgCl_2$ 和 $FeCl_3$ 溶液较常用。氯化镁固化剂的反应式为 $mMgO + nMgCl_2 \cdot 6H_2O + 3H_2O \longrightarrow mMgO \cdot nMgCl_2 \cdot 9H_2O$。反应生成的氯氧化镁（$mMgO \cdot nMgCl_2 \cdot 9H_2O$）结晶速度比氢氧化镁［$Mg(OH)_2$］快，因而加快了镁质胶凝材料的凝结硬化速度，且其制品强度也得到了显著提高。$MgCl_2$ 溶液（密度为 $1.2 g/cm^3$）的掺量一般为镁质胶凝材料的 55％～60％。掺量太大，则凝结速度过快，且收缩大、强度低；掺量过少，则硬化太慢，强度也低。此外，温度对凝结硬化很敏感，$MgCl_2$ 掺量可根据温度作适当调整。

3.5.3　镁质胶凝材料的技术性质

镁质胶凝材料的技术性质主要表现为凝结时间适中、强度高、黏结性能好。

（1）凝结时间适中。现行《建筑地面工程施工质量验收规范》（GB 50209）规定，镁质胶凝材料应用密度为 $1.2 g/cm^3$ 的 $MgCl_2$ 溶液调制成标准稠度净浆，初凝时间不得早于 20min，终凝时间不得迟于 6h。

（2）强度高。用 $MgCl_2$ 溶液和镁质胶凝材料配制的制品的抗压强度可达 40～60MPa，其中 1d 强度可达最高强度的 $60\%～80\%$，7d 左右可达最高强度。镁质胶凝材料硬化后的表观密度小（1000～1100kg/m³），属于轻质、早强、高强胶凝材料。

（3）黏结性能好。镁质胶凝材料制品遇水或在潮湿环境中极易吸水变形，导致强度下降，且其制品表面会出现泛霜（俗称返卤）现象，影响正常使用，因此只能在干燥环境中使用。在镁质胶凝材料制品中掺入 $MgSO_4$ 和 $FeSO_4$ 固化剂，可提高其耐水性，但强度会下降。改善镁质胶凝材料耐水性的最佳途径是掺入磷酸盐或防水剂（成本较高），也可掺入矿渣、粉煤灰等活性混合材料。此外，由于镁质胶凝材料制品中氯离子含量高，因此对铁钉、钢筋的锈蚀作用很强。应尽量避免用铁钉等固定镁质胶凝材料板材，或使其与钢材等易锈材料直接接触。

3.5.4 镁质胶凝材料的应用

镁质胶凝材料主要用于菱苦土木屑地面和板材。

（1）菱苦土木屑地面。以镁质胶凝材料、木屑、$CaCl_2$ 及其他混合材料（如滑石粉、砂、石屑、粉煤灰、颜料）等制作的地坪具有一定弹性，且能防火、防爆，导热性小，表面光洁、不起灰，主要用于室内车间。

（2）板材。将镁质胶凝材料加入刨花、木丝、玻璃纤维、聚酯纤维等，通常可制作各种板材，如装饰板、防火板、隔墙板等，也可用于制作通风管道。加入发泡剂时还可制作保温板。

思考题与习题

1. 简述胶凝材料的类型及特点。
2. 简述生产石灰的原料特点，石灰的生产工艺和熟化工艺。
3. 简述石灰的凝结硬化机理。提高凝结硬化速度的简易措施有哪些？
4. 石灰的主要技术性质有哪些？如何应用？使用时掺入麻刀、纸筋等的作用是什么？
5. 简述石灰的技术标准体系。
6. 简述生产石膏的原料特点及生产工艺。
7. 简述建筑石膏的凝结硬化机理。它与石灰凝结硬化过程有哪些区别？
8. 建筑石膏的主要技术性质有哪些？如何应用？
9. 简述建筑石膏的技术标准体系。
10. 简述水玻璃的组成与制备方法。

第4章 水 泥

水泥为粉末状物质，属于无机水硬性胶凝材料。水泥与水混合后成为可塑性浆体，经一系列物理-化学作用凝结硬化后变成坚硬石状体，并能将散粒状材料胶结成为整体。水泥是目前最主要的建筑材料之一，广泛应用于工业与民用建筑、交通工程、水利水电工程、送变电工程、港口与航道工程、国防工程。水泥可与集料及增强材料制成混凝土、钢筋混凝土、预应力混凝土构件，也可配制砌筑砂浆、装饰砂浆、抹面砂浆、防水砂浆，用于建筑物的砌筑、抹面和装饰等施工过程。

水泥按性能和用途不同可分为通用硅酸盐水泥、专用水泥、特性水泥；按主要水硬性物质的不同可分为硅酸盐水泥、铝酸盐水泥、硫铝酸盐水泥、铁铝酸盐水泥、氟铝酸盐水泥等。

水泥品种虽然很多，但在常用水泥中，通用硅酸盐水泥仍是最基本的。因此，本章以通用硅酸盐水泥为主要内容，在此基础上对其他几种常用水泥作概括性的介绍。

4.1 通用硅酸盐水泥

凡以适当成分的生料（主要含 CaO、SiO_2、Al_2O_3、Fe_2O_3）按适当比例磨成细粉，烧至熔融所得到的以硅酸钙为主要成分的矿物统称为硅酸盐水泥熟料。由此熟料和适量的石膏、混合材料制成的水硬性胶凝材料称为通用硅酸盐水泥。通用硅酸盐水泥包括硅酸盐水泥、普通硅酸盐水泥、矿渣硅酸盐水泥、火山灰质硅酸盐水泥、粉煤灰硅酸盐水泥和复合硅酸盐水泥。现行《通用硅酸盐水泥》（GB 175）规定了通用硅酸盐水泥的定义与分类、组分与材料、强度等级、技术要求、试验方法、检验规则和包装、标志、运输与贮存等。通用硅酸盐水泥的组分规定见表 4-1-1。

表 4-1-1 通用硅酸盐水泥的组分规定（%）

品种	代号	组分				
		熟料＋石膏	粒化高炉矿渣	火山灰质混合材料	粉煤灰	石灰石
硅酸盐水泥	P·I	100	—	—	—	—
	P·II	≥95	≤5	—	—	—
		≥95	—	—	—	≤5
普通硅酸盐水泥	P·O	≥80 且＜95	>5 且≤20			—
矿渣硅酸盐水泥	P·S·A	≥50 且＜80	>20 且≤50	—	—	—
	P·S·B	≥30 且＜50	>50 且≤70	—	—	—

续表

品种	代号	组分				
		熟料+石膏	粒化高炉矿渣	火山灰质混合材料	粉煤灰	石灰石
火山灰质硅酸盐水泥	P·P	≥60且<80	—	>20且≤40		
粉煤灰硅酸盐水泥	P·F	≥60且<80	—	—	>20且≤40	—
复合硅酸盐水泥	P·C	≥50且<80	>20且≤50			

4.1.1　通用硅酸盐水泥的材料要求

（1）硅酸盐水泥熟料。硅酸盐水泥熟料为主要含 CaO、SiO_2、Al_2O_3、Fe_2O_3 的原料按适当比例磨成细粉，烧至部分熔融所得到的以硅酸钙（$CaSiO_3$）为主要矿物成分的水硬性胶凝物质。其中 $CaSiO_3$ 矿物的含量不少于 66%，CaO 和 SiO_2 的质量比不小于 2.0。

（2）石膏。天然石膏应为符合现行《天然石膏》（GB/T 5483）规定的 G 类或 M 类二级（含）以上的石膏或混合石膏。工业副产石膏应为以 $CaSO_4$ 为主要成分的工业副产物，采用前应经过试验证明其对水泥性能无害。

（3）活性混合材料。活性混合材料应为分别符合现行《用于水泥中的粒化高炉矿渣》（GB/T 203）、《用于水泥和混凝土中的粒化高炉矿渣粉》（GB/T 18046）、《用于水泥和混凝土中的粉煤灰》（GB/T 1596）、《用于水泥中的火山灰质混合材料》（GB/T 2847）等标准要求的粒化高炉矿渣、粒化高炉矿渣粉、粉煤灰、火山灰质混合材料。

（4）非活性混合材料。非活性混合材料应为活性指标分别低于现行 GB/T 203、GB/T 18046、GB/T 1596、GB/T 2847 等标准要求的粒化高炉矿渣、粒化高炉矿渣粉、粉煤灰、火山灰质混合材料以及石灰石和砂岩，其中石灰石中的 Al_2O_3 含量应不大于 2.5%。

（5）窑灰。窑灰应符合现行《掺入水泥中的回转窑窑灰》（JC/T 742）的规定。

（6）助磨剂。水泥粉磨时允许加入助磨剂，其加入量应不大于水泥质量的 0.5%。助磨剂应符合现行《水泥助磨剂》（GB/T 26748）的规定。

4.1.2　通用硅酸盐水泥的强度等级

硅酸盐水泥的强度分为 42.5、42.5R、52.5、52.5R、62.5、62.5R 六个等级；普通硅酸盐水泥的强度分为 42.5、42.5R、52.5、52.5R 四个等级；矿渣硅酸盐水泥、火山灰质硅酸盐水泥、粉煤灰硅酸盐水泥、复合硅酸盐水泥的强度分为 32.5、32.5R、42.5、42.5R、52.5、52.5R 六个等级。

4.1.3　通用硅酸盐水泥的技术要求

（1）化学指标。化学指标应符合表 4-1-2 的规定。

表 4-1-2 通用硅酸盐水泥的化学指标要求 (%)

品种	代号	不溶物（质量分数）	烧失量（质量分数）	三氧化硫（质量分数）	氧化镁（质量分数）	氯离子（质量分数）
硅酸盐水泥	P·I	≤0.75	≤3.0	≤3.5	≤5.0①	
	P·Ⅱ	≤1.50	≤3.5			
普通硅酸盐水泥	P·O	—	≤5.0			
矿渣硅酸盐水泥	P·S·A	—	—	≤4.0	≤6.0②	≤0.06③
	P·S·B	—	—		—	
火山灰质硅酸盐水泥	P·P	—	—	≤3.5	≤6.0②	
粉煤灰硅酸盐水泥	P·F	—	—			
复合硅酸盐水泥	P·C	—	—			

注：① 如果水泥压蒸试验合格，则水泥中氧化镁的含量（质量分数）允许放宽至 6.0%；

② 水泥中氧化镁的含量（质量分数）大于 6.0% 时，需进行水泥压蒸安定性试验；

③ 当要求不高时，该指标可由供需双方协商确定。

（2）碱含量。碱含量为选择性指标。水泥中碱含量按（$Na_2O+0.658K_2O$）的含量计算值表示。若使用活性集料，或用户要求提供低碱水泥，则水泥中的碱含量应不大于 0.60% 或由供需双方协商确定。

（3）物理指标。物理指标包括凝结时间、安定性、强度、细度等。

① 凝结时间应符合要求，硅酸盐水泥的初凝不早于 45min，终凝不迟于 390min；普通硅酸盐水泥、矿渣硅酸盐水泥、火山灰质硅酸盐水泥、粉煤灰硅酸盐水泥和复合硅酸盐水泥的初凝不早于 45min，终凝不迟于 600min。

② 安定性应符合要求，即采用沸煮法应合格。

③ 强度应符合要求，通用硅酸盐水泥各龄期的强度应符合表 4-1-3 的规定。

④ 细度为选择性指标。硅酸盐水泥和普通硅酸盐水泥的细度以比表面积表示（不小于 300m²/kg）；矿渣硅酸盐水泥、火山灰质硅酸盐水泥、粉煤灰硅酸盐水泥和复合硅酸盐水泥的细度以筛余表示（80μm 方孔筛筛余不大于 10% 或 45μm 方孔筛筛余不大于 30%）。

表 4-1-3 通用硅酸盐水泥的强度要求 (MPa)

品种	强度等级	抗压强度		抗折强度	
		3d	28d	3d	28d
硅酸盐水泥	42.5	≥17.0	≥42.5	≥3.5	≥6.5
	42.5R	≥22.0		≥4.0	
	52.5	≥23.0	≥52.5	≥4.0	≥7.0
	52.5R	≥27.0		≥5.0	
	62.5	≥28.0	≥62.5	≥5.0	≥8.0
	62.5R	≥32.0		≥5.5	
普通硅酸盐水泥	42.5	≥17.0	≥42.5	≥3.5	≥6.5
	42.5R	≥22.0		≥4.0	
	52.5	≥23.0	≥52.5	≥4.0	≥7.0
	52.5R	≥27.0		≥5.0	

品种	强度等级	抗压强度		抗折强度	
		3d	28d	3d	28d
矿渣硅酸盐水泥、火山灰质硅酸盐水泥、粉煤灰硅酸盐水泥、复合硅酸盐水泥	32.5	≥10.0	≥32.5	≥2.5	≥5.5
	32.5R	≥15.0		≥3.5	
	42.5	≥15.0	≥42.5	≥3.5	≥6.5
	42.5R	≥19.0		≥4.0	
	52.5	≥21.0	≥52.5	≥4.0	≥7.0
	52.5R	≥23.0		≥4.5	

4.1.4　通用硅酸盐水泥的试验方法

（1）组分试验。按现行《水泥组分的定量测定》（GB/T 12960）或选择准确度更高的方法进行。正常生产情况下，生产者每月应至少对水泥组分进行一次校核，年平均值应符合现行标准的规定，单次检验值应不超过现行标准规定最大限量的 2%。为确保组分测定结果的准确性，生产者应采用适当的生产程序，对所选方法的可靠性进行验证，并将经验证的方法形成文件。

（2）不溶物、烧失量、SO_3、MgO 和碱含量试验。按现行《水泥化学分析方法》（GB/T 176）进行。

（3）压蒸安定性试验。按现行《水泥压蒸安定性试验方法》（GB/T 750）进行。

（4）氯离子试验。按现行《水泥原料中氯离子的化学分析方法》（JC/T 420）进行。

（5）标准稠度用水量、凝结时间和安定性试验。按现行《水泥标准稠度用水量、凝结时间、安定性检验方法》（GB/T 1346）进行。

（6）强度试验。按现行《水泥胶砂强度检验方法（ISO 法）》（GB/T 17671）进行。火山灰质硅酸盐水泥、粉煤灰硅酸盐水泥、复合硅酸盐水泥和掺火山灰质混合材料的普通硅酸盐水泥在进行胶砂强度检验时，用水量按水胶比 1：2 和胶砂流动度不小于 180mm 来确定。当流动度小于 180mm 时，须以 0.01 的整倍数递增的方法将水胶比调整至胶砂流动度不小于 180mm。胶砂流动度试验按现行《水泥胶砂流动度测定方法》（GB/T 2419）进行，其中胶砂制备按现行 GB/T 17671 进行。

（7）比表面积试验。按现行《水泥比表面积测定方法　勃氏法》（GB/T 8074）进行。

（8）$80\mu m$ 和 $45\mu m$ 筛余试验。按现行《水泥细度检验方法　筛析法》（GB/T 1345）进行。

4.1.5　硅酸盐水泥的特点

硅酸盐水泥是硅酸盐类水泥的一个基本品种，其他品种的硅酸盐类水泥都是在其基础上加入一定量的混合材料或适当改变熟料中的矿物成分的含量而制成的。凡由硅酸盐水泥熟料、不超过 5% 石灰石或粒化高炉矿渣、适量石膏磨细制成的水硬性胶凝材料均称为硅酸盐水泥，即国外通称的"波特兰水泥"。硅酸盐水泥分两种类型，不掺加混合材料的硅酸盐水泥称为 I 型硅酸盐水泥（代号 P·I）；在硅酸盐水泥熟料粉磨时掺加不超过水泥质量 5% 的石灰石或粒化高炉矿渣混合材料的硅酸盐水泥称为 II 型硅酸盐水泥（代号 P·II）。

4.1.6 硅酸盐水泥的生产过程

生产硅酸盐水泥的原材料主要是石灰质原料和黏土质原料。石灰质原料主要提供 CaO，可以通过石灰石、白垩、石灰质疑灰岩和泥灰岩等获得。黏土质原料主要提供 SiO_2、Al_2O_3 及少量的 Fe_2O_3，当 Fe_2O_3 不能满足配合料的成分要求时，需要借助校正原料铁粉或铁矿石来提供，有时也需要借助砂岩、粉砂岩等硅质校正原料来补充 SiO_2。硅酸盐水泥是以几种原材料按一定比例混合后磨细制成生料，然后将生料送入回转窑或立窑煅烧，得到以硅酸钙为主要成分的水泥熟料，再与适量石膏共同磨细得到的。概括地讲，硅酸盐水泥的主要生产工艺过程为"两磨"（磨细生料、磨细水泥）、"一烧"（生料煅烧成熟料）。硅酸盐水泥的生产工艺流程见图 4-1-1。煅烧是水泥生产的主要过程。生料要经历干燥（100～200℃）、预热（300～500℃）、分解（500～900℃黏土脱水分解为 SiO_2 和 Al_2O_3，后期石灰石分解为 CaO 和 CO_2）、烧成（1000～1200℃生成铝酸三钙、铁铝酸四钙和硅酸二钙；1300～1450℃生成硅酸三钙）和冷却几个阶段。

图 4-1-1 硅酸盐水泥的生产工艺流程

4.1.7 硅酸盐水泥的主要成分

硅酸盐水泥熟料的主要矿物组成见表 4-1-4。

表 4-1-4 硅酸盐水泥熟料的主要矿物组成

矿物成分名称	分子式	简称	含量（%）	密度（g/cm³）
硅酸三钙	$3CaO \cdot SiO_2$	C_3S	37～60	3.25
硅酸二钙	$2CaO \cdot SiO_2$	C_2S	15～37	3.28
铝酸三钙	$3CaO \cdot Al_2O_3$	C_3A	7～15	3.04
铁铝酸四钙	$4CaO \cdot Al_2O_3 \cdot Fe_2O_3$	C_4AF	10～18	3.77

水泥熟料中各种矿物成分的相对含量变化时，水泥的性质也会随之改变，由此可以生产出不同性质的水泥，如提高 C_3S 的含量可制得高强度水泥；提高 C_3S 和 C_3A 的总含量可制得快硬早强水泥；降低 C_3A 和 C_3S 的含量则可制得低水化热的水泥。

4.1.8 硅酸盐水泥的水化和凝结硬化机理

熟料矿物与水进行的化学反应简称水化反应。水泥加水拌合后会形成具有可塑性的水泥浆。经过一定的时间后，水泥浆体会逐渐变稠，并失去塑性，但还不具备强度，这一过程称为水泥的凝结。凝结过程又可进一步细分为初凝和终凝两个阶段。随着时间的延续，水泥强度逐渐增加，形成坚硬的水泥石，这个过程称为水泥的硬化。凝结与硬化是人为划分的两个阶段，实际上它们是水泥浆体中发生的一种连续而复杂的物理-化学变化过程。

1. 硅酸盐水泥的水化

当水泥颗粒与水接触后，表面的熟料矿物成分开始发生水化反应，生成水化产物，并放出一定的热量。

（1）硅酸三钙（C_3S）的水化反应。常温下，C_3S 的水化反应可大致用反应式 $2(3CaO \cdot SiO_2)+6H_2O \longrightarrow 3CaO \cdot 2SiO_2 \cdot 3H_2O+3Ca(OH)_2$ 表达。生成的产物水化硅酸钙（$3CaO \cdot 2SiO_2 \cdot 3H_2O$）中 CaO 和 SiO_2 的真实比例（钙硅比）和结合水量、水化条件、水化龄期等有关。$3CaO \cdot 2SiO_2 \cdot 3H_2O$ 几乎不溶于水，而以胶体微粒析出，并逐渐凝聚成为凝胶，通常将这些成分不固定的水化硅酸钙称为 C-S-H 凝胶。C-S-H 凝胶尺寸很小，具有巨大的内比表面积，凝胶粒子间存在范德华力和化学结合键，由它们构成的网状结构具有很高的强度，所以硅酸盐水泥的强度主要是由 C-S-H 凝胶提供的。水化生成的 $Ca(OH)_2$ 在溶液中的浓度会很快达到过饱和，并以六方晶体析出。$Ca(OH)_2$ 的强度、耐水性和耐久性都很差。

（2）硅酸二钙（C_2S）的水化反应。C_2S 的水化反应速度慢、放热量小，虽然其水化产物与 C_3S 相同，但数量却不同，因此，C_2S 早期强度低，后期强度高。其水化反应式为 $2(2CaO \cdot SiO_2)+4H_2O \longrightarrow 3CaO \cdot 2SiO_2 \cdot 3H_2O+Ca(OH)_2$。

（3）铝酸三钙（C_3A）的水化反应。C_3A 的水化反应迅速、放热量很大，其生成物为水化铝酸三钙，反应式为 $3CaO \cdot Al_2O_3+6H_2O \longrightarrow 3CaO \cdot Al_2O_3 \cdot 6H_2O$。水化铝酸三钙为立方晶体。在液相中，$Ca(OH)_2$ 浓度达到饱和时，C_3A 还会发生另一种水化反应，即 $3CaO \cdot Al_2O_3+Ca(OH)_2+12H_2O \longrightarrow 4CaO \cdot Al_2O_3 \cdot 13H_2O$。生成物水化铝酸四钙为六方片状晶体，在 $Ca(OH)_2$ 浓度达到饱和时，其数量会迅速增加，使得水泥浆体加水后迅速凝结，来不及施工。因此，在硅酸盐水泥生产中通常加入 2%～3% 的石膏，以调节硅酸盐水泥的凝结时间。硅酸盐水泥中的石膏迅速溶解，与水化铝酸钙发生反应，生成针状晶体的高硫型水化硫铝酸钙（$3CaO \cdot Al_2O_3 \cdot 3CaSO_4 \cdot 31H_2O$，又称钙矾石），沉积在水泥颗粒表面形成保护膜，从而延缓了水泥的凝结时间。石膏耗尽时，C_3A 还会与钙矾石反应生成单硫型水化硫铝酸钙（$3CaO \cdot Al_2O_3 \cdot CaSO_4 \cdot 12H_2O$）。

（4）铁铝酸四钙（C_4AF）的水化反应。C_4AF 与水反应会生成立方晶体的 $3CaO \cdot Al_2O_3 \cdot 6H_2O$ 和胶体状的水化铁酸一钙，其水化反应式为 $4CaO \cdot Al_2O_3 \cdot Fe_2O_3+7H_2O \longrightarrow 3CaO \cdot Al_2O_3 \cdot 6H_2O+CaO \cdot Fe_2O_3 \cdot H_2O$。在有 $Ca(OH)_2$ 或石膏存在时，C_4AF 将进一步水化，生成水化铝酸钙和水化铁酸钙的固溶体，或水化硫铝酸钙和水化硫铁酸钙的固溶体。

水化物中 CaO 与酸性氧化物（如二氧化硅或三氧化二铝）的比值称为碱度。一般情况下，硅酸盐水泥水化产生的水化物为高碱性水化物。如果忽略一些次要的和少量的成分，硅酸盐水泥与水作用后生成的主要水化产物是水化硅酸钙和水化铁酸钙凝胶，以及氢氧化钙、水化铝酸钙和水化硫铝酸钙晶体。在完全水化的水泥石中，水化硅酸钙的质量约占 50%，氢氧化钙的质量约占 25%。

2. 硅酸盐水泥的凝结与硬化

硅酸盐水泥的凝结与硬化过程可按水化放热曲线（或水化反应速度）和水泥浆体结构的变化特征分为初始反应期、潜伏期、凝结期、硬化期等 4 个阶段。

（1）初始反应期。硅酸盐水泥加水拌合后，水泥颗粒分散于水中形成水泥浆，水泥颗粒表面的熟料（特别是 C_3A）迅速水化，在石膏环境下形成钙矾石，并伴随有显著的放热现象，这就是初始反应期，时间只有 $5\sim10min$。此时水化产物不是很多，它们相互之间的引力也比较小，水泥浆体具有可塑性。由于各种水化产物的溶解度都很小，并不断地沉淀析出，导致初始阶段水化速度很快，来不及扩散，于是在水泥颗粒周围析出胶体和晶体［水化硫铝酸钙、$3CaO\cdot2SiO_2\cdot3H_2O$ 和 $Ca(OH)_2$ 等］，并逐渐围绕着水泥颗粒形成水化物膜层。

（2）潜伏期。水泥颗粒的水化不断进行，使包裹水泥颗粒表面的水化物膜层逐渐增厚。膜层的存在减小了外部水分向内渗入和水化产物向外扩散的速度，水化反应和放热速度减慢。在潜伏期，水泥颗粒间的水分可渗入膜层，与内部水泥颗粒进行反应。产生的水化产物使膜层向内增厚，同时水分渗入膜层内部的速度大于水化产物透过膜层向外扩散的速度，造成膜层内外的浓度差，并形成了渗透压，最终导致膜层破裂、水化反应加速、潜伏期结束。由于该阶段的水化产物不够，因此水泥颗粒仍是分散的，水泥的流动性基本不变。这个过程一般持续 $30\sim60min$。

（3）凝结期。从硅酸盐水泥的水化放热曲线看，放热速度加快，经过一定的时间后达到最大放热峰值。膜层破裂以后，周围饱和程度较低的溶液与尚未水化的水泥颗粒内核接触，再次使反应速度加快，直至形成新的膜层。水泥凝胶体膜层的向外增厚以及随后的破裂、扩展使水泥颗粒之间原来被水所占的空隙逐渐减小，包有凝胶体的颗粒则通过凝胶体的扩展而逐渐接近，在某些点相接触，并以分子键相连接，构成了比较疏松的空间网状的凝聚结构。有外界扰动（如振动）时，凝聚结构破坏；撤去外界扰动时，结构又能够恢复，这种性质称为水泥的触变性。触变性会随水泥的凝聚结构的发展而丧失。凝聚结构的形成使水泥开始失去可塑性，这个过程称为水泥的初凝。初凝时间一般为 $1\sim3h$。随着水化的进行和凝聚结构的发展，固态水化物不断增加，颗粒间的空隙逐渐减小，导致水化物之间相互接触点的数量增加，形成结晶体和凝胶体互相贯穿的凝聚-结晶结构，从而使水泥完全失去可塑性，这同时又是强度开始发展的起点，这个过程称为水泥的终凝。终凝时间一般为 $3\sim6h$。

（4）硬化期。随着水化的不断进行，水泥颗粒之间的空隙逐渐缩小为毛细孔。由于水泥内核的水化使水化产物的数量逐渐增加，并向外扩展填充于毛细孔中，凝胶体间的空隙越来越小，浆体进入硬化阶段而逐渐产生强度。在适宜的温度和湿度条件下，水泥强度可以持续地增长（6小时至若干年）。

水泥颗粒的水化和凝结硬化是从水泥颗粒表面开始的。随着水化的进行，水泥颗粒内部的水化越来越困难。经过长时间（几年，甚至几十年）的水化后，多数水泥颗粒仍剩余尚未水化的内核。所以，硬化后的水泥石结构是由水泥凝胶体（胶体与晶体）、未水化的水泥内核以及孔隙组成的，它们在不同时期相对数量的变化决定着水泥石的性质。水泥石强度发展的规律是 $3\sim7d$ 内强度增长最快，$28d$ 内强度增长较快，超过 $28d$ 后强度将继续发展但非常缓慢。因此，一般把 $3d$、$28d$ 作为其强度等级评定的标准龄期。

3. 水泥石的结构

在水泥水化过程中形成的以水化硅酸钙凝胶为主体，其中分布着氢氧化钙等晶体的结构通常称为水泥凝胶体。T·C·鲍威尔认为，凝胶是由尺寸很小（粒径约 $1\times10^{-7}\sim1\times10^{-5}cm$）的凝胶微粒（胶粒）与位于胶粒之间的凝胶孔（胶孔，粒径约 $1\times10^{-7}\sim3\times$

10^{-7} cm）所组成的。胶孔尺寸仅比水分子尺寸大 1 个数量级。这个尺寸太小，不能在胶孔中形成晶核和长成微晶体，为水化产物所填充，所以胶孔的孔隙率基本上是个常数，其体积约占凝胶体自身体积的 28%，且不随水胶比与水化程度的变化而变化。

水泥水化物（特别是 C-S-H 凝胶）具有高度分散性，且其中又包含大量的微细孔隙，所以水泥石有很大的内比表面积，采用水蒸气吸附法测定的内比表面积约 2.1×10^5 m^2/kg，与未水化的水泥相比提高了 3 个数量级，这样就使水泥具有较高的黏结强度。同时，胶粒表面可强烈地吸附一部分水分，该水分与填充胶孔的水分合称为凝胶水。凝胶水的数量随凝胶的增加而增加。

毛细孔的孔径大小不一，一般大于 2×10^{-5} cm。毛细孔中的水分称为毛细水。毛细水的结合力较弱，脱水温度较低，脱水后形成毛细孔。在水泥浆体硬化过程中，随着水泥水化的进行，水泥石中的水泥凝胶体体积将不断增大，并填充于毛细孔内，使毛细孔体积不断减小，水泥石的结构越来越密实，水泥石的强度不断提高。

拌合水泥浆体时，水与水泥的质量之比称为水胶比。水胶比是影响水泥石结构性质的重要因素。水胶比大时，水化生成的水泥凝胶体不足以堵塞毛细孔，这样不仅会降低水泥石的强度，还会降低其抗渗性和耐久性，如水胶比为 0.4 时，水泥石完全水化时的孔隙率为 29.3%，而水胶比为 0.7 时，水泥石完全水化时的孔隙率则为 50.3%。但对于毛细孔，前者孔隙率为 2.2%，后者孔隙率为 31.0%，因此，后者的强度和耐久性均很低。

4. 影响水泥水化和凝结硬化的主要因素

影响水泥水化和凝结硬化的直接因素是矿物组成（限于篇幅，本书不作进一步介绍）。此外，水泥的水化和凝结硬化还与水泥细度、拌合用水量、养护温湿度、养护龄期及其他因素有关。

（1）水泥细度。水泥颗粒的粗细直接影响到水泥的水化和凝结硬化。因为水化是从水泥颗粒表面开始逐渐深入到内部的。水泥颗粒越细，与水的接触表面积越大，整体水化反应越快，凝结硬化也越快。

（2）拌合用水量。为使水泥制品能够成型，水泥浆体应具有一定的可塑性和流动性，因此，所加入的水一般要远远超过水化的理论需水量。多余的水在水泥石中会形成较多的毛细孔和缺陷，从而影响水泥的凝结硬化过程以及水泥石的强度。

（3）养护温湿度。保持适宜的环境温度和湿度来促使水泥强度增长的措施称为养护。提高环境温度可以促进水泥水化，加速其凝结硬化，加快早期强度发展，但若温度太高（超过 40℃），则会对后期强度产生不利影响。温度降低时，水化反应减慢，当日平均温度低于 5℃时，硬化速度会严重降低，此时必须按冬季施工进行蓄热养护，才能保证水泥制品强度的正常发展。若水结冰，则水化停止，而且体积会膨胀，破坏水泥石的结构。潮湿环境下的水泥石能够保持足够的水分进行水化和凝结硬化，并使水泥石强度不断增大。环境干燥时，水分将会很快蒸发，水泥浆体中缺乏水泥水化所需要的水分时，水化就不能正常进行，强度也不能正常发展，同时，水泥制品失水过快会导致其出现收缩裂缝。

（4）养护龄期。水泥的水化和凝结硬化在较长时间内是一个不断进行的过程。早期水化速度快，强度发展也比较快，后期会逐渐减慢。

（5）其他因素。在水泥中添加少量物质能使水泥的某些性质发生显著改变，这些物质称为水泥的外加剂。其中一些外加剂能显著改变水泥的凝结硬化性能，如缓凝剂可延缓水泥的凝结；速凝剂可加速水泥的凝结；早强剂可提高水泥混凝土的早期强度。一般来说，混合材料的加入通常会使水泥的早期强度降低、后期强度提高，凝结时间也会稍微延长。水泥品种不同，强度发展速度也不同。

4.1.9 硅酸盐水泥的主要技术性质

硅酸盐水泥的主要技术性质主要表现为细度、凝结时间、体积安定性、强度等。

1. 细度

细度是指粉体材料的粗细程度，通常用筛分析法或比表面积法来测定。筛分析法以 $80\mu m$ 方孔筛的筛余率表示；比表面积法以 $1kg$ 材料所具有的总表面积（m^2/kg）来表示。水泥颗粒越细，比表面积越大，与水的接触面越多，水化反应进行得越快、越充分，凝结硬化越快，且强度（特别是早期强度）越高。一般认为，粒径小于 $40\mu m$ 的水泥颗粒才具有较高的活性，粒径大于 $100\mu m$ 的水泥颗粒表现出惰性。因此水泥的细度对水泥的性质具有很大影响。但水泥越细，就越易吸收空气中的水分而受潮，不利于储存。另外，提高水泥的细度还要增加粉磨能耗，并会降低粉磨设备的生产率，增加成本。现行规范规定，硅酸盐水泥比表面积应大于 $300m^2/kg$，细度不符合规定要求的水泥为不合格品。

2. 凝结时间

水泥的凝结时间分初凝时间和终凝时间。初凝时间是指从水泥加水拌合到水泥浆开始失去可塑性所需的时间；终凝时间是指从水泥加水拌合到水泥浆完全失去可塑性，并开始具有强度（但还没有强度）的时间。水泥初凝时，凝聚结构形成，水泥浆开始失去可塑性，若在水泥初凝后还进行施工，不但由于水泥浆体可塑性降低不利于施工成型，而且还会影响水泥内部结构的形成，降低强度。因此，为使混凝土和砂浆具有足够的时间进行搅拌、运输、浇注、振捣、成型或砌筑，水泥的初凝时间不能太短。施工结束以后，则要求混凝土能尽快硬化，并具有强度，因此，水泥的终凝时间不能太长。水泥凝结时间是以标准稠度的水泥净浆在规定的温度和湿度条件下用凝结时间测定仪测定的。现行规范规定，硅酸盐水泥的初凝时间不得早于 45min，终凝时间不得迟于 6.5h。

3. 体积安定性

水泥的体积安定性是衡量水泥在凝结硬化过程中体积变化是否均匀的指标。如果水泥在硬化过程中产生不均匀的体积变化，即为安定性不良。使用安定性不良的水泥时，水泥制品表面将会鼓包、起层以及产生膨胀性的龟裂等，导致强度降低，甚至会引起严重的工程质量事故。水泥的体积安定性不良是因为熟料中含有过多游离氧化钙、游离氧化镁或掺入的石膏过量等。

熟料中所含的游离氧化钙和游离氧化镁均属于过烧，其水化速度很慢，在已硬化的水泥石中还会继续与水反应，发生体积膨胀，并引起不均匀的体积变化，在水泥石中产生膨胀应力，并降低水泥石强度，进而导致水泥石龟裂、弯曲、崩溃等现象的发生。其反应式分别为 $CaO+H_2O \longrightarrow Ca(OH)_2$ 和 $MgO+H_2O \longrightarrow Mg(OH)_2$。

若水泥生产中掺入的石膏过多，在水泥硬化以后，石膏还会继续与水化铝酸钙反应生成水化硫铝酸钙，体积增大约 1.5 倍，同样会引起水泥石的开裂。

现行规范规定用沸煮法来检验水泥的体积安定性，测试方法为雷氏法，也可以用试饼法检验，在有争议时以雷氏法为准。

雷氏法是通过测定雷氏夹中的水泥浆经恒沸 3h 后的膨胀值来判断的，当两个试件沸煮后的膨胀值的平均值不大于 5.0mm 时，该水泥安定性合格，反之为不合格。

用试饼法检验时，将标准稠度的水泥净浆做成试饼，经恒沸 3h 以后，用肉眼观察未发现裂纹，用直尺检查没有弯曲，则安定性合格，反之为不合格。

沸煮法起到加速氧化钙水化的作用，因此，只能检验游离氧化钙过多引起的水泥体积安定性不良问题。游离氧化镁的水化作用比游离氧化钙更加缓慢，必须用压蒸方法才能检验出它是否有危害作用。石膏的危害则需长期浸在常温水中才能发现。由于氧化镁和石膏的危害作用不便于快速检验，现行规范规定，水泥出厂时硅酸盐水泥中氧化镁的含量不得超过 5.0%，如经压蒸安定性检验合格允许放宽到 6.0%；硅酸盐水泥中三氧化硫的含量不得超过 3.5%。

体积安定性不合格的水泥为废品，不得在工程中使用。但某些体积安定性不良的水泥在放置一段时间后，由于水泥中游离氧化钙吸收空气中的水分而水化，会使安定性变得符合要求。

4. 强度

水泥的强度主要取决于水泥熟料矿物的组成、相对含量以及水泥的细度，另外还与用水量、试验方法、养护条件、养护时间等因素有关。水泥强度一般是指水泥胶砂试件单位面积上所能承受的最大外力。根据外力作用方式的不同，水泥强度可分为抗压强度、抗折强度、抗拉强度等。这些强度之间既有内在联系，又有很大区别。水泥的这些强度中以抗压强度为最高，一般是抗拉强度的 8~20 倍。实际土木结构中主要利用的就是水泥的抗压强度。现行规范规定，水泥的强度用胶砂试件检验。检验时，将水泥和中国标准砂按 1/3 及水胶比 0.5 的比例以规定的方法搅拌制成标准试件（尺寸为 40mm×40mm×160mm），在标准条件下（20±1）℃的水中养护至 3d 和 28d，测定两个龄期的抗折强度和抗压强度。

5. 其他技术性质

其他技术性质包括水化热、标准稠度用水量、不溶物和烧失量、碱含量等。

（1）水化热。水泥的水化是放热反应，放出的热量称为水化热。水泥的放热过程可以持续很长时间，但大部分热量是在早期放出的，放热对混凝土结构影响最大的也是在早期（特别是在最初 3d 或 7d 内）。硅酸盐水泥的水化热很大，用硅酸盐水泥浇注大型基础、桥梁墩台、水利工程等大体积混凝土构筑物时，由于混凝土本身是热的不良导体，水化热积蓄在混凝土内部不易发散，会使混凝土内部温度急剧上升，内外温差可达到 50~60℃，并会产生很大的温度应力而导致混凝土开裂，严重影响混凝土结构的完整性和耐久性。因此，大体积混凝土中一般要严格控制水泥的水化热，有时还应对混凝土结构物采用相应的温控施工措施，如原材料降温、使用冰水、埋冷凝水管、测温和特殊养护等。水化热和放热速率与水泥矿物成分及水泥细度有关。各熟料矿物在不同龄期放出的水化热可参考表 4-1-5。由表可知，C_3A 和 C_3S 的水化热最大，放热速率也快；C_4AF 的水化热中等；C_2S 的水化热最小，放热速度也最慢。硅酸盐水泥的水化热很大，因此不能用于大体积混凝土中。

表 4-1-5　各熟料矿物在不同龄期放出的水化热（J/g）

矿物名称	凝结硬化时间					完全水化
	3d	7d	28d	90d	180d	
C_3S	406	460	485	519	565	669
C_2S	63	105	167	184	209	331
C_3A	590	661	874	929	1025	1063
C_4AF	92	251	377	414	—	569

（2）标准稠度用水量。在测定水泥凝结时间、体积安定性等时，为避免出现误差，并使结果具有可比性，必须在规定的水泥标准稠度下进行试验。标准稠度是指当标准试杆沉入净浆并能稳定在距底板（6±1）mm 时，按规定方法拌制的水泥净浆在水泥标准稠度测定仪上的稠度。其拌合用水量即为水泥的标准稠度用水量，按此时水与水泥质量的百分比计算。水泥的标准调度用水量主要与水泥的细度及其矿物成分等有关。硅酸盐水泥的标准稠度用水量一般在 21%～28%之间。

（3）不溶物和烧失量。不溶物是指水泥经酸和碱处理后不能被溶解的残余物，是水泥中非活性组分的反映，主要由生料、混合材料和石膏中的杂质产生。现行规范规定，Ⅰ型硅酸盐水泥中的不溶物不得超过 0.75%；Ⅱ型硅酸盐水泥中的不溶物不得超过 1.50%。烧失量是指水泥经高温灼烧以后的质量损失率。现行规范规定，Ⅰ型硅酸盐水泥中的烧失量不得大于 3.0%；Ⅱ型硅酸盐水泥中的烧失量不得大于 3.5%。

（4）碱含量。硅酸盐水泥中除了主要矿物成分外，还含有少量 Na_2O、K_2O 等。水泥中的碱含量用（$Na_2O+0.658K_2O$）含量的计算值表示。当用于混凝土中的水泥碱含量过高，同时集料具有一定的碱活性时，就会发生有害的碱-集料反应。因此，现行规范规定，若使用活性集料，用户要求提供低碱水泥时，水泥中的碱含量不得大于 0.6%，或由供需双方商定。硅酸盐水泥性能中，凡氧化镁、三氧化硫、初凝时间、安定性中任何一项不符合标准规定时均为废品。凡细度、终凝时间、不溶物和烧失量中的任一项不符合标准规定，或混合材料掺加量超过最大限量、强度低于商品标号规定指标时均为不合格品。水泥包装标志中水泥品种、标号、工厂名称和出厂编号不全的也属于不合格品。

4.1.10　硅酸盐水泥的腐蚀

硅酸盐水泥硬化以后，在通常使用条件下，其强度在几年甚至几十年中仍会有提高，且会有较好的耐久性。但在某些腐蚀性介质的作用下，其强度会下降并发生起层剥落，严重时会引起整个工程结构的破坏。比较典型的腐蚀有软水腐蚀（溶出性侵蚀）、硫酸盐腐蚀、镁盐腐蚀、碳酸腐蚀、一般酸类腐蚀、盐类循环结晶腐蚀等。

1. 软水腐蚀

软水是不含或仅含少量钙、镁可溶性盐的水，如雨水、雪水、蒸馏水以及含重碳酸盐很少的河水和湖水等。水泥石长期与软水接触时，其中的某些水化物会按照溶解度的大小依次缓慢地溶解。在静止、无压力的水中，水泥石周围的水很快会被溶出的 $Ca(OH)_2$ 所饱和。溶出停止，影响的部位仅限于水泥石的表面部位，而对水泥石的性能基本没有不良影响。但在流动水、压力水中，水流会不断将溶出的 $Ca(OH)_2$ 带走而降低周围

Ca（OH）$_2$的浓度。水泥石中水化产物都必须在一定的石灰浓度的液相中才能稳定存在，低于此极限石灰浓度时，水化产物将会发生逐步分解。各主要水化产物稳定存在时，所必需的极限石灰（CaO）浓度是氢氧化钙1.3g/L、水化硅酸三钙1.2g/L、水化铁铝酸四钙1.06g/L、水化硫铝酸钙0.045g/L。各种水化产物与水作用时，Ca（OH）$_2$由于溶解度最大而首先被溶出。在水量不多或无水压的情况下，由于周围的水被溶出的Ca（OH）$_2$所饱和，其溶出作用会很快中止。但在大量水或流动水中Ca（OH）$_2$会不断溶出，特别是当水泥石渗透性较大而又受压力水作用时，水不仅能渗入内部，还能产生渗流作用，将Ca（OH）$_2$溶解并携滤出来，水泥石的密实度会减小，强度也会受到影响。另外，由于液相中Ca（OH）$_2$浓度的降低还会使一些高碱性水化产物向低碱性转变或溶解，于是水泥石的结构会相继受到破坏，强度不断降低，裂隙不断扩展，渗漏更加严重，最后可能导致水泥石整体破坏。

环境水的水质较硬时，环境水中的重碳酸盐能与水泥石中的Ca（OH）$_2$起作用，生成几乎不溶于水的$CaCO_3$，其反应式为$Ca（OH）_2 + Ca（HCO_3）_2 \longrightarrow 2CaCO_3 + 2H_2O$。生成的$CaCO_3$积聚在已硬化水泥石的孔隙内，可阻止外界水浸入和内部Ca（OH）$_2$向外扩散，因此，硬水不会对水泥石产生腐蚀。

2. 硫酸盐腐蚀

湖水、海水、沼泽水、地下水以及某些工业污水中常含钠、钾、铵等的硫酸盐，水泥石处于其中将发生硫酸盐腐蚀。以硫酸钠为例，硫酸钠（如10个结晶水的芒硝）与Ca（OH）$_2$反应生成二水石膏，即$Na_2SO_4 \cdot 10H_2O + Ca（OH）_2 \longrightarrow CaSO_4 \cdot 2H_2O + 2NaOH + 8H_2O$。然后二水石膏与水化铝酸钙反应生成高硫型水化硫铝酸钙，即$3CaO \cdot Al_2O_3 \cdot 6H_2O + 3（CaSO_4 \cdot 2H_2O） + 19H_2O \longrightarrow 3CaO \cdot Al_2O_3 \cdot 3CaSO_4 \cdot 31H_2O$。高硫型水化硫铝酸钙含有大量结晶水，体积会增加到1.5倍，由于是在已经硬化的水泥石中发生上述反应，因此对水泥石的破坏作用很大。高硫型水化硫铝酸钙呈针状晶体，俗称"水泥杆菌"。当水中硫酸盐浓度较高时，硫酸钙会在毛细孔中直接结晶成二水石膏，体积增大，同样会引起水泥石的破坏。

3. 镁盐腐蚀

在海水及地下水中含有大量的镁盐，主要是$MgSO_4$和$MgCl_2$，它们与水泥石中的Ca（OH）$_2$会发生两种反应，即$MgCl_2 + Ca（OH）_2 \longrightarrow CaCl_2 + Mg（OH）_2$和$MgSO_4 + Ca（OH）_2 + 2H_2O \longrightarrow CaSO_4 \cdot 2H_2O + Mg（OH）_2$。生成的Mg（OH）$_2$松软而无胶凝能力，$CaCl_2$易溶于水，二水石膏则会引起硫酸盐腐蚀，因此，$MgSO_4$对水泥石起着镁盐和硫酸盐双重腐蚀的作用。

4. 碳酸腐蚀

在工业污水、地下水中常溶解有一定量的CO_2，它对水泥石的腐蚀作用有两个方面。首先，弱碳酸与水泥石中的Ca（OH）$_2$反应生成Ca_3CO_3，即$Ca（OH）_2 + CO_2 + H_2O \longrightarrow CaCO_3 + 2H_2O$。然后$CaCO_3$再与弱碳酸作用生成Ca（HCO$_3$）$_2$（这是一个可逆反应），即$CaCO_3 + CO_2 + H_2O \longrightarrow Ca（HCO_3）_2$。生成的Ca（HCO$_3$）$_2$易溶于水（当水中含有较多的碳酸，并超过平衡浓度时，反应反向进行），因此，水泥石中固体的Ca（OH）$_2$不断地转变为易溶的重碳酸钙而溶失。Ca（OH）$_2$浓度的降低还会导致水泥石中其他水泥水化物的分解，并使腐蚀作用进一步加剧。

5. 一般酸类腐蚀

工业废水、地下水、沼泽水中常含无机酸和有机酸，工业窑炉的烟气中常含有 SO_2，SO_2 遇水后生成亚硫酸。上述各种酸类对水泥石均有不同程度的腐蚀作用，它们与水泥石中的 Ca（OH）$_2$ 发生中和反应，生成的化合物或者易溶于水或者体积膨胀，从而在水泥石中形成孔洞或膨胀压力。腐蚀作用较强的无机酸有盐酸、氢氟酸、硝酸、硫酸，有机酸有醋酸、蚁酸等。盐酸与水泥石中的 Ca（OH）$_2$ 发生中和反应的反应式为 $2HCl + $Ca（OH）$_2 \longrightarrow CaCl_2 + 2H_2O$，生成的 $CaCl_2$ 易溶于水。H_2SO_4 与水泥石中的 Ca（OH）$_2$ 发生中和反应的反应式为 $H_2SO_4 + $Ca（OH）$_2 \longrightarrow CaSO_4 \cdot 2H_2O$，生成的二水石膏能与水泥石中的水化铝酸钙作用，生成高硫型水化硫铝酸钙，或直接在水泥石孔隙中结晶产生膨胀压力。

6. 盐类循环结晶腐蚀

海水及某些土壤中含有较多无机盐，处于其中的水泥制品将产生由干湿循环引起的循环结晶腐蚀作用。在反复干湿循环作用下，水泥制品即使不发生明显的化学反应，渗入水泥制品孔隙中的盐类也会不断地溶解结晶，同样会导致水泥制品发生严重破坏。海水中含有大量无机盐，长期处于海水浪溅区中的混凝土结构最易发生破坏，原因之一就是海水中的混凝土在干湿循环条件下受到海盐的循环结晶腐蚀。无机盐含量大的盐碱土壤中的电线杆等混凝土结构受腐蚀最严重的部位均在地表附近，此处同样是干湿循环下盐类循环结晶最严重的部位。

4.1.11　硅酸盐水泥的防腐

引起水泥石腐蚀的根本原因有两个，即水泥石中含有氢氧化钙、水化铝酸钙等不耐腐蚀的水化产物；水泥石本身不密实。水泥石本身不密实会有很多毛细孔，腐蚀性介质容易通过毛细孔深入到水泥石内部，加速腐蚀进程或引起盐类循环结晶腐蚀。实际环境中的水泥石腐蚀往往是一个极为复杂的过程，可能是几种作用同时存在、互相影响的结果。另外，引起腐蚀的因素还有较高的温度、较快的水流速、干湿循环等。

防止水泥石腐蚀的措施主要有 3 个，即根据工程所处的环境特点选择适宜的水泥品种；提高水泥石的密实程度；进行表面防护处理。硅酸盐水泥的水化产物中，氢氧化钙和水化铝酸钙的含量都较高，因此耐腐蚀性差，在有腐蚀性介质的环境中应优先考虑采用掺混合材料的硅酸盐水泥或特种水泥。水泥石密实度越高，抗渗能力越强，腐蚀性介质越难以进入。有些工程因混凝土不够密实而在腐蚀环境中过早遭到破坏，提高水泥石的密实度可以有效地延缓各类腐蚀作用。降低水胶比、掺加减水剂、改进施工方法等均可提高水泥石的密实程度。在腐蚀作用较强时，可采用表面涂层或表面加保护层的方法防腐，如采用各种防腐涂料、玻璃、陶瓷、塑料、沥青防腐层等。

4.1.12　硅酸盐水泥的应用

硅酸盐水泥凝结正常、硬化快、早期强度与后期强度均较高，适用于重要结构的高强混凝土和预应力混凝土工程。硅酸盐水泥的耐冻性、耐磨性好，适用于冬季施工以及严寒地区遭受反复冻融的工程。硅酸盐水泥水化过程的放热量大，不宜用于大体积混凝土工程。硅酸盐水泥的耐腐蚀性差，其水化产物中 Ca（OH）$_2$ 的含量较多，耐软水腐蚀性和耐化学腐蚀性较差，不适用于受流动的或有水压的软水作用的工程，也不适用于受海水及其他腐蚀介质作用的工程。硅酸盐水泥的耐热性差，硅酸盐水泥石受热达 $200\sim300℃$ 时，其水化物开始脱水，强度开始下降；当温度达到 $500\sim600℃$ 时，$Ca(OH)_2$ 分解，强度明显下降；当温度达到 $700\sim1000℃$ 时，强度降低更多，甚至完全丧失并发生破坏，因此，硅酸盐水泥不适用于耐热要求较高的工程。硅酸盐水泥的抗碳化性好、干缩小，水泥中的 $Ca(OH)_2$ 与空气中的 CO_2 的作用称为碳化，由于水泥石中的 $Ca(OH)_2$ 含量多，抗碳化性好，因此，用硅酸盐水泥配制的混凝土可避免钢筋生锈。硅酸盐水泥的干燥收缩小、不易产生干缩裂纹，适用于干燥的环境中。

4.2　铝酸盐水泥

以铝酸钙为主的铝酸盐水泥熟料，磨细制成的水硬性胶凝材料均称为铝酸盐水泥（Aluminate Cements，代号 CA）。铝酸盐水泥是一类快硬、高强、耐腐蚀、耐热的水泥，又称高铝水泥。

4.2.1　铝酸盐水泥的类型及矿物组成

铝酸盐水泥生产的原材料为铝矾土和石灰石。通过调整原材料的比例，改变水泥的矿物组成和比例，可得到不同性质的铝酸盐水泥。铝酸盐水泥按 Al_2O_3 含量的不同分为 4类，即 CA-50、CA-60、CA-70、CA-80。

铝酸盐水泥的主要熟料矿物成分为铝酸一钙（CA）、二铝酸一钙（CA_2）和少量的七铝酸十二钙（$C_{12}A_7$）、硅酸二钙（C_2S）及硅铝酸二钙（C_2AS）等。铝酸盐水泥中，随着 Al_2O_3 含量的提高，$CaO\cdot Al_2O_3$ 的含量降低，矿物成分 CA 的含量逐渐降低，CA_2 的含量逐渐提高。品质优良的铝酸盐水泥一般以 CA 和 CA_2 为主。CA-50 中的主要矿物成分为CA，其含量约占水泥质量的 70%；CA-80 中的主要矿物成分为 CA_2，其含量约占水泥质量的 $60\%\sim70\%$。

CA 具有很高的水硬活性，其特性是凝结正常、硬化速度快，是铝酸盐水泥的主要强度来源。CA 含量过高的水泥的强度发展主要在早期，后期强度提高不显著。

CA_2 水化硬化慢，早期强度低，但后期强度不断提高。铝酸盐水泥的耐火性能随着 CA_2 的提高而提高。CA-80 是一种高耐火性的水泥。

4.2.2　铝酸盐水泥的水化和硬化机理

铝酸盐水泥的水化和硬化主要依赖 CA 和 CA_2 的水化和水化物结晶，其水化产物随温度的不同而不同。

（1）CA 的水化。温度低于 $20℃$ 时，其主要反应式为 $CaO\cdot Al_2O_3+10H_2O\longrightarrow CaO\cdot Al_2O_3\cdot10H_2O$，生成物为水化铝酸一钙（$CAH_{10}$）；温度为 $20\sim30℃$ 时，其主要反应式为 $2(CaO\cdot Al_2O_3)+11H_2O\longrightarrow2CaO\cdot Al_2O_3\cdot8H_2O+Al_2O_3\cdot3H_2O$，生成物为水化铝酸二钙（$C_2AH_8$）和氢氧化铝（$Al_2O_3\cdot3H_2O$）；温度高于 $30℃$ 时，其主要反应式为 $3(CaO\cdot Al_2O_3)+12H_2O\longrightarrow3CaO\cdot Al_2O_3\cdot6H_2O+2(Al_2O_3\cdot3H_2O)$，生成物为水

化铝酸三钙（C_3AH_6）和 $Al_2O_3 \cdot 3H_2O$。

（2）CA_2 的水化。温度低于 20℃时，其主要反应式为 $2(CaO \cdot 2Al_2O_3) + 26H_2O \longrightarrow$ $2(CaO \cdot Al_2O_3 \cdot 10H_2O) + 2(Al_2O_3 \cdot 3H_2O)$；温度为 20～30℃时，其主要反应式为 $2(CaO \cdot 2Al_2O_3) + 17H_2O \longrightarrow 2CaO \cdot Al_2O_3 \cdot 8H_2O + 3(Al_2O_3 \cdot 3H_2O)$；温度高于 30℃时，其主要反应式为 $3(CaO \cdot 2Al_2O_3) + 21H_2O \longrightarrow 3CaO \cdot Al_2O_3 \cdot 6H_2O + 5(Al_2O_3 \cdot 3H_2O)$。

水化产物 CAH_{10} 和 C_2AH_8 为针状或板状结晶，能相互交织成坚固的结晶合成体，析出的氢氧化铝凝胶难溶于水，填充于晶体骨架的空隙中形成致密的结构，使水泥石获得很高的强度。CA 的水化反应集中在早期，5～7d 后水化物的数量很少增加；CA_2 的水化反应集中在后期，使得后期的强度能够增大。

CAH_{10} 和 C_2AH_8 是亚稳定相，随着时间增长会逐渐转化为比较稳定的 C_3AH_6，转化过程随着温度的升高而加快。转化结果使水泥石内析出大量的游离水，增大了孔隙体积，使强度降低。在长期湿热环境中，水泥石的强度会明显降低，甚至会引起结构的破坏。

4.2.3 铝酸盐水泥的技术要求

（1）化学成分。现行《铝酸盐水泥》（GB/T 201）规定，铝酸盐水泥的化学成分（按水泥的质量百分比计）应符合表 4-2-1 的要求。用户需要时，生产商应提供结果和测定方法。

表 4-2-1 铝酸盐水泥的化学成分要求

类型	Al_2O_3	SiO_2	Fe_2O_3	R_2O（$Na_2O+0.658K_2O$）	S 全硫	Cl
CA-50	$60 > Al_2O_3 \geqslant 50$	$\leqslant 8.0$	$\leqslant 2.5$	$\leqslant 0.40$	$\leqslant 0.10$	$\leqslant 0.10$
CA-60	$68 > Al_2O_3 \geqslant 60$	$\leqslant 5.0$	$\leqslant 2.0$	$\leqslant 0.40$	$\leqslant 0.10$	$\leqslant 0.10$
CA-70	$77 > Al_2O_3 \geqslant 68$	$\leqslant 1.0$	$\leqslant 0.7$	$\leqslant 0.40$	$\leqslant 0.10$	$\leqslant 0.10$
CA-80	$Al_2O_3 \geqslant 77$	$\leqslant 0.5$	$\leqslant 0.5$	$\leqslant 0.40$	$\leqslant 0.10$	$\leqslant 0.10$

（2）物理性能。细度应符合要求，比表面积不小于 $300m^2/kg$ 或 0.045mm 筛上的筛余不大于 20%，具体由供需双方商定。凝结时间应符合要求，对于不同类型的铝酸盐水泥，初凝时间不得早于 30min 或 60min，终凝时间不得迟于 6h 或 18h。强度应符合要求，铝酸盐水泥各龄期的抗压强度和胶砂抗折强度不得低于表 4-2-2 中的数值。

表 4-2-2 铝酸盐水泥各龄期的抗压强度和胶砂抗折强度要求

类型	抗压强度（MPa）				胶砂抗折强度（MPa）			
	6h	1d	3d	28d	6h	1d	3d	28d
CA-50	20	40	50	—	3.0	5.5	6.5	—
CA-60	—	20	45	85	—	2.5	5.0	10.0
CA-70	—	30	40	—	—	5.0	6.0	—
CA-80	—	25	30	—	—	4.0	5.0	—

4.2.4 铝酸盐水泥的性能特点与应用

CA-50 快硬，早期强度增长快，24h 即可达到极限强度的 80% 左右，因此适用于紧急抢修工程和早期强度要求高的工程。其水化热大，且集中在早期放出，因此适用于冬季施工，不适用于最小断面尺寸超过 45cm 的构件及大体积混凝土的施工。另外，CA-50 常用于配制膨胀水泥、自应力水泥，或用作化学建材的添加剂等。CA-50 后期强度可能会下降，尤其是在高于 30℃ 的湿热环境下强度下降更快，甚至会引起结构的破坏，因此，结构工程中使用 CA-50 应慎重。

CA-60 水泥熟料一般以 CA 和 CA_2 为主。CA 能够迅速提高早期强度，CA_2 在后期能够保证强度的发展，因此，CA-60 具有较高的早期强度和后期强度。其水化热较高，适用于冬季施工、紧急抢修工程以及早期强度要求高的工程。CA-60 含有一定的 CA_2，因而有较高的耐火性能，也常用于配制耐火混凝土。CA-60 不能用于湿热环境下的工程。

CA-70 和 CA-80 属于低钙铝酸盐水泥，其主要成分为 CA_2，具有良好的耐高温性能，可用于配制耐火混凝土，被广泛用作各种高温炉衬的内衬，特别是耐火砖砌筑比较困难的结构炉体。由于游离的 α-Al_2O_3 晶体熔点高（2040℃），因此，现行规范允许在磨制 Al_2O_3 含量大于 68％ 的水泥（即 CA-70 和 CA-80 水泥）中掺入适量的 α-Al_2O_3 粉，以提高水泥的耐火性。

铝酸盐水泥的主要成分为低钙铝酸盐，游离氧化钙极少，水泥石结构比较致密，因此具有较好的抗硫酸盐侵蚀能力，适用于有抗硫酸盐侵蚀要求的工程。在高温（1200～1300℃）下，铝酸盐水泥石中脱水产物与磨细耐火集料会发生化学反应，逐渐转变成"陶瓷胶结料"，从而使得耐火混凝土强度提高，甚至超过加热前所具有的水硬性胶结强度，因此，铝酸盐水泥具有一定的耐高温性能。随着 Al_2O_3 含量的提高，耐高温性能也会提高。铝酸盐水泥不耐碱，与碱性溶液接触，甚至混凝土集料内含有少量碱性化合物时，都会引起不断的侵蚀，因此不能用于接触碱溶液的工程。铝酸盐水泥最适宜的硬化温度为 15℃ 左右。一般施工时环境温度不得超过 25℃，否则会产生晶型转变，并导致强度降低。铝酸盐水泥的水化热集中于早期释放，从硬化开始便应立即浇水养护，一般不宜浇筑大体积混凝土。

铝酸盐水泥在使用中还应注意以下 4 方面问题。

① 施工过程中不得与硅酸盐水泥、石灰等能析出 $Ca(OH)_2$ 的胶凝物质混合，否则将产生瞬凝，以致无法施工，且会使强度降低。

② 铝酸盐水泥混凝土的后期强度下降较大，应以最低稳定强度设计，最低稳定强度值应以试体脱模后放入（50±2）℃ 水中养护的龄期为 7d 和 14d 的强度值中的低者为准。

③ 采用蒸汽养护加速混凝土的硬化时，养护温度不高于 50℃。

④ 铝酸盐水泥不能与未硬化的硅酸盐水泥混凝土接触使用，可以与具有脱模强度的硅酸盐水泥混凝土接触使用，但其接触处不应长期处于潮湿状态中。

4.3 其他水泥

除前述水泥外，还有其他水泥。这些水泥具有不同的性能和用途，在国家标准中被定义为专用水泥和特性水泥。专用水泥以其主要用途命名；特性水泥以其主要性能命名。专用水泥和特性水泥品种繁多，本节仅介绍工程中常用的几种。

4.3.1　道路硅酸盐水泥

在各种公路路面中，水泥混凝土路面的性能最为优良。水泥混凝土路面不易损坏，使用年限是沥青路面的好几倍。水泥混凝土路面具有路面阻力小、抗油类腐蚀性强、雨天不打滑等优点。道路硅酸盐水泥是为适应我国水泥混凝土路面的需要而发展起来的。

由道路硅酸盐水泥熟料、0～10％活性混合材料和适量石膏磨细制成的水硬性胶凝材料称为道路硅酸盐水泥（简称道路水泥，Portland Cement for Road）。道路硅酸盐水泥是在硅酸盐水泥的基础上，通过合理地配制生料、煅烧等来调整水泥熟料的矿物组成比例，以达到提高抗折强度、抗冲击性、耐磨性、抗冻性和抗疲劳性等效果的。道路硅酸盐水泥按 3d、28d 抗折强度和抗压强度分为 42.5、52.5、62.5 三个强度等级。

现行《道路硅酸盐水泥》（GB/T 13693）规定，道路硅酸盐水泥的化学成分应符合要求。其中，游离氧化镁的含量不得超过 5.0％；三氧化硫的含量不得超过 3.5％；烧失量不得大于 3.0％；熟料中游离氧化钙的含量对旋窑生产不得大于 1.0％，对立窑生产不得大于 1.8％；碱含量在用户提出要求时由供需双方商定，用户要求提供低碱水泥时，水泥中的碱含量不得大于 0.6％。道路硅酸盐水泥的矿物组成应符合要求，熟料中的铝酸三钙含量不得大于 5.0％；铁铝酸四钙含量不得小于 16.0％。道路硅酸盐水泥的物理力学性质应符合要求，细度应合格（比表面积为 300～450m²/kg）；初凝时间不得早于 1.5h；终凝时间不得迟于 10h；安定性采用沸煮法必须合格；干缩率不得大于 0.10％；28d 磨耗量应不大于 3.00kg/m²。

道路硅酸盐水泥具有早强和高抗折强度的特性，这为确保道路混凝土达到设计强度提供了一定的条件。另外，道路硅酸盐水泥还具有耐磨性好、干缩小、抗冲击性和抗冻性好的优点，并具有一定的抗硫酸盐腐蚀性，适用于道路路面、机场跑道、城市广场等工程。

4.3.2　白色硅酸盐水泥

白色硅酸盐水泥（简称白水泥，White Portland Cement，其主要成分是$3CaO \cdot CaSO_4 \cdot 6H_2O$）的生产与硅酸盐水泥基本相同。一般硅酸盐水泥呈灰色或灰褐色，这主要是由水泥熟料中的氧化铁和其他着色物质（如氧化锰、氧化钛等）引起的。普通硅酸盐水泥的氧化铁含量大约为 3％～4％。白色硅酸盐水泥则要严格控制氧化铁的含量，一般应低于水泥质量的 0.5％。此外，氧化锰、氧化钛、氧化铝等其他有色金属氧化物的含量也要加以控制。由于原料中氧化铁含量少会导致生成 C_3S 的温度提高，煅烧的温度要提高到 1550℃左右。

白色硅酸盐水泥按 3d 和 28d 的抗折强度和抗压强度分为 32.5、42.5、52.5 三个强度等级。白度是白色硅酸盐水泥的主要技术指标之一，白度通常以与氧化镁标准版的反射率的比值（％）来表示。白色硅酸盐水泥的白度值不低于 87。为确保白度，煅烧时应采用天然气、煤气或重油作为燃料。粉磨时不能直接用锈钢板和钢球，而应采用白色花岗岩或高强陶瓷衬板，并用烧结瓷球等作为研磨体。因此，白色硅酸盐水泥的生产成本较高，价格较贵。

白色硅酸盐水泥熟料与适量的石膏和耐碱矿物颜料共同磨细可制成彩色硅酸盐水泥（简称彩色水泥，Coloured Portland Cement）。常用的颜料有氧化铁（红、黄、褐、黑色)、二氧化锰（黑、褐色）、氧化铬（绿色）、赭石（褐色）和炭黑（黑色）等。也可将颜料直接与白水泥粉末混合拌匀，配制彩色硅酸盐水泥砂浆和混凝土。这种方法简便易行，颜色可以调节，但有时色彩不匀有色差。

与其他天然的和人造的装饰材料相比，白色硅酸盐水泥和彩色硅酸盐水泥具有耐久性好、价格较低的特点，且能满足装饰工程机械化的要求，主要用于建筑内外装饰的砂浆和混凝土，如水磨石、水刷石、斩假石、人造大理石等。

4.3.3 快硬硅酸盐水泥

凡以硅酸盐水泥熟料和适量石膏磨细制成的水硬性胶凝材料均称为快硬硅酸盐水泥（简称快硬水泥，Rapid Hardening Portland Cement）。快硬硅酸盐水泥与硅酸盐水泥的主要区别在于前者提高了熟料中 C_3A 和 C_3S 的含量，同时适当增加了石膏的掺量，并提高了水泥的粉磨细度。快硬硅酸盐水泥的强度等级以 3d 的抗压强度表示，分为 32.5、37.5、42.5 三个，28d 强度作为供需双方的参考指标。

快硬硅酸盐水泥的细度要求为 0.080mm 方孔筛筛余不得超过 10%；凝结时间中，初凝时间不得早于 45min，终凝时间不得迟于 10h；用沸煮法检验水泥的安定性应合格；水泥中 SO_3 含量不得超过 4.0%；熟料中氧化镁的含量不得超过 5.0%，若水泥压蒸安定性检验合格，则熟料中氧化镁的含量允许放宽到 6.0%。

快硬硅酸盐水泥的特点是凝结硬化快、早期强度发展快，可用于配制早强、高强度等级的混凝土，适用于紧急抢修工程、低温施工工程和高等级混凝土预制构件等。

快硬硅酸盐水泥易受潮变质，在运输和储存时，必须注意防潮，存放期一般不超过 1 个月。

4.3.4 中热硅酸盐水泥、低热硅酸盐水泥和低热矿渣硅酸盐水泥

现行《中热硅酸盐水泥 低热硅酸盐水泥 低热矿渣硅酸盐水泥》（GB/T 200）给出了这三种水泥的定义。以适当成分的硅酸盐水泥熟料，加入适量的石膏，磨细制成的具有中等水化热的水硬性胶凝材料称为中热硅酸盐水泥（简称中热水泥，Moderate Heat Portland Cement，代号 P·MH）；以适当成分的硅酸盐水泥熟料，加入适量的石膏，磨细制成的具有低水化热的水硬性胶凝材料称为低热硅酸盐水泥（简称低热水泥，Low Heat Portland Cement，代号 P·LH）；以适当成分的硅酸盐水泥熟料，加入 20%～60% 粒化高炉矿渣、适量的石膏，磨细制成的具有低水化热的水硬性胶凝材料称为低热矿渣硅酸盐水泥（简称低热矿渣水泥，Low Heat Portland Slag Cement，代号 P·SLH）。

为降低水泥的水化热和放热速度，必须降低熟料中 C_3A 和 C_3S 的含量，并相应地提高 C_4AF 和 C_2S 的含量。但 C_3S 的含量也不宜过少，否则水泥强度的发展会过慢，因此，应着重减少 C_3A 的含量，相应地提高 C_4AF 的含量。

以上三种水泥的氧化镁含量、三氧化硫含量、安定性、碱含量要求与普通水泥相同。细度用比表面积表示，其值应不小于 $250m^2/kg$。凝结时间中，初凝时间不得早于 60min，终凝时间应不迟于 12h。中热水泥和低热水泥的强度等级为 42.5；低热矿渣水泥强度等级为 32.5。

中热水泥的水化热较低，抗冻性与耐磨性较高；低热矿渣水泥的水化热更低，早期强

度低，抗冻性差；低热水泥的性能处于两者之间。中热水泥和低热水泥适用于大体积水工建筑物水位变动区的覆面层及大坝溢流面，以及其他要求低水化热、高抗冻性和耐磨性的工程；低热矿渣水泥适用于大体积建筑物或大坝内部要求更低水化热的部位。此外，这三种水泥具有一定的抗硫酸盐侵蚀能力，可用于低硫酸盐侵蚀的工程。

4.3.5　抗硫酸盐硅酸盐水泥

抗硫酸盐硅酸盐水泥主要用于受硫酸盐侵蚀的海港、水利、地下、隧道、引水、道路和桥梁基础等工程。按抗硫酸盐侵蚀的程度不同，抗硫酸盐硅酸盐水泥可分为中抗硫酸盐硅酸盐水泥和高抗硫酸盐硅酸盐水泥两类。

以适当成分的硅酸盐水泥熟料，加入适量石膏，磨细制成的具有抵抗中等浓度硫酸根离子侵蚀的水硬性胶凝材料称为中抗硫酸盐硅酸盐水泥（简称中抗硫酸盐水泥，Moderate Sulfate Resistance Portland Cement，代号 P·MSR）。

以适当成分的硅酸盐水泥熟料，加入适量石膏，磨细制成的具有抵抗较高浓度硫酸根离子侵蚀的水硬性胶凝材料称为高抗硫酸盐硅酸盐水泥（简称高抗硫酸盐水泥，High Sulfate Resistance Portland Cement，代号 P·HSR）。硅酸盐水泥熟料中，最易受硫酸盐腐蚀的成分是 C_3A，其次是 C_3S，因此，应控制抗硫酸盐水泥中 C_3A 和 C_3S 的含量，但 C_3S 的含量不能太低，否则会影响水泥强度的发展速度。

抗硫酸盐硅酸盐水泥的氧化镁含量、安定性、凝结时间、碱含量要求等与普通水泥相同。抗硫酸盐硅酸盐水泥的 SO_3 含量不大于 2.5%，比表面积不小于 $280m^2/kg$，烧失量不大于 3.0%，不溶物不大于 1.50%，水泥的强度等级按规定龄期的抗压强度和抗折强度分为 42.5、52.5 两个。

抗硫酸盐硅酸盐水泥的抗蚀能力以抗硫酸盐腐蚀系数 F 来评定。抗硫酸盐腐蚀系数是指水泥试件在人工配制的硫酸根离子浓度分别为 $2500mg/L$ 和 $8000mg/L$ 的硫酸钠溶液中浸泡 6 个月后的强度与同时浸泡在饮用水中的试件强度之比。抗硫酸盐硅酸盐水泥的 F 值不得小于 0.8。

4.3.6　膨胀水泥和自应力水泥

一般硅酸盐水泥在空气中凝结和硬化时体积会发生收缩。收缩会使水泥石结构产生微裂缝（龟裂）或裂缝，降低水泥制品的密实性，并影响结构的抗渗性、抗冻性、耐腐蚀性和耐久性。普通膨胀水泥按膨胀值的大小分为膨胀水泥和自应力水泥。膨胀水泥的膨胀率在 1% 以下，抵消或补偿了水泥的收缩，这种水泥又称为无收缩水泥或补偿收缩水泥。当水泥膨胀率较大（$1\%\sim3\%$）时，混凝土受到钢筋的约束压应力，这种压力是由水泥水化产生的体积变化所引起的，所以称为自应力。在有约束的条件下，凝结硬化过程中能够产生一定自应力的水泥称为自应力水泥。

使水泥石体积产生膨胀的水化反应有 3 种，即在水泥中掺入特定的氧化钙；在水泥中掺入特定的氧化镁；使水泥浆体中形成钙矾石。前两种的影响因素较多，膨胀性能不够稳定，实际工程中得到广泛应用的是以钙矾石为膨胀源的各种膨胀水泥。

膨胀水泥按水泥主要矿物成分的不同分为硅酸盐型、铝酸盐型、硫铝酸盐型等。常见的膨胀水泥主要有自应力硅酸盐水泥、明矾石膨胀水泥、自应力铝酸盐水泥、膨胀硫铝酸盐水泥和自应力硫铝酸盐水泥等。

（1）自应力硅酸盐水泥。以适当比例的硅酸盐水泥或普通硅酸盐水泥、铝酸盐水泥和石膏磨制而成的具有膨胀性能的水硬性胶凝材料称为自应力硅酸盐水泥，如以 69%～73%普通硅酸盐水泥、12%～15%铝酸盐水泥、15%～18%二水石膏可配制成较高自应力硅酸盐水泥。

自应力硅酸盐水泥水化时产生膨胀的原因主要是铝酸盐水泥中的铝酸盐和石膏遇水化合生成钙矾石。由于生成的钙矾石较多，膨胀对水泥石结构有影响，会导致强度降低，因此，还应控制其后期的膨胀量，膨胀稳定期不得迟于 28d，同时 28d 的自由膨胀率不得大于 3%。由于自应力硅酸盐水泥中含有硅酸盐水泥熟料与铝酸盐水泥，故凝结时间加快，因此，要求初凝时间不早于 30min，终凝时间不迟于 390min，且规定脱模抗压强度为（12±3）MPa，28d 抗压强度不得低于 10MPa，水泥比表面积大于 340m^2/kg。

（2）明矾石膨胀水泥。凡以硅酸盐水泥熟料为主，天然明矾石、石膏和粒化高炉矿渣（或粉煤灰）按照适当的比例磨细制成的具有膨胀性能的水硬性胶凝材料均称为明矾石膨胀水泥（Alunite Expansive Cement）。明矾石的化学式为 $K_2SO_4 \cdot Al (SO_4)_3 \cdot 2Al_2O_3 \cdot 6H_2O$。明矾石膨胀水泥是用明矾石代替铝酸盐水泥作为含铝相的硅酸盐水泥型膨胀水泥。调节明矾石和石膏的掺量可制得不同膨胀性能的水泥。

现行《明矾石膨胀水泥》（JC/T 311）规定，明矾石膨胀水泥按 3d、7d 和 28d 的抗压强度、抗折强度分为 42.5、52.5、62.5 三个强度等级。明矾石膨胀水泥的比表面积不得低于 420m^2/kg；初凝时间不得早于 45min，终凝时间不得迟于 6h；三氧化硫含量不得超过 80%；其 1/3 软练胶砂试体在水中养护 3d 后，在 1.0MPa 水压下恒压 8h 应不透水；水泥净浆试体在水中养护至各龄期的自由膨胀率应符合以下要求，即 1d 不得小于 0.15%，28d 不得小于 0.35%且不得大于 1.2%。

（3）自应力铝酸盐水泥。自应力铝酸盐水泥是以一定量的铝酸盐水泥熟料和石膏粉磨而成的大膨胀率的胶凝材料。

自应力铝酸盐水泥按 1/2 标准胶砂 28d 自应力值可分为 3.0MPa、4.5MPa、6.0MPa 三个级别；自应力铝酸盐水泥的细度要求为 80μm 筛的筛余量不得大于 10%；初凝时间不早于 30min，终凝时间不迟于 4h。另外，对自应力铝酸盐水泥的自由膨胀率、抗压强度、自应力、三氧化硫含量等也有具体的规定。

（4）膨胀硫铝酸盐水泥和自应力硫铝酸盐水泥。以适当成分的生料经煅烧所得的，以无水硫铝酸盐和 C_2S 为主要矿物成分的熟料，加入适量的石膏磨细，可以制成膨胀硫铝酸盐水泥或自应力硫铝酸盐水泥。

膨胀硫铝酸盐水泥的基本要求是水泥净浆自由膨胀率 1d 不得小于 0.10%，28d 不得大于 1.00%；初凝时间不得早于 30min，终凝时间不得迟于 3h；比表面积不得低于 400m^2/kg；强度等级为 52.5，并应满足 1d、3d 和 28d 的抗压强度、抗折强度的要求。

自应力硫铝酸盐水泥的基本要求是 1/2 标准胶砂自由膨胀率 7d 不大于 1.30%、28d 不大于 1.75%；28d 自应力增进率不大于 0.0070MPa/d；按 28d 的自应力值分为 3.0MPa、4.0MPa、5.0MPa 三个级别；初凝时间不得早于 40min，终凝时间不得迟于 240min；比表面积不得低于 370m^2/kg；抗压强度 7d 不小于 32.5MPa，28d 不小于 42.5MPa。

膨胀硫铝酸盐水泥在约束条件下所形成的水泥制品结构致密，所以具有良好的抗渗性和抗冻性，可用于配制防水砂浆和防水混凝土，浇灌构件的接缝及管道的接头，堵塞与修补漏洞与裂缝等。自应力硫铝酸盐水泥主要用于自应力钢筋混凝土结构工程和制造自应力压力管等。

思考题与习题

1. 简述水泥的特点及用途。
2. 简述通用硅酸盐水泥的材料要求。
3. 简述通用硅酸盐水泥的强度等级。
4. 通用硅酸盐水泥有哪些技术要求？
5. 简述通用硅酸盐水泥试验方法的基本要求。
6. 简述通用硅酸盐水泥的检验规则。
7. 通用硅酸盐水泥的包装、标志、运输与贮存有哪些规定？
8. 硅酸盐水泥的特点是什么？
9. 简述硅酸盐水泥的生产过程及其主要成分。
10. 简述硅酸盐水泥的水化硬化机理。
11. 硅酸盐水泥的主要技术性质有哪些？
12. 简述硅酸盐水泥的腐蚀机理。

第5章 混 凝 土

混凝土是由胶凝材料、集料和水按一定比例配制，经搅拌振捣成型，在一定条件下养护而成的人造石材，是当代最主要的土木工程材料之一。

混凝土种类很多，按胶凝材料的不同可分为水泥混凝土、沥青混凝土、石膏混凝土、聚合物混凝土等；按表观密度 ρ 的不同可分为重混凝土（$\rho \geqslant 2600\text{kg/m}^3$）、普通混凝土（$1900\text{kg/m}^3 < \rho < 2600\text{kg/m}^3$）、轻混凝土（$\rho \leqslant 1900\text{kg/m}^3$）；按使用功能的不同可分为结构用混凝土、道路混凝土、水工混凝土、耐热混凝土、耐酸混凝土、防辐射混凝土等；按施工工艺的不同可分为喷射混凝土、泵送混凝土、振动灌浆混凝土等。

混凝土原料丰富、成本较低、生产工艺简单，具有抗压强度高、耐久性好、强度等级范围宽的优点，这些特点使其在土木工程建设中得到广泛应用，并成为目前用量最大的建筑材料。自混凝土诞生之日起，人们就一直在研究与拓展其功能和品种，并不断改善其内部结构，各种新的混凝土品种不断涌现，应用范围越来越广。

5.1 普通混凝土的基本组成材料

普通混凝土由胶凝材料、粗集料（石子）、细集料（砂子）、水组成（图5-1-1）。胶凝材料包括硅酸盐系列的水泥和粉煤灰、矿粉等辅助性胶凝材料。为改善混凝土的各种性能，混凝土中通常还含有不同种类的外加剂。普通混凝土中的粗、细集料约占总体积的70%，水泥石约占30%。水泥石中，水泥、水、气孔分别约占33%、50%、17%。普通混凝土各组成材料发挥的作用各不相同。粗、细集料起骨架作用，细集料填充在粗集料的空隙中。水泥和水组成水泥浆包裹在粗、细集料的表面，并填充在集料的空隙中，在混凝土硬化前，水泥浆起润滑作用，并赋予混凝土拌合物流动性；在混凝土硬化后，水泥浆起胶结作用，从而把粗、细集料黏结成为一个整体。

混凝土粗、细集料与水泥石的胶结面上通常会形成大约几十个微米（μm）的界面过渡区。界面过渡区是集料界面一定范围内的区域，这一区域的结构与性能不同于硬化水泥石本体。界面过

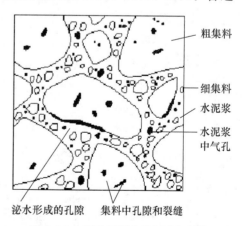

图 5-1-1 普通混凝土的组成与结构

渡区具有较高的孔隙率，是一个 Ca（OH）$_2$晶体定向排列的结构疏松区。水泥石-集料的界面过渡区是混凝土中最薄弱的环节。由于界面过渡区结构疏松，混凝土受力过程中的破坏常常首先发生在这一区域，各种原因引起变形所导致的裂缝也常常首先从界面过渡区开始延伸贯通直至破坏，界面及其附近区域常常成为渗透路径而导致混凝土材料的抗渗性、耐久性降低。抗冻耐蚀等试验时的破坏常常首先发生在界面处，并引发集料脱落现象。水泥石-集料界面过渡区的性能常常是决定混凝土材料性能的核心因素。

5.1.1 水泥

水泥是最重要的混凝土组成材料，它对混凝土的质量和工艺性能具有决定性影响。混凝土中水和水泥拌制成水泥浆，在硬化前的混凝土（即混凝土拌合物）中，水泥浆填充砂、石空隙，并包裹在砂、石表面起润滑作用，因而使混凝土获得必要的和易性，硬化后水泥浆会将砂、石牢固地胶结成整体。因此，水泥是影响混凝土性能的重要因素。合理选择水泥的品种、强度等级和用量是提高混凝土性能的关键。

1. 水泥品种选择的基本要求

不同的水泥具有不同的特性，而且质量差异很大，必须根据土木工程结构的类型、使用地点、气候条件、施工季节、工期长短、施工方法选出既能满足工程质量要求，价钱又合理的水泥。水泥品种的选择主要应根据工程性质、特点以及工程所处的环境、施工条件确定。配制抗冻混凝土应选混合料掺量少的硅酸盐水泥或普通硅酸盐水泥；火山灰质硅酸盐水泥的需水量大，对抗冻不利，不宜使用。配制大体积混凝土应选水化热低、凝结时间长的水泥，如矿渣硅酸盐水泥、中热硅酸盐水泥等。配制高强度混凝土宜选择高强度水泥，可采用硅酸盐水泥、普通硅酸盐水泥。组成水泥的熟料中 C_3S、C_3A 过高，以及水泥中 SO_3 含量、碱含量的增大和水泥细度的大幅增加均对混凝土的耐久性不利。一般环境条件下宜选用低水化热和含碱量低的水泥，而不宜选用早强水泥。

2. 水泥强度等级选择的基本要求

选用水泥时，应以能使所配制的混凝土强度达到要求，收缩小、和易性好、节约水泥为原则。水泥混凝土的强度与水胶比、集料配合比等多种因素有关，其中关系最大的是水泥的强度。水泥的强度等级要与混凝土的设计强度等级相适应。

水泥强度等级为混凝土强度的 0.5～2.0 倍为适宜；配制高强度等级的混凝土时，水泥强度等级应为混凝土强度的 0.9～1.5 倍；配制 C50～C80 强度等级的混凝土（简称中、高强混凝土）应选择强度等级不低于 42.5 级的硅酸盐水泥或普通硅酸盐水泥。

采用高强度等级水泥配制低强度等级混凝土时，只需少量的水泥或较大的水胶比就可满足强度要求，但却往往满足不了施工的和易性要求，且硬化后的耐久性也较差，因此，为满足混凝土拌合物的和易性和耐久性要求，就必须再增加一些水泥用量，这样往往会产生超强现象而导致经济性降低，因此，不宜采用高强度等级的水泥配制低强度等级的混凝土。水泥强度过高时，水泥用量过少，此时可适当掺加粉煤灰，以改善拌合物的和易性，提高混凝土的密实度，混凝土强度比水泥高时可采用低水胶比，并配以高效减水剂来达到高强目的。用低强度等级的水泥配制高强度等级的混凝土时，往往难以达到要求的强度，因此，为达到强度要求，就必须采用很小的水胶比或很高的水泥用量。这样势必会导致硬化后混凝土产生干缩变形和大的徐变，并对混凝土结构产生不利影响，使其易于干裂，同时，其水化放热量也大，对较大体积的工程极为不利，另外，这样做在经济上也是不合理的，所以，不宜用低强度等级水泥配制高强度等级的混凝土。

水泥用量既不能低于规范规定的最小用量，也不能高于规范规定的最大用量。控制水泥的最小用量是为了确保混凝土的密实性；控制水泥的最大用量是为了防止水泥过量使用引起的收缩以及水化热过大而产生的裂缝。满足混凝土施工工作性需要的水泥浆体积至少应占总体积的25%。若要使混凝土性能达到最佳均衡，则水泥浆体积宜占总体积的35%。

5.1.2 集料

集料又称骨料。按粒径大小的不同，集料可以分为粗集料（粒径≥5mm）和细集料（粒径＜5mm）。卵石、碎石是最常用的粗集料，砂是最常用的细集料。按形成条件的不同，集料可以分为天然集料和人造集料，天然集料包括砂、砾石或者用天然岩石加工成的碎石，人造集料则是由不同原材料和工艺人工制成的，且多为轻集料。按密度的不同，集料可以分为超轻质集料（$\rho＜500kg/m^3$）、轻质集料（$\rho＝500～800kg/m^3$）、结构用轻质集料（$\rho＝650～1100kg/m^3$）、正常重集料（$\rho＝1100～1750kg/m^3$）、重集料（$\rho＝1750～2100kg/m^3$）和特重集料（$\rho＞2100kg/m^3$）等6种。粗、细集料在混凝土中占的体积为70%～80%。混凝土中粗、细集料一起形成骨架，水泥浆填充在骨架的空隙间。集料在混凝土中并不是一种惰性填充料，它会在相当程度上影响混凝土的强度、体积稳定性和耐久性，有时甚至具有决定性作用。

1. 细集料

细集料主要是指混凝土用砂。混凝土用砂分天然砂和人工砂两种。

天然砂是指由天然岩石经长期风化等自然条件作用而形成的大小不等、由不同矿物颗粒组成的混合物，绝大多数为粒径在5mm以下的岩石颗粒。

天然砂按产源的不同可分为河砂、湖砂、海砂及山砂等。河砂、湖砂、海砂是在河流、湖泊及大海等天然水域中形成和堆积的岩石碎屑。由于长期受到水流的冲刷作用，它们具有颗粒表面比较圆滑而清洁的特点。这类砂资源丰富、价格较低。海砂中常含有贝壳碎片及盐类等有害杂质，使用时应冲洗，冲洗后氯盐和有机不纯物的含量不得超过现行规定。钢筋混凝土，特别是预应力混凝土中应慎用海砂。山砂是指岩体风化后在山谷或旧河床等适当地形中堆积下来的岩石碎屑，具有颗粒多棱角、表面粗糙、含泥量多、含有机杂质多的特点。生产混凝土采用山砂时的需水量比河砂、湖砂和海砂高。

相对而言，混凝土生产采用河砂较为适宜，因此土木工程中一般都采用河砂作为细集料。现行规范规定，天然砂按技术要求的不同分优等品、一等品、合格品3个等级。

人工砂是指采用机械方法将天然岩石破碎、磨制而成的砂，具有颗粒表面棱角多、比较清洁、砂中片状颗粒及细粉含量较多的特点。由于人工砂采用机械方法进行加工，因此强度较高，一般只有在当地缺乏天然砂时才用作混凝土的细集料。

细集料的质量应符合要求，集料的级配、颗粒形状、表面粗糙度、含泥量、有害物质含量、坚固性等对新拌混凝土的性能具有重要影响。集料的性质与硬化混凝土的性能存在十分密切的关系。

（1）细集料（砂）的粗细与颗粒级配。细集料（砂）的粗细是指细集料（砂）颗粒在总体上的大小程度，细集料（砂）的颗粒级配是指细集料（砂）颗粒大小的搭配情况。细集料（砂）的粗细和颗粒级配对混凝土的性能和经济性具有重要的影响。

混凝土中，集料表面需要包覆一层起润滑作用的水泥浆，集料的空隙也需要水泥浆填充，以达到密实状态。集料粗细不同，包覆的水泥浆数量也不同。集料粗时，比表面积小，所需包覆的水泥浆就少，可达到节约水泥的目的；集料细时，比表面积大，所需的水泥浆数量大，水泥用量增多，除了不经济之外，还会导致水化热大、收缩变形大、易开裂等不良现象的发生。

如图 5-1-2 所示，集料的颗粒级配会影响集料的空隙率。细集料（砂）级配好时，大小颗粒搭配合理，可以达到最小的空隙率，因此，所需的水泥浆数量少，混凝土容易达成密实。细集料（砂）级配不好时，空隙率大，用于填充在空隙中的水泥浆数量就多。如果水泥浆数量有限，就不能有效填充空隙，混凝土也就不会密实，混凝土的各种性能就会受到影响。

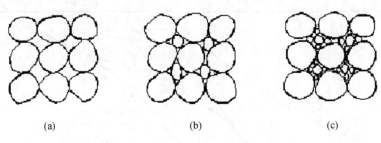

(a)   (b)   (c)

图 5-1-2　颗粒级配与空隙率的关系

（a）级配差，空隙率大；（b）级配一般，空隙率一般；（c）级配好，空隙率小

细集料（砂）的粗细用细度模数表示，细集料（砂）的颗粒级配用级配曲线表示，两者都可以通过筛分析方法测定。筛分析方法是借助一套标准筛（方孔筛）进行的，筛的孔径分别为 9.50 mm、4.75 mm、2.36 mm、1.18 mm、0.60 mm、0.30 mm 和 0.15mm。通过用筛对一定量的细集料（砂）进行筛分后，按筛孔大小将细集料（砂）分为不同的颗粒范围，以每号筛上未通过的细集料（砂）质量占细集料（砂）总量的百分数作为分计筛余（%），以大于或等于某号筛的全部分计筛余之和为该号筛的累计筛余（%）。根据不同筛子的累计筛余，即可计算出细集料（砂）的细度模数，画出级配曲线，并判断级配的好坏。

如表 5-1-1 所示，设 4.75mm、2.36mm、1.18mm、0.60mm、0.30mm 和 0.15mm 筛的分计筛余分别为 a_1、a_2、a_3、a_4、a_5、a_6，累计筛余分别为 A_1、A_2、A_3、A_4、A_5、A_6，则细度模数 μ_i 可借助下式计算。

$$\mu_i = （\Sigma A_i - 6A_1）/（100 - A_1）$$

细度模数 μ_i 的物理意义在于反映砂子总体上的平均粒径，μ_i 越大，砂子越粗，反之则越细。现行《普通混凝土用砂、石质量及检验方法标准》（JCJ 52）将砂的粗细程度按细度模数分为粗、中、细 3 级，粗砂 $\mu_i = 3.7 \sim 3.1$，中砂 $\mu_i = 3.0 \sim 2.3$，细砂 $\mu_i = 2.2 \sim 1.6$；还将砂按 0.60mm 筛孔的累计筛余量分成Ⅰ区、Ⅱ区、Ⅲ区 3 个级配区（表 5-1-2），并给出了每一级配区不同筛孔上的累计筛余范围，砂的颗粒级配应处于表 5-1-2 中的某一个区内。根据筛分析结果，如果各筛上的累计筛余落在某一级配区内，则该砂级配为合格。级配区通常用图表示，筛分析结果也在图中给出，并依次连成折线，这条折线称为级配曲线（图 5-1-3）。如果级配曲线落在某级配区范围内，则该砂级配合格。

表 5-1-1　累计筛余的计算

筛孔尺寸	分计筛余（%）	累计筛余（%）
4.75	a_1	$A_1 = a_1$
2.36	a_2	$A_2 = a_1 + a_2$
1.18	a_3	$A_3 = a_1 + a_2 + a_3$
0.60	a_4	$A_4 = a_1 + a_2 + a_3 + a_4$
0.30	a_5	$A_5 = a_1 + a_2 + a_3 + a_4 + a_5$
0.15	a_6	$A_6 = a_1 + a_2 + a_3 + a_4 + a_5 + a_6$

表 5-1-2　砂的颗粒级配区

方孔筛径（mm）	累计筛余（%）		
级配区	Ⅰ区	Ⅱ区	Ⅲ区
9.50	0	0	0
4.75	10～0	10～0	10～0
2.36	35～5	25～0	15～0
1.18	65～35	50～10	25～0
0.60	85～71	70～41	40～16
0.30	95～80	92～70	85～55
0.15	100～90	100～90	100～90

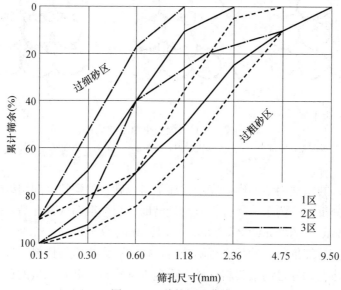

图 5-1-3　砂的级配曲线

配制混凝土时，细集料应优先采用粗、中河砂。由于细砂中的细小颗粒含量较多，在水胶比相同的情况下，用细砂拌制混凝土要比粗砂多用大约 10% 的水泥，而抗压强度却要下降 10% 以上，且抗冻与抗磨性也较差。而用粗、中砂拌制混凝土可以提高其强度和拌合物的工作性。配制混凝土时，宜优先选用Ⅱ区砂。采用Ⅰ区砂时，应提高砂率，并保持足够的水泥用量，以满足混凝土的和易性；采用Ⅲ区砂时，宜适当降低砂率，以保证混凝土的强度。泵送混凝土用砂宜选用中砂。当砂颗粒级配不符合要求时，应采取相应措施，经试验证明能确保工程质量时方允许使用。

（2）细集料（砂）的坚固性。细集料（砂）的坚固性是指细集料（砂）在气候、环境变化或其他物理因素作用下抵抗破裂的能力。细集料（砂）的坚固性用硫酸钠溶液检验，试样经 5 次循环后，其重量损失应符合现行规范规定（表 5-1-3）。砂的压碎指标见表 5-1-4。对于有抗疲劳、耐磨、抗冲击要求的混凝土用细集料（砂）、有腐蚀介质作用或经常处于水位变化区的地下结构混凝土用细集料（砂），其坚固性重量损失应小于 8%。

表 5-1-3 细集料（砂）的坚固性指标

项目	指标		
	Ⅰ类	Ⅱ类	Ⅲ类
质量损失（%，小于）	8	8	10

表 5-1-4 细集料（砂）的压碎指标

项目	指标		
	Ⅰ类	Ⅱ类	Ⅲ类
单级最大压碎指标（%，小于）	20	25	30

（3）细集料（砂）的含泥量和泥块含量。细集料（砂）的含泥量是指细集料（砂）中粒径小于 0.080mm 的颗粒的含量。细集料（砂）的泥块含量是指细集料（砂）中粒径大于 1.25mm，经水洗、手捏后变成小于 0.630mm 的颗粒的含量。混凝土中的泥或泥块会影响细集料（砂）与水泥石的界面黏结，并在混凝土中形成薄弱环节，进而影响混凝土的性能，因此，必须限制其在混凝土中的含量。现行规范规定，强度等级≥C30 的混凝土用细集料（砂），其含泥量应不超过 3.0%，泥块含量应不超过 1.0%；强度等级＜C30 的混凝土用砂，其含泥量应不超过 5.0%，泥块含量应不超过 2.0%；有抗冻、抗渗或其他特殊要求的混凝土用细集料（砂），其含泥量应不大于 3.0%，泥块含量应不大于 1.0%；C15 混凝土用细集料（砂）应根据水泥强度等级适当放宽其含泥量和泥块含量要求。

（4）细集料（砂）中的有害物质。细集料（砂）中的有害物质主要包括云母、黏土、淤泥、有机杂质、硫化物及硫酸盐等。云母会影响水泥与细集料（砂）的黏结，黑云母易于风化，会影响混凝土的耐久性。黏土、淤泥等有害杂质黏附在细集料（砂）的表面会影响水泥石与细集料（砂）的黏结力，降低混凝土的强度，增加混凝土的用水量，从而会加大混凝土的收缩，降低混凝土的耐久性。有机杂质易于分解腐烂，它析出的有机酸对水泥石有腐蚀作用。硫化物及硫酸盐对水泥有腐蚀作用。细集料（砂）中云母、轻物质、有机物、硫化物及硫酸盐等有害物质的含量应符合表 5-1-5 的规定。细集料（砂）中轻物质是指细集料（砂）中相对密度小于 2000kg/m³ 的物质。有抗冻、抗渗要求的混凝土，其细集料（砂）中云母含量应不大于 1.0%。细集料（砂）中发现含有颗粒状的硫化物或硫酸盐杂质时，要进行专门检验，确认能满足混凝土的耐久性要求时方能采用。

表 5-1-5 细集料（砂）中的有害物质含量限值

项目	指标		
	Ⅰ类	Ⅱ类	Ⅲ类
含泥量（%，小于）	1.0	3.0	5.0
泥块含量（%，小于）	0	1.0	2.0
云母（按质量计）（%，小于）	1.0	2.0	2.0
轻物质（按质量计）（%，小于）	1.0	1.0	1.0
有机物（比色法）	合格	合格	合格
硫化物及硫酸盐（按 SO_3 质量计）（%，小于）	0.5	0.5	0.5
氯化物（按氯离子质量计）（%，小于）	0.01	0.02	0.06

（5）细集料（砂）中的氯离子含量。细集料（砂）中的氯离子可能会引起钢筋混凝土中钢筋的锈蚀。海砂中存在氯离子，采用海砂配制混凝土时，其氯离子含量应符合现行规范规定，素混凝土对海砂中的氯离子含量不予限制；钢筋混凝土采用海砂时，其氯离子含量应不大于干砂重的 0.06%；预应力混凝土不宜用海砂，必须使用海砂时，应经淡水冲洗，并确保其氯离子含量不大于 0.02%。

2. 粗集料

目前普通混凝土的粗集料主要有碎石和卵石两种。碎石是指由天然岩石或卵石经破碎、筛分而得的粒径大于 5mm 的岩石颗粒，具有表面粗糙、多棱角、较洁净、与水泥浆黏结比较牢固的特点，是土木工程中用量最大的粗集料。卵石是指由自然条件作用而形成的粒径大于 5mm 的岩石颗粒，又称砾石，按产源的不同可分为河卵石、海卵石及山卵石等，其中河卵石应用较多。卵石中的有机杂质含量较多，与碎石比。卵石具有表面光滑、拌制混凝土时需水量小、拌合物的和易性较好等特点。卵石的最大缺点是与水泥石的胶结力较差。相同条件下，卵石混凝土的强度低于碎石混凝土。粗集料的质量应符合要求。

（1）粗集料的颗粒形状及表面特征。粗集料颗粒的形状最好近于球形或立方体形。薄片状或细长的粗集料，空隙率会增大，且需要更多的水泥浆才能配制出满足和易性要求的混凝土；有棱角的粗集料会在增大空隙率的同时增加粗集料之间的摩擦力，而且也需要大量的水泥浆。

碎石具有棱角，表面粗糙，内摩擦力大，与水泥黏结较好。碎石表面积比卵石大，且与水泥石的黏结性好，因而有利于配制高强混凝土。碎石同卵石界面黏结程度的差异随水胶比的减小而增大，所配制混凝土的强度差异也会增大。另外，一般情况下，碎石强度是高于卵石强度的，因此，采用碎石配制混凝土有利于提高混凝土的强度。在水泥用量和用水量相同的情况下，碎石拌制的混凝土会因自身的内摩擦力大而导致拌合物的流动性降低，但因为碎石与水泥石的黏结较好，所以混凝土强度仍然是较高的。相同条件下的碎石混凝土强度会比卵石混凝土强度高 10% 左右。在流动性和强度相同的情况下，采用碎石配制的混凝土水泥用量较大。

卵石多为球形或椭球形，且表面光滑，因而卵石拌制的混凝土的流动性较好，但强度较低。水胶比大于 0.65 时，二者配制的混凝土的强度基本上没有什么差异，但当水胶比较小时，强度会相差较大。

岩石颗粒长度大于该颗粒所属粒级平均粒径的 2.4 倍者为针状颗料；厚度小于平均粒径的 0.4 倍者为片状颗粒。平均粒径是指该粒级上、下限粒径的平均值。粗集料中的针、片状颗粒受力后容易折断，因而会降低混凝土的强度，增大集料的空隙，消耗更多的水泥，还会增加混凝土出现裂纹的机率，降低混凝土的耐久性，因此，应予以严格控制。现行规范规定，混凝土设计强度≥C30 时，粗集料中针、片状颗粒含量应分别控制在 15% 以内；混凝土设计强度＜C30 时，粗集料中针、片状颗粒含量应分别控制在 25% 以内；C15 级的混凝土中，粗集料中针、片状颗粒含量可放宽到 40%。

另外，集料的表面特征也会影响拌合物的和易性及混凝土强度。采用表面粗糙的集料拌制的混凝土和易性较差、强度较高；表面光滑的集料与水泥的黏结较差，拌制的混凝土和易性好，但强度稍低。

（2）粗集料的最大粒径与颗粒级配。粗集料的最大粒径是指通过百分率为 100% 的最小筛孔尺寸；集料的公称最大粒径是指累计筛余不超过 10％的最大标准筛筛孔尺寸。公称最大粒径通常比最大粒径小一粒级。粗集料的最大粒径对混凝土性能和经济性具有重要影响。粗集料的最大粒径增大时，集料总表面积会减小，包裹其表面所需的水泥浆量会减少，从而节约水泥，在一定和易性及水泥用量条件下，还能减少用水量，提高混凝土强度，由于水化热会随着水泥用量的减少而降低，因此混凝土产生收缩裂纹的机会也会随之降低。粗集料的最大粒径越小，配制混凝土的抗冲击强度和抗疲劳强度就越好，但粗集料粒径的减小会使包裹它们的砂浆的需要量增大，此时，可通过改善集料品质（粒形与级配）、尽量减小集料空隙率以及增加中间颗粒部分来进行补偿。

受冻融循环影响的混凝土，其饱和的粗集料在受冻时会向外排水，因此，液相压力既来自于砂浆，也来自于粗集料颗粒本身。当液相压力超过粗集料的强度时，粗集料就会破坏或脱离混凝土体，并导致混凝土破坏。液相压力的大小取决于所用岩石的结构和石子粒径，粒径越大，产生的压力也就越高，因此对每种岩石均存在一个"临界粒径"问题。对于同一岩种，最大粒径为 40mm 的石子比最大粒径为 20mm 的石子产生的压力要大。

工程上对混凝土中每立方米水泥用量小于 170kg 的贫混凝土采用较大粒径的粗集料，有利于提高混凝土的强度，大体积混凝土中采用大粒径粗集料对减少水泥用量、降低水泥水化热具有重要意义。从强度观点看，结构常用的混凝土（尤其是高强混凝土）使用的粗集料最大粒径超过 40mm 后并无多大好处，因为此时因减少用水量而获得的强度提高会受大粒径集料造成的较小黏结面积和不均匀性影响而抵消，因此，只有在可能的情况下，才能尽量选用最大粒径大一些的粗集料。最大粒径的确定受制于混凝土结构截面尺寸、配筋间距、搅拌机以及输送管道的工作条件。现行《混凝土结构工程施工质量验收规范》（GB 50204）规定，混凝土用粗集料的最大粒径不得大于结构截面最小尺寸的 1/4，且不得大于钢筋间最小净距的 3/4；混凝土实心板中，集料的最大粒径不宜超过板厚的 1/2，且不得超过 50mm；泵送混凝土用的碎石不应大于输送管内径的 1/3，卵石不应大于输送管内径的 2/5。

粗集料的颗粒级配是指集料中不同粒径颗粒的搭配情况。集料颗粒级配的好坏与混凝土的和易性、密实性有很大关系，良好的颗粒级配可以减少混凝土的需水量和空隙率，并提高混凝土的耐久性。粗集料的颗粒级配合理、良好时，空隙率小，填充其间的砂子少，包裹在砂子表面的水泥浆数量会减少，单位体积混凝土的水泥砂浆用量也会减少，经济性好。颗粒级配良好的集料还可以提高混凝土的和易性、密实度和强度。粗集料的颗粒级配有连续级配、间断级配和单粒级之分。

连续级配是指将石子按尺寸大小分级，且分级尺寸是连续的。连续级配的混凝土一般和易性良好，不易发生离析现象。连续级配是常用的级配方法。

间断级配是指有意剔除中间尺寸的颗粒，使大颗粒与小颗粒间存在"断档"现象的级配方法。理论计算显示，间断级配分级增大时，集料空隙率降低的速率比连续级配快，因此，间断级配可较好地发挥集料的骨架作用，减少水泥用量。但间断级配易使混凝土拌合物产生离析现象，和易性较差。

连续级配及间断级配一般是借助各种单粒级的组合来实现其级配要求的。单粒级可与连续级配混合使用，以改善级配或配成较大粒度的连续级配，单一的单粒级不宜用来配制混凝土，必须单独使用时，应作技术经济分析，并通过试验确保其不会发生离析或影响混凝土的质量。

粗集料的颗粒级配也采用筛分析方法测定，测定时按不同规格粗集料各号筛的累计筛余情况评定级配是否合格。现行规范对不同规格的碎石或卵石的颗粒级配作了详细的规定（表5-1-6），其中，公称粒级的上限为该粒级的最大粒径。颗粒级配不符合表中要求时，应采取措施并经试验确保其能满足工程质量要求，否则不允许使用。

表 5-1-6　碎石或卵石的颗粒级配范围

级配情况	公称粒级（mm）	累计筛余（按重量计,%）											
		筛孔尺寸（圆孔筛，mm）											
		2.50	5.00	10.0	16.0	20.0	25.0	31.5	40.0	50.0	63.0	80.0	100
连续粒级	5～10	95～100	80～100	0～15	0	—	—	—	—	—	—	—	—
	5～16	95～100	90～100	30～60	0～10	0	—	—	—	—	—	—	—
	5～20	95～100	90～100	40～70	—	0～10	0	—	—	—	—	—	—
	5～25	95～100	90～100	—	30～70	—	0～5	0	—	—	—	—	—
	5～31.5	95～100	95～100	70～90	—	15～45	—	0～5	0	—	—	—	—
	5～40	—	95～100	75～90	—	30～65	—	—	0～5	0	—	—	—
单粒级	10～20	—	95～100	85～100	—	0～15	0	—	—	—	—	—	—
	16～31.5	—	95～100	—	85～100	—	—	0～10	—	0	—	—	—
	20～40	—	—	95～100	—	80～100	—	—	0～10	—	0	—	—
	31.5～63	—	—	—	95～100	—	—	75～100	45～75	—	0～10	—	0
	40～80	—	—	—	—	95～100	—	—	70～100	—	30～60	0～10	0

（3）粗集料中的泥、泥块及有害物质。粗集料中的含泥量是指粒径小于0.080mm的颗粒的含量。粗集料中的泥块含量是指集料中粒径大于5mm，经水洗、手捏后变成小于2.5mm的颗粒的含量。有害物质黏土、淤泥、细屑等粉状杂质本身强度极低，且总表面积很大，砂、石中的黏土、淤泥、细屑等粉状杂质含量增加会导致包裹其表面所需的水泥浆量增加，并造成混凝土流动性的降低。为确保混凝土拌合料的流动性，势必要使混凝土的拌合用水量增大（即W/C增大）。另外，黏土等粉状物还会黏附在集料的表面，降低水泥石与砂、石间的界面黏结强度，并导致混凝土强度、耐久性的降低以及变形的增大。若要保持强度不降低，必须增加水泥用量，而水泥用量的增加必然会使混凝土的收缩变形增大，并降低混凝土的耐久性。

泥块对混凝土性能的影响与上述粉状物的影响基本相同，不同之处在于其对强度和耐久性的影响程度会更大一些。现行规范规定，混凝土设计强度≥C30时，其含泥量和泥块含量应分别控制在1.0%和0.5%以内；混凝土设计强度＜C30时，其含泥量和泥块含量应分别控制在2.0%和0.7%以内；有抗冻、抗渗或其他特殊要求的混凝土，其所用碎石或卵石的含泥量不应大于1.0%；C15级混凝土用碎石或卵石的含泥量可放宽到2.5%，泥块含量应不大于0.5%。

一些有机杂质、硫化物及硫酸盐会影响水泥的正常水化，并引起水泥石的腐蚀破坏，发生碱-集料反应，降低混凝土的耐久性，因此，现行规范对碎石或卵石中的硫化物、硫酸盐含量以及卵石中有机杂质等有害物质的含量作了专门的规定。另外，发现有颗粒状硫化物或硫酸盐杂质的碎石或卵石时，应进行专门检验，确认其能满足混凝土的耐久性要求时方可采用。

（4）粗集料的强度与坚固性。在混凝土中，粗集料具有较大的骨架作用。为保障混凝土的强度要求，粗集料必须质地致密，并具有足够的强度，尤其在配制高强混凝土时，应避免混凝土受压时粗集料首先被压碎现象的发生，以免降低混凝土强度，并影响其耐久性。

碎石的强度可用岩石的立方体抗压强度和压碎指标值表示；卵石的强度可用压碎指标值表示。通过岩石的立方体抗压强度可直接测定生产碎石的母岩的强度。岩石强度应由生产单位提供，混凝土强度等级为 C60 及以上时，应进行岩石抗压强度检验，其他情况下如有必要也可进行检验。岩石的抗压强度与混凝土强度等级之比不应小于 1.5，且火成岩强度不宜低于 80MPa，变质岩强度不宜低于 60MPa，水成岩强度不宜低于 30MPa。母岩立方体抗压强度试块要从矿山中取样，并进行切、磨加工。因其测定过程比较复杂，土木工程中通常采用压碎指标值进行质量控制，压碎指标值借助测定碎石或卵石抵抗压碎的能力来间接反映集料强度。现行规范规定了碎石压碎指标值的允许范围。

（5）碱-集料反应。砂、石中的活性 SiO_2 会与水泥或混凝土中的碱产生碱-集料反应。碱-集料反应的结果是在集料表面生成一种复杂的碱-硅酸凝胶。碱-硅酸凝胶在潮湿条件下会吸水，并产生很大的体积膨胀，胀裂硬化混凝土的水泥石与集料界面，导致混凝土的强度、耐久性等降低。碱-集料反应通常需经历几年、甚至十几年的时间才会表现出来，对混凝土的损伤很大，被称为混凝土的"癌症"，因此，必须限制砂、石中活性 SiO_2 的含量。

能与水泥或混凝土中的碱发生化学反应的集料称为碱活性集料。重要工程的混凝土所使用的碎石和卵石应进行碱活性检验。检验时，首先应采用岩相法检验碱活性集料的品种、类型和数量（也可由地质部门提供）。集料中含有活性 SiO_2 时，应采用化学法和砂浆长度法进行检验；对含有活性碳酸盐的集料，应采用岩石柱法进行检验。经上述检验后，判定为有潜在危害、属碱-碳酸盐反应的集料不宜作为混凝土集料使用，必须使用时，应根据专门的混凝土试验结果给出最终评价。

5.1.3 水

水是混凝土的重要组成材料，水质对混凝土的和易性、凝结时间、强度发展、耐久性及表面效果都有决定性影响。混凝土拌合用水按水源的不同可分为饮用水、地表水、地下水、海水以及经适当处理或处置后的工业废水。

符合国家标准的生活饮用水可用于拌制各种混凝土。地表水和地下水首次使用前应按标准进行检验。

海水中含有较多硫酸盐，其 SO_4^{2-} 含量约为 2400mg/L。用海水拌制混凝土时，混凝土凝结速度会加快，且早期强度提高较快，但 28d 及后期强度会下降（其中，28d 强度会降低约 10%），抗渗性和抗冻性也会下降。硫酸盐含量较高时，还可能对水泥石造成腐蚀。海水中还含有大量氯盐，其 Cl^- 含量约为 15000mg/L。氯盐对混凝土中的钢筋有加速锈蚀的影响，因此，钢筋混凝土和预应力混凝土结构不得采用海水拌制混凝土。此外，海水中还含有大量的镁盐。采用海水拌制混凝土时，混凝土表面会产生盐析，因此，有饰面要求的混凝土不得采用海水拌制。

混凝土生产厂及商品混凝土厂设备的洗刷水可用作拌合混凝土的部分用水，但应关注洗刷水中所含水泥对所拌混凝土可能产生的影响。拌制混凝土的水的 PH 值应不低于 4，按 SO_4^{2-} 计算的硫酸盐含量不得超过总量的 1%。拌制混凝土的水不允许含有油类、糖酸或其他污浊物，这些物质会影响水泥的正常凝结和硬化，甚至可能酿成质量事故。

现行《混凝土结构工程施工质量验收规范》（GB 50204）规定，混凝土拌合用水宜采用饮用水。用其他水做混凝土拌合水时，其水质必须满足 4 个要求：①pH 值＞4；②按 SO_4^{2-} 计算的硫酸盐含量不超过 2700mg/L；③按 Cl^- 计算的氯盐含量不超过 300mg/L；④盐类总含量小于 5000mg/L。但符合上述要求的海水配制的混凝土不得用于民用及公用建筑的内部结构，或在炎热和干燥气候条件下施工的钢筋混凝土水工构筑物。

5.2 混凝土掺合料

在混凝土拌合物制备时，为节约水泥、改善混凝土性能、调节混凝土强度等级而加入的天然的或人造的矿物材料统称混凝土掺合料。用于混凝土中的掺合料分非活性掺合料和活性掺合料两大类。

非活性掺合料一般不与水泥组分起化学作用或化学作用很小。常见非活性掺合料有磨细石英砂、石灰石、硬矿渣等。非活性掺合料主要起改善混凝土的和易性、降低混凝土的成本等作用。

活性掺合料虽然本身不硬化或硬化速度很慢，但它能与水泥水化生成 Ca（OH）₂这一具有水硬性的胶凝物质，因此又被称为辅助性胶凝材料。活性掺合料按来源的不同可分为天然类、人工类和工业废料类等。常用活性掺合料有粉煤灰、粒化高炉矿渣、火山灰质掺合料、硅灰等。采用超细微粒矿物质掺合料硅灰、超细粉磨的高炉矿渣、粉煤灰或沸石粉等作为超细微粒混合材是配制高强、超高强混凝土行之有效、比较经济实用的技术途径，是当今国际上混凝土技术发展的重要成果之一。随着土木工程技术的发展，超细微粒掺合料已成为高性能混凝土不可缺少的第六大组分。活性掺合料能提高混凝土的后期强度，降低水化热，增进混凝土的耐久性，但也存在副作用，典型表现是降低早期强度、增大需水量、增加收缩，因此不能盲目掺用，而应根据具体情况科学使用。

5.2.1 粉煤灰

1. 粉煤灰的种类

煤粉燃烧后会由烟气自锅炉中带出粉状残留物，对粉状残留物经静电或机械方式除尘收集到的细粉末即为粉煤灰。粉煤灰颗粒多呈球形且表面光滑。粉煤灰有低钙粉煤灰和高钙粉煤灰之分。

烟煤和无烟煤燃烧形成的粉煤灰称为低钙粉煤灰，呈灰色或深灰色，通常具有火山灰活性，CaO 含量很低，一般小于 10%。低钙粉煤灰来源广泛，是当前国内外用量最大、使用范围最广的混凝土掺合料。通常情况下，用低钙粉煤灰做掺合料可节约水泥 10%～15%，改善混凝土的和易性、可泵性和抹面性，降低混凝土的水化热，提高混凝土的抗渗性和抗硫酸盐的能力，并抑制碱-集料反应。

褐煤燃烧形成的粉煤灰称为高钙粉煤灰，呈褐黄色，CaO含量较高，通常超过10％，具有一定的水硬性。高钙粉煤灰的来源没有低钙粉煤灰广泛，其相关的品质指标及应用技术尚在研究与完善之中。

现行GB/T 1596将粉煤灰分为Ⅰ级、Ⅱ级、Ⅲ级三个等级。现行《粉煤灰混凝土应用技术规范》（GB/T 50146）规定，Ⅰ级粉煤灰适用于钢筋混凝土和跨度小于6m的预应力钢筋混凝土；Ⅱ级粉煤灰适用于钢筋混凝土和无筋混凝土；Ⅲ级粉煤灰主要用于无筋混凝土；强度等级不低于C30的无筋粉煤灰混凝土宜采用Ⅰ、Ⅱ级粉煤灰；对预应力钢筋混凝土、钢筋混凝土及强度等级低于C30的无筋混凝土，经试验论证后可采用比上述规定低一级的粉煤灰。

粉煤灰的主要成分是SiO_2、Al_2O_3及Fe_2O_3，其总量占粉煤灰的85％左右。粉煤灰中的CaO含量普遍较低，因此基本上没有自硬性。粉煤灰烧失量的波动范围较大，平均值也偏高。粉煤灰具有无定型的玻璃体结构，因此具有潜在活性。

2. 粉煤灰的三大效应

粉煤灰作为一种对混凝土性能具有重要影响的基本材料，可以改善和提高混凝土质量，节省资源和能源。粉煤灰在混凝土中的功能可用形态效应、活性效应和微集料效应来描述。

（1）形态效应。粉煤灰的形态效应是指粉煤灰粉料因颗粒外观形貌、内部结构、表面性质、颗粒级配等物理因素所产生的效应。高温燃烧过程中形成的粉煤灰颗粒绝大多数为玻璃微珠，这部分外表比较光滑的类似球形的颗粒由硅铝玻璃体组成，尺寸多在几微米到几十微米之间。球形颗粒的粉煤灰表面光滑，掺入混凝土后能起滚球润滑作用，因此能不增加甚至减少混凝土拌合物的用水量，从而起到减水作用。粉煤灰在形貌学上的另一特点是不均匀性，其中含较粗的、多孔的、疏松的、形状不规则的颗粒占优势，这样就丧失了所有物理效应的优越性，而且会损害混凝土原来的结构和性能，这就是粉煤灰可能导致的负效应。粉煤灰的这种不寻常的形态效应常常会影响其他效应的发挥，因此，形态效应是粉煤灰在混凝土中的第一个基本效应。

（2）活性效应。粉煤灰的活性效应是指混凝土中粉煤灰的活性成分所产生的化学效应。粉煤灰的活性取决于粉煤灰的火山灰反应能力，即粉煤灰中具有化学活性的SiO_2、Al_2O_3与$Ca(OH)_2$反应，生成类似于水泥水化所产生的水化硅酸钙和水化铝酸钙等反应产物的能力，这些水化产物可作为胶凝材料的一部分起到增强作用。火山灰反应从水泥水化析出的$Ca(OH)_2$被吸附到粉煤灰颗粒表面的时刻开始，可一直延续到28d以后的相当长时间内。

（3）微集料效应。粉煤灰的微集料效应是指粉煤灰中的微细颗粒均匀分布在水泥浆内，填充孔隙和毛细孔，改善混凝土的孔结构，增大混凝土的密实度的特性。粉煤灰的微集料效应之所以优越，是因为粉煤灰具有不少微集料的优越性能：玻璃微珠本身强度很高，且厚壁空心微珠的压缩强度可达700MPa以上；微集料效应明显增强了硬化浆体的结构强度；粉煤灰微粒在水泥浆体中的分散状态良好。对粉煤灰颗粒和水泥净浆间的显微研究证明，粉煤灰和水泥浆体的界面接触会随着水化反应的进展而日趋紧密。对粉煤灰和水泥浆体界面处的显微硬度研究结果表明，在界面上形成的粉煤灰水化凝胶的显微硬度大于水泥凝胶的显微硬度。按一般的粉煤灰微粒混凝土的性质，硬化水泥浆体结构中最薄弱的联结部分应当是微集料颗粒与浆体之间的界面。大量试验表明，破坏往往发生在水泥凝胶部分，而不是粉煤灰颗粒界面。粉煤灰微粒在水泥浆体中分散状态良好的特点有助于新拌混凝土和硬化混凝土均匀性的改善，也有助于混凝土中孔隙和毛细孔的填充和细化。

粉煤灰的上述三个效应是共存一体且相互影响的，不应该因强调某个效应而忽视其他效应。对混凝土的某一种性能而言，在某种特定的条件下可能是某个效应起主导作用；而对另一种性能而言，在另一种条件下可能是另一个效应起主导作用，因此，应根据具体情况作具体分析。超细粉煤灰在与高效减水剂配合使用时的三大效应更为明显。

粉煤灰可掺到混凝土中，用于配制泵送混凝土、大体积混凝土、抗渗结构混凝土、抗硫酸盐和抗软水侵蚀混凝土、蒸养混凝土、轻集料混凝土、地下工程和水下工程混凝土、压浆和碾压混凝土等。

5.2.2　粒化高炉矿渣

粒化高炉矿渣是钢铁厂冶炼生铁时产生的废渣。在高炉炼铁的过程中，除了铁矿石和燃料（焦炭）之外，为降低冶炼温度，通常还要加入适当数量的石灰石和白云石作熔剂。

石灰石和白云石在高炉内分解所得的 CaO、MgO 和铁矿石中的废矿及焦炭中的灰分相熔化，就会生成以硅酸盐、硅铝酸盐为主要成分的熔融物，浮在铁水表面。这些熔融物会定期从排渣口排出，经空气或水急冷处理后形成粒状颗粒物，这些粒状颗粒物就是粒化高炉矿渣。粒化高炉矿渣的活性较高，目前这类矿渣约占矿渣总量的 85%，是混凝土中的主要掺合料之一。

如果高炉矿渣在空气中自然冷却或借助极少量水促其冷却，形成密度和块度均较大的石质物料，则称其为高矿渣。

粒化高炉矿渣的主要成分是由 CaO、MgO、Al_2O_3、MgO、SiO_2、MnO、Fe_2O_3 等组成的硅酸盐和铝酸盐。粒化高炉矿渣的化学成分与水泥熟料相似，只是 CaO 含量略低一些。SiO_2 和 MnO 主要来自矿石中的脉石和焦炭的灰分；CaO 和 MgO 主要来自熔剂。以上 4 种主要成分在粒化高炉矿渣中占 90% 以上。根据铁矿石成分、熔剂质量、焦炭质量以及所炼生铁种类的不同，一般每生产 1t 生铁要排出 0.3～1.0t 废渣，因此，粒化高炉矿渣也是一种量大面广的工业废渣。

粒化高炉矿渣是一种具有良好潜在活性的材料，使用粒化高炉矿渣可以增加水泥品种，改善水泥性能。粒化高炉矿渣的活性以质量系数 K 来衡量。

$$K = (m_{CaO} + m_{MgO} + m_{Al_2O_3})/(m_{SiO_2} + m_{MnO} + m_{TiO_2})$$

K 越大，则活性越高。现行规范规定，粒化高炉矿渣的质量系数 K 应不小于 1.2。粒化高炉矿渣的活性与化学成分有关，且更取决于冷却条件。慢冷的粒化高炉矿渣具有相对均衡的结晶结构，常温下的水硬性很差。水淬急冷会阻止矿物结晶，因而能形成大量的无定型活性玻璃体结构或网络结构，且具有较高的潜在活性。在激发剂作用下，粒化高炉矿渣的活性被激发出来，能起水化硬化作用而产生强度。粒化高炉矿渣按质量系数、化学成分、密度和粒度的不同可分为合格品和优等品两大类型。

高性能混凝土中常掺入粒化高炉矿渣粉。粒化高炉矿渣粉是优质的混凝土掺合料和水泥掺合料，是符合要求的粒化高炉矿渣经干燥、粉磨（或添加少量石膏一起粉磨），达到相当细度，且符合相应活性指数的粉体。现行规范以 7d、25d 活性指数为依据，结合粒化高炉矿渣粉的生产使用现状，将粒化高炉矿渣粉分为 S105、S95 和 S75 三级，并规定了各级矿渣粉的技术性质指标。

5.2.3　火山灰质掺合料

火山灰质掺合料是指具有火山灰特性的天然的或人工的矿物质材料，按成因的不同分为天然火山灰质掺合料和人工火山灰质掺合料两大类。

（1）天然火山灰质掺合料。天然火山灰质掺合料主要有火山灰、凝灰岩、沸石岩、浮石、硅藻土或硅藻石等。

① 火山灰即火山喷发的细粒碎屑的疏松沉积物。

② 凝灰岩是由火山灰沉积形成的致密岩石。

③ 沸石岩是凝灰岩经环境介质作用而形成的一种以碱或碱土金属的含铝硅酸盐矿物为主的岩石。

④ 浮石是火山喷出的多孔的玻璃质岩石。

⑤ 硅藻土或硅藻石是由极细致的硅藻介壳聚集、沉积形成的生物岩石，一般硅藻土呈松土状。

浮石、火山灰都是火山喷出的轻质多孔岩石，具有发达的气孔结构，通常可根据表观密度大小进行区分，密度小于 $1g/cm^3$ 的是浮石，密度大于或等于 $1g/cm^3$ 的是火山灰；也可根据外观颜色区分，白色至灰白色的是浮石，灰褐色至红褐色的是火山灰。浮石、火山灰的主要化学成分为 Fe_2O_3 和 Al_2O_3，且多呈玻璃体结构状态，在碱性激发条件下可获得水硬性，是理想的混凝土掺合料。浮石、火山灰作为混凝土掺合料需磨细，主要品质应符合要求，即火山灰质掺合料的烧失量不得超过 10％、SO_3 含量不得超过 3％、火山灰试验必须合格、水泥胶砂 28d 抗压强度比不得低于 62％。

（2）人工火山灰质掺合料。人工火山灰质掺合料主要有烧煤矸石、烧页岩、烧黏土、煤渣、硅质渣等。

① 烧煤矸石是煤层中炭质页岩经自燃或煅烧后的产物。

② 烧页岩是页岩或油母页岩经自燃或煅烧后的产物。

③ 烧黏土是黏土经煅烧后的产物。

④ 煤渣是煤炭燃烧后的残渣。

⑤ 硅质渣是由矾土提取硫酸铝的残渣。

烧煤矸石是常见的火山灰质掺合料，是煤矿开采或洗煤过程中所排除的夹杂物。烧煤矸石的成分随煤层地质年代的不同而不同，主要为 SiO_2 和 Al_2O_3，其次是 Fe_2O_3 和少量 CaO、MgO 等。将烧煤矸石高温煅烧，使其所含黏土矿物脱水分解，并除去碳分，烧掉有害杂质，就可使其具有较好的活性。因此，烧煤矸石是一种比较好用的火山灰质掺合料。

5.2.4　硅灰

硅灰也叫微硅粉、凝聚硅灰或硅粉，是在硅铁或金属硅的生产过程中，由矿热炉中的高纯石英、焦炭和木屑还原产生的副产品，主要成分是 SiO_2。一般硅灰的颜色在浅灰和深灰之间。SiO_2 本身是无色的，其颜色主要取决于碳和 Fe_2O_3 的含量。碳含量越高，颜色越暗。另外，增密硅灰的颜色比原态硅灰暗。硅灰的粒径都小于 $1\mu m$，平均粒径为 $0.1\mu m$ 左右，是水泥颗粒直径的 $1/100$，因此，硅灰能高度分散于混凝土中，并填充在水泥颗粒之间，提高其密实度。

硅灰有原态硅灰和增密硅灰两种主要供应形式。

① 原态硅灰是通过收尘器直接收集得到的产品，其松散容积约为 $150\sim200kg/m^3$。原态硅灰一般采用袋装运输，由于其密度很小，因此长途运输效率较低，使用时多采用人工直接破袋，将硅灰倒入混凝土搅拌机，使用时工作环境粉尘大，工作效率低。

② 增密硅灰是采用"微硅增密技术"使原态硅灰在压缩空气流的作用下滚动，聚集成小的颗粒团而形成的，它可将硅灰的松散容积提高到 $500\sim700kg/m^3$，方便使用。增密硅灰小颗粒团的颗粒凝聚力较弱，在混凝土搅拌机中搅拌时非常容易散开，因此硅灰颗粒能在集料投料后投入搅拌机。

硅灰的主要成分是活性 SiO_2。SiO_2 含量越高，硅灰的性能越好。SiO_2 含量通常超过 85%。硅灰中的碳在混凝土中会吸附部分引气剂，烧失量通常不超过 7%，因此，应控制其含碳量和含水量。硅灰的细度要求是将 $45\mu m$ 大的颗粒筛余量控制在 10% 以下。硅灰是一种超细粉末物质，它之所以能提高混凝土的强度，关键在于它提高了水泥浆体与集料之间的黏结强度，防止了水分在集料下表面的聚集，从而提高了界面过渡区的密实度，减小了界面过渡区的厚度。

硅灰在混凝土中具有火山灰反应功能，它水化形成的富硅凝胶的强度高于 $Ca(OH)_2$ 晶体，且能与水泥水化凝胶 C-S-H 共同工作。硅灰在混凝土中发挥优良作用的前提条件之一就是它能良好地分散于混凝土中。硅灰很细，需水量很大，因此通常要与高效减水剂一起使用。

5.3 混凝土外加剂

5.3.1 混凝土外加剂的特点及类型

混凝土外加剂是指在拌制混凝土过程中加入，以便改善混凝土性能的物质，其掺量通常不大于水泥质量的 5%（特殊情况除外）。尽管混凝土外加剂在混凝土中的用量很少，但却能有效改善混凝土的各种性能。外加剂是混凝土的第五大组分。混凝土外加剂既可按组成、化学作用或物理-化学作用分类，也可按材料的作用、效果或使用目的分类。混凝土外加剂按主要功能不同通常可分为 5 类：改善新拌混凝土流变性能的外加剂（包括减水剂、引气剂、保水剂等）；调节混凝土凝结、硬化性能的外加剂（包括缓凝剂、早强剂、速凝剂等）；调节混凝土气体含量的外加剂（包括引气剂、泡沫剂、消泡剂等）；改善混凝土耐久性的外加剂（包括引气剂、阻锈剂、抗冻剂、抗渗剂等）；为混凝土提供特殊性能的外加剂（包括发气剂、泡沫剂、着色剂、膨胀剂、碱-集料反应抑制剂等）。

在混凝土中使用外加剂是提高混凝土强度、改善混凝土性能、节省生产能源、保护环境的有效措施。混凝土外加剂的出现比混凝土晚 100 多年，但其发展速度极快，品种越来越多，应用越来越广，在现代混凝土技术中发挥了极其重要的作用。

1. 混凝土减水剂

混凝土减水剂是混凝土外加剂中使用最广、用量最大的一种。减水剂的种类很多。

(1) 按减水量大小分类。混凝土减水剂按减水量大小的不同可分为普通减水剂和高效减水剂两大类型。另外，种类最多的是复合多功能外加剂。

1) 普通减水剂。普通减水剂约可减水 10%～15%，用量高时可减水分更多，但却可能影响混凝土的凝结、含气量、泌水、离析和硬化特性。普通减水剂是价格相对便宜的外加剂，因而具有不可取代的作用，是许多复合型外加剂中必不可少的重要组分之一。混凝土工程中采用较多的普通减水剂主要有木质素磺酸盐类，如木质素磺酸钙、木质素磺酸钠、木质素磺酸镁、丹宁等。

2) 高效减水剂。高效减水剂又称超塑化剂，属于新的减水剂，其化学组成与普通减水剂不同，减水率可达 30%。高效减水剂在配制混凝土方面的优势并不意味着其应用没有局限性，它常会带来较高的坍落度损失。混凝土工程中采用的高效减水剂主要有以下几种类型。

① 多环芳香族磺酸盐类：主要包括萘和萘的同系磺化物与甲醛缩合的盐类、氨基磺酸钴等。

② 水溶性树脂磺酸盐类：主要包括磺化三聚氰胺树脂、磺化古码隆树脂等。

③ 脂肪族类：主要包括聚羧酸盐类、聚丙烯酸盐类、脂肪族轻甲基磺酸盐高缩聚物等。

④ 改性类：主要包括改性木质素磺酸钙、改性丹宁等。

混凝土外加剂的减水作用主要归因于混凝土对减水剂的吸附和分散作用。水泥在加水搅拌及凝结硬化过程中会产生一些絮凝结构，其中包裹着很多拌合水分，从而减少了水泥水化所需的水量，降低了新拌混凝土的和易性。为保持和易性，就必须增加拌合水量。图 5-3-1 为减水剂的作用机理。

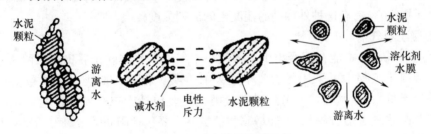

图 5-3-1 减水剂的作用机理

此外，减水作用还与外加剂的湿润和润滑作用有关。加入外加剂、水泥加水拌合后，水分更易于湿润水泥颗粒，并在其表面形成一层稳定的溶剂化膜。这层膜阻止了水泥颗粒的直接接触，并在颗粒间起润滑作用。

(2) 按化学成分分类。混凝土减水剂按化学成分不同可分为木质素磺酸盐类减水剂、萘系减水剂、三聚氰胺系减水剂、丙烯酸接枝共聚物减水剂。

1) 木质素磺酸盐类减水剂。木质素磺酸盐类减水剂是使用最多的普通型减水剂。木质素磺酸盐是亚硫酸法生产化纤浆或纸浆后被分离出来的物质，属于阴离子表面活性剂。

在木质素磺酸盐类减水剂中，产量最大的是木质素磺酸钙（简称木钙），此外，还有木质素磺酸镁、木质素磺酸钠等。

温度较低时，在混凝土中掺入木质素磺酸盐类减水剂，缓凝、早强低等现象会比较突出，因此，它在日最低气温高于5℃时较为适用。木质素磺酸盐类减水剂的减水率通常不高，且存在引气问题，使用中一定要控制掺量的适宜度。单独使用时，常规的适宜掺量为0.25%，最大掺量不超过0.3%。

使用木质素磺酸盐类减水剂时，要注意相容性问题。若水泥采用硬石膏或氟石膏作为调凝剂，则在掺用木钙时会引起假凝现象，但在超过正常凝结时间以后，强度又会变得很低。假凝现象是指混凝土中掺入减水剂，停止搅拌十几分钟后，混凝土就开始失去流动性而变硬的现象。另外，在复合外加剂中使用木钙与高效减水剂配制成溶液时，可能会产生沉淀。

2）萘系减水剂。萘系减水剂为高效减水剂，化学名称为聚甲基萘磺酸钠，结构中带有磺酸基团。萘系减水剂对水泥分散性好，减水率高（15%左右），高浓型萘系减水剂的减水率可达20%以上。萘系减水剂含碱量低，对水泥适用性好，既不引气也不产生缓凝作用，是目前国内使用量最大的高效减水剂。

3）三聚氰胺系减水剂。三聚氰胺是一种高分子聚合物阴离子型表面活性剂，为高效减水剂。三聚氰胺系减水剂在常温稳定状态下为浓度20%左右的无色液体，温度高或加热时易分解，但低温保存不会析出，也不改变性质。三聚氰胺系减水剂可借助真空干燥方法制成白色粉末状，但性能会比液态略有降低。三聚氰胺系减水剂的减水作用略优于萘系减水剂，但在掺量及价格上也略高一些。三聚氰胺系减水剂与萘系一样，属于非引气型减水剂，也无缓凝作用，对水泥和蒸汽养护的适应性好，且坍落度损失小，耐高温性能好。

4）丙烯酸接枝共聚物减水剂。丙烯酸接枝共聚物减水剂是一种新型高性能减水剂，掺量小（一般在0.3%以下），减水率高（一般可达30%以上），坍落度损失很小（2～3h内基本上无损失），掺有这种外加剂的混凝土的后期强度较高。

2. 混凝土引气剂

混凝土引气剂是指能在混凝土中引入微小空气泡，并在硬化后仍能保留这些气泡的外加剂。混凝土工程中可采用的引气剂主要有5类：松香树脂类（主要包括松香热聚物、松香皂类等）；烷基和烷基芳烃磺酸盐类（主要包括十二烷基磺酸盐、烷基苯磺酸盐、烷基苯酚聚氧乙烯醚等）；脂肪醇磺酸盐类（主要包括脂肪醇聚氧乙烯醚、脂肪醇聚氧乙烯磺酸钠、脂肪醇硫酸钠等）；皂甙类（主要包括三萜皂甙等）；特殊类（主要包括蛋白质盐、石油磺酸盐等）。此外，混凝土工程中也可采用由引气剂与减水剂复合而成的引气减水剂。

引气剂的界面活性作用与减水剂相似，区别在于减水剂的界面活性主要发生在液固界面上，而引气剂的界面活性主要发生在气液固界面上。引气剂的主要作用首先是引入气泡，其次才是分散与润滑作用。含有引气剂的混凝土加水搅拌时会因引气剂的存在而显著降低水的表面张力和界面能，这样水溶液在搅拌过程中就极易产生许多微小的封闭气泡，这些气泡的直径大多在200μm以下。引气剂通过物理作用在混凝土引入的稳定微气泡可以起到改善混凝土和易性、降低混凝土强度、提高混凝土的抗渗性和抗冻性的作用。

（1）引气剂对混凝土和易性的影响。引气剂的掺入使混凝土拌合物内形成大量微小的封闭状气泡，这些微气泡如同滚珠一样减少了集料颗粒间的摩擦阻力，从而使混凝土拌合物的流动性增加，此时若保持流动性不变，就可减少用水量。

（2）引气剂对混凝土强度的影响。引气剂的掺入导致大量气泡存在，减少了干粉砂浆的有效受力面积，使混凝土强度有所降低。

（3）引气剂对混凝土抗渗性和抗冻性的影响。引气剂可使混凝土拌合物的泌水性减小，一般泌水量可减少35～40％，因此，泌水通道的毛细管也会相应减少。引气剂的掺入导致大量封闭微气泡存在，堵塞或隔断混凝土中毛细管的渗水通道，从而改变混凝土的孔结构，使混凝土的抗渗性得到提高。这些气泡具有较大的弹性变形能力，对因水结冰所产生的膨胀应力具有一定的缓冲作用，因而可使混凝土的抗冻性得到提高，混凝土的耐久性也会随之提高。

引气剂适用于受到冻融等作用的混凝土，集料质量差、泌水严重的混凝土，泵送混凝土，防渗混凝土，水工混凝土，港工混凝土和大体积混凝土；不适用于蒸养混凝土和高强混凝土。

3. 混凝土缓凝剂

混凝土缓凝剂是一种能延迟水泥水化反应，从而延缓混凝土的凝结，且对混凝土的长期性能影响很小的外加剂。混凝土缓凝剂主要有两种类型，其中具有减水效果的称为缓凝减水剂；无减水效果，仅起缓凝作用的称为缓凝剂。混凝土工程中可采用的缓凝剂及缓凝减水剂主要有以下几种。

① 糖类：主要包括糖钙、葡萄糖酸盐等；

② 木质素磺酸盐类：主要包括木质素磺酸钙、木质素磺酸钠等；

③ 羟基羧酸及其盐类：主要包括柠檬酸、酒石酸钾钠等；

④ 无机盐类：主要包括锌盐、磷酸盐等；

⑤ 其他类：主要包括铵盐及其衍生物、纤维素醚等。

此外，还有由缓凝剂与高效减水剂复合而成的缓凝高效减水剂。

水泥的凝结时间与水泥矿物的水化速度、水泥-水体系的凝聚过程及加水量有关。缓凝剂是通过改变水泥矿物的水化速度、水泥-水体系的凝聚过程和加水量来发挥缓凝作用的。缓凝剂在不损害混凝土的后期强度及其增长条件下延缓了混凝土的凝结，缓凝作用的长短与拌合物组成、水泥组成和缓凝剂的掺量有关。在缓凝阶段，缓凝剂作用完成后，水化反应仍会以正常速度进行，有时还会加快。缓凝减水剂通过减少用水量可提高混凝土强度；有些缓凝剂具有分散作用，可增加混凝土的流动性；有些缓凝剂可提高混凝土的耐久性，控制混凝土的收缩，但对混凝土的徐变没有什么影响。

缓凝剂、缓凝减水剂及缓凝高效减水剂可用于大体积混凝土、碾压混凝土、炎热气候条件下施工的混凝土、大面积浇筑的混凝土、避免冷缝产生的混凝土、需较长时间停放或长距离运输的混凝土、自流平免振混凝土、滑模施工或拉模施工的混凝土及其他需要延缓凝结时间的混凝土。缓凝高效减水剂可用于制备高强高性能混凝土。

4. 混凝土早强剂

混凝土早强剂是指能提高混凝土早期强度的外加剂。混凝土工程中采用较多的早强剂主要有以下几种类型。

（1）无机盐早强剂。无机盐早强剂即强电解质无机盐类早强剂，主要包括硫酸盐、硫酸复盐、硝酸盐、亚硝酸盐、氯盐等。目前采用较多的无机盐早强剂主要有 $CaCl_2$、Na_2SO_4、硝酸盐类、碳酸盐类等。

① $CaCl_2$。$CaCl_2$ 具有明显的早强作用，在混凝土中掺入 $CaCl_2$ 可加速水泥的水化，且早期水化热会有明显提高。$CaCl_2$ 能与水泥中的 C_3A 作用，生成水化氯铝酸钙，促进 C_3S 和 C_2S 的水化，起到早强作用。即使在低温情况下，$CaCl_2$ 仍然能起到早强作用。不足之处在于，$CaCl_2$ 掺入混凝土中会增大混凝土的收缩，同时，氯离子对钢筋锈蚀具有促进作用。因此，在预应力混凝土中禁止使用 $CaCl_2$；在钢筋混凝土中应按相关规范规定合理使用。

② Na_2SO_4。Na_2SO_4 在水泥水化硬化过程中可与水泥水化产生的 $Ca(OH)_2$ 发生相应的反应，其反应式为 $Na_2SO_4 + Ca(OH)_2 + 2H_2O \longrightarrow CaSO_4 \cdot 2H_2O + 2NaOH$。反应生成的 $CaSO_4 \cdot 2H_2O$ 颗粒细小，能与水泥中原有的 C_3A 一起更快地参加水化反应，相关反应式为 $CaSO_4 \cdot 2H_2O + 3CaO \cdot Al_2O_3 + 10H_2O \longrightarrow 3CaO \cdot Al_2O_3 \cdot CaSO_4 \cdot 12H_2O$。随着水化硫铝酸钙更快地生成，水泥的水化硬化速度加快，从而促进了早强的增长，掺了 Na_2SO_4 早强剂之后，混凝土的 1d 强度会明显提高。当混凝土中采用掺大量混合材料的水泥，或在混凝土中掺有活性掺合料时，水化反应中生成的 NaOH 会提高体系的碱度，促进早强发展。Na_2SO_4 的掺量有一个最佳值（一般为 1‰～3‰）。掺量低时，早强作用不明显；掺量高时，虽然早强增长快，但后期强度损失也大。在蒸养混凝土中掺量过多时，会因钙矾石的大量快速生成而导致混凝土膨胀开裂。另外，当混凝土中有活性集料时，硫酸钠容易引起碱-集料反应。

③ 硝酸盐类。硝酸钠、亚硝酸钠、硝酸钙、亚硝酸钙都具有早强作用，尤其是在将其作为低温、负温早强、防冻剂时。硝酸钠和亚硝酸钠对水泥的水化有促进作用，而且可以改善混凝土的孔结构。硝酸钙和亚硝酸钙往往组合使用，这样可以促进低温和负温下的水泥水化反应，加快混凝土硬化，增加混凝土的密实性，提高混凝土的抗渗性和耐久性。

④ 碳酸盐类。碳酸钠、碳酸钾、碳酸锂都具有可在负温下明显加快混凝土的凝结时间、提高混凝土强度的作用。碳酸盐能减小混凝土内部的总孔隙率，提高抗渗性。

（2）有机化合物早强剂。有机化合物早强剂即水溶性有机化合物类早强剂，主要包括三乙醇胺、甲酸盐、乙酸盐、丙酸盐等。其中，三乙醇胺是最常用的混凝土早强剂，其早强作用归因于其能促进 C_3A 的水化。在 C_3A 的水化过程中，三乙醇胺能加快钙矾石的生成，并促进早期强度。三乙醇胺还能提高水化产物的扩散速率，缩短水泥水化过程的潜伏期，提高早期强度。三乙醇胺的掺量较小（一般为 0.02‰～0.05‰），低温早强效果明显。掺量较大时，会因钙矾石的加速形成而缩短凝结时间。三乙醇胺对 C_3S、C_2S 的水化有一定的抑制作用，后期这些矿物的水化产物会得到充分的生长、致密，因而，后期强度也能提高。三乙醇胺与无机早强剂复合使用时，早强效果更好。

（3）复合早强剂。复合早强剂即特殊复合类早强剂，是指两种或多种不同的早强剂组合在一起形成的早强剂，主要包括有机化合物、无机盐复合物等。各种早强剂均有其优点和局限性，采用复合的方法可以发挥优点、克服不足，从而大大扩大其应用范围。常用的复合早强剂有含硫酸盐的复合早强剂、含三乙醇胺的复合早强剂、含三异丙醇胺的复合早强剂等。掺加复合早强剂，常能获得更显著的早强效果，并对混凝土的许多物理力学性能产生较好的影响。

此外，混凝土工程中有时也采用由早强剂与减水剂复合而成的早强减水剂。

5. 混凝土速凝剂

混凝土速凝剂是一种能增加水泥和水之间反应的初速度，从而促进混凝土迅速凝结硬化的外加剂。与早强剂不同，速凝剂能更快地使水泥凝结。在喷射混凝土工程中，可采用的粉状速凝剂是以铝酸盐、碳酸盐等为主要成分的无机盐混合物。速凝剂可用于采用喷射法施工的喷射混凝土，也可用于其他需要速凝的混凝土。

6. 混凝土阻锈剂

混凝土阻锈剂是指能减轻或抑制混凝土中钢筋腐蚀的外加剂。钢筋锈蚀是一个电化学过程。钢筋在混凝土的碱性环境中，表面会产生一种钝化膜，从而起到保护钢筋的作用。但在有害离子侵蚀或混凝土碱度降低时，这层钝化膜会遭到破坏，并形成许多微电池，腐蚀钢筋，导致其生锈。钢筋阻锈剂可以阻止微电池的腐蚀过程，使钢筋表面的钝化膜得以形成或修复。

混凝土阻锈剂按形态不同可分为水剂型和粉剂型两大类型；按材料性质的不同可分为无机阻锈剂和有机阻锈剂；按阻锈作用机理的不同可分为控制阳极阻锈剂、控制阴极阻锈剂、吸附型阻锈剂及渗透迁移阻锈剂。

7. 混凝土抗冻剂

混凝土抗冻剂又称防冻剂，是冬期混凝土施工中为防止混凝土冻结而使用的外加剂。冬期施工中常将抗冻剂和引气剂、减水剂、早强剂等复合使用。抗冻剂的作用是在负温条件下确保混凝土中有液相存在，从而保证水泥矿物的水化和硬化。抗冻剂加入混凝土中，降低了孔溶液的冰点，且会生成溶剂化物，即在被溶解物质与水分子间形成一种比较稳定的组分。当孔溶液的水转化为水分子时，不仅需要降低水分子的温度，而且需要使水分子从溶剂化物中分开，这两者都需要消耗能量。抗冻剂对冰的力学性质有极大影响，有抗冻剂时，生成的冰有结构缺陷，强度很低，其结构呈薄片状，因此不会对混凝土产生显著的损害。抗冻剂参加水泥的水化过程，可改变熟料矿物的溶解性，且对水化产物的稳定性具有良好的辅助作用。

混凝土抗冻剂的品种很多，混凝土工程中可采用的主要有以下几种基本类型。

① 强电解质无机盐类，主要包括以氯盐为防冻组分的外加剂，以氯盐与阻锈组分为防冻组分的外加剂，以亚硝酸盐、硝酸盐等无机盐为防冻组分的外加剂等；

② 水溶性有机化合物类，即以某些醇类等有机化合物为防冻组分的外加剂；

③ 有机化合物与无机盐复合类；

④ 复合型防冻剂，即以防冻组分复合早强、引气、减水等组分形成的外加剂。

5.3.2 混凝土外加剂的选择与使用原则

几乎所有的混凝土都可以掺用外加剂，但外加剂必须根据工程需要、施工条件、施工工艺、不同混凝土的施工及性能要求等选择，且应通过试验及技术经济比较确定。

一般混凝土主要采用普通减水剂；配早强、高强混凝土时，可采用高效减水剂；气温高时，可掺用引气性大的减水剂或缓凝减水剂；气温低时，一般不用单一的引气型减水剂，而多用复合早强减水剂；为提高混凝土的和易性，一般要掺引气减水剂；湿热养护混凝土多用非引气型高效减水剂；北方低温施工的混凝土要采用抗冻剂；有防水要求时，需采用防水剂、抗渗剂；高层建筑、大体积结构采用泵送混凝土时，应使用泵送剂等。

各种外加剂有各自的特点，不宜互为代用，如将高效减水剂当作普通减水剂用，或将普通减水剂当作早强减水剂用都是不合适、不经济的。外加剂存在与水泥的相容性和适应性问题。不同品种的水泥，其矿物组成、调凝剂、混合材及细度等也各不相同，因此，在外加剂和掺量均相同的情况下，其应用结果（如减水率、坍落度、泌水、离析等）也会有差别。在初步选用外加剂品牌后，应进行水泥与外加剂的适应性试验。

外加剂的用量可参照制造商提供的选择，但因外加剂的准确效果取决于水泥组成、集料特性、配合比、施工工艺、环境条件等，因此仍需要结合具体的工程由试验确定。

使用外加剂时要考虑其对混凝土其他性能可能产生的影响，特别是一些不利的影响。由于外加剂在混凝土中用量很少，准确的计量是确保外加剂使用效果的一个重要方面。土木工程中严禁使用会对人体产生危害、对环境产生污染的外加剂。

5.4 混凝土拌合物的和易性

把组成混凝土的各种材料按比例混合在一起而形成的混合物称为混凝土拌合物，也称新拌混凝土。新拌混凝土硬化后则为硬化混凝土，因此，混凝土的性能也可相应地分为两个部分，即新拌混凝土的性能和硬化混凝土的性能。新拌混凝土的性能主要是指和易性；硬化混凝土的性能则包括强度、变形、耐久性等诸多方面。和易性影响拌合物的制备及捣实设备的选择，还会影响硬化混凝土的性质，因而非常重要。

5.4.1 混凝土拌合物的和易性

混凝土施工时常发生离析和泌水等现象。离析是指新拌混凝土的各个组分发生分离，致使其分布不再均匀的现象。离析既可以表现为粗集料颗粒从拌合物中分离出来，也可以表现为水泥浆（水泥加水）从拌合物中分离出来。泌水是指混凝土在浇灌捣实以后、凝结之前，水从拌合物中分离出来的现象，因此，它也属于一种离析现象。混凝土的离析和泌水会导致混凝土组成的不均匀，并严重影响混凝土的性能。和易性反映的就是混凝土是否便于施工的性能。

混凝土拌合物的和易性是指混凝土拌合物能保持其组成成分均匀，不发生分层离析、泌水等现象，适于运输、浇筑、捣实成型等施工作业，并能确保混凝土质量均匀、密实的性能。和易性包括流动性、黏聚性和保水性3方面。

流动性是指混凝土拌合物在自重或机械振捣力的作用下能产生流动，并均匀密实地充满模型的性能；黏聚性是指混凝土拌合物内部组分间具有一定的黏聚力，在运输和浇筑过程中不致发生离析分层现象，而使混凝土能保持整体均匀的性能；保水性是指混凝土拌合物具有一定的保持内部水分的能力，在施工过程中不致产生严重的泌水现象的性能。

　　混凝土拌合物的流动性、黏聚性及保水性三者之间既互相关联又互相矛盾。流动性很大时，黏聚性和保水性往往较差，反之亦然。因此，要使拌合物具备良好的和易性，就要使这三方面的性质在某种具体条件下统一起来，并达到总体上的最优。

5.4.2　混凝土拌合物和易性的指标体系及测定方法

　　混凝土拌合物的和易性是一个非常复杂的问题，很难找到一个恰当的指标加以全面反映。目前评定和易性的方法是定量测定混凝土的流动性，辅以直观检查其黏聚性和保水性。混凝土拌合物的流动性以坍落度或维勃稠度作为指标。

1. 坍落度和坍落流动度

　　坍落度是测试混凝土拌合物在自重作用下产生流动能力的指标，是使用最悠久和最广泛的测试混凝土拌合物和易性的方法。如图 5-4-1 所示，坍落度测试采用坍落度筒。坍落度筒为一规定大小的中空截头圆锥，按规定的方法用混凝土将坍落度筒填满后，铅直地提起来，筒内混凝土坍落的高度即为坍落度。坍落度的值越大，表明流动性越大。

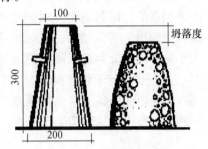

图 5-4-1　坍落度的测定

　　坍落度测试并没有反映和易性的实质，即压实混凝土所需要的能量。不同的混凝土可能会测量得到相同的坍落度。坍落度测试主要依靠经验，不同的测试者对同一批混凝土测试的结果可能会有很大差别。坍落度测试适用于流动性较大的混凝土拌合物，对坍落度很小的干硬性混凝土则不适用。尽管如此，坍落度测试还是提供了有用的信息，是一种有价值的质量控制手段。

　　在用坍落度测试流动性的同时，还要目测混凝土的黏聚性与保水性。黏聚性方面，主要观测拌合物各组分相互黏聚的情况，评定方法是用捣棒在已坍落的混凝土锥体侧面轻打。若锥体在轻打后逐渐下沉，则表示黏聚性良好；若锥体突然倒坍、部分崩溃或发生石子离析现象，则表示黏聚性不好。保水性方面，主要观察水分从拌合物中析出的情况，提取坍落度筒后会出现从底部析出较多水分、少量水分、没有水分 3 种情况，分别代表保水性差、中、好 3 种结论。

　　混凝土按坍落度大小的不同可分为低塑性混凝土（坍落度 10~40mm）、塑性混凝土（坍落度 50~90mm）、流动性混凝土（坍落度 100~150mm）、大流动性混凝土（坍落度 160mm 及以上）4 级。坍落度值大于 220mm 的混凝土应采用坍落流动度来评价其稠度（流动性）。在进行坍落度试验时，用钢尺测量混凝土扩展后最终的最大直径和最小直径，在这两个直径之差小于 50mm 的条件下，用其算术平均值作为坍落扩展度值。

　　工程中混凝土拌合物的坍落度主要依据构件截面尺寸大小、配筋疏密和施工捣实方法等来确定。截面尺寸较小、钢筋较密或采用人工插捣时，坍落度可选择大些；反之，构件截面尺寸较大、钢筋较疏或采用振动器振捣时，坍落度可选择小些。正确选择混凝土拌合物的坍落度对保障混凝土施工质量、节约水泥具有重要意义。选择坍落度时，原则上应在不妨碍施工操作，并能保证振捣密实的条件下，尽可能采用较小的坍落度，以节约水泥，并获得质量较高的混凝土。

2. 维勃稠度

对坍落度小于10mm的混凝土，用坍落度指标不能有效表示其流动性，此时应采用维勃稠度指标。如图5-4-2所示，维勃稠度借助维勃稠度仪测定。维勃稠度仪也是一个截头圆锥筒，将其置于一圆桶内并放置在一个振动台上，在坍落度筒上部设有一透明玻璃圆盘。试验时，先将混凝土拌合物按规定方法装入圆锥筒内，装满后铅直向上，提走圆锥筒后，再在拌合物顶面盖上透明玻璃圆盘。开动振动台，同时开始计时，记录玻璃圆盘轮廓面布满水泥浆时所用的时间，该时间（单位 s）即为维勃稠度值。维勃稠度反映的是混凝土拌合物在外力作用下的流动性。混凝土按维勃稠度值大小的不同可分为超干硬性混凝土（维勃稠度31s及以上）、特干硬性混凝土（维勃稠度21~30s）、干硬性混凝土（维勃稠度11~20s）、半干硬性混凝土（维勃稠度5~10s）4级。

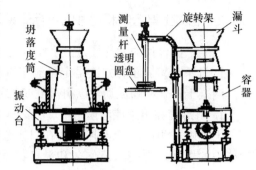

图 5-4-2　维勃稠度仪

5.4.3　影响混凝土拌合物和易性的主要因素

混凝土拌合物的和易性受各组成材料的影响，这些影响可概括为以下5个方面。

（1）水泥浆数量对和易性的影响。水泥浆越多，则流动性越大。但水泥浆过多时，拌合物易产生分层离析，即黏聚性明显变差；水泥浆太少，则流动性和黏聚性均较差。

（2）水泥浆稠度对和易性的影响。稠度大，则流动性差，但黏聚性和保水性则一般较好；稠度小，则流动性大，但黏聚性和保水性较差。

（3）拌合用水量对和易性的影响。影响混凝土和易性的最主要因素是水的含量。增加水量可以增加混凝土的流动性和密实性。同时，增加水量也可能会导致离析和泌水，当然还会影响强度。混凝土拌合物需要一定的水量来达到可塑性。必须有足够的水吸附在颗粒表面，水泥浆要填满颗粒之间的空隙，多余的水分包围在颗粒周围形成一层水膜润滑颗粒。颗粒越细、比表面积越大，需要的水量就越多，但没有一定的细小颗粒，混凝土也不可能表现出可塑性。拌合物的用水量与集料的级配密切相关，集料越细，需要的水越多。经验表明，所用砂石原材料保持不变时，只要单位用水量不变，即使水泥用量有一定的变化（每立方米用量增加或减少50~100kg），混凝土拌合物的流动性也基本保持不变，这个经验规则称为"固定加水量定则"或"单位用水量定则"。这个定则并不是严格的，但它却给混凝土的应用带来了很大的方便，如在进行配合比设计时，可以在单位用水量不变的情况下，通过改变水泥用量，得到流动性相同而强度不同的混凝土。

现行《普通混凝土配合比设计规程》（JGJ 55）给出了塑性混凝土和干硬性混凝土的单位用水量用表（表5-4-1）。当水胶比在0.4~0.8时，单位用水量可以根据粗集料品种、粒径和施工坍落度或维勃稠度要求进行选择；水胶比在0.4~0.8范围外的混凝土以及采用特殊成型工艺的混凝土应通过试验确定单位用水量。

表 5-4-1 塑性混凝土和干硬性混凝土的单位用水量

项目	指标	卵石最大粒径（mm）				碎石最大粒径（mm）			
		10	20	31.5	40	16	20	31.5	40
坍落度（mm）	10～30	190	170	160	150	200	185	175	165
	35～50	200	180	170	160	210	195	185	175
	55～70	210	190	180	170	220	205	195	185
	75～90	215	195	185	175	230	215	205	195
维勃稠度（s）	16—20	175	160	—	145	180	170	—	155
	11～15	180	165	—	150	185	175	—	160
	5～10	185	170	—	155	190	180	—	165

（4）砂率对和易性的影响。砂率是混凝土中砂的质量与砂和石总质量之比。砂率的变动会导致集料的总表面积和空隙率发生很大变化，对混凝土拌合物的和易性具有显著影响。砂率过大时，集料的总表面积和空隙率均增大，在混凝土中水泥浆量一定的情况下，拌合物就会显得干稠，流动性就会变小。若要保持流动性不变，则需增加水泥浆，因而就要多耗用水泥。砂率过小，则拌合物中石子过多而砂子过少，砂浆量不足以包裹石子表面，且不能填满石子间的空隙，继而会使混凝土产生粗集料离析、水泥浆流失，甚至溃散等现象。可见，砂率过大或过小均会降低混凝土的流动性，因此，砂率有一个最佳值。

如图 5-4-3 所示，合理砂率是指在用水量、水泥用量一定的情况下，能使拌合物具有最大流动性，且能保证拌合物具有良好黏聚性和保水性的砂率，或是在坍落度一定时，使拌合物具有最小水泥用量的砂率。影响合理砂率的主要因素有砂、石的粗细，砂、石的品种与级配，水胶比以及外加剂等。石子越大、砂子越细、级配越好、水胶比越小，则合理砂率越小。采用卵石和减水剂、引气剂时，合理砂率较小。

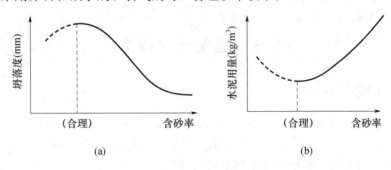

图 5-4-3 合理砂率的试验确定
（a）水量和水泥用量一定；（b）达到相同的坍落度

现行 JGJ 55 给出了混凝土砂率的基本要求（表 5-4-2）和相关的基本规定，即坍落度在 10～60mm 范围的混凝土，其砂率可根据粗集料品种、粒径及水胶比选取；坍落度大于 100mm 的混凝土，其砂率按坍落度每增大 20mm，砂率增大 1% 的幅度调整；坍落度大于 60mm 或小于 10mm 的混凝土及掺用外加剂的混凝土应通过试验确定砂率。

表 5-4-2　混凝土的砂率（%）

水胶比（W/C）	卵石最大粒径（mm）			碎石最大粒径（mm）		
	10	20	40	16	20	40
0.40	26～32	25～31	24～30	29～34	29～34	27～32
0.50	30～35	29～34	28～33	32～37	32～37	30～35
0.60	33～38	32～37	31～36	35～40	35～40	33～38
0.70	36～41	35～40	34～39	38～43	38～43	36～41

（5）其他因素对和易性的影响。水泥品种、外加剂、集料种类、粒形和级配等都对混凝土拌合物的和易性具有一定影响。集料的外形和特征会影响和易性。一般认为，集料越接近球形，则和易性越好，因为球形颗粒容易在拌合物内滚动，且其表面所需的水泥浆数量也会少一些。有棱角的颗粒滚动性差，粗集料中扁平或细长的颗粒也会使和易性变差。光滑颗粒比粗糙颗粒的和易性好。集料的孔隙率也会影响和易性，开孔孔隙率大，则集料吸水性大，且可能会使拌合物的和易性变差。

5.4.4　混凝土拌合物和易性的调整原则

工程实践中要配制出和易性满足要求的混凝土拌合物，一般可采取 4 方面措施：①尽可能降低砂率，并采用合理砂率；②改善砂、石级配并采用良好级配；③尽可能采用粒径较大的砂、石；④采用减水剂、引气剂等合适的外加剂。

和易性不能满足要求时，可视具体情况作相应的调整。坍落度小、黏聚性和保水性好时的调整方法是增加水泥浆数量；坍落度大、黏聚性和保水性好时的调整方法是保持砂率不变，增加集料用量；黏聚性和保水性不好时的调整方法是提高砂率。进行和易性调整时，要注意不能轻易改变混凝土的水胶比，因为水胶比的变化会导致混凝土的强度、耐久性等性能指标发生变化。

5.5　混凝土的强度

5.5.1　混凝土破坏的基本特征

混凝土是由粗、细集料和胶凝材料形成的混合物，在各组成材料之间形成界面。界面是混凝土中最薄弱的地方，普通混凝土的破坏是从界面处开始的。混凝土在外力作用下的变形和破坏过程就是其内部裂缝发生和发展的过程。

通过试验发现，混凝土受压变形分 4 个阶段。Ⅰ阶段的特征是荷载达到"比例极限"（约为极限荷载的 30%）以前，界面裂缝无明显变化，荷载与变形比较接近直线关系。Ⅱ阶段的特征是荷载超过"比例极限"以后，界面裂缝的数量、长度和宽度都不断增大，界面借摩擦阻力继续承担荷载，但尚无明显的砂浆裂缝。此时，变形增大的速度超过荷载增大的速度，荷载与变形之间不再为线性关系。Ⅲ阶段的特征是荷载超过"临界荷载"（约为极限荷载的 70%～90%）以后，界面裂缝继续发展，并开始出现砂浆裂缝，且会将邻近的界面裂缝连接起来，成为连续裂缝。此时，变形增大的速度进一步加快，荷载—变形曲线明显地弯向变形轴方向。Ⅳ阶段的特征是荷载超过极限荷载以后，连续裂缝急速发展，此时，混凝土的承载能力下降，荷载减小，而变形迅速增大以致完全破坏，荷载—变形曲线逐渐下降，直至最后结束。

硬化后的混凝土在未施加荷载前，其水泥水化造成的化学收缩和物理收缩会引起砂浆体积的变化，并在粗集料与砂浆界面上产生拉应力，同时混凝土成型后的泌水会聚积于粗集料的下缘，并在混凝土硬化后形成界面裂缝。混凝土受外力作用时，其内部产生了拉应力，且在微裂缝顶部形成应力集中。随着拉应力的逐渐增大，微裂缝会进一步延伸、汇合、扩大，形成可见的裂缝，最后致使混凝土结构丧失连续性而遭到完全破坏。

5.5.2 混凝土的立方体抗压强度及强度等级

以边长为150mm的立方体标准试件，在（20±3）℃的温度和相对湿度90%以上的标准条件的潮湿空气中养护28天，用标准试验方法（试件两端不涂润滑剂，加载速度C30以下为0.3～0.5MPa/s，C30以上为0.5～0.8MPa/s）测得的某混凝土的抗压强度总体中具有95%保证率的抗压强度称为立方体抗压强度标准值$f_{cu,k}$，单位为N/mm^{2}或MPa。

混凝土是一种很好的抗压材料，它在混凝土结构中主要用于承受压力。以混凝土立方体抗压强度作为划分混凝土的主要标准，可以较好地反映混凝土的主要受力特性。混凝土的轴心抗压强度和轴心抗拉强度等其他力学性能都与混凝土的立方体抗压强度有一定的关系。立方体抗压试验最简单，而且结果最稳定，因此，现行《混凝土结构设计规范》（GB 50010）以$f_{cu,k}$作为依据，将混凝土强度等级分为C15、C20、C25、C30、C35、C40、C45、C50、C55、C60、C65、C70、C75、C80等14级。其中，C60及以上为高强度等级。强度等级代号中的"C"表示混凝土；数字表示该等级混凝土的立方体抗压强度标准值。

5.5.3 混凝土的轴心抗压强度

混凝土的轴心抗压强度f_{ck}又称棱柱体抗压强度，是采用150mm×150mm×300mm棱柱体试块测得的抗压强度，其试验条件同立方体抗压强度。混凝土强度与试件的高宽比（高度与宽度之比）h/b有关。h/b越大，混凝土强度越低。当$h/b=3～4$时，测得的混凝土强度比较趋于稳定，且能反映混凝土的实际抗压能力，原因在于$h/b=3～4$范围内的混凝土试块有足够的高度消除垫板与试件之间摩擦力对抗压强度的影响，使试件的中段形成纯压状态。另外，合适的高度又可以消除可能的附加偏心距对试件抗压强度的影响。轴心抗压强度比较接近实际构件中混凝土的受压情况。对同一等级的混凝土，轴心抗压强度小于立方体抗压强度，换算关系为

$$f_{ck}=0.88\alpha_{c1}\alpha_{c2}f_{cu,k}$$

式中，0.88为鉴于实际构件与试件在制作和养护造成的强度差异的折减系数；α_{c1}为棱柱体抗压强度与立方体抗压强度之比，混凝土强度等级不超过C50时，$\alpha_{c1}=0.76$，对C80混凝土，$\alpha_{c1}=0.82$，C50～C80混凝土的α_{c1}通过线性内插得到；α_{c2}为考虑混凝土脆性的修正系数，混凝土强度提高，其脆性也会明显提高，混凝土标号不超过C40时，$\alpha_{c2}=1.00$，对C80混凝土，$\alpha_{c2}=0.87$，C40～C80混凝土的α_{c2}通过线性内插得到。

美国、日本、欧洲混凝土协会CEB等采用圆柱体试件测定混凝土的轴心抗压强度。

圆柱体试件直径 152.4mm、高 304.8mm，测得的抗压强度 f'_c 作为轴心抗压强度的指标，其换算关系大致为

$$f'_c = 0.79 f_{cu,k}$$

5.5.4 混凝土的抗拉强度

混凝土受到拉伸作用时，变形很小就会导致开裂，呈现出脆性破坏特征。混凝土很少承受拉力，但抗拉强度对减少混凝土裂缝具有重要意义。在结构设计中，抗拉强度是确定结构抗裂度的重要指标，有时也用抗拉强度间接衡量混凝土与钢筋的黏结强度。

混凝土抗拉强度可用直接轴心拉伸试验来测定，采用的试件为 100mm×100mm×500mm 的棱柱体。破坏时，试件中部产生横向裂缝，破坏截面上的平均拉应力即为轴心抗拉强度 f_t。直接测定抗拉强度时会受到很多因素的影响，如试件内部的不均匀性、安装偏差引起的试件偏心、受扭等。因此，通常采用劈裂抗拉试验间接测定抗拉强度。

劈裂抗拉试验采用边长（或直径）为 150mm 的立方体（或柱状）标准试件，通过弧形钢垫条施加压力 F，试件中间截面有着均匀分布的拉应力。当拉应力达到混凝土的抗拉强度时，试件劈裂成两半。劈裂抗拉强度 $f_{t,s}$ 可按式

$$f_{t,s} = 2F/(\pi d l)$$

计算。混凝土的劈裂抗拉强度通常略大于直接轴心抗拉强度。

混凝土的轴心抗拉强度通常只有立方体抗压强度的 1/17～1/8，平均为 1/10。混凝土强度越高，其比值越小。因此，提高混凝土的强度等级对提高抗拉强度效果影响不大，但对提高抗压强度的作用比较大。现行 GB 50010 取轴心抗拉强度标准值与立方体抗压强度标准值的关系为

$$f'_t = 0.88 \times 0.325 \alpha_{c2} f_{cu,k}^{0.55} (1-1.6458)^{0.45}$$

5.5.5 混凝土的抗弯强度

混凝土路面在车辆荷载作用下会受到弯曲作用，因此，进行路面设计和施工验收时采用的是混凝土的抗弯强度。抗弯强度采用标准小梁进行测试，标准小梁尺寸为 150mm×150mm×550mm。测试时通常采用三分点加载，也可采用中心加载方式。中心加载测出的强度比三分点加载高。抗弯强度对尺寸很敏感。试验时，加载速率与温度对测试结果的影响与抗压强度相同。

5.5.6 影响混凝土强度的主要因素

普通混凝土中，集料-水泥石界面最薄弱，混凝土的破坏是从界面处开始的，因此，影响混凝土界面的因素也就是影响强度的最主要因素。混凝土中各组成材料对强度都有影响，环境条件和施工方法也会影响强度，当然，测试条件也会影响强度值的准确性。

（1）水胶比（W/C）和水泥强度等级对混凝土强度的影响。混凝土的强度主要取决于浆体的毛细管孔隙率或胶孔比，充分密实的混凝土在任何水化程度下的毛细管孔隙率是由水胶比决定的，因此，混凝土强度主要受水胶比控制。如果混凝土是塑性的，则在一定的和易性范围内，对其所有的组成材料而言，与混凝土强度关系最大的是水胶比 W/C。对满足水胶比法则的混凝土，在不使用引气剂的情况下，其水胶比与抗压强度的关系可大

致表示为

$$f_{cu,k} = \alpha_A f_{ce} \ (C/W - \alpha_B)$$

上式被称为混凝土强度公式。式中，$f_{cu,k}$ 为混凝土的强度；f_{ce} 为水泥的强度；α_A、α_B 是与集料有关的常数，粗集料为碎石时，$\alpha_A = 0.46$、$\alpha_B = 0.07$，粗集料为卵石时，$\alpha_A = 0.48$、$\alpha_B = 0.33$。

对引气混凝土，水胶比与强度的关系与空气量有关。在固定的水胶比情况下，每增加 1% 的空气量，抗压强度减少 4%～6%。

混凝土强度公式用简洁的形式给出了水胶比和水泥强度等级对混凝土强度的影响，同时也考虑到了集料的影响。但这一公式成立的条件是混凝土必须是成型密实的，因此通常适用于塑性混凝土。若能充分捣实混凝土，则强度公式对低水胶比也是成立的，如在采用超塑化剂的情形下，混凝土在低水胶比下就能成型密实，而且强度公式仍然成立。混凝土强度公式的重要意义在于可以从采用的原材料估计混凝土的强度，在进行配合比设计时，运用此公式可方便地求出对应强度要求的混凝土的水胶比，大大方便配合比设计工作。

（2）温度和湿度对混凝土强度的影响。混凝土强度受所处环境条件的影响极大。一定的温、湿度条件是混凝土中胶凝材料正常水化的条件，也是混凝土强度发展的必要条件。

混凝土中水泥的水化作用受养护温度的影响极大。养护温度越高，初期的水化作用越快，早期强度也越大。温度降低，则水泥水化减慢，且早期强度会明显降低。当环境温度低于混凝土中水的冰点时，混凝土就会产生冻结，即水泥混凝土在 -0.5～$-2.0℃$ 时冻结。一旦冻结，水泥就不会再发生水化作用。冻结的混凝土在适当温度下养护，其强度会有某种程度的增长，但与标准养护的混凝土比，其强度会明显降低。当然，若混凝土有某种程度的硬化，则冻结后养护充分也可恢复其强度。当混凝土抗压强度达到 40MPa 时，冻害的影响就不大了。

混凝土在连续不断的湿润养护下，其强度随龄期的增长而增长。一旦混凝土干燥，水泥的水化作用就会马上停止。干燥对混凝土强度的影响非常大，刚浇筑后就暴露在室外的试件，龄期为 6 个月的抗压强度是连续潮湿养护、龄期 6 个月的 40%。已经硬化的混凝土在干燥状态下的强度高于其在潮湿状态下的强度。因此在做强度试验时，若试件是干燥的，则其测得的强度值会偏高。

由于混凝土强度受温度和湿度影响很大，工程中要特别注意对混凝土进行养护。养护就是在混凝土浇注后给予一定的温、湿度环境条件，使其正常凝结硬化。许多混凝土质量事故都是由于养护不当造成的。

混凝土的养护按养护条件不同有标准养护、自然养护、蒸汽养护和蒸压养护之分。

① 标准养护是指在温度为（20±2）℃、相对湿度≥95% 条件下进行的养护。评定强度等级时，需采用该养护方式。

② 自然养护是指对在自然条件（或气候条件）下的混凝土适当地采取一定的保温、保湿措施，并定时、定量向混凝土浇水，保证混凝土材料强度能正常发展的一种养护方式。

③ 蒸汽养护是将混凝土在温度＜100℃、压力为 1atm 的水蒸气中进行的一种养护。蒸汽养护可提高混凝土的早期强度，缩短养护时间。蒸汽养护的温度与混凝土所采用的水泥品种有关，普通水泥为 80℃ 左右，矿渣水泥、火山灰质水泥为 90℃ 左右。普通水泥和

硅酸盐水泥在蒸汽养护后，早期强度提高，但后期强度比正常养护的混凝土强度低。

④ 蒸压养护是将混凝土材料在 8～16atm、175～203℃ 的水蒸气中进行的一种养护。蒸压养护可大大提高混凝土材料的早期强度，且后期强度也不降低。

（3）龄期对混凝土强度的影响。混凝土的强度随时间的增长而增长。初期强度增长速度快，后期增长速度慢，并趋于稳定。对普通水泥的混凝土，若以龄期 3 天的抗压强度为 1，则 1 周抗压强度为 2；4 周抗压强度为 4；3 个月抗压强度为 4.8；1 年抗压强度为 5.2 左右。由此可见，龄期为 4 周的强度大致稳定，因此混凝土的强度通常取 28d 强度作为代表值。掺有粉煤灰的混凝土在更长时间内强度才会达到稳定，故通常采用 90d 强度作为代表值。在适宜的环境条件下，混凝土强度的增长过程往往会延续几年，这与水泥水化的长期过程是对应的。在潮湿环境中，强度发展的延续时间往往更长。

在一定的温度和龄期下，混凝土的强度可通过成熟度进行估计。成熟度可定义为养护时间 t 与养护温度 T 乘积的某种函数，也可定义为混凝土在某些规定温度下养护的等效龄期。采用成熟度概念时，有一基本假设，就是对混凝土拌合物，不论其温度和时间如何组合，具有相同成熟度的混凝土基本上具有同样的强度。研究表明，成熟度可以在很大的时间、温度和混凝土配合比范围内用来描述混凝土的强度。利用成熟度概念可在不进行试验的情况下确定混凝土的强度，但这一方法没有考虑湿度影响，当养护期内温度变化较大，或采用加速养护后再冷却，以及进行湿养护时，其预测结果可能不准确。

工程实际中，混凝土的强度与龄期的关系是很重要的，如估计混凝土达到某一强度所需要养护的天数；确定混凝土能否进行拆模、构件起吊、预应力放张等工艺操作。混凝土的强度值通常用 28d 强度表示，其他龄期的强度或性能通常也可与 28d 强度联系起来。实践表明，由中等强度等级的普通水泥配制的混凝土，在标准养护条件下，其强度发展大致与龄期的常用对数成正比，即

$$f_n/f_{28}=\lg n/\lg 28$$

式中，f_n 为混凝土 nd 龄期的抗压强度（MPa）；f_{28} 为混凝土 28d 龄期的抗压强度（MPa）；n 为养护龄期（d），$n \geqslant 3$。

为便于混凝土施工操作，工程中还建立了不同水泥品种、养护条件、强度等级的混凝土随龄期变化的强度发展曲线。

（4）测试条件对混凝土强度的影响。试验机上下压板的光滑情况会影响测定强度的大小。压板下不加润滑剂时，测得的强度值偏高；压板下加润滑剂时，测得的强度值偏低。试件受压时，竖向被压缩，横向要扩张。由于混凝土与压力机压板的弹性模量与横向变形系数（$E_c=2.55 \times 10^4$ MPa，$E_s=2.0 \times 10^5$ MPa）的差异，压力机压板的横向变形明显小于混凝土的试件横向变形。压板通过接触面上的摩擦力对混凝土试块的横向变形产生约束作用，就好像在它上下端加了一个"箍"，因此称为环箍效应，此效应提高了试件的抗压强度。在竖向压力和横向水平摩擦力的共同作用下，当混凝土达到极限应力时，首先沿斜向面破坏，然后四周脱落，试件形成两个对顶的"角锥体"破坏面。如果压板上有润滑剂，则会使压板与试件的摩擦力大大减小，横向变形几乎不受约束，试件会沿着与力的作用平行的方向产生几条裂缝而被破坏，此方法测得的强度会较低。试件的尺寸大小影响混凝土强度测试值。试件尺寸小时，测得的强度高；试件较大时，测得的强度较低，其原因是小试件内部有缺陷的概率小，内部与表面硬化差异小。采用 200mm×200mm×200mm

和 $100mm \times 100mm \times 100mm$ 的非标准试件测定混凝土强度时，实测强度分别会偏低和偏高，换算成标准试件时要分别乘以 1.05 和 0.95 的系数。试验中，小试件受承压面的摩擦力影响大，环箍效应作用也较强。加荷速度也影响混凝土强度的测试结果，加荷速度快时，混凝土内部缺陷还未来得及反应，因此测得的强度高；加荷速度慢，测得的强度偏低。

5.5.7 提高混凝土强度的措施

提高混凝土强度的措施主要有 5 个，即采用高强度等级水泥和快硬早强类水泥；采用干硬性混凝土；采用湿热处理；采用机械搅拌和振捣；掺用外加剂。

① 采用高强度等级水泥可提高界面黏结力，配制高强度混凝土；采用快硬早强类水泥可提高早期强度。

② 干硬性混凝土的水胶比小，在成型密实的情况下可以提高强度。

③ 采用蒸汽养护或蒸压养护可以提高混凝土的强度。

④ 采用机械搅拌和振捣可比人工拌合更均匀、密实，在机械搅拌和振捣下，混凝土更容易达到"液化"，并可在更低的水胶比下达到成型密实，因而可以提高强度。

⑤ 掺加减水剂可降低水胶比、提高强度；采用早强剂可提高混凝土的早期强度。

5.6 混凝土的变形性能

混凝土硬化前后会产生体积变化，如果这些体积变化过大，就会产生较高的应力，引起开裂，导致混凝土性能的劣化。了解这些体积变化对正确使用混凝土材料非常重要。如果混凝土处于自由状态，通常并不需要十分关注它的体积变化，但混凝土通常受到基础、基层、钢筋或邻近的构件的限制，因而体积变化易产生应力，并引起损伤甚至破坏。由于混凝土的抗拉强度大大低于抗压强度，因此限制收缩所引起的拉应力比限制膨胀所引起的压应力更为重要。

由于温度、湿度以及外荷载所引起的体积变化通常是部分可逆或完全可逆的，但由于不恰当的材料或因化学和机械作用所引起的体积变化则往往是不可逆的，而且只要作用持续，其体积变化还会累积。

通常情况下，混凝土的体积变化可能是因温度和湿度变化或外荷载所引起的，这些体积变化的大小受许多因素影响。弄清这些因素，并采取适当的措施，就可以制成裂缝相对较少、体积稳定性较好的混凝土。混凝土的体积变形大小通常用线变化来表示，这主要是基于线变化易于测量且有实际意义而决定采用的。

混凝土的变形有非受力变形和受力变形两大类。非受力变形分早期变形和后期变形。早期变形一般包括化学收缩、塑性收缩、自收缩、干燥收缩等；后期变形则主要包括碳化收缩、温度变形等。受力变形分短期荷载作用下的变形、长期荷载作用下的变形以及反复荷载作用下的变形。混凝土在硬化早期抗拉强度很低，因此，早期收缩会引起混凝土早期开裂。

5.6.1 非受力变形

1. 化学收缩

水泥水化过程中，无水的熟料矿物转变为水化物，水化后的固相体积比水化前要大得多，但对水泥-水体系的总体积来说却要缩小，这一体积变化称为化学收缩，又称化学减缩。

发生化学收缩的原因是水化前后反应物和生成物的平均密度不同。研究表明，水泥熟料中四种矿物的化学收缩中，无论按绝对值或相对值比较，铝酸三钙均为最大，其次是铁铝酸四钙，然后是硅酸三钙，硅酸二钙的化学收缩最小。因此，铝酸三钙或铁铝酸四钙含量较高的水泥化学收缩较大，而硅酸盐含量较高的水泥化学收缩较小。

2. 塑性收缩

塑性收缩是混凝土硬化前处于塑性状态时，由于水分从混凝土表面蒸发而产生的体积收缩。

塑性收缩一般发生在混凝土路面或板状结构中。这些结构的暴露面较大，当表面失水的速率超过了混凝土泌水的上升速率时，就会在混凝土中产生毛细管负压，新拌混凝土表面会迅速干燥而产生塑性收缩。此时，若混凝土的内力不足以抵抗因收缩而产生的应力，其表面就会开裂，这种情况往往在混凝土浇注成型以后的几小时之内就会发生。当新拌混凝土被底基或模板材料吸水后，也会在其接触面上产生塑性收缩和开裂，并可能会加剧混凝土表面失水所引起的塑性收缩和开裂。引起混凝土塑性收缩的主要原因是混凝土中水分蒸发速率过大。水化温度升高、环境温度高、相对湿度低、风速快都会增加混凝土的塑性收缩和开裂。

3. 自收缩

混凝土自收缩是指混凝土硬化阶段（终凝后几天到几十天），在恒温且与外界无水分交换的条件下，混凝土宏观体积的减小。一般认为，自收缩是混凝土中水泥水化引起毛细管张力造成的。

自收缩的具体过程如下，即混凝土初凝后，随着水泥的不断水化，其内部水量逐渐减少，孔隙和毛细管中的水也逐步吸收减少，混凝土处于水分难以蒸发，同时也难以渗滤的封闭状态中，此时的系统属于黏弹性固态胶凝材料系统。混凝土内部相对湿度的降低会使孔隙中存在一定的气相。随着水泥水化反应的加剧，孔内水的饱和蒸气压降低，导致毛细管中液面形成弯月面，使毛细管压升高而产生毛细管应力，造成混凝土受负压作用，引起自收缩。

自收缩集中发生于混凝土拌合后的初龄期，一般在混凝土初凝后，尤其以初凝到1d龄期时最显著，通常在模板拆除之前，大部分自收缩已经产生甚至完成。影响自收缩的因素如下。

（1）水胶比。水胶比是影响自收缩的主要因素之一。随着水胶比降低，自收缩值和自收缩速度显著增加，随着养护龄期的延长，自收缩值逐渐增大，且早期自收缩值增加得非常快，后期比较缓慢。

（2）胶凝材料的品种。铝酸盐水泥和早强水泥的活性比普通硅酸盐水泥大，自收缩值也较大；中热、低热水泥的活性比普通硅酸盐水泥小，自收缩值也较小；比表面积相近的矿渣和粉煤灰矿物掺合料，矿渣的活性大于粉煤灰，因而掺加粉煤灰可以减少自收缩，而掺加矿渣不能减少自收缩。由于矿渣水泥中矿渣的颗粒很粗、活性较小，所以矿渣水泥的自收缩值小于普通硅酸盐水泥的自收缩值。加入经防水处理的粉末能减小自收缩值，其原因是这种憎水性物质的活性很低，相当于加入了惰性材料，减少了活性材料，另外，这种物质的加入会使毛细管的管径变粗。

（3）胶凝材料的细度。在材料活性相近的情况下，同样龄期、较细的材料引起的自收缩值较大，其原因是较细材料的水化反应充分，速度快，形成的混凝土结构较密实，外界水分很难渗入补充，致使孔系内相对湿度快速降低，毛细管张力迅速增加。另外，较细的材料会使毛细管细化，进而导致失水时产生较大的毛细管张力，并引起很大的自收缩。

（4）胶凝材料的活性。在材料细度相近的情况下，同样龄期、活性较高的材料会引起较大的自收缩，因为材料活性强，水泥水化反应会加速，毛细孔负压会造成自收缩的快速发展。

（5）温度。温度对自收缩的影响很大。在 $15\sim40℃$ 范围内，水泥浆的自收缩值和自收缩速度均会随温度的升高而增加。

（6）集料含量。集料含量对自收缩值的影响很大。随着集料含量的增加，混凝土自收缩值减小。

（7）集料的种类。人工轻集料混凝土的自收缩值比普通混凝土小，且轻集料混凝土的自收缩值随着轻集料的含湿量和干密度的增加而减小。

实际工作中，可以通过选择水泥品种，外加剂种类，矿物掺合料的类型、掺量、水胶比等来控制自收缩。

4. 干燥收缩

混凝土的干燥收缩简称干缩。置于不饱和空气中的混凝土，水从其中蒸发会产生干缩。

干缩是部分不可逆的。受干缩的混凝土的体积变化并不等于失去的水的体积。蒸发的水分很少引起甚至于不引起收缩。干缩变形产生的原因是饱和水泥浆暴露在低湿度的环境中，水泥浆体中的 C-S-H 凝胶因毛细孔和胶孔中的水分蒸发而失去物理吸附水，进而产生体积收缩。影响混凝土干缩的因素很多，主要有集料特性，水胶比，养护条件，水泥的种类、组成和性能，外加剂或外掺料等。

（1）集料特性。集料对干缩起抑制作用，集料的弹性模量影响混凝土的弹性模量，干缩与弹性模量密切相关，用低弹性模量的集料配制的混凝土，其收缩值比用高弹性模量的集料配制的混凝土大得多。混凝土配合比中，集料的体积含量越高，相同水胶比情况下的收缩值越小。混凝土中发生收缩的主要组分是水泥浆体，水泥用量和水化程度都会对混凝土的干缩产生影响。

（2）水胶比。水胶比越大，干缩也越大。

（3）养护条件。养护条件对干缩具有显著影响，养护环境的湿度越高，干缩越小。延长养护时间可以推迟干缩的发生和发展，但对最终的干缩率没有显著影响。

（4）水泥的种类、组成和性能。水泥的种类、组成和性能等对水泥浆体的收缩有影响，但因集料的限制，其对混凝土的干缩影响不大。

（5）外加剂或外掺料。在混凝土中掺入外加剂或外掺料会影响收缩，如掺入 $CaCl_2$ 会增大混凝土的干缩；掺入矿渣、火山灰等能使混凝土孔细化的外掺料，也会增大混凝土的干缩。

混凝土的干缩值可达 $1.0 \times 10^{-3} \sim 4.0 \times 10^{-3}$。干缩是引起混凝土体积收缩的主要原因。

5. 碳化收缩

尽管空气中的 CO_2 浓度不高，但已硬化的水泥浆体长期暴露在空气中，仍会与 CO_2 发生化学反应，反应中会伴有不可逆收缩，这种收缩称为碳化收缩。

产生碳化收缩的原因是空气中的 CO_2 与水泥石中的水化物，特别是 Ca $(OH)_2$，存在着不断作用而引起水泥石结构的解体。

影响混凝土碳化收缩的两个基本因素是 CO_2 浓度和湿度。CO_2 浓度越高，碳化反应越迅速，碳化收缩也越大。湿度对碳化收缩的影响有一个最大值，在相对湿度大约为 50% 时，碳化收缩达到最大值。

从化学反应角度讲，碳化反应并非 CO_2 气体与水化产物直接反应，而是 CO_2 溶于水中形成碳酸，碳酸与水化产物发生反应。只有在较高的湿度条件下，才能形成较多的碳酸，并有利于加速反应。因此，湿度越高，碳化反应越快。但碳化反应快并不意味着碳化收缩大。碳化反应会释放出水分子，只有当这些水分子散失时，水泥体积才会有变化。湿度越大，失水越不容易，收缩越小。碳化收缩的这两个过程对湿度的要求是相反的，在较低的湿度条件下，碳化反应难以进行，没有水分子形成，也就谈不上失水收缩。在较高的湿度条件下，虽然碳化反应较迅速，但生成的水不容易散失，因而不会产生明显的收缩。只有在适合的湿度条件下，碳化反应能以较快的速率进行，释放出的水也能迅速散失，碳化收缩才最显著。

碳化收缩通常发生在混凝土表面，而这里的干燥收缩也最大。碳化收缩与干燥收缩叠加后可能引起严重的收缩裂缝。

6. 温度变形

混凝土的温度变形是由热胀冷缩引起的。混凝土的温度变形系数为 $1 \times 10^{-5}/℃$。温度变形过大对大体积混凝土和纵长的混凝土结构不利。

混凝土是热的不良导体，散热慢，浇注后内外部可能产生很大的温差，并造成内胀外缩。内外温差为 50℃ 时，大约会产生 500 个微应变。若混凝土弹性模量为 20GPa，则在约束条件下会产生 10MPa 的拉应力，混凝土外表会产生很大拉应力而开裂。

在计算钢筋混凝土的伸缩缝和大体积混凝土的温度应力分布时，需要用到混凝土的温度变形系数。混凝土中水泥浆体的热膨胀系数大于集料，因而，集料含量多时，混凝土的温度变形小。混凝土所采用的不同集料的热膨胀系数通常是不一样的，石英岩最小，其余依次为砂岩、玄武岩、花岗岩和石灰岩。通常情况下，纵长的钢筋混凝土结构物应每隔一段长度设置一个伸缩缝，且在其内部配置温度钢筋，以防止因温度变形而带来对结构的危害。

5.6.2 受力变形

1. 短期荷载作用下的变形

混凝土是一种不均匀材料，在外力作用下既可产生弹性变形，也可产生塑性变形，因此是一种弹塑性材料。荷载作用下，混凝土的变形能力大小用变形模量表示。由于混凝土的应力—应变（$\sigma-\varepsilon$）曲线呈非线性关系，混凝土的应变与应力的变化规律为一变量，不同应力阶段的应力与应变关系的材料模量是变化的，这些均涉及变形模量问题。变形模量是广义的，通常用弹性模量、变形模量（狭义，下同）、切线模量三种方法表示。

（1）弹性模量。如图 5-6-1 所示，混凝土的弹性模量 E_c 也称原点切线模量。在混凝土一次加载的棱柱体 $\sigma-\varepsilon$ 曲线的原点作一条切线，其斜率即为混凝土的原点切线模量。

$$E_c = \tan \alpha$$

由于在混凝土一次加载 $\sigma-\varepsilon$ 曲线上作原点的切线，找到的 0 角度不容易准确，因此通常的做法是将标准尺寸为 150mm×150mm×300mm 的棱柱体试件先加载至荷载为 $0.5f_c$，然后卸载到 0，反复 5~10 次。由于混凝土不是完全弹性材料，每次卸载到 0 时均会存在残余变形。随着加载次数的增加，$\sigma-\varepsilon$ 曲线渐趋于稳定的直线状态，该直线的斜率就是混凝土的弹性模量。

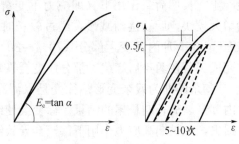

图 5-6-1 弹性模量

（2）变形模量。混凝土的变形模量 E_c' 也称割线模量或弹塑性模量。如图 5-6-2 所示，$\sigma-\varepsilon$ 曲线上任意一点与原点连线的斜率称为任意点的变形模量，即

$$E_c' = \tan \alpha'$$

$$\varepsilon_c = \varepsilon_{ela} + \varepsilon_{pla}$$

（3）切线模量。混凝土的切线模量 E_c'' 是指 $\sigma-\varepsilon$ 曲线上某一应力的切线的斜率。由图 5-6-3 可以看出，混凝土的切线模量是一个变值，随着混凝土的应力增大而减小。

$$E_c'' = \tan \alpha'' = d\sigma_c / d\varepsilon_c$$

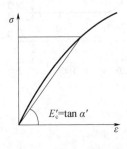 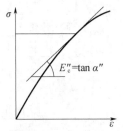

图 5-6-2 变形模量   图 5-6-3 切线模量

（4）E_c 与 E_c' 之间的关系。

$$E_c' = \nu E_c$$

式中，

$$\nu = \varepsilon_{ela} / \varepsilon_c$$

ν 称为弹性系数，反映混凝土的弹塑性。ν 是小于 1 的变数，随应力增大而减小。$\sigma \leqslant 0.3f_c$ 时，$\nu=1.0$；$\sigma=0.8f_c$ 时，$\nu=0.4\sim0.7$。只有在应力较小时，才可用混凝土的应变与弹性模量乘积的方法求应力。混凝土的弹性模量与强度之间存在着密切的关系。通常，当混凝土强度等级为 C15～C60 时，弹性模量约为 17.5～36GPa，也可根据

$$E_c=10^5/(2.2+34.74/f_{cu})$$

通过强度估计混凝土的弹性模量 E_c，单位为 N/mm^2。混凝土的弹性模量在结构设计计算混凝土变形、开裂和应力时经常用到。影响混凝土弹性模量的因素基本上与影响强度的因素相同。混凝土的弹性模量与混凝土组成成分的弹性模量和数量有关。集料用量多、水泥浆数量少，则弹性模量大，混凝土的弹性模量也大。弹性模量还与混凝土的含水量、含气量有关，混凝土吸水饱和时的弹性模量比干燥时大，引气混凝土的弹性模量较小。

2. 徐变

混凝土的徐变是指混凝土在长期荷载作用下（即应力不变情况下），应变随时间增大的现象。混凝土徐变开始增大较快，后期逐渐减慢，经过较长时间后就会逐渐趋于稳定。如图 5-6-4 所示，通常情况下，6 个月内徐变大部分（70%～80%）完成；一年内徐变趋于稳定；三年内徐变基本完成。若在两年后卸载，部分应变会恢复，经过一段时间又会恢复一部分应变（弹性后效），剩余的即为残余变形。徐变是水泥凝胶体向水泥结晶体转变过程中的应力重新分布、内部微裂缝长期积累的结果。徐变会使结构（构件）的变形（挠度）增大，并引起预应力损失，在长期高应力作用下甚至会导致结构破坏。但徐变有利于结构构件产生内（应）力重新分布，并降低结构的受力，减小大体积混凝土的温度应力。徐变产生的原因是流变（即内部晶格的滑移），水泥石由结晶体和凝胶体组成，在外力长期持续作用下，凝胶体具有黏性流动的特性，并产生持续变形，混凝土内部的微裂缝在外力的作用下不断扩展也会导致应变增加。

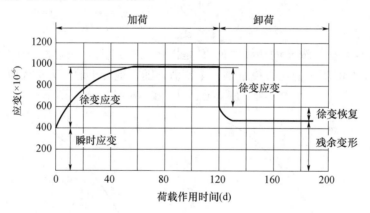

图 5-6-4　混凝土的徐变

徐变受多种因素影响。应力越大，徐变越大。应力较小时，徐变与应力成正比，称为线形徐变；应力较大时，徐变变形比应力增长快，称为非线形徐变。加载龄期越早，徐变越大。养护时的温度和湿度对徐变具有重要影响，养护时温度高、湿度大，则水泥水化作用充分，徐变小。受荷载作用后，环境温度越高、湿度越低，徐变越大。集料越坚硬、弹性模量越高，对水泥石徐变的约束作用越大，混凝土徐变越小。水泥用量越多，徐变越

大；水胶比越大，徐变越大。大尺寸试件内部失水受到限制，徐变减小。

3. 疲劳变形

如图 5-6-5 所示，混凝土在一次加荷卸荷时，当 $\sigma < f_c^f$ 时，$\sigma - \varepsilon$ 曲线与横坐标构成一个环状；混凝土在多次重复荷载作用下，其 $\sigma - \varepsilon$ 曲线的特征比较复杂。当加荷应力小于某一值（$\sigma < f_c^f$）时，多次加卸荷后，塑性变形（不可恢复变形）逐渐减小，曲线越来越闭合成一直线；当加荷应力大于某一值（$\sigma > f_c^f$）时，曲线由凸向应力轴逐渐转为凸向应变轴，以致卸载后不能形成封闭环，标志着混凝土内部微裂缝发展加剧并趋近破坏；循环荷载的次数增加时，曲线倾角不断减小，最后严重开裂至变形过大而破坏。由此可知，$\sigma - \varepsilon$ 曲线不同的变化过程取决于施加应力的大小，其应力的界限称为混凝土疲劳极限强度 f_c^f。承受某一规定的重复次数（200 万次）或以上的循环荷载而发生破坏的压应力值称为混凝土的疲劳抗压强度。疲劳抗压强度随应力比值的减小而增大。疲劳破坏的特征是裂缝小而变形大。

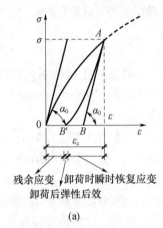

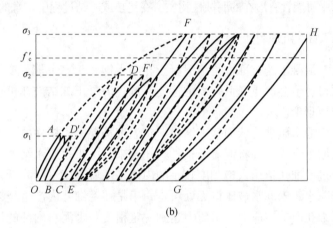

图 5-6-5　混凝土的疲劳变形
（a）一次加载；（b）多次加卸

5.7　混凝土的耐久性

混凝土的耐久性是指混凝土在周围自然环境及使用条件等长期作用下经久耐用并能保持强度与外观完整的性能。混凝土的耐久性主要包括抗渗性、抗冻性、耐磨性、抗侵蚀性、碳化、碱-集料反应等。

5.7.1　抗渗性

混凝土的抗渗性是指混凝土抵抗压力作用下水、油等液体渗透的性能。混凝土的抗渗性主要与混凝土的孔隙率（特别是开口孔隙率）以及施工时形成的蜂窝、孔洞有关。充分捣实的匀质混凝土，其渗水的通道主要有水泥浆中的孔隙、泌水产生的通道以及粗集料下面的大孔隙。这些孔隙与水泥品种、集料级配、水胶比、外加剂以及施工振捣质量、养护条件等有关，因此，混凝土的抗渗性也与这些因素有关。

水胶比是影响混凝土抗渗性的一个主要因素。水胶比减小，浆体孔隙率减少，混凝土抗渗性提高。毛细孔的数量对抗渗性影响很大，水胶比高于 0.42 时，随着水胶比的增大，混凝土的毛细孔孔隙率会急剧增大，抗渗性会迅速下降。粗集料的最大尺寸越大，在集料下形成大孔隙的可能性越大，抗渗性也会有相当大的降低。使用减水剂、改善和易性、降低水胶比可减少泌水通道，提高抗渗性。使用粉煤灰、高炉矿渣粉末等辅助性胶凝材料可填充混凝土的孔隙，同时火山灰反应还会提高混凝土的密实度，从而提高抗渗性。养护不当（特别是早期）易产生裂缝，降低抗渗性。

混凝土的抗渗性用抗渗强度等级表示。抗渗强度等级是以 28d 龄期的标准试件在标准试验方法下所能抵抗的最大水压力划分的，共有 P2、P4、P6、P8、P10、P12 等 6 个等级，它们分别表示该标准试件能抵抗 0.2MPa、0.4MPa、0.6MPa、0.8MPa、1.0MPa、1.2MPa 的水压力而不渗透。混凝土的抗渗性对耐久性十分重要。混凝土的抗渗性控制着水分渗入的速率，这些水中可能含有潜在的腐蚀性物质。在受热或冻结过程中，水的移动也主要受抗渗性影响。

5.7.2　抗冻性

混凝土的抗冻性是指混凝土在吸水饱和状态下能经受多次冻融循环作用而不被破坏，同时也不会严重降低强度的性能。阐述混凝土冻结破坏机理的理论主要有静水压理论和渗透压理论。

静水压理论认为，冻结时，负温度从混凝土构件的四周侵入。冻结首先在混凝土四周表面上形成，并将混凝土构件封闭起来。由于表层水结冰，冰体积膨胀，将未冻结的水分通过毛细孔道压入饱和度较小的内部。随着温度不断降低，冰体积不断增大，并继续压迫未冻水。未冻水被压得无处可走，于是在毛细孔内产生越来越大的压力，从而在水泥石内毛细孔产生拉应力。水压力达到一定程度，水泥石内部的拉应力过高，达到抗拉强度极限时毛细孔会破裂，随即在混凝土中产生微裂纹而使混凝土受到破坏。

渗透压理论认为，负温条件下，混凝土大孔及毛细孔中的溶液首先有部分冻结成冰。由于在溶液中的水部分冻结后溶液的浓度会变大，因此在毛细孔与凝胶孔内溶液之间会产生浓度差。浓度差诱发了水从凝胶孔向毛细孔的扩散作用，并形成渗透压，最终导致混凝土损伤破坏。

混凝土的抗冻性主要决定于混凝土的总孔隙率、开口孔隙率和孔隙的水饱和度。混凝土的抗冻性与水泥品种、强度等级、混凝土的水胶比等关系密切。混凝土中掺用引气剂可显著提高其抗冻性。在材料一定的情况下，水胶比的大小是影响混凝土抗冻性的主要因素。水胶比高，混凝土孔隙率大，混凝土强度较低，抗冻性低。

混凝土的抗冻性一般以抗冻强度等级表示。抗冻强度等级是以 28d 龄期在吸水饱和状态下的标准试件，经循环冻融后同时满足强度损失率不超过 25%、质量损失不超过 5% 时所能承受的最大冻融循环的次数划分的，有 F25、F50、F100、F150、F200、F250、F300 等 7 个等级。

5.7.3　耐磨性

交通运输造成的磨损、流水携带的砂砾或其他物质产生的磨损和冲击、大气的侵蚀等均可导致混凝土表面受磨损侵蚀。混凝土的耐磨性就是指混凝土抵抗这些磨蚀作用的能力。磨损的发生是从混凝土结构的灰浆表面开始的，灰浆被磨损后会慢慢露出集料，因此，集料与水泥浆或砂浆的黏结性、集料的耐磨性等影响着混凝土的耐磨性。密实的、强度高的集料配制的混凝土耐磨性好，多棱角的集料与水泥石的黏结好，可提高耐磨性。集料质量相同时，混凝土的耐磨性主要受配合比、养护、龄期等因素的影响。水胶比越小、强度越高，则耐磨性越大；湿润养护充分可增大耐磨性，对混凝土表面进行抹面和修饰可增大耐磨性。

为了防止空气侵蚀，首先应按水力学原理对混凝土结构进行设计，使结构物形状与流水形状一致，使之不产生空气侵蚀，其次应对混凝土表面进行平滑整修，以消除或减少空气侵蚀的诱因。

5.7.4 抗侵蚀性

混凝土在使用过程中会与酸、碱、盐类化学物质接触，这些化学物质会导致水泥石腐蚀，从而降低混凝土的耐久性。

5.7.5 碳化

混凝土的碳化是指碳酸气或含碳酸的水与混凝土中 $Ca(OH)_2$ 作用生成 $CaCO_3$ 的反应，正确地描述应是"碳酸化作用"。碳化过程是外界环境中的 CO_2 通过混凝土表层的孔隙和毛细孔不断地向混凝土内部扩散的过程。混凝土的碳化一定要有水分存在，相对湿度为 $50\%\sim60\%$ 时，碳化的反应最快，但当孔隙全部被水分充满时，也会妨碍 CO_2 的扩散。CO_2 扩散的深度通常被用来作为评价混凝土抗碳化性能的技术参数。掺掺合料的水泥配成的混凝土易产生碳化。混凝土的孔隙率越小、孔径越细，则 CO_2 的扩散速率越慢、碳化作用越小。施工中振捣不密实产生的蜂窝麻面以及混凝土表面开裂均会使碳化速度大大加快。

碳化作用通常是指 CO_2 气体的作用，它不会直接引起混凝土性能的劣化，经过碳化的水泥混凝土，其表面强度、硬度、密度还能有所提高。碳化又称为混凝土的中性化。混凝土中的钢筋受碱环境保护不易受到腐蚀，但碳化发生后保护作用消除、钢筋容易产生锈蚀。另外，碳化作用产生的碳化收缩有可能会在混凝土表面产生裂缝。通常碳化深度可用无色酚酞试液来鉴定，用无色酚酞涂在断面上，混凝土表层碳化后不呈现红色，而未碳化的混凝土则会使酚酞变成红色。

5.7.6 碱-集料反应

混凝土的碱-集料反应（AAR）主要是指由混凝土中的碱与具有碱活性的集料在适合的外部条件下所发生的膨胀性反应。这种反应会引起混凝土明显的体积膨胀和开裂，改变混凝土的微结构，使混凝土的抗压强度、弹性模量等力学性能明显下降，而且 AAR 反应一旦发生就很难阻止，更不易修补和挽救，因此对混凝土的危害很大。

AAR 反应主要有两种类型，即碱-硅酸反应和碱-碳酸盐反应。这两种反应都必须同时具备以下 3 个必要条件。

① 混凝土中含有过量的碱；

② 集料中含有碱活性矿物；

③ 混凝土处于潮湿环境中。

前两个条件是由混凝土的组成材料决定的，后一个条件是外部条件。混凝土中碱的主要来源是水泥和外加剂。混凝土是一种多孔材料，来自水泥和外加剂等的碱使孔溶液成为强碱溶液，OH^-浓度可达 $0.7mol/L$ 甚至更高。活性集料含活性 SiO_2，主要为含蛋白石、燧石、鳞石英、方石英等矿物的岩石，如流纹岩、安山岩、凝灰岩、蛋白岩等。活性集料与强碱溶液接触时，强碱中的 OH^- 会使活性集料中的 SiO_2 解聚，并形成碱-硅酸反应凝胶。在一定湿度条件下，凝胶体积膨胀就会造成混凝土损伤破坏。

工程实际中，AAR 反应可以通过控制混凝土的碱含量，采用非活性集料或对集料碱活性进行检验来加以预防。在混凝土中掺加硅灰、粉煤灰等辅助性胶凝材料可以有效抑制 AAR 反应。

5.7.7　提高混凝土耐久性的措施

提高混凝土耐久性的常见措施是优选原材料和配合比，如合理选择水泥品种，选用品种良好、级配合格的集料，掺加外加剂等，同时还要采取各种措施确保混凝土的施工质量。由于混凝土的水胶比和水泥用量会影响混凝土的强度和密实性，进而严重影响其耐久性，因此实际工作中主要通过适当控制混凝土的水胶比和水泥用量来保障其耐久性。

表 5-7-1 是现行规范对混凝土最大水胶比和最小水泥用量的要求。在该表规定的环境中，若混凝土的最大水胶比或最小水泥用量超出了规定范围，就可认为混凝土存在着耐久性方面的问题。

表 5-7-1　混凝土的最大水胶比和最小水泥用量的基本规定

环境条件		结构物类型	最大水胶比			最小水泥用量		
			素混凝土	钢筋混凝土	预应力混凝土	素混凝土	钢筋混凝土	预应力混凝土
干燥环境		正常的居住或办公用房屋内部件	不作规定	0.65	0.60	200	260	300
潮湿环境	无冻害	高湿度的室内部件；室外部件；在非侵蚀性土和（或）水中的部件	0.70	0.60	0.60	225	280	300
	有冻害	经受冻害的室外部件；在非侵蚀性土和（或）水中，且经受冻害的部件；高湿度且经受冻害的室内部件	0.55	0.55	0.55	250	280	300
有冻害和除冰剂的潮湿环境		经受冻害和有除冰剂作用的室内和室外部件	0.50	0.50	0.50	300	300	300

5.8　混凝土的质量波动及控制措施

5.8.1　质量波动的原因

混凝土的质量包括混凝土拌合物的和易性、混凝土强度和混凝土的耐久性等方面的内容。在混凝土生产过程中，质量的波动是不可避免的，因此，必须对混凝土的质量进行及时的检测和控制，以确保能得到优质的混凝土。

引起混凝土质量波动的主要因素有原材料和生产过程。试验条件会影响混凝土质量检测的准确性。水泥品种与强度的改变，砂、石种类和质量（包括杂质含量、级配、粒径、粒形等）的变化对混凝土质量的影响较大，尤其是集料含水率的变化。生产过程中的施工情况决定混凝土的质量，组成材料的计量误差、水胶比的波动、搅拌时间长短不一、混凝土拌合物浇捣时密实程度的不同、混凝土养护时温湿度条件的变化等都会影响混凝土的质量。对成型混凝土试件，取样的方法、成型时的密实程度、养护条件、强度试验时加荷速度的快慢及试验者本身的误差等也都会影响混凝土质量检测的准确性。

5.8.2 质量波动的特点与规律

混凝土的抗压强度与其他性能有着很紧密的联系，它能较好地反映混凝土的质量。一般情况下，如果混凝土的抗压强度满足要求，则其他性能也能满足要求。因此，工程实际中，常以混凝土的抗压强度作为混凝土质量控制采用的基础指标，同时也将其作为评定混凝土生产质量水平的依据。在混凝土生产条件保持连续一致时，混凝土抗压强度的波动规律呈正态分布，即在强度平均值附近，混凝土强度出现的次数最多。离强度的平均值越远，混凝土强度出现的次数越少。图 5-8-1 的横坐标表示混凝土的强度，纵坐标表示概率密度。混凝土强度正态分布曲线高而窄，表明混凝土强度值波动范围小，混凝土施工质量水平较好；曲线矮而宽，则表明混凝土强度值波动范围大、离散性大，混凝土施工质量水平较差。

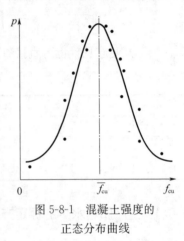

图 5-8-1 混凝土强度的
正态分布曲线

5.8.3 质量评定的指标体系

由于混凝土强度波动规律呈正态分布，因此，可以用数理统计方法来对混凝土的质量进行评定。常用的评定指标有混凝土的平均强度、强度标准差、变异系数和强度保证率等。

混凝土强度平均值为

$$f'_{cu} = \Sigma f_{cu,i}/n$$

式中，n 为混凝土试件组数；$f_{cu,i}$ 为混凝土的第 i 组试件的抗压强度值。

标准差又称均方差，混凝土的强度标准差为

$$\sigma = [(\Sigma f_{cu,i}{}^2 - nf'_{cu}{}^2)/(n-1)]^{1/2} = [\Sigma (f_{cu,i} - f'_{cu})^2/(n-1)]^{1/2}$$

σ 值越小，说明混凝土的强度离散性越小、质量控制越稳定、施工水平越高；σ 值越大，说明混凝土的强度离散性越大、质量控制越不稳定、施工水平越低。

变异系数 C_V 也称离差系数。

$$C_V = \sigma/f'_{cu}$$

由于混凝土的强度标准差随着混凝土强度的提高而增大，因此可采用变异系数来评定混凝土的质量。均匀性的指标要比采用强度标准差更准确。变异系数越小，表示混凝土的质量越稳定、质量的均匀性越好。若强度标准差相同的两批混凝土，第一批混凝土的平均强度为 20MPa，第二批混凝土的平均强度为 40MPa，则变异系数小的第二批混凝土的质量均匀性要好于第一批混凝土。

混凝土的强度保证率 P 是指混凝土强度总体分布中，大于或等于设计强度等级的概率，而低于设计强度等级的概率则称为不合格率。P 值应按规定步骤计算，即先求出概率度 t（即强度保证率系数），计算公式为

$$t=(f'_{cu}-f_{cu,k})/\sigma$$

或

$$t=(f'_{cu}-f_{cu,k})/(C_V f'_{cu})$$

式中，f'_{cu} 为混凝土强度平均值（MPa）；$f_{cu,k}$ 为混凝土设计强度等级（MPa）；σ 为混凝土强度标准差（MPa）；C_V 为变异系数。然后再求 P。计算公式为

$$P=[\int_{-t}^{+\infty}e^{-0.5t^2}dt]/(2\pi)^{1/2}$$

为了方便起见，也可直接查表 5-8-1 求不同的 t 对应的 P 值。

表 5-8-1　不同的 t 对应的 P 值

t	0.00	0.50	0.80	0.84	1.00	1.04	1.20	1.28	1.40
P（%）	50.0	69.2	78.8	80.0	84.1	85.1	88.5	90.0	91.9
t	1.64	1.70	1.75	1.81	1.88	1.96	2.00	2.05	2.33
P（%）	95.0	95.5	96.0	96.5	97.0	97.5	97.7	98.0	99.0

5.8.4　生产质量水平的评定方法

混凝土的生产质量水平可根据统计周期内混凝土强度标准差和试件强度不低于要求强度等级的百分率 P（%）分为优良、一般、差 3 种，具体划分标准见表 5-8-2。

表 5-8-2　混凝土的生产质量水平

生产质量水平			优良		一般		差	
混凝土强度等级			<C20	≥C20	<C20	≥C20	<C20	≥C20
评定指标	混凝土强度标准差	预拌混凝土厂和预制混凝土构件厂	≤3.0	≤3.5	≤4.0	≤5.0	>4.0	>5.0
		集中搅拌混凝土的施工现场	≤3.5	≤4.0	≤4.5	≤5.5	>4.5	>5.5
	强度不低于要求强度等级值的百分率 P（%）	预拌混凝土厂、预制混凝土构件厂及集中搅拌混凝土的施工现场	≥95		>85		≤85	

5.8.5　质量控制体系

1. 质量控制的基本内容

混凝土的质量控制主要包括原材料的质量控制和施工过程的质量控制。

（1）原材料的质量控制。原材料的质量控制包括审查原材料生产许可证或使用许可证、产品合格证、质量证明书或质量试验报告单是否满足设计要求。在规定的时间内，对

进场的原材料按规定的取样方法和检验方法进行复检，审查混凝土配合比通知单，实地查看原材料质量，试拌几盘混凝土（即开盘鉴定）等。

（2）施工过程的质量控制。施工过程的质量控制包括审查计量工具和计量的准确性，确定合适的进料容量和投料顺序，选定合理的搅拌时间，采用正确的运输、浇筑、捣实和养护方法等。在混凝土的生产过程中，通常要进行以下4个方面的检测。

① 测定砂、石的含水率，并依此确定施工配合比。该项检查应每工作班检查1次；在拌制过程中要检查组成材料的称量偏差，每工作班不应少于1次。

② 混凝土拌合物坍落度的检查。当坍落度检查在浇筑地点进行时，每工作班至少应检查2次；混凝土配合比有变动时，也应及时检查坍落度；混凝土搅拌过程中应随时检查坍落度。

③ 水胶比的检查。水胶比是决定混凝土强度的最主要因素，若混凝土的和易性满足要求，且水胶比又能控制好，则混凝土的强度和耐久性有很好的保证。采用混凝土水/水泥含量测量仪，可快速测定混凝土的水含量和水泥含量。数据的采集、分析和结果的打印均自动完成，且结果精确度高。

④ 混凝土强度的检查。混凝土的强度必须进行抽查，抽查的频次和取样的方法必须符合现行标准和规范的规定。混凝土立方体标准抗压强度主要用于施工验收。确定结构构件的拆模、出池、出厂、放张等时刻的强度时，应采用与结构同条件养护的标准尺寸试件的混凝土强度。混凝土立方体抗压强度试件的制作方法应遵守相关规范规定。

2. 质量控制图

为了便于及时掌握、分析混凝土质量的波动情况，常将质量检测得到的坍落度、水胶比和强度等各项指标绘成质量控制图。通过质量控制图可以及时发现问题、采取措施，以确保混凝土质量的稳定性。下面以图5-8-2为例加以介绍。

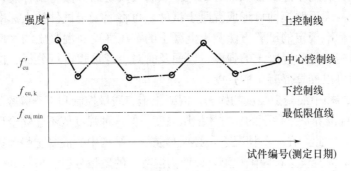

图 5-8-2 混凝土强度质量控制图

图中的纵坐标表示混凝土试件强度的测定值，横坐标表示试件编号（测定日期），中心控制线为强度平均值（即配制强度），下控制线为混凝土设计强度等级，最低限值线为下限。每次试验结果应以点的形式逐日描绘在图上。

（1）正常稳定状态的条件。当描绘出来的点同时满足下述条件时，即可认为生产过程处于正常稳定状态。

① 连续25点中没有1点在限外，或连续35点中最多1点在限外，或连续100点中最多2点在限外；

② 控制界限内的点的排列无异常现象。

（2）异常现象的表现。异常现象有以下 9 种表现。

① 连续 7 点或更多点在中心线同一侧；

② 连续 7 点或更多点有上升或下降趋势；

③ 连续 11 点中至少有 10 点在中心线同一侧；

④ 连续 14 点中至少有 12 点在中心线同一侧；

⑤ 连续 17 点中至少有 14 点在中心线同一侧；

⑥ 连续 20 点中至少有 16 点在中心线同一侧；

⑦ 连续 3 点中至少有 2 点落在两倍标准差与三倍标准差控制界线之间；

⑧ 连续 7 点中至少有 3 点落在两倍标准差与三倍标准差控制界线之间；

⑨ 点呈现周期变化。

发现异常点应立即查明原因，并予以纠正。如果强度测定值落在 $f_{cu,min}$ 以下，则说明混凝土的质量有问题，不能验收。

5.9　混凝土强度的检测与评定

5.9.1　混凝土强度的检测

混凝土强度的检测分混凝土生产过程中的强度检测和混凝土结构中混凝土强度的检测两种。

（1）混凝土生产过程中的强度检测。检测时，应按现行相关标准规定的取样方法从刚搅拌好的混凝土拌合物中随机抽取部分试样，然后按规定的方法将试样装入立方体试模并密实，带模养护一天后脱模即可形成混凝土试件，再将混凝土试件放入标准养护条件下养护到 28d 后，按标准规定的试验方法测出混凝土的抗压强度。混凝土的生产过程中，经常需要尽快掌握已施工完的混凝土的强度，以便及时对生产过程进行分析、检查，并采取相应的对策，此时可以推算混凝土的强度。

（2）混凝土结构中混凝土强度的检测。混凝土施工质量控制和工程验收的主要依据是混凝土标准试件在标准养护条件下的立方体抗压强度，但这种强度值不能完全反映混凝土结构中混凝土的性能，因此，在一些情况下，必须对混凝土结构中的混凝土强度进行检测，有时还需要对有缺陷的混凝土进行缺陷检测，以便为混凝土的质量分析、事故处理提供依据。

在以下 3 种情况下，应对结构中的混凝土强度进行检测。

① 由于施工控制不严，或施工过程中某种意外事故可能影响混凝土的质量，以及发现预留试件的取样、制作、养护和抗压强度试验等不符合有关技术规程或标准所规定的条款，怀疑预留试件的强度不能代表结构中混凝土的实际强度时；

② 对已建成的结构需要进行维修、加固和加层时；

③ 需要了解混凝土强度能否满足结构或构件的拆模、吊装、预应力张拉以及施工期间荷载对混凝土的强度要求时。

混凝土结构中混凝土强度的检测方法有钻芯取样法和非破损检测法。

钻芯取样法应按现行《钻芯法检测混凝土强度技术规程》（CECS 03）来测定结构中

混凝土的强度。该方法利用专用钻机从混凝土结构中钻取芯样（我国钻芯法规程中规定，直径和高度均为 100mm 的芯样试件为圆柱体标准试件），然后测定芯样的抗压强度，再将芯样的强度换算为混凝土的标准立方体抗压强度，以此来推定混凝土结构中混凝土的强度。用钻芯取样法检测混凝土强度，无需进行某种物理量与强度之间的换算，是一种得到普遍认可的直观、可靠、准确的检测方法，但检测时会对结构造成局部损伤，且成本较高，因此大量取芯往往会对结构产生不利的影响。

非破损检测法是指在不影响结构或构件的受力性能或其他使用功能的前提下，直接在结构或构件上测定某些物理量，并通过这些物理量与混凝土强度的相关性来推定混凝土结构中混凝土的强度、均匀性、耐久性等性能的检测方法。常用的方法有回弹法、超声回弹法和拔出法等。回弹法应按现行《回弹法检测混凝土抗压强度技术规程》（JGJ/T 23）进行；超声回弹法应按现行《超声回弹综合法检测混凝土强度技术规程》（CECS 02）进行；拔出法应按现行《拔出法检测混凝土强度技术规程》（CECS 69）等进行。

5.9.2　混凝土强度等级的评定方法

现行规范规定，混凝土强度应分批进行检验评定。一个验收批的混凝土强度应由强度等级相同、配合比与生产工艺基本相同的混凝土组成。混凝土强度等级的评定方法分统计方法和非统计方法，具体见表 5-9-1。

表 5-9-1　混凝土强度等级评定方法

强度等级评定方法	合格判定条件	备注
统计方法Ⅰ：σ 已知	$f'_{cu} \geq f_{cu,k} + 0.7\sigma$ $f_{cu,min} \geq f_{cu,k} - 0.7\sigma$ 当 $f_{cu,k} \leq 20$MPa 时， $f_{cu,min} \geq 0.85 f_{cu,k}$ 当 $f_{cu,k} > 20$MPa 时， $f_{cu,min} > 0.9 f_{cu,k}$ 式中，f'_{cu} 为同批 3 组试件的抗压强度平均值（MPa）；$f_{cu,min}$ 为同批 3 组试件的抗压强度的最小值（MPa）；$f_{cu,k}$ 为混凝土的强度等级；σ 为验收批的混凝土强度标准差（MPa），可依据前一个检验期同类混凝土的数据确定	验收批的混凝土强度标准差按式 $$\sigma = 0.59\left[\sum_{i=1}^{m}\Delta f_{cu,i}\right]/m$$ 确定。式中，$\Delta f_{cu,i}$ 为以 3 组试件为一批，第 i 批混凝土强度的最大值与最小值之差；m 为用以确定该混凝土强度标准差的数据总批数。 在确定混凝土强度标准差时，其检验期限不应超过 3 个月，且在该期间内，验收批总数不应少于 15 批
统计方法Ⅱ：σ 未知	$f'_{cu} - K_1 \cdot S_n \geq 0.9 f_{cu,k}$ $f_{cu,min} \geq K_2 \cdot f_{cu,k}$ 式中，f'_{cu} 为 n 组混凝土试件的抗压强度平均值（MPa）；$f_{cu,min}$ 为 n 组混凝土试件的抗压强度的最小值（MPa）；K_1、K_2 为合格判定系数，按表 5-9-2 取值；S_n 为 n 组混凝土试件的强度标准差（MPa），当 $S_n < 0.06 f_{cu,k}$ 时，取 $S_n = 0.06 f_{cu,k}$	一个验收批混凝土试件组数 $n \geq 10$，n 组混凝土试件的强度标准差（S_n）按式 $S_n = \left[\left(\Sigma f_{cu,i}{}^2 - n f'_{cu}{}^2\right)/(n-1)\right]^{1/2}$ 计算。式中，$f_{cu,i}$ 为第 i 组混凝土试件的强度
非统计方法	$f'_{cu} \geq 1.15 f_{cu,k}$ $f_{cu,min} \geq 0.95 f_{cu,k}$	一个验收批的试件组数 $n = 2 \sim 9$ 组；当一个验收批的混凝土试件仅有 1 组时，则该组试件的强度应不低于强度等级值的 115%

表 5-9-2　混凝土强度合格判定系数（K_1、K_2）表

试件组数	10~14	15~24	≥25
K_1	1.70	1.65	1.60
K_2	0.90	0.85	0.85

5.9.3　混凝土的配制强度

混凝土的配制强度是指配制出来的混凝土 28d 的标准立方体抗压强度的平均值，也称试配强度。如果混凝土的配制强度等于设计强度，则混凝土的强度保证率只有 50%。由混凝土强度保证率公式可推导出混凝土的配制强度 $f_{cu,0}$。

$$f_{cu,0} = f_{cu,k} + t\sigma$$

式中，t 为混凝土的强度保证率系数，t 值由混凝土的强度保证率 P 来确定，可由公式求出或直接查表确定；σ 为混凝土强度标准差，由混凝土施工水平决定，可根据混凝土生产单位以往同配合比、同生产条件的混凝土强度的抽查值，按公式计算（试件组数 $n \geqslant 25$ 组）。

当混凝土强度等级为 C20 或 C25 时，若计算所得 $\sigma < 2.5MPa$，则取 $\sigma = 2.5MPa$；当混凝土强度等级大于 C25 时，若计算所得 $\sigma < 3.0MPa$，则取 $\sigma = 3.0MPa$；当无历史数据资料时，可参考表 5-9-3 选取。

现行 JGJ 55 规定，混凝土的强度保证率为 95%，与之对应的 t 值为 1.645，所以混凝土的配制强度可按式

$$f_{cu,0} = f_{cu,k} + 1.645\sigma$$

计算。

表 5-9-3　混凝土强度标准差 σ 的参考值

混凝土设计强度等级	C15~C20	C25~C40	C50~C60	C70~C80
σ（MPa）	4.0	5.0	6.0	7.0

5.10　普通混凝土的配合比设计

混凝土的配合比是指混凝土中各组成材料的质量比例关系，而确定这种比例关系的工作就叫配合比设计。普通混凝土的配合比设计方法应满足设计和施工要求，保障混凝土的工程质量，且达到经济合理的要求。本节介绍的普通混凝土配合比设计适用于工业与民用建筑及一般构筑物。普通混凝土的配合比设计应符合现行相关规范规定。

5.10.1　混凝土配合比设计的基本要求

混凝土配合比设计应满足混凝土配制强度、拌合物性能、力学性能和耐久性能等方面的设计要求。混凝土拌合物性能和耐久性能的试验方法应分别符合现行《普通混凝土拌合物性能试验方法标准》（GB/T 50080）和《普通混凝土长期性能和耐久性能试验

方法标准》（GB/T 50082）的规定。

混凝土配合比设计应采用工程实际使用的原材料，并应满足国家现行标准的有关要求。配合比设计应以干燥状态集料为基准，即细集料含水率应小于 0.5%，粗集料含水率应小于 0.2%。

混凝土的最大水胶比应符合现行 GB 50010 的规定。混凝土的最小胶凝材料用量应符合表 5-10-1 的规定。C15 强度等级的混凝土可不受该表限制。

表 5-10-1　混凝土的最小胶凝材料用量

最大水胶比	最小胶凝材料用量（kg/m³）		
	素混凝土	钢筋混凝土	预应力混凝土
0.60	250	280	300
0.55	280	300	300
0.50	320		
≤0.45	330		

矿物掺合料在混凝土中的掺量应通过试验确定。钢筋混凝土中矿物掺合料的最大掺量宜符合表 5-10-2 的规定；预应力钢筋混凝土中矿物掺合料的最大掺量宜符合表 5-10-3 的规定。

（1）采用表 5-10-2 时应注意以下 3 点。

① 采用硅酸盐水泥和普通硅酸盐水泥之外的通用硅酸盐水泥时，混凝土中水泥混合材和矿物掺合料用量之和应不大于按普通硅酸盐水泥用量的 20% 计算混合材和矿物掺合料用量之和。

② 对基础大体积混凝土，粉煤灰、粒化高炉矿渣粉和复合掺合料的最大掺量可增加 5%。

③ 复合掺合料中，各组分的掺量不宜超过任一组分单掺时的最大掺量。

（2）采用表 5-10-3 时应注意以下 2 点。

① 粉煤灰应为Ⅰ级或Ⅱ级 F 类粉煤灰。

② 复合掺合料中，各组分的掺量不宜超过任一组分单掺时的最大掺量。

表 5-10-2　钢筋混凝土中矿物掺合料的最大掺量

矿物掺合料种类	水胶比	最大掺量（%）	
		硅酸盐水泥	普通硅酸盐水泥
粉煤灰	≤0.40	≤45	≤35
	>0.40	≤40	≤30
粒化高炉矿渣粉	≤0.40	≤65	≤55
	>0.40	≤55	≤45
钢渣粉	—	≤30	≤20
磷渣粉	—	≤30	≤20
硅灰	—	≤10	≤10
复合掺合料	≤0.40	≤60	≤50
	>0.40	≤50	≤40

表 5-10-3　预应力钢筋混凝土中矿物掺合料的最大掺量

矿物掺合料种类	水胶比	最大掺量（％）	
		硅酸盐水泥	普通硅酸盐水泥
粉煤灰	≤0.40	≤35	≤30
	>0.40	≤25	≤20
粒化高炉矿渣粉	≤0.40	≤55	≤45
	>0.40	≤45	≤35
钢渣粉	—	≤20	≤10
磷渣粉	—	≤20	≤10
硅灰	—	≤10	≤10
复合掺合料	≤0.40	≤50	≤40
	>0.40	≤40	≤30

混凝土拌合物中水溶性氯离子的最大含量应符合表 5-10-4 的要求。混凝土拌合物中水溶性氯离子的含量应按现行《水运工程混凝土试验规程》（JTJ 270）中混凝土拌合物中氯离子含量的快速测定方法进行测定。长期处于潮湿或水位变动的寒冷和严寒环境、以及盐冻环境的混凝土应掺用引气剂。引气剂掺量应根据混凝土的含气量要求经试验确定。掺用引气剂的混凝土最小含气量应符合表 5-10-5 的规定，且最大不宜超过 7.0％。表 5-10-5 中的含气量是指气体占混凝土体积的百分比。对于有预防混凝土碱-集料反应设计要求的工程，其混凝土中最大碱含量不应大于 3.0kg/m³，且宜掺用适量粉煤灰等矿物掺合料；对于矿物掺合料的碱含量，粉煤灰的碱含量可取实测值的 1/6，粒化高炉矿渣粉的碱含量可取实测值的 1/2。

表 5-10-4　混凝土拌合物中水溶性氯离子的最大含量

环境条件	水溶性氯离子的最大含量（％，水泥用量的质量百分比）		
	钢筋混凝土	预应力混凝土	素混凝土
干燥环境	0.3	0.06	1.0
潮湿但不含氯离子的环境	0.2		
潮湿而含有氯离子的环境、盐渍土环境	0.1		
除冰盐等侵蚀性物质的腐蚀环境	0.06		

表 5-10-5　掺用引气剂的混凝土最小含气量

粗集料最大公称粒径（mm）	混凝土最小含气量（％）	
	潮湿或水位变动的寒冷和严寒环境	盐冻环境
40.0	4.5	5.0
25.0	5.0	5.5
20.0	5.5	6.0

5.10.2　混凝土配制强度的确定方法

混凝土配制强度应按相关规定确定。当混凝土的设计强度等级小于 C60 时，其配制

强度为

$$f_{cu,0} \geqslant f_{cu,k} + 1.645\sigma$$

当设计强度等级大于或等于 C60 时，其配制强度为

$$f_{cu,0} \geqslant 1.15 f_{cu,k}$$

混凝土强度标准差 σ 应按相关规定确定。当具有最近 1～3 个月的同一品种、同一强度等级混凝土的强度资料时，其混凝土强度标准差为

$$\sigma = [(\Sigma f_{cu,i}^2 - nm_{fcu}^2)/(n-1)]^{1/2}$$

式中，$f_{cu,i}$ 为第 i 组的试件强度（MPa）；m_{fcu} 为 n 组试件的强度平均值（MPa）；n 为试件组数，其值应大于或者等于 30。

对于强度等级不大于 C30 的混凝土，当 σ 计算值不小于 3.0MPa 时，σ 应按计算结果取值；当 σ 计算值小于 3.0MPa 时，σ 应取 3.0MPa。对于强度等级大于 C30 且不大于 C60 的混凝土，当 σ 计算值不小于 4.0MPa 时，σ 应按照计算结果取值；当 σ 计算值小于 4.0MPa 时，σ 应取 4.0MPa。当没有近期的同一品种、同一强度等级混凝土的强度资料时，σ 可按表 5-10-6 取值。

表 5-10-6　混凝土强度标准差 σ 值（MPa）

混凝土强度标准差	≤C20	C25～C45	C50～C55
σ	4.0	5.0	6.0

5.10.3　混凝土配合比的计算

1. 水胶比计算

混凝土强度等级不大于 C60 等级时的混凝土水胶比（W/C）为

$$W/C = \alpha_a f_b / (f_{cu,0} + \alpha_a \alpha_b f_b)$$

式中，α_a、α_b 为回归系数，其值应符合现行规范规定，或按表 5-10-7 选取；f_b 为胶凝材料（水泥与矿物掺合料按使用比例混合）28d 胶砂强度（MPa），其试验方法应按现行 GB/T 17671 执行，无实测值时可按以下两条规定确定。

（1）根据 3d 胶砂强度或快测强度推定 28d 胶砂强度关系式，再推定 f_b 值。

（2）当矿物掺合料为粉煤灰和粒化高炉矿渣粉时，可按下式推算。

$$f_b = 1.1 \gamma_f \gamma_s f_{ce,g}$$

式中，γ_f、γ_s 分别为粉煤灰和粒化高炉矿渣粉的影响系数，其值可按表 5-10-8 选取；$f_{ce,g}$ 为水泥强度等级值（MPa）。

表 5-10-7　回归系数 α_a、α_b 选用表

粗集料品种		碎石	卵石
系数	α_a	0.53	0.49
	α_b	0.20	0.13

使用表 5-10-8 时，应注意以下 4 方面问题。

① 该表应以 P.O42.5 水泥为准，如采用普通硅酸盐水泥以外的通用硅酸盐水泥，可

将水泥混合材掺量 20％以上部分计入矿物掺合料。

② 宜采用Ⅰ级或Ⅱ级粉煤灰，采用Ⅰ级灰时，影响系数宜取上限值；采用Ⅱ级灰时，影响系数宜取下限值。

③ 采用 S75 级粒化高炉矿渣粉时，影响系数宜取下限值；采用 S95 级粒化高炉矿渣粉时，影响系数宜取上限值；采用 S105 级粒化高炉矿渣粉时，影响系数可取上限值加 0.05。

④ 超出表中的掺量时的粉煤灰和粒化高炉矿渣粉影响系数应经试验确定。回归系数 α_a 和 α_b 应根据工程所使用的原材料通过试验建立的水胶比与混凝土强度关系式来确定。

表 5-10-8　粉煤灰影响系数 γ_f 和粒化高炉矿渣粉影响系数 γ_s

掺量（％）	粉煤灰影响系数 γ_f	粒化高炉矿渣粉影响系数 γ_s
0	1.00	1.00
10	0.90～0.95	1.00
20	0.80～0.85	0.95～1.00
30	0.70～0.75	0.90～1.00
40	0.60～0.65	0.80～0.90
50	—	0.70～0.85

2. 用水量和外加剂用量的确定

每立方米干硬性或塑性混凝土的用水量 m_{w0} 应符合相关规范规定。当混凝土水胶比为 0.40～0.80 时，m_{w0} 可按表 5-10-9 和表 5-10-10 选取；当混凝土水胶比小于 0.40 时，m_{w0} 值可通过试验确定。使用表 5-10-10 时应注意以下两方面问题。

① 该表用水量是采用中砂时的取值。采用细砂时，每立方米混凝土的用水量可增加 5～10kg；采用粗砂时，每立方米混凝土的用水量可减少 5～10kg。

② 掺用矿物掺合料和外加剂时，用水量应酌情进行相应调整。

表 5-10-9　干硬性混凝土的用水量（kg/m³）

拌合物稠度		卵石最大公称粒径（mm）			碎石最大公称粒径（mm）		
项目	指标	10.0	20.0	40.0	16.0	20.0	40.0
维勃稠度（s）	16～20	175	160	145	180	170	155
	11～15	180	165	150	185	175	160
	5～10	185	170	155	190	180	165

表 5-10-10　塑性混凝土的用水量（kg/m³）

拌合物稠度		卵石最大公称粒径（mm）				碎石最大公称粒径（mm）			
项目	指标	10.0	20.0	31.5	40.0	16.0	20.0	31.5	40.0
坍落度（mm）	10～30	190	170	160	150	200	185	175	165
	35～50	200	180	170	160	210	195	185	175
	55～70	210	190	180	170	220	105	195	185
	75～90	215	195	185	175	230	215	205	195

每立方米流动性或大流动性混凝土的用水量 m_{w0} 为

$$m_{w0} = m_{w0'}(1-\beta)$$

式中，m_{w0} 为满足实际坍落度要求的每立方米混凝土用水量（kg），可以表 5-10-10 中 90mm 坍落度的用水量为基础，按每增大 20mm 坍落度，相应增加 5kg 用水量来计算；β 为外加剂的减水率（%），应经混凝土试验确定。

每立方米混凝土中的外加剂用量 m_{a0} 为

$$m_{a0} = m_{b0}\beta_a$$

式中，m_{b0} 为每立方米混凝土中的胶凝材料用量（kg）；β_a 为外加剂掺量（%），应经混凝土试验确定。

3. 胶凝材料、矿物掺合料和水泥用量的确定

每立方米混凝土中的胶凝材料用量 m_{b0} 为

$$m_{b0} = m_{w0}/(W/C)$$

每立方米混凝土的矿物掺合料用量 m_{f0} 的计算应符合相关规范规定。首先，按前述要求确定符合强度要求的矿物掺合料掺量 β_f，然后按下式计算矿物掺合料用量 m_{f0}。

$$m_{f0} = m_{b0}\beta_f$$

每立方米混凝土的水泥用量 m_{c0} 为

$$m_{c0} = m_{b0} - m_{f0}$$

4. 砂率的确定

（1）无历史资料可参考时，混凝土砂率的确定应遵守相关规范规定。

① 坍落度小于 10mm 的混凝土，其砂率应经试验确定。

② 坍落度为 10～60mm 的混凝土，其砂率可根据粗集料品种、最大公称粒径及水胶比，按表 5-10-11 选取。

③ 坍落度大于 60mm 的混凝土，其砂率可经试验确定，也可在表 5-10-11 的基础上，按坍落度每增大 20mm，砂率增大 1% 的幅度予以调整。

（2）使用表 5-10-11 时，应注意以下 4 方面问题。

① 该表数值是中砂的选用砂率，对细砂或粗砂，可相应地减小或增大砂率。

② 采用人工砂配制混凝土时，砂率可适当增大。

③ 只用一个单粒级粗集料配制混凝土时，砂率应适当增大。

④ 对薄壁构件，砂率宜取大值。

砂率的计算公式为

$$\beta_s = m_{s0}/(m_{g0}+m_{s0}) \times 100\%$$

式中，β_s 为砂率（%）；m_{s0} 为每立方米混凝土的细集料用量（kg）；m_{g0} 为每立方米混凝土的粗集料用量（kg）。

表 5-10-11　混凝土的砂率（%）

水胶比 (W/C)	卵石最大公称粒径（mm）			碎石最大粒径（mm）		
	10.0	20.0	40.0	16.0	20.0	40.0
0.40	26～32	25～31	24～30	30～35	29～34	27～32
0.50	30～35	29～34	28～33	33～38	32～37	30～35
0.60	33～38	32～37	31～36	36～41	35～40	33～38
0.70	36～41	35～40	34～39	39～44	38～43	36～41

5. 粗、细集料用量的确定

采用质量法计算粗、细集料用量时，计算公式为

$$m_{f0}+m_{c0}+m_{g0}+m_{s0}+m_{w0}=m_{cp}$$

和

$$\beta_s=m_{s0}/(m_{g0}+m_{s0}) \times 100\%$$

式中，m_{w0} 为每立方米混凝土的用水量（kg）；m_{cp} 为每立方米混凝土拌合物的假定质量（kg），可取 2350～2450kg。

采用体积法计算粗、细集料用量时，计算公式为

$$\beta_s=m_{s0}/(m_{g0}+m_{s0}) \times 100\%$$

和

$$m_{f0}/\rho_f+m_{c0}/\rho_c+m_{g0}/\rho_g+m_{s0}/\rho_s+m_{w0}/\rho_w+0.01\alpha=1$$

式中，ρ_c 为水泥密度（kg/m³），应按现行《水泥密度测定方法》（GB/T 208）测定，也可取 2900～3100kg/m³；ρ_f 为矿物掺合料密度（kg/m³），可按现行 GB/T 208 测定；ρ_g、ρ_s 分别为粗、细集料的表观密度（kg/m³），应按现行《普通混凝土用砂、石质量及检验方法标准》（JGJ 52）测定；ρ_w 为水的密度（kg/m³），可取 1000kg/m³；α 为混凝土的含气量（%），在不使用引气型外加剂时，α 值可取 1。

5.10.4 混凝土配合比的试配与调整方法

1. 试配

混凝土试配应采用强制式搅拌机，搅拌机应符合现行《混凝土试验用搅拌机》（JG 244）的规定，并宜与施工采用的搅拌方法相同。试验室成型条件应符合现行 GB/T 50080 的规定。每盘混凝土试配的最小搅拌量应符合表 5-10-12 的规定，且不应小于搅拌机额定搅拌量的 1/4。试拌应在计算配合比的基础上进行。保持水胶比不变，合理调整胶凝材料用量、外加剂用量和砂率等，直到混凝土拌合物性能符合设计和施工要求，然后提出试拌配合比。

表 5-10-12 每盘混凝土试配的最小搅拌量

粗集料最大公称粒径（mm）	≤31.5	40.0
拌合物的最小搅拌量（L）	20	25

在试拌配合比的基础上，可进行混凝土强度试验。试验应遵守相关规范规定，至少采用 3 个不同的配合比，其中 1 个为确定的试拌配合比，另外 2 个配合比的水胶比应分别比试拌配合比大 0.05 和小 0.05；用水量应与试拌配合比相同；砂率可分别增加 1% 和减少 1%。试验时，应继续保持拌合物性能符合设计和施工要求，并检验其坍落度或维勃稠度、黏聚性、保水性及表观密度等，作为相应配合比的混凝土拌合物的性能指标。每种配合比至少应制作一组试件，并标准养护到 28d 或设计强度要求的龄期时试压，也可同时多制作几组试件，按现行《早期推定混凝土强度试验方法标准》（JGJ/T 15）早期推定混凝土强度，以便调整配合比（但最终应满足标准养护 28d 或设计规定龄期的强度要求）。

2. 调整与确定

（1）调整。配合比的调整应遵守相关规范规定。根据前述混凝土强度的试验结果，绘制强度和胶水比的线性关系图，用图解法或插值法求出与略大于配制强度的强度对应的胶水比（包括混凝土强度试验中的一个满足配制强度的胶水比）。用水量 m_w 应在试拌配合比用水量的基础上，根据混凝土强度试验时实测的拌合物性能情况进行适当调整。胶凝材料用量 m_b 应以用水量乘以图解法或插值法求出的胶水比计算得出。粗集料用量 m_g 和细集料用量 m_s 应在用水量和胶凝材料用量调整的基础上进行相应调整。

配合比应按以下 3 条规定进行校正。

① 根据调整后的配合比，按下式计算混凝土拌合物的表观密度计算值 $\rho_{c,c}$。

$$\rho_{c,c} = m_f + m_c + m_g + m_s + m_w$$

② 按下式计算混凝土配合比校正系数 δ。

$$\delta = \rho_{c,t} / \rho_{c,c}$$

式中，$\rho_{c,t}$ 为混凝土拌合物的表观密度实测值（kg/m³）；$\rho_{c,c}$ 为混凝土拌合物的表观密度计算值（kg/m³）。

③ 当混凝土拌合物的表观密度实测值与计算值之差的绝对值不超过计算值的 2％时，先前调整的配合比可维持不变；当二者之差超过 2％时，应将配合比中每项材料用量均乘以校正系数 δ。

（2）确定。配合比调整后，应测定拌合物中水溶性氯离子的含量，并对混凝土的耐久性能进行试验，符合设计要求的配合比方可确定为设计配合比。生产单位可根据常用材料设计出常用的混凝土配合比，以作备用，并应在使用过程中予以验证或调整。遇有以下 3 种情况之一时，应重新进行配合比设计。

① 对混凝土的性能有特殊要求时；

② 水泥外加剂或矿物掺合料的品种、质量有显著变化时；

③ 该配合比的混凝土生产间断半年以上时。

5.10.5　有特殊要求的混凝土配合比设计原则

1. 抗渗混凝土

抗渗混凝土的配合比设计除应遵守普通混凝土的规定外，还应满足专门的要求。

（1）抗渗混凝土的原材料。抗渗混凝土的原材料应符合以下 4 条要求。

① 宜采用普通硅酸盐水泥；

② 粗集料宜采用连续级配，且最大公称粒径不宜大于 40.0mm、含泥量不得大于1.0％、泥块含量不得大于 0.5％；

③ 细集料宜采用中砂，且含泥量不得大于 3.0％、泥块含量不得大于 1.0％；

④ 抗渗混凝土宜掺用外加剂和矿物掺合料，粉煤灰应采用 F 类，且不应低于 II 级。

（2）抗渗混凝土的配合比。抗渗混凝土的配合比应满足以下 3 条要求。

① 最大水胶比应符合表 5-10-13 的规定；

② 每立方米混凝土中的胶凝材料用量不宜小于 320kg；

③ 砂率宜为 35％～45％。

表 5-10-13　抗渗混凝土的最大水胶比

设计抗渗等级	最大水胶比	
	C20～C30	C30 以上混凝土
P6	0.60	0.55
P8～P12	0.55	0.50
＞P12	0.50	0.45

抗渗混凝土的配合比设计中，混凝土的抗渗技术要求应合格，配制抗渗混凝土要求的抗渗水压值应比设计值高 0.2MPa。抗渗试验结果应满足下式要求。

$$P_t \geqslant P/10 + 0.2$$

式中，P_t 为 6 个试件中不少于 4 个未出现渗水时的最大水压值（MPa）；P 为设计要求的抗渗等级值（无量纲）。

掺用引气剂的抗渗混凝土应进行含气量试验，且其含气量宜控制在 3.0%～5.0% 的范围内。

2. 抗冻混凝土

抗冻混凝土的配合比设计除应遵守普通混凝土的规定外，还应满足专门的要求。

（1）抗冻混凝土的原材料。抗冻混凝土的原材料应符合以下 5 条要求。

① 应采用硅酸盐水泥或普通硅酸盐水泥；

② 宜选用连续级配的粗集料，且其含泥量不得大于 1.0%、泥块含量不得大于 0.5%；

③ 细集料的含泥量不得大于 3.0%、泥块含量不得大于 1.0%；

④ 粗、细集料均应进行坚固性试验，并应符合现行 JGJ 52 的规定；

⑤ 钢筋混凝土和预应力混凝土不应掺用含有氯盐的外加剂。

（2）抗冻混凝土的配合比。抗冻混凝土的配合比应满足以下 3 条要求。

① 最大水胶比和最小胶凝材料用量应符合表 5-10-14 的规定；

② 复合矿物掺合料掺量应符合表 5-10-15 的规定，其他矿物掺合料掺量应符合表 5-10-2 的规定；

③ 抗冻混凝土宜掺用引气剂，最小含气量应符合表 5-10-5 的规定。

表 5-10-14　抗冻混凝土的最大水胶比和最小胶凝材料用量

设计抗冻等级	最大水胶比		最小胶凝材料用量
	无引气剂时	掺引气剂时	
F50	0.55	0.60	300
F100	0.50	0.55	320
不低于 F150	—	0.50	350

使用表 5-10-15 时应注意，在采用硅酸盐水泥和普通硅酸盐水泥之外的通用硅酸盐水泥时，混凝土中水泥混合材和复合矿物掺合料的用量之和应不大于普通硅酸盐水泥（混合材掺量按 20% 计）混凝土中水泥混合材和复合矿物掺合料用量之和；复合矿物掺合料中

各矿物掺合料组分的掺量不宜超过表 5-10-2 中任一组分单掺时的限量。

表 5-10-15　抗冻混凝土中复合矿物掺合料掺量限值

矿物掺合料种类	水胶比	对应不同水泥品种的矿物掺合料掺量	
		硅酸盐水泥（％）	普通硅酸盐水泥（％）
复合矿物掺合料	≤0.40	≤60	≤50
	>0.40	≤50	≤40

3. 高强混凝土

强度等级为 C60 的混凝土的配合比设计应遵守普通混凝土的规定，强度等级高于 C60 的混凝土的配合比设计除应遵守普通混凝土的规定外，还应遵守专门的规定。

（1）高强混凝土的原材料。高强混凝土的原材料应满足以下 5 条要求。

① 应选用硅酸盐水泥或普通硅酸盐水泥；

② 粗集料的最大公称粒径不宜大于 25.0mm，且针片状颗粒含量不宜大于 5.0％、含泥量不应大于 0.5％、泥块含量不应大于 0.2％；

③ 细集料的细度模数宜为 2.6～3.0，且含泥量不应大于 2.0％、泥块含量不应大于 0.5％；

④ 宜采用减水率不小于 25％的高性能减水剂；

⑤ 宜复合掺用粒化高炉矿渣粉、粉煤灰和硅灰等矿物掺合料，粉煤灰应采用 F 类，且不应低于 Ⅱ 级，强度等级不低于 C80 的高强混凝土宜掺用硅灰。

（2）高强混凝土的配合比。高强混凝土的配合比应经试验确定。缺乏试验依据情况下的高强混凝土的配合比设计应遵守以下 3 条规定。

① 水胶比、胶凝材料用量和砂率可按表 5-10-16 选取，并应经试配确定；

② 外加剂和矿物掺合料的品种、掺量应通过试配确定，且矿物掺合料掺量宜为 25％～40％、硅灰掺量不宜大于 10％；

③ 水泥用量不宜大于 500kg/m³。

表 5-10-16　高强混凝土的水胶比、胶凝材料用量和砂率

强度等级	水胶比	胶凝材料用量（kg/m³）	砂率（％）
>C60 且<C80	0.28～0.33	480～560	
≥C80 且<C100	0.26～0.28	520～580	35～42
C100	0.24～0.26	550～600	

高强混凝土试配过程中应采用 3 个不同的配合比进行混凝土强度试验，其中 1 个可为依据表 5-10-16 计算后调整拌合物的试拌配合比，另外 2 个配合比的水胶比应分别比试拌配合比大 0.02 和小 0.02。高强混凝土的设计配合比确定后，还应用该配合比进行不少于 3 盘混凝土的重复试验，每盘混凝土应至少成型 1 组试件，每组混凝土的抗压强度不应低于配制强度。高强混凝土的抗压强度宜采用标准试件通过试验测定，使用非标准尺寸试件时，其尺寸折算系数应由试验确定。

4. 泵送混凝土

泵送混凝土的配合比设计除应遵守普通混凝土的规定外，还应满足专门的要求。

（1）泵送混凝土的原材料。泵送混凝土所采用的原材料应满足以下 4 条要求。

① 宜选用硅酸盐水泥、普通硅酸盐水泥、矿渣硅酸盐水泥和粉煤灰硅酸盐水泥；

② 粗集料宜采用连续级配，且其针片状颗粒含量不宜大于 10%、粗集料的最大公称粒径与输送管径之比宜符合表 5-10-17 的规定；

③ 泵送混凝土宜采用中砂，且其通过公称直径 315μm 筛孔的颗粒含量不宜少于 15%；

④ 泵送混凝土应掺用泵送剂或减水剂，宜掺用粉煤灰等矿物掺合料。

（2）泵送混凝土的配合比。泵送混凝土的配合比应遵守以下两条规定。

① 泵送混凝土的胶凝材料用量不宜小于 $300kg/m^3$；

② 泵送混凝土的砂率宜为 35%～45%。

表 5-10-17　粗集料的最大公称粒径与输送管径之比

粗集料品种	泵送高度（m）	粗集料最大公称粒径与输送管径之比
碎石	<50	≤1∶3.0
	50～100	≤1∶4.0
	>100	≤1∶5.0
卵石	<50	≤1∶2.5
	50～100	≤1∶3.0
	>100	≤1∶4.0

泵送混凝土试配时要求的坍落度值为

$$T_t = T_p + \Delta T$$

式中，T_t 为试配时要求的坍落度值（cm）；T_p 为入泵时要求的坍落度值（cm）；ΔT 为试验测得的预计出机到泵送时间段内的坍落度经时损失值（cm）。

5. 大体积混凝土

大体积混凝土的配合比设计除应遵守普通混凝土的规定外，还应满足专门的要求。

（1）大体积混凝土的原材料。大体积混凝土所用的原材料应满足以下 3 条要求。

① 宜采用中、低热硅酸盐水泥或低热矿渣硅酸盐水泥，且水泥的 3d 和 7d 水化热应符合标准规定，采用硅酸盐水泥或普通硅酸盐水泥时，应掺用矿物掺合料，且胶凝材料的 3d 和 7d 水化热分别不宜大于 240kJ/kg 和 270kJ/kg，水化热试验方法应按现行《水泥水化热测定方法》（GB/T 12959）执行；

② 粗集料宜为连续级配，且最大公称粒径不宜小于 31.5mm、含泥量不应大于 1.0%，细集料宜采用中砂，且含泥量不应大于 3.0%；

③ 宜掺用矿物掺合料和缓凝型减水剂。

当设计采用混凝土 60d 或 90d 龄期强度时，宜采用标准试件进行抗压强度试验。

（2）大体积混凝土的配合比。大体积混凝土的配合比应遵守以下 3 条规定。

① 水胶比不宜大于 0.55，用水量不宜大于 $175kg/m^3$；

② 在保证混凝土性能要求的前提下，宜提高每立方米混凝土中的粗集料用量，且砂率宜为 38%～42%；

③ 在保证混凝土性能要求的前提下，应减少胶凝材料中的水泥用量，提高矿物掺合料掺量，且混凝土中矿物掺合料掺量应符合表 5-10-2 的规定。

在配合比试配和调整时，混凝土绝热温升不宜大于 50℃。配合比应满足施工对混凝土拌合物泌水的要求。

5.10.6　配合比设计前的准备资料

混凝土的配合比设计是建立在各种基本资料和设计要求的基础上的计算过程，要根据现场的原材料求出满足工程实际要求的配合比。在进行配合比设计前，必须准备以下 9 个方面的资料。

① 设计要求的混凝土强度等级，如有施工单位关于类似混凝土的强度的历史数据资料，则应据此求出混凝土强度标准差；

② 工程所处环境对混凝土的耐久性要求，如对混凝土抗渗等级、抗冻等级的要求等；

③ 设计要求的混凝土拌合物的坍落度；

④ 结构截面尺寸和钢筋配置情况，以便确定粗集料的最大粒径；

⑤ 各种原材料的品种和技术指标，如水泥的品种、实测强度（或强度等级）、密度等；

⑥ 细集料的品种、表观密度、堆积密度、吸水率及含水率、颗粒级配及粗细程度；

⑦ 粗集料的品种、表观密度、堆积密度、吸水率及含水率、颗粒级配及最大粒径；

⑧ 拌合用水的水质情况；

⑨ 外加剂的品种、名称、特性和最佳掺量。

5.10.7　掺减水剂的混凝土配合比设计

当混凝土掺减水剂后不需要减水和减水泥时，其配合比设计步骤和不掺减水剂的混凝土相同。当混凝土中掺减水剂后既要减水又要减水泥时，其计算步骤如下。

① 计算出空白混凝土（即不掺外加剂的混凝土）的计算配合比；

② 在空白混凝土的计算配合比的基础上进行减水和减水泥，再计算出减水和减水泥后混凝土中的水和水泥用量；

③ 再次按体积法或重量法求出混凝土中砂、石的用量；

④ 计算减水剂的用量（以占水泥质量的百分率计）；

⑤ 试拌和调整。

5.10.8　配合比设计范例

1. 范例一

某框架结构工程现浇钢筋混凝土梁，混凝土的设计强度等级为 C30，施工采用机拌机振，混凝土坍落度设计要求为 35～50mm。根据施工单位的历史资料统计，混凝土强度标准差为 5MPa。所用原材料中的水泥采用 42.5 级矿渣水泥，水泥密度为 3.00g/cm³，水泥强度富裕系数为 1.08；砂为中砂，级配合格，表观密度为 2.65g/cm³；石为 5～31.5mm 碎石，级配合格，表观密度为 2.7g/cm³；外加剂为 FDN 非引气型高效减水剂，适宜掺量为 0.5%。要求确定混凝土的计算配合比。若混凝土中加入高效减水剂后决定减水 8%、减水泥 5%，则掺减水剂后的混凝土的配合比应该是多少？假定经试配后混凝土的强度和和易性都满足要求，而无需作调整。已知现场砂子的含水率为 3%，石子的含水率为 1%，施工配合比应该是多少？

解 （1）求混凝土的计算配合比。

1）确定混凝土配制强度 $f_{cu,0}$。

$$f_{cu,0} = f_{cu,k} + 1.645\sigma = 30 + 1.645 \times 5 = 38.23\text{MPa}$$

2）确定水胶比 W/C。

$$W/C = \alpha_a f_b \ (1+8\%) \ / \ [f_{cu,0} + \alpha_a \alpha_b f_b \ (1+8\%)]$$
$$= (0.46 \times 42.5 \times 1.08) / (38.23 + 0.46 \times 0.07 \times 42.5 \times 1.08) = 0.53$$

由于框架结构混凝土梁处于干燥环境中，按规范对所求的水胶比进行耐久性校核后可知，水胶比为 0.53 时符合要求。

3）确定单位用水量 W_0。查规范可知 $W_0 = 185\text{kg}$。

4）确定水泥用量 C_0。

$$C_0 = W_0 / (W/C) = 185 / 0.53 = 349\text{kg}$$

按规范对所求的水泥用量进行耐久性校核后可知，水泥用量为 349kg 时符合要求。

5）确定砂率 S_p。查规范应选取 $S_p = 35\%$，采用插值法求得。

6）计算砂、石用量 S_0 和 G_0。用体积法计算，列出关系式

$$349/3.00 + 185/1.00 + S_0/2.65 + G_0/2.70 + 10 \times 1 = 1000$$

和

$$S_0 / (S_0 + G_0) \times 100\% = 35\%$$

将二式联立可求得 $S_0 = 644\text{kg}$、$G_0 = 1198\text{kg}$。

7）写出混凝土的计算配合比。1m³ 混凝土中各材料的用量分别为水泥 349kg、水 185kg、砂 644kg、石 1198kg。也可表示为 $C_0 : S_0 : G_0 = 349 : 644 : 1198 = 1 : 1.85 : 3.43$，$W/C = 0.53$。

（2）计算掺减水剂后混凝土的配合比。

设掺减水剂后，1m³ 混凝土中水泥、水、砂、石、减水剂的用量分别为 C、W、S、G、J，则

$$C = 349 \times (1-5\%) = 332\text{kg}$$
$$W = 185 \times (1-8\%) = 170\text{kg}$$
$$J = 332 \times 0.5\% = 1.66\text{kg}$$
$$332/3.00 + 170/1.00 + S/2.65 + G/2.70 + 10 \times 1 = 1000$$
$$S / (S+G) \times 100\% = 35\%$$

将后二式联立可求得 $S = 664\text{kg}$、$G = 1233\text{kg}$。

（3）换算成施工配合比。

设混凝土的施工配合比中，水泥、水、砂、石、减水剂的用量分别为 C'、W'、S'、G'、J'，则

$$C' = C = 332\text{kg}$$
$$W' = 170 - 664 \times 3\% - 1233 \times 1\% = 138\text{kg}$$
$$S' = 664 \times (1+3\%) = 684\text{kg}$$
$$G' = 1233 \times (1+1\%) = 1245\text{kg}$$
$$J' = J = 1.66\text{kg}$$

2. 范例二

已知某混凝土要求的试配强度为 37.9MPa，其计算配合比为水泥 318kg、砂 646kg、石 1254kg、水 175kg，石子的最大粒径为 37.5mm，试配 25L 混凝土拌合物，则所需的各材料用量分别为水泥 7.95kg、砂 16.15kg、石 31.35kg、水 4.38kg。按规定的方法拌合均匀后，测得混凝土拌合物的坍落度小于设计要求，于是增加了 5％的水泥浆用量，混凝土拌合物的坍落度满足要求，同时黏聚性和保水性良好，此时混凝土拌合物的表观密度为 2430kg/m³。试求混凝土的基准配合比。

解 和易性调整合格后的混凝土中，各原材料的实际用量分别如下：

水泥：$7.95 \times (1+5\%) = 8.35$kg；

水：$4.38 \times (1+5\%) = 4.60$kg；

砂：16.15kg；

石：31.35kg。

拌合物的总质量为 60.45kg。于是混凝土的基准配合比为

$$C_0' = 8.35 \times 60.45/2430 = 336\text{kg}$$
$$W_0' = 4.60 \times 60.45/2430 = 185\text{kg}$$
$$S_0' = 16.15 \times 60.45/2430 = 649\text{kg}$$
$$G_0' = 31.35 \times 60.45/2430 = 1260\text{kg}$$

3. 范例三

该范例为混凝土实验室配合比的确定过程。承范例二，在基准配合比的基础上增加两个配合比，其水胶比分别为 0.50 和 0.60（基准配合比的水胶比为 0.55）。经试配调整和易性合格后（此例中砂率不需作调整，同基准配合比的砂率），测出其表观密度分别为 2455kg/m³ 和 2415kg/m³。3 个配合比各成型 1 组试件（每组 3 个试件），经 28 天标准养护后，测出其抗压强度分别为第 1 组（水胶比为 0.5）$f_{cu1} = 38.9$MPa；第 2 组（水胶比为 0.55）$f_{cu2} = 37.1$MPa；第 3 组（水胶比为 0.60）$f_{cu3} = 35.6$MPa。绘制强度与胶水比关系曲线图（图 5-10-1）。从图中可查得，对应于配制强度 37.9MPa 的胶水比值为 1.90（即 $W/C = 0.53$）。

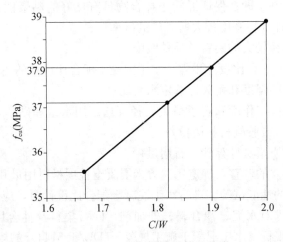

图 5-10-1 f_{cu} 与 C/W 的关系曲线

根据重新确定的 0.53 这个水胶比值，修正 1m³ 混凝土各材料的用量如下：

水泥：185×1.90＝352kg；

水：185kg；

砂：649kg；

石：1260kg。

该配合比即为初步配合比。

按照初步配合比重新试配调整合格后，测得混凝土拌合物的表观密度为 2450kg/m³，而计算表观密度为 352＋649＋1260＋185＝2446kg/m³。则配合比校正系数

$$\delta = 2450/2446 = 1.002$$

由于实测表观密度与计算表观密度之差小于计算表观密度的 2%，因此无需对混凝土的表观密度进行调整，则混凝土的实验室配合比为水泥 352kg、水 185kg、砂 649kg、石 1260kg。

5.11　水工混凝土的配合比设计

5.11.1　水工混凝土配合比设计的基本要求

水工混凝土的配合比设计应满足设计与施工要求，确保混凝土的工程质量和经济合理性。

（1）水工混凝土的配合比设计原则。水工混凝土的配合比设计的基本原则有以下 5 条。

① 应根据工程要求、结构型式、施工条件和原材料状况配制出既满足工作性、强度及耐久性等要求，又经济合理的混凝土，并确定各项材料的用量；

② 在满足工作性要求的前提下，宜选用较小的用水量；

③ 在满足强度、耐久性及其他要求的前提下选用合适的水胶比；

④ 宜选取最优砂率，即在保证混凝土拌合物具有良好的黏聚性，并达到要求的工作性时，用水量较小、拌合物密度较大所对应的砂率；

⑤ 宜选用最大粒径较大的集料及最佳级配。

（2）水工混凝土的配合比设计步骤。水工混凝土配合比设计的主要步骤如下。

① 根据设计要求的强度和耐久性选定水胶比；

② 根据施工要求的工作度和石子最大粒径等选定用水量和砂率，用水量除以选定的水胶比即为水泥用量（或胶凝材料用量）；

③ 根据体积法或质量法计算砂、石用量；

④ 通过试验和必要的调整，确定每立方米混凝土各项材料用量和配合比。

（3）水工混凝土的性能试验。进行水工混凝土配合比设计时，应收集有关原材料的资料，并按相关规范要求对水泥、掺合料、外加剂、砂石集料及拌合用水等的性能进行试验，试验结果应符合现行《水工混凝土施工规范》（DL/T 5144）的规定。试验内容如下。

① 水泥的品种、品质、强度等级、密度等；

② 掺合料的品种、品质、密度等；

③ 外加剂的种类、品质等；

④ 粗集料的岩性、种类、级配、表观密度、吸水率等；

⑤ 细集料的岩性、种类、级配、表观密度、细度模数、吸水率等；

⑥ 拌合用水品质。

（4）水工混凝土的配合比设计要求。进行水工混凝土的配合比设计时，应收集相关工程设计资料，并明确以下设计要求。

① 混凝土的强度及保证率；

② 混凝土的抗渗等级、抗冻等级及其他性能指标；

③ 混凝土的工作性（和易性）；

④ 集料最大粒径。

进行水工混凝土配合比设计时，应根据原材料的性能及混凝土的技术要求进行配合比计算，并通过实验室试配、调整后确定，室内试验确定的配合比还应根据现场情况进行必要的调整。进行水工混凝土的配合比设计时，应遵守国家现行有关强制性标准的规定。

5.11.2 水工混凝土配制强度的确定方法

水工混凝土的强度等级应按混凝土设计龄期立方体抗压强度标准值划分。水工混凝土的强度等级采用符号 C 加设计龄期下角标，再加立方体抗压强度标准值表示，如 $C_{90}15$；若设计龄期为 28d，则省略下角标，如 C15。混凝土设计龄期立方体抗压强度标准值是指按照标准方法制作养护的边长为 150mm 的立方体试件，在设计龄期用标准试验方法测得的具有设计保证率的抗压强度，以 N/mm^2 或 MPa 计。

水工混凝土的配制强度为

$$f_{cu,0} = f_{cu,k} + t\sigma$$

式中，$f_{cu,0}$ 为混凝土配制强度（MPa）；$f_{cu,k}$ 为混凝土设计龄期立方体抗压强度标准值（MPa）；t 为概率度系数，由给定的保证率 P 选定，其值按表 5-11-1 选用；σ 为混凝土立方体抗压强度标准差（MPa）。

表 5-11-1 保证率和概率度系数的关系

保证率 P（%）	70.0	75.0	80.0	84.1	85.0	90.0	95.0	97.7	99.9
概率度系数 t	0.525	0.675	0.840	1.0	1.040	1.280	1.645	2.0	3.0

当设计龄期为 28d 时，抗压强度保证率 P 为 95%，其他龄期混凝土的抗压强度保证率应符合设计要求。

σ 值宜按同品种混凝土的抗压强度统计资料确定。统计时，混凝土的抗压强度试件总数应不少于 30 组；应根据近期相同抗压强度、相同生产工艺和配合比的同品种混凝土抗压强度资料确定 σ 值。

$$\sigma = [(\sum f_{cu,i}^2 - nm_{fcu}^2)/(n-1)]^{-2}$$

式中，$f_{cu,i}$ 为第 i 组试件抗压强度（MPa）；m_{fcu} 为 n 组试件的抗压强度平均值（MPa）；n 为试件组数。

当混凝土设计龄期立方体抗压强度标准值不超过 25MPa，且 σ 的计算值小于 2.5MPa

时，应取计算配制抗压强度用的标准差为不小于 2.5MPa 的值；当混凝土设计龄期立方体抗压强度标准值不低于 30MPa，且 σ 的计算值小于 3.0MPa 时，应取计算配制抗压强度用的标准差为不小于 3.0MPa 的值。当无近期同品种混凝土的抗压强度统计资料时，σ 可按表 5-11-2 取值，施工中应根据现场施工时段强度的统计结果调整 σ 值。

表 5-11-2　混凝土立方体抗压强度标准差 σ 参考值

设计龄期混凝土抗压强度标准值（MPa）	<15	20～25	30～35	40～45	50
混凝土立方体抗压强度标准差 σ（MPa）	3.5	4.0	4.5	5.0	5.5

5.11.3　水工混凝土配合比设计基本参数的确定方法

1. 水胶比

水工混凝土的水胶比应根据设计对混凝土强度的要求，通过试验确定，并符合现行 DL/T 5144 的规定。混凝土的水胶比还应满足设计规定的抗渗、抗冻等级等要求。混凝土的抗渗、抗冻等级与水泥的品种、水胶比、外加剂和掺合料的品种及掺量、混凝土龄期等因素有关，大中型工程应通过试验建立相应的关系曲线，并根据试验结果选择满足设计技术指标要求的水胶比。没有试验资料时的抗冻混凝土的水胶比宜根据混凝土的抗冻等级和所用集料的最大粒径，按现行《水工建筑物抗冰冻设计规范》（NB/T 35024）的要求选用。加掺合料时，混凝土的最大水胶比应适当降低，并通过试验确定。

2. 用水量

（1）水工混凝土的用水量。水工混凝土的用水量应根据集料的最大粒径、坍落度、外加剂、掺合料以及适宜的砂率通过试拌确定。常态混凝土的用水量应遵守相关规范规定，水胶比在 0.40～0.70 范围内、无试验资料时，其初选用水量可按表 5-11-3 选取；水胶比小于 0.40 的混凝土，以及采用特殊成型工艺的混凝土的用水量应通过试验确定。使用表 5-11-3 时应注意以下问题。

① 该表适用于细度模数为 2.6～2.8 的天然中砂，使用细砂或粗砂时，用水量需增加或减少 3～5kg/m³；

② 采用人工砂时，用水量需增加 5～10kg/m³；

③ 掺入火山灰质掺合料时，用水量需增加 10～20kg/m³，采用 Ⅰ 级粉煤灰时，用水量可减少 5～10kg/m³；

④ 采用外加剂时，用水量应根据外加剂的减水率作适当调整，外加剂的减水率应通过试验确定；

⑤ 该表适用于集料含水状态为饱和面干状态时。

表 5-11-3　常态混凝土的初选用水量（kg/m³）

混凝土坍落度（mm）	卵石最大粒径				碎石最大粒径			
	20mm	40mm	80mm	150mm	20mm	40mm	80mm	150mm
10～30	160	140	120	105	175	155	135	120
30～50	165	145	125	110	180	160	140	125
50～70	170	150	130	115	185	165	145	130
70～90	175	155	135	120	190	170	150	135

（2）流动性混凝土的用水量。流动性混凝土的用水量宜按以下步骤计算。

① 以表 5-11-3 中坍落度 90mm 的用水量为基础，按坍落度每增大 20mm，用水量增加 5kg/m^3 计算出未掺外加剂时的混凝土用水量。

② 掺外加剂时的混凝土用水量为

$$m_w = m_{w0}(1-\beta)$$

式中，m_w 为掺外加剂时每立方米混凝土的用水量（kg）；m_{w0} 为未掺外加剂时每立方米混凝土的用水量（kg）；β 为外加剂减水率，通过试验确定。

（3）碾压混凝土的用水量。碾压混凝土用水量的确定应遵守相关规定。水胶比在 $0.40\sim0.70$ 范围内，且无试验资料时，其初选用水量可按表 5-11-4 选取。使用表 5-11-4 时，应注意以下 5 方面问题。

① 该表适用于细度模数为 $2.6\sim2.8$ 的天然中砂，使用细砂或粗砂时，用水量需增加或减少 $5\sim10\text{kg/m}^3$；

② 采用人工砂时，用水量需增加 $5\sim10\text{kg/m}^3$；

③ 掺入火山灰质掺合料时，用水量需增加 $10\sim20\text{kg/m}^3$，采用 I 级粉煤灰时，用水量可减少 $5\sim10\text{kg/m}^3$；

④ 采用外加剂时，用水量应根据外加剂的减水率作适当调整，外加剂的减水率应通过试验确定；

⑤ 该表适用于集料含水状态为饱和面干状态时。

表 5-11-4　碾压混凝土的初选用水量（kg/m^3）

碾压混凝土 V_C 值（s）	卵石最大粒径		碎石最大粒径	
	40mm	80mm	40mm	80mm
$1\sim5$	120	105	135	115
$5\sim10$	115	100	130	110
$10\sim20$	110	95	120	105

3. 集料级配及砂率

（1）集料级配。石子按粒径依次分为 $5\sim20\text{mm}$、$20\sim40\text{mm}$、$40\sim80\text{mm}$、$80\sim150\text{mm}$（或 120mm）四个粒级。水工大体积混凝土宜尽量使用最大粒径较大的集料。石子最佳级配（或组合比）应通过试验确定，一般应以紧密堆积密度较大、用水量较小时的级配为宜。无试验资料时可按表 5-11-5 选取（表中比例为质量比）。

表 5-11-5　石子组合比初选值

混凝土种类	级配	石子最大粒径（mm）	卵石（小∶中∶大∶特大）	碎石（小∶中∶大∶特大）
常态混凝土	二	40	40∶60∶0∶0	40∶60∶0∶0
	三	80	30∶30∶40∶0	30∶30∶40∶0
	四	150	20∶20∶30∶30	25∶25∶30∶20
碾压混凝土	二	40	50∶50∶0∶0	50∶50∶0∶0
	三	80	30∶40∶30∶0	30∶40∶30∶0

（2）砂率。混凝土的配合比宜选取最优砂率。最优砂率应根据集料的品种、品质、粒径、水胶比和砂的细度模数等通过试验选取。无试验资料时，砂率可按以下原则确定。

① 混凝土坍落度小于 10mm 时，砂率应通过试验确定；

② 混凝土坍落度为 10～60mm 时，砂率可按表 5-11-6 初选，并通过试配最后确定；

③ 混凝土坍落度大于 60mm 时，砂率可通过试验确定，也可在表 5-11-6 的基础上，按坍落度每增大 20mm，砂率增大 1% 的幅度予以调整。

碾压混凝土的砂率可表 5-11-7 初选，并通过试验最后确定。

表 5-11-6 常态混凝土砂率的初选值（%）

集料最大粒径（mm）	水胶比			
	0.40	0.50	0.60	0.70
20	36～38	38～40	40～42	42～44
40	30～32	32～34	34～36	36～38
80	24～26	26～28	28～30	30～32
150	20～22	22～24	24～26	26～28

使用表 5-11-6 时应注意，该表适用于卵石、细度模数为 2.6～2.8 的天然中砂拌制的混凝土；砂的细度模数每增减 0.1，则砂率应相应增减 0.5%～1.0%；使用碎石时，砂率需增加 3%～5%；使用人工砂时，砂率需增加 2%～3%；掺用引气剂时，砂率可减小 2%～3%，掺用粉煤灰时，砂率可减小 1%～2%。

表 5-11-7 碾压混凝土砂率的初选值（%）

集料最大粒径（mm）	水胶比			
	0.40	0.50	0.60	0.70
40	32～34	34～36	36～38	38～40
80	27～29	29～32	32～34	34～36

使用表 5-11-7 时应注意，该表适用于卵石、细度模数为 2.6～2.8 的天然中砂拌制的，V_c 值为 3～7s 的碾压混凝土；砂的细度模数每增减 0.1，则砂率应相应增减 0.5%～1.0%；使用碎石时，砂率需增加 3%～5%；使用人工砂时，砂率需增加 2%～3%；掺用引气剂时，砂率可减小 2%～3%，掺用粉煤灰时，砂率可减小 1%～2%。

4. 外加剂及掺合料掺量

外加剂及掺合料掺量按胶凝材料质量的百分比计，应通过试验确定，并符合国家和行业现行有关标准的规定。有抗冻要求的混凝土必须掺用引气剂，其掺量应根据混凝土的含气量要求，通过试验确定。大中型水电水利工程混凝土的最小含气量应通过试验确定。当没有试验资料时，混凝土的最小含气量应符合现行 NB/T 35024 的规定，混凝土的含气量不宜超过 7%。

5.11.4 水工混凝土配合比的计算方法

水工混凝土配合比的计算应以饱和面干状态集料为基准。水工混凝土的配合比应按下列步骤依序进行计算。

① 计算配制强度 $f_{\mathrm{cu},0}$，求出相应的水胶比，并根据混凝土的抗渗、抗冻等级等要求和允许的最大水胶比限值选定水胶比；

② 选取混凝土的用水量，并计算出混凝土的水泥用量（或胶凝材料用量）；

③ 选取砂率，计算砂子和石子的用量，并提出供试配用的计算配合比。

根据混凝土的配制强度选择水胶比时应遵守相关规定。在适宜范围内可选择 3～5 个水胶比，在一定条件下通过试验建立强度与水胶比的回归方程或图表，按强度与水胶比的关系，选择相应于配制强度的水胶比。强度与水胶比的回归方程为

$$f_{\mathrm{cu},0} = A f_{\mathrm{ce}} [(c+p)/w - B]$$

式中，$(c+p)/w$ 为胶水比，$w/(c+p) = A f_{\mathrm{ce}}/(f_{\mathrm{cu},0} - AB f_{\mathrm{ce}})$；$f_{\mathrm{ce}}$ 为水泥 28d 龄期抗压强度实测值（MPa）；A、B 为回归系数，其值应根据工程使用的水泥、掺合料、集料、外加剂等，通过试验，由建立的水胶比与混凝土强度的关系式确定。

根据工程需要，通过试验应确定混凝土强度增长率，即在标准养护条件下其他龄期的强度与 28d 龄期的强度之比的百分数。每立方米混凝土的胶凝材料用量 $(m_{\mathrm{c}} + m_{\mathrm{p}})$、水泥用量 m_{c} 和掺合料用量 m_{p} 分别为

$$m_{\mathrm{c}} + m_{\mathrm{p}} = m_{\mathrm{w}} / [w/(c+p)]$$
$$m_{\mathrm{c}} = (1 - P_{\mathrm{m}})(m_{\mathrm{c}} + m_{\mathrm{p}})$$
$$m_{\mathrm{p}} = P_{\mathrm{m}}(m_{\mathrm{c}} + m_{\mathrm{p}})$$

式中，m_{w} 为每立方米混凝土的用水量（kg）；P_{m} 为掺合料的掺量（kg）。

砂、石集料的用量由已确定的用水量、水泥（胶凝材料）用量和砂率，根据体积法或质量法计算。

体积法的基本原理是混凝土拌合物的体积等于各项材料的绝对体积与空气体积之和。每立方米混凝土中砂、石的绝对体积 $V_{\mathrm{s},\mathrm{g}}$ 为

$$V_{\mathrm{s},\mathrm{g}} = 1 - [m_{\mathrm{w}}/p_{\mathrm{w}} + m_{\mathrm{c}}/p_{\mathrm{c}} + m_{\mathrm{p}}/p_{\mathrm{p}} + \alpha]$$

砂子用量 m_{s} 为

$$m_{\mathrm{s}} = V_{\mathrm{s},\mathrm{g}} S_{\mathrm{v}} P_{\mathrm{s}}$$

石子用量 m_{g} 为

$$m_{\mathrm{g}} = V_{\mathrm{s},\mathrm{g}}(1 - S_{\mathrm{v}}) P_{\mathrm{g}}$$

式中，α 为混凝土的含气量（％）；S_{v} 为体积砂率（％）；p_{w} 为水的密度（kg/m³）；p_{c} 为水泥密度（kg/m³）；p_{p} 为掺合料的密度（kg/m³）；P_{s} 为砂子饱和面干表观密度（kg/m³）；P_{g} 为石子饱和面干表观密度（kg/m³）。

各级石子用量按选定的组合比例计算。

质量法的基本原理是混凝土拌合物的质量等于各项材料质量之和。混凝土拌合物的质量应通过试验确定，且计算时可按表 5-11-8 选用。砂石总质量 $m_{\mathrm{s},\mathrm{g}}$、砂子用量 m_{s} 和石子用量 m_{g} 分别为

$$m_{\mathrm{s},\mathrm{g}} = m_{\mathrm{c},\mathrm{e}} - (m_{\mathrm{w}} + m_{\mathrm{c}} + m_{\mathrm{p}})$$
$$m_{\mathrm{s}} = m_{\mathrm{s},\mathrm{g}} S_{\mathrm{m}}$$
$$m_{\mathrm{g}} = m_{\mathrm{s},\mathrm{g}} - m_{\mathrm{s}}$$

式中，m_{s} 为每立方米混凝土的砂子用量（kg）；m_{g} 为每立方米混凝土的石子用量（kg），

各级石子用量按选定的组合比例计算；S_m 为质量砂率（％）。

最后应列出混凝土各项材料的计算用量和比例。

使用表 5-11-8 时应注意，该表适用于集料表观密度为 2600～2650kg/m³ 的混凝土；集料表观密度每增减 100kg/m³，混凝土拌合物的质量应相应增减 60kg/m³，混凝土的含气量每增减 1％，混凝土拌合物的质量应相应增减 1％；表中括号内的数字为引气混凝土的含气量。

表 5-11-8　混凝土拌合物的质量假定值

混凝土种类	石子最大粒径				
	20mm	40mm	80mm	120mm	150mm
普通混凝土（kg/m³）	2380	2400	2430	2450	2460
引气混凝土（kg/m³）	2280（5.5％）	2320（4.5％）	2350（3.5％）	2380（3.0％）	2390（3.0％）

5.11.5　水工混凝土配合比的试配、调整及确定方法

1. 试配

在水工混凝土配合比试配时，应采用工程中实际使用的原材料。混凝土的拌合应按现行《水工混凝土试验规程》（DL/T 5150）进行。在混凝土试配时，每盘混凝土的最小拌合量应符合表 5-11-9 的规定。采用机械拌合时，其拌合量不宜小于拌合机额定拌合量的 1/4。

表 5-11-9　混凝土试配的最小拌合量

集料最大粒径（mm）	20	40	≥80
拌合物数量（L）	15	25	40

试拌应按计算的配合比进行，应根据坍落度、含气量、泌水、离析等情况判断混凝土拌合物的工作性，对初步确定的用水量、砂率、外加剂掺量等进行适当调整。用选定的水胶比和用水量，每次增减砂率 1％～2％ 进行试拌，坍落度最大时的砂率即为最优砂率。用最优砂率试拌，调整用水量至混凝土拌合物满足工作性要求，然后提出进行混凝土抗压强度试验用的配合比。

混凝土强度试验至少应采用 3 个不同水胶比的配合比，其中 1 个为前述计算的配合比，其他配合比的用水量不变，水胶比依次增减，变化幅度为 0.05，砂率可相应增减 1％。当不同水胶比的混凝土拌合物坍落度与要求值的差超过允许偏差时，可通过增减用水量进行调整。

根据试配的配合比可获得成型混凝土立方体抗压强度试件，标准养护到规定龄期进行抗压强度试验。根据试验得出混凝土抗压强度与水胶比的关系曲线，用作图法或计算法可求出与混凝土配制强度 $f_{cu,0}$ 相对应的水胶比。

2. 调整

按前述试配结果计算混凝土各项材料用量和比例，并经试配确定配合比后，还应按下列步骤进行校正。

① 按确定的材料用量，用式

$$m_{c,c}=m_w+m_c+m_p+m_s+m_g$$

计算每立方米混凝土拌合物的质量 $m_{c,c}$。

② 按式

$$\delta=m_{c,t}/m_{c,c}$$

计算混凝土配合比校正系数 δ。式中，$m_{c,t}$ 为每立方米混凝土拌合物的质量实测值（kg）。

③ 按校正系数 δ 对配合比中各项材料用量进行调整，即得调整的设计配合比。

3. 确定

当混凝土有抗渗、抗冻等其他技术指标要求时，应用满足抗压强度要求的设计配合比按现行 DL/T 5150 进行相关性能试验。如不满足要求，则应对配合比进行适当调整，直到满足设计要求为止。

当使用过程中遇下列情况之一时，应调整或重新进行配合比设计。

① 混凝土性能指标要求有变化时；

② 混凝土原材料品种、质量有明显变化时。

5.11.6 水工特种混凝土配合比设计方法

水工特种混凝土的配合比设计方法与常态混凝土配合比设计方法相同。碾压混凝土所用原材料、配合比设计还应符合现行《水工碾压混凝土施工规范》（DL/T 5112）的规定。结构混凝土所用原材料、配合比设计除应符合现行《水工混凝土结构设计规范》（DL/T 5057）的规定外，还应遵守下列规定，即当掺用掺合料较多时，除应满足强度要求外，还应进行钢筋锈蚀及混凝土碳化试验。

（1）水工预应力混凝土的原材料、配合比设计。水工预应力混凝土所用原材料、配合比设计应遵守以下 6 条规定。

① 宜选用强度等级不低于 42.5 级的硅酸盐水泥、中热硅酸盐水泥或普通硅酸盐水泥，不宜使用矿渣硅酸盐水泥或火山灰质硅酸盐水泥；

② 应选用质地坚硬、级配良好的中粗砂；

③ 应选用连续级配集料，集料最大粒径不应超过 40mm；

④ 不宜掺用氯离子含量超过水泥质量 0.02% 的外加剂；

⑤ 不宜掺用掺合料；

⑥ 混凝土早期强度应能满足施加预应力的要求。

（2）水工泵送混凝土的原材料、配合比设计。水工泵送混凝土所用原材料、配合比设计应遵守以下 9 条规定。

① 宜选用硅酸盐水泥、中热硅酸盐水泥或普通硅酸盐水泥，不宜使用矿渣硅酸盐水泥或火山灰质硅酸盐水泥；

② 应选用质地坚硬、级配良好的中粗砂；

③ 应选用连续级配集料，且集料最大粒径不应超过 40mm，集料最大粒径与输送管径之比宜符合表 5-11-10 的规定；

④ 应掺用坍落度经时损失小的泵送剂或缓凝高效减水剂、引气剂等；

⑤ 宜掺用粉煤灰等活性掺合料；

⑥ 水胶比不宜大于 0.06；

⑦ 胶凝材料用量不宜低于 300kg/m³；

⑧ 砂率宜为 35%～45%；

⑨ 当掺用掺合料较多时，除应满足强度要求外，还应进行钢筋锈蚀及混凝土碳化试验。

表 5-11-10　集料最大粒径与输送管径之比

石子品种	泵送高度（m）	集料最大粒径与输送管径之比
碎石	<50	≤1∶3.0
	50～100	≤1∶4.0
	>100	≤1∶5.0
卵石	<50	≤1∶2.5
	50～100	≤1∶3.0
	>100	≤1∶4.0

（3）水工喷射混凝土的原材料、配合比设计。水工喷射混凝土所用原材料、配合比设计除应符合现行《水电水利工程锚喷支护施工规范》（DL/T 5181）的规定外，还应遵守以下 4 条规定。

① 水泥用量应较大，且宜在 400～500kg/m³ 范围内；

② 干法喷射水泥与砂石的质量比宜为 1∶4.0～1∶4.5、水胶比宜为 0.40～0.45、砂率宜为 45%～55%，湿法喷射水泥与砂石的质量比宜为 1∶3.5～1∶4.0、水胶比宜为 0.42～0.50、砂率宜为 50%～60%；

③ 用湿法喷射的混合料拌制后，应进行坍落度测试，且其坍落度宜为 80～120mm；

④ 掺用钢纤维时，钢纤维的直径宜为 0.3～0.5mm、长度宜为 20～25mm、掺量宜为干混合料质量的 3.0%～6.0%。

（4）其他水工特种混凝土的原材料、配合比设计。水工抗冲磨混凝土所用原材料、配合比设计应符合现行《水工建筑物抗冲磨防空蚀混凝土技术规范》（DL/T 5207）的规定。水下不分散混凝土所用原材料、配合比设计应符合现行《水下不分散混凝土试验规程》（DL/T 5117）的规定。

5.11.7　水工砂浆配合比设计方法

1. 水工砂浆配合比设计的基本原则

水工砂浆的技术指标要求应与其接触的混凝土的设计指标相适应；水工砂浆所使用的原材料应与其接触的混凝土所使用的原材料相同；水工砂浆所使用的掺合料品种、掺量应与其接触的混凝土相同，减水剂的掺量为混凝土掺量的 70% 左右，掺引气剂时，其掺量应通过试验确定，并以含气量达到 7%～9% 时的掺量为宜。每立方米砂浆中各项材料的用量应采用体积法计算。

2. 水工砂浆配制强度的确定

水工砂浆的强度等级应按砂浆设计龄期立方体抗压强度标准值划分。水工砂浆的强度等级采用符号 M 加设计龄期下角标，再加立方体抗压强度标准值表示，如 $M_{90}15$；若设计龄期为 28d，则省略下角标，如 M15。砂浆设计龄期立方体抗压强度标准值是指按照标准方法制作养护的边长为 7.07mm 的立方体试件，在设计龄期用标准试验方法测得的具有设计保证率的抗压强度，以 N/mm^2 或 MPa 计。

水工砂浆配制抗压强度按下式计算。

$$f_{m,0} = f_{m,k} + t\sigma$$

式中，$f_{m,0}$ 为砂浆配制抗压强度（MPa）；$f_{m,k}$ 为砂浆设计龄期立方体抗压强度标准值（MPa）；t 为概率度系数，由给定的保证率 P 选定，其值按表 5-11-1 选用；σ 为砂浆立方体抗压强度标准差（MPa）。

当设计龄期为 28d 时，抗压强度保证率 P 为 95%，其他龄期砂浆抗压强度保证率应符合设计要求。

σ 值宜按同品种砂浆抗压强度统计资料确定。统计时，砂浆抗压强度试件总数应不少于 25 组；根据近期相同抗压强度、生产工艺和配合比的同品种砂浆抗压强度资料，σ 值按下式计算。

$$\sigma = \left[\left(\sum f_{m,i}^2 - n m_{fm}^2 \right) / (n-1) \right]^{-2}$$

式中，$f_{m,i}$ 为第 i 组试件抗压强度（MPa）；m_{fm} 为 n 组试件的抗压强度平均值（MPa）；n 为试件组数。

当无近期同品种砂浆抗压强度统计资料时，σ 值可按表 5-11-11 取用。施工中应根据现场施工时段抗压强度的统计结果调整 σ 值。

表 5-11-11　砂浆立方体抗压强度标准差 σ 选用值

设计龄期砂浆抗压强度标准值（MPa）	≤10	15	≥20
砂浆立方体抗压强度标准差（MPa）	3.5	4.0	4.5

3. 砂浆配合比的计算

与砂浆接触混凝土的水胶比可作为砂浆的初选水胶比。砂浆配合比设计时用水量可按表 5-11-12 确定。

表 5-11-12　砂浆参考用水量（稠度 40～60mm）

水泥品种	砂子细度	用水量（kg/m³）
普通硅酸盐水泥	粗砂	270
	中砂	280
	细砂	310
矿渣硅酸盐水泥	粗砂	275
	中砂	285
	细砂	315
稠度±10mm	用水量±（8～10kg/m³）	

砂浆的胶凝材料用量（$m_c + m_p$）、水泥用量 m_c 和掺合料用量 m_p 按下式计算。

$$m_c + m_p = m_w / \left[w/(c+p) \right]$$

其中，

$$m_c = (1 - P_m)(m_c + m_p)$$

$$m_p = P_m(m_c + m_p)$$

式中，m_c 为每立方米砂浆的水泥用量（kg）；m_p 为每立方米砂浆的掺合料用量（kg）；m_w 为每立方米砂浆的用水量（kg）。

砂子用量 V_s 应由已确定的用水量和胶凝材料用量根据体积法计算，即

$$V_s = 1 - [m_w/p_w + m_c/p_c + m_p/p_p + \alpha]$$

其中，

$$m_c = P_c V_c$$

式中，V_s 为每立方米砂浆中砂的绝对体积（m³）；α 为砂浆的含气量（一般为 7%～9%）；m_s 为每立方米砂浆的砂子用量（kg）。

最后应列出砂浆各项材料的计算用量和比例。

4. 砂浆配合比的试配、调整和确定

试拌应按计算的配合比进行，固定水胶比，调整用水量直至达到设计要求的稠度，再由调整后的用水量提出进行砂浆抗压强度试验用的配合比。砂浆抗压强度试验至少应采用 3 个不同的配合比，其中 1 个为计算的配合比，其他配合比的用水量不变，水胶比应依次增减，增减幅度为 5%。当不同水胶比的砂浆稠度不能满足设计要求时，可通过增减用水量进行调整。

测定满足设计要求的浆稠时，每立方米砂浆的质量、含气量及抗压强度应符合相关规范要求，根据 28d 龄期抗压强度试验结果绘出抗压强度与水胶比（或砂灰比）的关系曲线，用作图法或计算法求出与砂浆配制强度 $f_{m,0}$ 相对应的水胶比（或砂灰比）。

按下列公式计算出每立方米砂浆中各项材料的用量及比例，并经试拌确定最终配合比。

$$m_c + m_p = m_w/[w/(c+p)]$$
$$m_c = (1-P_m)(m_c + m_p)$$
$$m_p = P_m(m_c + m_p)$$
$$V_s = 1 - (m_w/p_w + m_c/p_c + m_p/p_p + \alpha)$$
$$m_s = P_s V_s$$

5.11.8 大体积混凝土的定义

美国混凝土学会 ACI116R-00 规定，各向尺寸都较大，以致需要采取温控措施以解决水化热及随之引起的体积变形，从而最大限度地减少开裂的混凝土称为大体积混凝土。该学会还认为，结构最小尺寸大于 0.6m 即应考虑水化热引起的混凝土体积变化与开裂问题。

日本建筑学会 JASS5-2004 规定，结构断面尺寸在 0.8m 以上，同时水化热引起的混凝土内部最高温度与外界气温之差预计超过 25℃的混凝土称为大体积混凝土。

国际预应力混凝土协会规定，凡是混凝土一次浇筑最小尺寸大于 0.6m，特别是水泥用量大于 400kg/m³时，应考虑采用水化热低的水泥或采取其他降温散热措施。

现行 JGJ 55 规定，混凝土结构实体最小尺寸等于或大于 1m，或预计会因水泥水化热引起混凝土内外温差过大而导致裂缝的混凝土称为大体积混凝土。

5.11.9 部分碾压混凝土坝体内部三、二级配混凝土配合比

有代表性的部分碾压混凝土坝体内部三、二级配混凝土配合比见表 5-11-13。

第5章 混凝土

131

表 5-11-13 部分碾压混凝土坝体内部三、二级配混凝土配合比

坝名	强度等级	水胶比	用水量(kg)	水泥用量(kg)	煤灰用量(kg)	煤灰掺量(%)	砂率(%)	石子组合比(大:中:小)	减水剂(%)	引气剂(%)	VC值(s)	备注
天生桥二级	$C_{90}15W4$	0.55	77	56	84	60	34	30:40:30	0.40	—	15±5	525普通
普定	$C_{90}15$	0.55	84	54	99	65	34	30:40:30	0.85	—	10±5	—
江垭	$C_{90}15W8F50$	0.58	93	64	96	60	33	30:30:40	0.40	—	7±4	木钙
棉花滩	$C_{180}15W2F50$	0.60	88	59	88	60	34	30:40:30	0.60	—	5~8	—
甘肃龙首	$C_{90}15W6F100$	0.48	82	60	111	65	30	35:35:30	0.90	0.045	5~7	天然集料
新疆石门子	$C_{90}15W6F100$	0.55	88	56	104	65	31	35:35:30	0.95	0.010	6	天然集料
大朝山	$C_{90}15W4F25$	0.48	80	67	100	60	34	30:40:30	0.75	—	3~10	凝灰岩+磷矿渣
三峡三期围堰	$C_{90}15W8F50$	0.50	83	75	91	55	34	30:40:30	0.60	0.030	1~8	花岗岩
索风营	$C_{90}15W6F50$	0.55	88	64	96	60	32	35:35:30	0.80	0.012	3~8	灰岩
百色	$C_{180}15W2F50$	0.60	96	59	101	63	34	30:40:30	0.80	0.015	3~8	—
大花水	$C_{90}15W6F50$	0.55	87	71	87	55	33	40:30:30	0.70	0.020	3~5	—
光照	$C_{90}20W6F100$	0.48	76	71	87	55	32	35:35:30	0.70	0.20	4	—
龙滩 RI250m以下	$C_{90}20W6F100$	0.42	84	90	110	55	32	35:35:30	0.70	0.020	5~7	灰岩
龙滩 RI250~342m	$C_{90}15W6F100$	0.46	83	75	105	58	33	30:40:30	0.60	0.020	5~7	灰岩
思林	$C_{90}15W6F50$	0.50	83	66	100	60	33	35:35:30	0.70	0.015	3~5	—
普定	$C_{90}20W8F100$	0.50	94	85	103	38	38	0:60:40	0.85	—	10±5	—
江垭	$C_{90}20W12F100$	0.53	103	87	107	55	36	0:55:45	0.50	—	7±4	木钙
棉花滩	$C_{180}20W8F50$	0.55	100	82	100	55	38	0:50:50	0.60	—	5~8	—
甘肃龙首	$C_{90}20W8F100$	0.43	88	96	109	53	32	0:60:40	0.70	0.050	6	天然集料
新疆石门子	$C_{90}20W8F100$	0.50	95	86	104	55	31	0:60:40	0.95	0.010	6	天然集料
大朝山	$C_{90}20W8F50$	0.50	94	94	94	50	37	0:50:50	0.70	—	3~10	凝灰岩+磷矿渣
三峡三期围堰	$C_{90}15W8F50$	0.50	93	84	102	55	39	0:60:40	0.60	0.030	1~8	花岗岩
索风营	$C_{90}20W8F100$	0.50	94	94	94	50	38	0:60:40	0.80	0.012	3~8	灰岩
百色	$C_{180}20W10F50$	0.50	108	91	125	58	38	0:55:45	0.80	0.015	3~8	—
大花水	$C_{90}20W8F100$	0.50	98	98	98	50	38	0:60:40	0.70	0.020	3~5	—
光照	$C_{90}20W12F100$	0.45	86	105	86	45	38	0:55:45	0.70	0.25	4	—
龙滩	$C_{90}20W12F150$	0.42	100	100	140	58	39	0:60:40	0.60	0.020	5~7	—
思林	$C_{90}20W8F100$	0.48	95	89	109	55	39	0:55:45	0.70	0.020	3~5	—

5.12 预拌混凝土

5.12.1 预拌混凝土的分类、性能等级及标记

预拌混凝土应分为常规品和特制品。常规品应为除表 5-12-1 以外的普通混凝土，代号 A，混凝土强度等级代号 C。特制品代号 B，包括的混凝土种类及其代号应符合表 5-12-1 的规定。

表 5-12-1　特制品的混凝土种类及其代号

混凝土种类	高强混凝土	自密实混凝土	纤维混凝土	轻集料混凝土	重混凝土
混凝土种类代号	H	S	F	L	W
强度等级代号	C	C	C（合成纤维混凝土）；CF（钢纤维混凝土）	LC	C

预拌混凝土的强度等级可分为 C10、C15、C20、C25、C30、C35、C40、C45、C50、C55、C60、C65、C70、C75、C80、C85、C90、C95 和 C100。混凝土拌合物坍落度和扩展度的等级划分应分别符合表 5-12-2、表 5-12-3 的规定。混凝土的抗冻性能、抗水渗透性能和抗硫酸盐侵蚀性能，抗氯离子渗透性能（84d，RCM 法），抗氯离子渗透性能（电通量法），抗碳化性能的等级划分应分别符合表 5-12-4、表 5-12-5、表 5-12-6 和表 5-12-7 的规定。

表 5-12-2　混凝土拌合物的坍落度等级划分

等级	S1	S2	S3	S4	S5
坍落度（mm）	10～40	50～90	100～150	160～210	≥220

表 5-12-3　混凝土拌合物的扩展度等级划分

等级	F1	F2	F3	F4	F5	F6
扩展直径（mm）	≤340	350～410	420～480	490～550	560～620	≥630

表 5-12-4　混凝土抗冻性能、抗水渗透性能和抗硫酸盐侵蚀性能的等级划分

抗冻等级（快冻法）		抗冻标号（慢冻法）	抗渗等级	抗硫酸盐等级
F50	F250	D50	P4	KS30
F100	F300	D100	P6	KS60
F150	F350	D150	P8	KS90
F200	F400	D200	P10	KS120
>F400		>D200	P12	KS150
			>P12	>KS150

表 5-12-5 混凝土抗氯离子渗透性能（84d）的等级划分（RCM 法）

等级	RCM-Ⅰ	RCM-Ⅱ	RCM-Ⅲ	RCM-Ⅳ	RCM-Ⅴ
氯离子迁移系数 D_{RCM}（RCM 法）（$\times 10^{-12}\mathrm{m^2/s}$）	$D_{RCM}\geqslant 4.5$	$3.5\leqslant D_{RCM}<4.5$	$2.5\leqslant D_{RCM}<3.5$	$1.5\leqslant D_{RCM}<2.5$	$D_{RCM}<1.5$

表 5-12-6 混凝土抗氯离子渗透性能的等级划分（电通量法）

等级	Q-Ⅰ	Q-Ⅱ	Q-Ⅲ	Q-Ⅳ	Q-Ⅴ
电通量 Q_S（C）	$Q_S\geqslant 4000$	$2000\leqslant Q_S<4000$	$1000\leqslant Q_S<2000$	$500\leqslant Q_S<1000$	$Q_S<500$

注：混凝土试验龄期宜为 28d。当混凝土中水泥混合材与矿物掺合料之和超过胶凝材料用量的 50%时，测试龄期可为 56d。

表 5-12-7 混凝土抗碳化性能的等级划分

等级	T-Ⅰ	T-Ⅱ	T-Ⅲ	T-Ⅳ	T-Ⅴ
碳化深度 d（mm）	$d\geqslant 30$	$20\leqslant d<30$	$10\leqslant d<20$	$0.1\leqslant d<10$	$d<0.1$

预拌混凝土的标记应符合规定，第一组为常规品或特制品的代号；第二组为特制品混凝土种类的代号（常规品不标记）；第三组为强度等级的代号；第四组为坍落度等级代号（后附坍落度设计值在括号中；自密实混凝土应采用扩展度等级代号，后附扩展度设计值在括号中）；第五组为耐久性能等级代号（对于抗氯离子渗透性能和抗碳化性能，后附设计值在括号中）；第六组为现行预拌混凝土标准号 GB/T 14902。例如，采用通用硅酸盐水泥、河砂（也可是人工砂或海砂）、石、矿物掺合料外加剂和水配制的普通混凝土，其强度等级为 C50、坍落度为 180mm、抗冻等级为 F250、抗氯离子渗透性能电通量 Q_S 为 1000C，则其标记为 "A-C50-S4（180）-F250Q-Ⅲ（1000）-GB/T 14902"；采用通用硅酸盐水泥、砂（也可是陶砂）、陶粒、矿物掺合料外加剂和水配制的轻集料混凝土，其强度等级为 C40、坍落度为 210mm、抗渗等级为 P8、抗冻等级为 F100，则其标记为 "B-L-LC40-S4（210）-P8F100-GB/T 14902"。

5.12.2 预拌混凝土的原材料及配合比

（1）水泥。水泥应符合现行 GB 175、GB/T 200、GB/T 13693 等的规定。水泥进场应提供出厂检验报告等质量证明文件，并应进行抽样检验，其检验项目及检验批量应符合现行《混凝土质量控制标准》（GB 50164）的规定。

（2）集料。普通混凝土用集料应符合现行 JGJ 52 的规定；海砂应符合现行《海砂混凝土应用技术规范》（JGJ 206）的规定；再生粗集料和再生细集料应分别符合现行《混凝土用再生粗骨料》（GB/T 25177）和《混凝土和砂浆用再生细骨料》（GB/T 25176）的规定，轻集料应符合现行《轻集料及其试验方法》（GB/T 17431）的规定；重晶石集料应符合现行《重晶石防辐射混凝土应用技术规范》（GB/T 50557）的规定。集料进场时，应按合同要求进行抽样检验，普通混凝土用集料检验项目及检验批量应符合现行 GB 50164 的规定；再生集料检验项目及检验批量应符合再生集料应用的基本规定；轻集料检验项目及检验批量应符合现行《轻骨料混凝土技术规程》（JGJ 51）的规定；重晶石集料检验项目及检验批量应符合现行 GB/T 50557 的规定。

（3）混凝土用水。混凝土用水及其检验项目应符合现行《混凝土用水标准》（JGJ 63）的规定。

（4）外加剂。外加剂应符合现行《混凝土外加剂》（GB 8076）和《混凝土外加剂应用技术规范》（GB 50119）的规定。外加剂进场应提供出厂检验报告等质量证明文件，并进行检验，检验项目及检验批量应符合现行 GB 50164 的规定。

（5）矿物掺合料。粉煤灰和粒化高炉矿渣粉、硅灰等矿物掺合料应分别符合现行 GB/T 1596、GB/T 18046 以及矿物掺合料应用的相关规定。矿物掺合料应提供出厂检验报告等质量证明文件，并进行检验，检验项目及检验批量应符合现行 GB 50164 的规定。

（6）纤维。用于混凝土中的合成纤维和钢纤维应符合现行《纤维混凝土应用技术规程》（JGJ/T 221）的规定。合成纤维和钢纤维应提供出厂检验报告等质量证明文件，并进行检验，检验项目及检验批量符合现行 JGJ/T 221 的规定。

（7）配合比。普通混凝土的配合比设计应由供货方按现行 JGJ 55 的规定执行；轻集料混凝土的配合比设计应由供货方按现行 JGJ 51 的规定执行；纤维混凝土的配合比设计应由供货方按现行 JGJ/T 221 的规定执行；重晶石混凝土的配合比设计应由供货方按现行 GB/T 50557 的规定执行。设计配合比应根据工程要求进行施工适应性调整，并确定施工配合比。按施工配合比配制出的混凝土的质量应满足相关规范的要求，检验规则应符合相关规范规定。

5.12.3　预拌混凝土的质量要求

（1）强度。混凝土强度应满足设计要求，检验评定应符合现行《混凝土强度检验评定标准》（GB/T 50107）的规定。

（2）坍落度和坍落度经时损失。常规品的泵送混凝土坍落度控制目标值不宜大于 180mm，实测值与控制目标值的允许偏差应符合表 5-12-8 的规定，并满足施工要求；坍落度经时损失不宜大于 30mm/h。特制品混凝土坍落度应满足相关标准规定和施工要求。

表 5-12-8　泵送混凝土坍落度的允许偏差

坍落度	控制目标值（mm）	≤40	50～90	≥100
	允许偏差（mm）	±10	±20	±30
扩展度	控制目标值（mm）	≥350		
	允许偏差（mm）	±30		

（3）扩展度。自密实混凝土扩展度控制目标值不宜小于 550mm，扩展度实测值与控制目标值的允许偏差宜符合表 5-12-8 的规定，并满足施工要求。

（4）含气量。混凝土的含气量实测值不宜大于 7%，且与合同规定值的允许偏差不宜超过 ±1.0%。

（5）氯离子含量。混凝土拌合物中水溶性氯离子的最大含量实测值应符合表 5-12-9 的规定。

表 5-12-9　混凝土拌合物中水溶性氯离子的最大含量

环境条件	水溶性氯离子的最大含量（%，水泥用量的质量百分比）		
	钢筋混凝土	预应力混凝土	素混凝土
干燥环境	0.3		
潮湿但不含氯离子的环境	0.2	0.06	1.0
潮湿而含氯离子环境、盐渍土环境	0.1		
除冰盐等侵蚀性物质的腐蚀环境	0.06		

（6）耐久性能。混凝土的耐久性能应满足设计要求，检验评定应符合现行《混凝土耐久性检验评定标准》（JGJ/T 193）的规定。

（7）其他性能。当需方提出其他混凝土性能要求时，应按国家现行有关标准规定进行试验；无相应标准时，应按合同规定进行试验。试验结果应满足标准及合同的要求。

5.12.4　预拌混凝土的制备

预拌混凝土的制备应包括原材料贮存、计量、搅拌和运输。特制品的制备除应符合相关规范规定外，轻集料混凝土、纤维混凝土和重晶石混凝土还应分别符合现行 JGJ 51、JGJ/T 221 和 GB/T 50557 的规定。预拌混凝土的制备应符合环保规定，粉料输送及称量应在密封状态下进行，并应有收尘装置，搅拌站机房宜为封闭系统，运输车出厂前应将车的外壁和料斗壁上的混凝土残浆清洗干净，搅拌站应对设备洗涮水等进行处理和再生利用，不得排放生产废水。

（1）原材料贮存。各种原材料应分仓贮存，并有明显的标识。水泥应按品种、强度等级和生产厂家分别标识和贮存；应防止水泥受潮及污染，不得采用结块的水泥；贮存的水泥用于生产时的温度不宜高于 65℃；水泥出厂超过 3 个月应进行复检，合格者方可使用。集料堆场应为能排水的硬质地面，并有防尘和遮雨设施；不同品种、规格的集料应分别贮存，避免混杂或污染。外加剂应按品种和生产厂家分别标识和贮存；粉状外加剂应防止受潮结块，如有结块应进行检验，合格者应经粉碎至全部通过 $600\mu m$ 筛孔后方可使用；液态外加剂应贮存在密闭容器内，并应防晒和防冻，如有沉淀等异常现象，应经检验合格后方可使用。矿物掺合料应按品种、质量等级和产地分别标识和贮存，不得与水泥等其他粉状料混杂，并应防潮、防雨。纤维应按品种、规格和生产厂家分别标识和贮存。

（2）计量。固体原材料应按质量进行计量，水和液体外加剂可按体积进行计量。原材料计量应采用电子计量设备，计量设备应能连续计量不同混凝土配合比的各种原材料，并具有逐盘记录和贮存计量结果（数据）的功能，且其精度应满足现行《建筑施工机械与设备　混凝土搅拌站（楼）》（GB 10171）的要求。计量设备应具有法定计量部门签发的有效检定证书，并应定期校验。混凝土生产单位每月应自检一次；每一工作班开始前应对计量设备进行零点校准。原材料的计量允许偏差不应大于表 5-12-10 规定的范围，并应每工作班检查 1 次，其中，累计计量允许偏差是指每一运输车中各盘混凝土的每种材料计量和的偏差。

表 5-12-10　混凝土原材料计量允许偏差（%）

原材料品种	水泥	集料	水	外加剂	掺合料
每盘计量允许偏差	±2	±3	±1	±1	±2
累计计量允许偏差	±1	±2	±1	±1	±1

（3）搅拌。搅拌机应采用固定式强制搅拌机，并应符合现行《混凝土搅拌机》（GB/T 9142）的规定。搅拌应充分保证预拌混凝土拌合物质量均匀。预拌混凝土搅拌时间应遵守以下 3 条规定。

① 对采用搅拌运输车运送混凝土的情况，混凝土在搅拌机中的搅拌时间（从全部材料投完算起）不应少于 30s，且应满足设备说明书的要求；

② 对采用翻斗车运送混凝土的情况，应适当延长搅拌时间；

③ 在制备特制品或掺用引气剂、膨胀剂和粉状外加剂的混凝土时，应适当延长搅拌时间。

（4）运输。混凝土搅拌运输车应符合现行《混凝土搅拌运输车》（GB/T 26408）的规定；翻斗车应仅限用于运送坍落度小于 80mm 的混凝土拌合物。运输车在运输时应能保证混凝土拌合物均匀并不产生分层离析。对于寒冷、严寒或炎热的气候情况，搅拌运输车的搅拌罐应有保温或隔热措施。搅拌运输车在装料前应将搅拌罐内积水排尽，装料后严禁向搅拌罐内的混凝土加水。当卸料前需要在混凝土拌合物中掺入外加剂时，应在外加剂掺入后采用快档旋转搅拌罐进行搅拌；外加剂掺量和搅拌时间应有经试验确定的预案。预拌混凝土从搅拌机卸入搅拌运输车至卸料时的运输时间不宜大于 90min，如需延长运送时间，则应采取相应的有效技术措施，并通过试验验证；采用翻斗车时，运输时间不宜大于 45min。运输应保证混凝土浇筑的连续性。

5.12.5　预拌混凝土的试验方法

（1）强度。混凝土强度试验应按规定执行。

（2）坍落度、扩展度、含气量。混凝土的坍落度、扩展度、含气量试验应按现行 GB/T 50080 中的规定执行。

（3）坍落度经时损失。首先应按现行 GB/T 50080 规定的坍落度试验方法测试混凝土拌合物出机时的坍落度；然后立即将混凝土拌合物装入不吸水的容器内密闭，在实验室内搁置 1h 后，再将混凝土拌合物倒入搅拌机内搅拌 20s，出机后再次测试混凝土拌合物的坍落度。前后两次坍落度之差即为坍落度经时损失，单位为 mm/h，计算精确至 5mm/h。

（4）氯离子总含量。混凝土拌合物中水溶性氯离子的含量应按现行 JTJ 270 中混凝土拌合物的氯离子含量快速测定方法进行测定。

（5）耐久性能。混凝土耐久性能试验应按现行 GB/T 50082 中的有关规定执行。

（6）特殊要求项目。对合同中要求的其他检验项目，其试验方法应按国家现行有关标准执行，没有标准的应按合同规定执行。

5.12.6　预拌混凝土的检验

预拌混凝土的质量检验分为出厂检验和交货检验。出厂检验的取样和试验工作应由供方承担；交货检验的取样和试验工作应由需方承担，当需方不具备试验条件时，供需双方可协商确定，或委托有检验资质的单位承担，并在合同中予以明确。交货检验的试验结果应在试验结束后15天内通知供方。预拌混凝土的质量验收应以交货检验结果作为依据。

(1) 检验项目。常规品应检验混凝土强度、坍落度和设计要求的耐久性能；掺有引气型外加剂的混凝土还应检验含气量。特制品除应检验常规品所列项目外，还应按相关标准和合同规定检验其他项目。

(2) 取样与检验频率。混凝土出厂检验应在搅拌地点取样；混凝土交货检验应在交货地点取样，交货检验试样应随机从同一运输车卸料 1/4～3/4 时抽取。混凝土交货检验取样及坍落度试验应在混凝土运到交货地点时开始算起 20min 内完成，试件制作应在混凝土运到交货地点时开始算起 40min 内完成。混凝土强度的取样检验频率应遵守以下两条规定。

① 出厂检验时，每 100 盘相同配合比的混凝土取样不应少于 1 次，每一个工作班相同配合比的混凝土不能达到 100 盘时应按 100 盘计，每次取样应至少进行 1 组试验。

② 交货时的取样检验频率应符合现行 GB/T 50107 的规定。

混凝土坍落度取样检验频率应与强度检验相同。同一配合比的混凝土的氯离子含量应至少取样测定 1 次，海砂混凝土的氯离子含量取样与检测频率应符合现行 JGJ 206 的规定。混凝土耐久性能的取样与检验频率应符合现行 JGJ/T 193 的规定。混凝土的含气量、扩展度及其他项目的取样检验频率应符合相关标准和合同的规定。

(3) 评定。强度检验、氯离子总含量测定及其他混凝土性能检验结果符合本节前述相关规定的应为合格。坍落度、扩展度和含气量的检验结果分别符合本节前述规定的应为合格；若不符合要求，则应立即用试样的余下部分复检，或重新取样进行复检，若复检结果分别符合本节前述相关规定，则应评定为合格。

5.12.7 预拌混凝土的订货与交货

(1) 供货量。预拌混凝土的供货量应以体积计，单位为 m^3。预拌混凝土的体积应由运输车实际装载的混凝土拌合物质量除以混凝土拌合物的表观密度求得。一辆运输车的实际装载量可由用于该车混凝土中全部原材料的质量求和求得，或可由运输车卸料前后的重量差求得。预拌混凝土的供货量应以运输车的发货总量计算，如需要以工程实际量（不扣除混凝土结构中的钢筋所占体积）进行复核时，其偏差应不超过±2％。

(2) 订货。购买预拌混凝土时，供需双方应先签订合同。合同签订后，供方应按订货单组织生产和供应。订货单应至少包括以下 9 方面内容。

① 订货单位及联系人；

② 施工单位及联系人；

③ 工程名称；

④ 浇筑部位及浇筑方式；

⑤ 混凝土标记；

⑥ 标记内容以外的技术要求；

⑦ 订货量（m^3）；

⑧ 交货地点；

⑨ 供货起止时间。

（3）交货。

1）出厂合格证。供方应按分部工程向需方提供同一配合比混凝土的出厂合格证。出厂合格证应至少包括以下 13 方面内容。

① 出厂合格证编号；

② 合同编号；

③ 工程名称；

④ 需方；

⑤ 供方；

⑥ 供货日期；

⑦ 浇筑部位；

⑧ 混凝土标记；

⑨ 标记内容以外的技术要求；

⑩ 供货量（m³）；

⑪ 原材料的品种、规格、级别及检验报告编号；

⑫ 混凝土配合比编号；

⑬ 混凝土质量评定。

2）发货单。交货时，需方应指定专人及时对供方所供预拌混凝土的质量、数量进行确认。供方应随每一运输车向需方提供该车混凝土的发货单。发货单应至少包括以下 13 方面内容。

① 合同编号；

② 发货单编号；

③ 需方；

④ 供方；

⑤ 工程名称；

⑥ 浇筑部位；

⑦ 混凝土标记；

⑧ 本车的供货量（m³）；

⑨ 运输车号；

⑩ 交货地点；

⑪ 交货日期；

⑫ 发车时间和到达时间；

⑬ 供需双方交接人员签字。

思考题与习题

1. 普通混凝土中水泥、细集料、粗集料、水的作用及基本要求是什么？

2. 简述普通混凝土中集料的类型及特点。

3. 混凝土中粉煤灰、矿渣、火山灰、硅灰的作用及基本要求是什么？

4. 简述混凝土外加剂的特点及类型。

5. 某实验室试拌混凝土，经调整后各材料用量为普通水泥 4.5kg、水 2.7kg、砂 9.9kg、碎石 18.9kg，又测得拌合物的表观密度为 2.38kg/L。要求确定每立方米混凝土中各材料的用量。当施工现场砂子含水率为 3.5%、石子含水率为 1%时，施工配合比是多少？如果把实验室配合比未经换算成施工配合比就直接用于现场施工，则现场混凝土的实际配合比是怎样的？它对混凝土强度会产生多大的影响？

6. 预拌混凝土的分类、性能等级及标记有哪些规定？

第6章 建筑砂浆

建筑砂浆简称砂浆，是由胶凝材料、细集料、水，有时还有外加剂、掺加料，按适当的比例拌合，经硬化后得到的材料。建筑砂浆按用途不同，可分为砌筑砂浆、抹面砂浆、装饰砂浆和有特殊用途的砂浆；按所用的胶凝材料不同，可分为水泥砂浆、石灰砂浆、石膏砂浆、水泥混合砂浆、聚合物砂浆等；按加工方式的不同，可分为干粉砂浆、现场搅拌砂浆、商品砂浆等。随着国家对环境保护工作重视程度的提高，我国大城市主城区已禁止使用现场搅拌砂。由水泥、细集料和水配制成的砂浆称为水泥砂浆。由水泥、细集料、掺加料和水配制成的建筑砂浆称为水泥混合砂浆。常用的掺加料有石灰膏、电石膏、粉煤灰和黏土膏等。

6.1　建筑砂浆

6.1.1　建筑砂浆原材料

1. 胶凝材料

建筑砂浆中使用的胶凝材料有水泥、石灰、建筑石膏和有机胶凝材料等。在干燥环境中使用的建筑砂浆可选用气硬性胶凝材料和水硬性胶凝材料，而在水中或潮湿环境使用的建筑砂浆只能选用水硬性胶凝材料。水泥是建筑砂浆的主要胶凝材料，常用的水泥品种有普通水泥、矿渣水泥、火山灰水泥、复合水泥和砌筑水泥等。配制建筑砂浆时，由于设计要求的砂浆强度等级并不高，为保证建筑砂浆的和易性、降低建筑砂浆的成本，对于水泥砂浆一般应选用强度等级为32.5级的水泥，对混合砂浆一般应选用强度等级不大于42.5级的水泥。如果只有高强度等级的水泥，则要在建筑砂浆中掺加适量的掺加料。另外，对于砌筑砂浆还可选用专门的砌筑水泥。

2. 细集料

建筑砂浆用细集料主要是指天然砂。建筑砂浆用砂应符合混凝土用砂的技术要求。采用中砂配制建筑砂浆的和易性容易保证，同时能节约水泥，故应优先选用中砂。由于砌缝限制，应对砂的最大粒径加以限制。用于砖砌体的建筑砂浆，其砂的最大粒径不应大于2.5mm；用于毛石砌体的建筑砂浆，其砂的最大粒径应小于砂浆层厚度的1/4~1/5；光滑的抹面及勾缝用建筑砂浆宜采用细砂，且砂的最大粒径不宜大于1.2mm。砂中含泥量过大不但会增加建筑砂浆的水泥用量、降低砂浆强度，还会增大建筑砂浆的收缩、降低建筑砂浆的耐久性。为保证建筑砂浆的质量，应对砂的含泥量进行限制。对强度等级大于 M5 的砌筑砂浆，其砂的含泥量不应超过 5%；对强度等级为 M5 的水泥混合砂浆，其砂的含泥量不应超过 10%。

3. 外加剂

为改善新拌砂浆或硬化后砂浆的性能，常在建筑砂浆中加入适量外加剂。常用的砂浆外加剂包括能改善建筑砂浆和易性的减水剂；能提高、改善建筑砂浆和易性，提高建筑砂浆抗冻性和保温性的微沫剂或引气剂；增加建筑砂浆防水性、抗渗性的防水剂等。

4. 掺加料

为改善建筑砂浆的和易性、降低水泥用量，通常要在建筑砂浆中加入部分掺加料。常用的掺加料有石灰膏、黏土膏、电石膏和粉煤灰等。用生石灰制备石灰膏时，应将石灰浆陈伏一段时间，以消除过火石灰的危害。对块状生石灰，应陈伏 7d 以上；对磨细生石灰，应陈伏 2d 以上。脱水硬化的石灰膏不但起不到塑化作用，还会影响建筑砂浆强度，因此严禁使用。

5. 水

建筑砂浆用水应符合现行 JGJ 63 的规定。

6.1.2 建筑砂浆的主要技术性质

建筑砂浆的主要技术性质包括建筑砂浆的和易性以及硬化后建筑砂浆的强度、黏结性、变形性、凝结时间和抗冻性等。

1. 建筑砂浆的和易性

建筑砂浆的和易性包括流动性和保水性两个方面的性质。

（1）流动性。建筑砂浆的流动性是指砂浆在重力或外力作用下所具有的流动能力，也叫稠度。建筑砂浆的稠度是用砂浆稠度仪测得的沉入度的大小来表示的。沉入度的测定方法应符合相关规范规定。沉入度越大，则建筑砂浆流动性越大。在影响建筑砂浆流动性的因素中，排除粗集料这一因素后的其他因素都是影响建筑砂浆流动性的因素。建筑砂浆流动性过大，则易分层、泌水；流动性过小，则会导致施工操作不方便、灰缝不易填充密实、砌体强度降低。建筑砂浆流动性的选择应综合考虑砌体种类、施工方法和施工时的气候情况等因素。在高温干燥环境中，若基底是吸水性较大的材料，则建筑砂浆的流动性应大些；在低温潮湿环境中，若基底是不吸水材料，则建筑砂浆的流动性应小些。砌筑砂浆的稠度可按表 6-1-1 确定。

表 6-1-1　砌筑砂浆稠度选择参考值

砌体种类	砂浆沉入度（mm）
烧结普通砖砌体	70～90
轻集料混凝土小型空心砌块砌体	60～90
烧结多孔砖、空心砖砌体	60～80
烧结普通砖平拱式过梁、空斗墙、筒拱；普通混凝土小型空心砌块砌体；加气混凝土砌块砌体	50～70
石砌体	30～50

（2）保水性。建筑砂浆的保水性是指砂浆拌合物内部保持水分不易流失的能力。建筑

砂浆的保水性是以砂浆分层度仪测得的分层度来表示的。分层度的测定方法应符合相关规范规定。建筑砂浆的分层度宜在 10～20mm 之间。分层度过大，则建筑砂浆易离析、泌水，且不利于施工和建筑砂浆强度的发展；分层度过小，则建筑砂浆易产生干缩裂缝。

2. 建筑砂浆的强度和强度等级

建筑砂浆是以抗压强度作为强度指标的，建筑砂浆抗压强度的测定应遵守相关规范规定。将砂浆拌合物按规定的方法成型成边长为 70.7mm 的立方体试件，在标准养护条件下〔对水泥砂浆：温度为（20±3）℃，相对湿度为 90% 以上；对混合砂浆或石灰砂浆：温度为（20±3）℃，相对湿度为 60%～80%〕养护 28d 龄期，按规定的方法测得的抗压强度即为砂浆抗压强度。建筑砂浆的强度等级是按一组六个砂浆试件的抗压强度值的平均值来划分的，有 M5、M7.5、M10、M15 和 M20 等级别。

影响建筑砂浆强度的因素很多。基底为不吸水的材料或吸水率较小时，影响建筑砂浆强度的因素与影响混凝土强度的因素类似，建筑砂浆强度主要取决于水泥强度和水胶比，其计算公式为

$$f_{m,0} = E f_{ce} \, (C/W - F)$$

式中，$f_{m,0}$ 为建筑砂浆的 28d 抗压强度（MPa）；f_{ce} 为水泥的实测强度（MPa）；C/W 为胶水比；E、F 为回归系数，一般可取 $E=0.29$、$F=0.40$。

当基底材料吸水性较大时，由于建筑砂浆具有一定的保水性，无论拌制建筑砂浆时加多少用水量，砂浆拌合物中的水分被基底吸收一部分后保留在建筑砂浆中的水分基本相同，因此，建筑砂浆的强度与水胶比关系不大。建筑砂浆的强度主要取决于水泥的强度和水泥用量，其计算公式为

$$f_{m,0} = \alpha f_{ce} Q_c / 1000 + \beta$$

式中，Q_c 为每立方米建筑砂浆中的水泥用量（kg）；α、β 为回归系数，一般可取 $\alpha=3.03$、$\beta=-15.09$。

3. 建筑砂浆的黏结性

由于砌块是靠建筑砂浆黏结成一个牢固的整体并传递荷载的，因此，要求建筑砂浆与基底材料之间有一定的黏结强度。二者黏结强度越大，则整个砌体的整体性、强度、耐久性及抗震性等越好。通常建筑砂浆抗压强度越高，其与基底的黏结强度就越大。此外，建筑砂浆的黏结强度与基底材料的表面状态、清洁程度、湿润状况及施工养护等条件都有很大的关系，同时还与建筑砂浆的胶凝材料种类、数量有关。另外，加入某些聚合物可使建筑砂浆的黏结性提高。

4. 建筑砂浆的变形性

砌筑砂浆在荷载作用下和温度变化时均会产生变形。若变形过大或不均匀，就容易使砌体产生沉陷或裂缝，并影响到整个砌体的质量。抹面砂浆在空气中硬化时也容易产生收缩等变形，变形过大会使面层产生裂缝或剥离等现象。因此，要求建筑砂浆具有较小的变形性。

5. 建筑砂浆的凝结时间

建筑砂浆凝结时间的测定应遵守相关规范规定。用砂浆凝结时间测定仪来测定贯入试针贯入建筑砂浆中的阻力值，以贯入阻力达到 0.5MPa 时所需的时间作为建筑砂浆的凝结时间。

6. 建筑砂浆的抗冻性

在受冻融影响较多的建筑部位要求建筑砂浆具有一定的抗冻性。对有冻融次数要求的建筑砂浆，经冻融循环试验后质量损失不得大于 5%、抗压强度损失不得大于 25%。

6.2 砌筑砂浆

砌筑砂浆的技术条件和配合比设计方法应满足设计和施工要求，确保砌筑砂浆质量并满足"技术先进、经济合理、质量保证"的要求。本节介绍的砌筑砂浆配合比设计方法适用于工业与民用建筑及一般构筑物。砌筑砂浆配合比设计应根据原材料的性能、砂浆技术要求、砌块种类及施工水平进行计算或查表选择，并经试配、调整后确定。砌筑砂浆配合比设计应遵守现行有关标准的规定。

6.2.1 砌筑砂浆的材料要求

砌筑砂浆所用原材料不应对人体、生物与环境造成有害的影响，并应符合现行《建筑材料放射性核素限量》（GB 6566）的规定。砌筑砂浆用水泥宜采用通用硅酸盐水泥或砌筑水泥，且应符合相应标准的规定。水泥强度等级应根据砂浆品种及强度等级要求进行选择，M15 及以下强度等级的砌筑砂浆宜采用 32.5 级通用硅酸盐水泥或砌筑水泥；M15 以上强度等级的砌筑砂浆宜选用 42.5 级普通硅酸盐水泥或硅酸盐水泥。水泥进场（厂）时，应具有质量证明文件，对进场（厂）水泥应按现行 GB 175 的规定按批进行复验，复验合格后方可使用。砌筑砂浆用砂宜选用中砂或人工砂（其中毛石砌体宜选用粗砂），砂的含泥量不应超过 5%。使用人工砂时，石粉含量应符合现行《建设用砂》（GB/T 14684）中Ⅰ、Ⅱ类的要求。砂子进场（厂）时，应具有质量证明文件。对进场（厂）砂子应按现行 GB/T 14684 的规定按批进行复验，复验合格后方可使用。

石灰膏应符合以下 3 条要求。

① 生石灰熟化成石灰膏时，应用孔径不大于 3mm×3mm 的网过滤，且熟化时间不得小于 7d，磨细生石灰粉的熟化时间不得小于 2d，沉淀池中储存的石灰膏应采取防止干燥、冻结和污染的措施，严禁使用脱水硬化的石灰膏；

② 制作电石膏的电石渣应用孔径不大于 3mm×3mm 的网过滤，检验时应加热至 700℃，并保持 20min，没有乙炔气味后方可使用；

③ 消石灰粉不得直接用于砌筑砂浆中。

石灰膏、电石膏试配时的稠度应为（120±5）mm。粉煤灰、粒化高炉矿渣粉、天然沸石粉、硅灰应分别符合现行 GB/T 1596、GB/T 18046、《混凝土和砂浆用天然沸石粉》（JG/T 3048）和《高强高性能混凝土用矿物外加剂》（GB/T 18736）的规定。当采用其他品种矿物掺合料时，应有充足的技术依据，并应在使用前进行试验验证。矿物掺合料进场（厂）时应具有质量证明文件，并按有关规定进行复验，其掺量应符合有关规定，并通过试验确定。

采用保水增稠材料时，必须有充足的技术依据，并应在使用前进行试验验证，符合现行《砌筑砂浆增塑剂》（JG/T 164）中的相关规定。外加剂应符合现行相关标准的规定。

外加剂进场（厂）时，应具有质量证明文件，并应提供法定检测机构出具的砌体形式检验报告，其结果应符合现行 JG/T 164 中的相关规定，并经砂浆性能试验合格后方可使用。拌制砂浆用水应符合现行 JGJ 63 的规定。

6.2.2　砌筑砂浆的技术条件要求

砌筑砂浆按生产方式的不同可分为现场拌制砌筑砂浆和预拌砌筑砂浆。新型墙体材料宜采用预拌砌筑砂浆。现场拌制水泥砂浆及预拌砂浆的强度等级可分为 M5、M7.5、M10、M15、M20、M25、M30；水泥混合砂浆的强度等级可分为 M5、M7.5、M10、M15。水泥砂浆拌合物的表观密度不宜小于 1900kg/m³；水泥混合砂浆拌合物的表观密度不宜小于 1800kg/m³；预拌砂浆拌合物的表观密度不宜小于 1800kg/m³。砌筑砂浆稠度、分层度（或保水率）、试配抗压强度必须同时符合要求。预拌砌筑砂浆的砌体通缝抗剪强度和轴心抗压强度应符合现行《砌体结构设计规范》（GB 50003）的要求。砌筑砂浆的稠度宜按表 6-2-1 选用。砌筑砂浆的保水率应符合表 6-2-2 的要求。水泥混合砂浆、预拌砂浆的分层度不应大于 20mm；水泥砂浆的分层度不应大于 30mm。水泥砂浆及预拌砂浆中胶凝材料用量不宜小于 200kg/m³，水泥混合砂浆中水泥和石灰膏总量不宜小于 350kg/m³。设计有抗冻性要求的墙体，其砌筑砂浆应进行冻融试验，砌筑砂浆的抗冻性应符合表 6-2-3 的要求，设计有明确要求时，应符合设计规定的抗冻指标。

表 6-2-1　砌筑砂浆的稠度（mm）

砌体种类	炎热、干燥气候	寒冷、潮湿气候
烧结普通砖、混凝土多孔砖、普通混凝土小型空心砌块、轻集料	70～90	60～80
非烧结砖	60～80	50～70
加气混凝土	60～70	50～60
石砌体 30～50	—	20～30

表 6-2-2　砌筑砂浆的保水率

砂浆种类	水泥砂浆	水泥混合砂浆	预拌砂浆
保水率（%）	≥80	≥84	≥88

表 6-2-3　砌筑砂浆的抗冻性

使用条件	夏热冬暖地区	夏热冬冷地区	寒冷地区	严寒地区
抗冻指标	F15	F25	F35	F50
质量损失率（%）	≤5	≤5	≤5	≤5
强度损失率（%）	≤25	≤25	≤25	≤25

砂浆试配时应采用机械搅拌，搅拌时间应自开始加水时算起。对水泥砂浆和水泥混合砂浆，搅拌时间不得小于 120s；对干混砂浆和掺有粉煤灰、外加剂的砂浆，搅拌时间不得小于 180s。砂浆中可掺入保水增稠材料、外加剂等，掺量应参考使用说明书，并经试配后确定。

6.2.3　砌筑砂浆配合比的确定及基本要求

1. 现场拌制砌筑砂浆配合比的确定与要求

（1）现场拌制水泥混合砂浆配合比。现场拌制水泥混合砂浆配合比的计算应按以下步骤依序进行。

① 计算砂浆试配强度 $f_{m,0}$ （MPa）；

② 计算每立方米砂浆中的水泥用量 Q_c （kg）；

③ 按水泥用量 Q_c 计算出每立方米砂浆中石灰膏用量 Q_D （kg）；

④ 确定每立方米砂浆砂用量 Q_s （kg）；

⑤ 按砂浆稠度选用每立方米砂浆的用水量 Q_w。

砂浆的试配强度应按式

$$f_{m,0} = f_2 + 0.645\sigma$$

计算。式中，$f_{m,0}$ 为砂浆的试配强度（精确至 0.1MPa）；f_2 为砂浆抗压强度平均值（精确至 0.1MPa）；σ 为砂浆现场强度标准差（精确至 0.01MPa）。

砂浆现场强度标准差的确定应遵守相关规范规定，当有统计资料时，应按式

$$\sigma = [(\Sigma f_{m,i}^2 - n\mu_{fm}^2)/(n-1)]^{1/2}$$

计算。式中，$f_{m,i}$ 为统计周期内同一品种砂浆第 i 组试件的强度（MPa）；μ_{fm} 为统计周期内同一品种砂浆 n 组试件强度的平均值（MPa）；n 为统计周期内同一品种砂浆试件的总组数（$n \geqslant 25$）。

当不具有近期统计资料时，σ 值可按表 6-2-4 选用。

水泥用量的计算应遵守相关规范规定，每立方米砂浆中的水泥用量应按式

$$Q_c = 1000 (f_{m,0} - \beta) / (\alpha f_{ce})$$

计算。式中，Q_c 为每立方米砂浆的水泥用量（精确至 1kg）；f_{ce} 为水泥的实测强度（精确至 0.1MPa）；α、β 为砂浆的特征系数，$\alpha = 3.03$，$\beta = -15.09$，各地区也可用本地区试验资料确定 α、β 值（统计用的试验组数不得少于 30 组）。

在无法取得水泥的实测强度值时，可按式

$$f_{ce} = \gamma_c f_{ce,k}$$

计算 f_{ce}。式中，$f_{ce,k}$ 为水泥强度等级值；γ_c 为水泥强度等级值的富余系数；γ_c 值应按实际统计资料确定，无统计资料时，γ_c 可取 1.0。

石灰膏使用时的稠度宜为（120±5）mm，石灰膏用量应按式

$$Q_D = Q_A - Q_c$$

计算。式中，Q_D 为每立方米砂浆的石灰膏用量（精确至 1kg）；Q_c 为每立方米砂浆的水泥用量（精确至 1kg）；Q_A 为每立方米砂浆中水泥和石灰膏总量（精确至 1kg，宜为 350kg）。

每立方米砂浆中的砂子用量应以干燥状态（含水率小于 0.5%）的堆积密度值作为计算值（kg）。混合砂浆材料用量也可按表 6-2-5 选用。

表 6-2-4 砂浆现场强度标准差 σ （MPa）

施工水平	强度等级						
	M5	M7.5	M10	M15	M20	M25	M30
优良	1.00	1.50	2.00	3.00	4.00	5.00	6.00
一般	1.25	1.88	2.50	3.75	5.00	6.25	7.50
较差	1.50	2.25	3.00	4.50	6.00	7.50	9.00

表 6-2-5　每立方米混合砂浆材料用量

强度等级	每立方砂浆 水泥用量（kg）	每立方砂浆 石灰膏用量（kg）	每立方砂浆 砂子用量（kg）	每立方砂浆 用水量（kg）
M5	180～210			
M7.5	240～270	$350-Q_c$	$1m^3$砂的堆积密度值	240～310
M10	270～300			
M15	300～330			

（2）现场拌制水泥砂浆配合比。现场拌制水泥砂浆配合比的计算与确定应遵守相关规范规定，水泥砂浆材料用量可按表 6-2-6 选用，M15 及 M15 以下强度等级水泥砂浆的水泥强度等级为 32.5 级，M15 以上强度等级水泥砂浆的水泥强度等级为 42.5 级，试配强度计算方法与现场拌制砌筑砂浆相同。现场拌制水泥粉煤灰砂浆的配合比的计算与确定应遵守相关规范规定，水泥粉煤灰砂浆材料用量可按表 6-2-7 选用，表中水泥强度等级为 32.5 级，试配强度计算方法与现场拌制砌筑砂浆相同。

表 6-2-6　每立方米水泥砂浆材料用量

强度等级	M5	M7.5	M10	M15	M20	M25	M30
每立方米砂浆水泥用量（kg）	200～230	230～260	260～290	290～330	340～400	360～410	430～480
每立方米砂浆砂子用量（kg）	$1m^3$砂的堆积密度值						
每立方米砂浆用水量（kg）	270～330						

表 6-2-7　每立方米水泥粉煤灰砂浆材料用量

强度等级	每立方米砂浆水泥 和粉煤灰总量（kg）	每立方米砂浆 粉煤灰用量（kg）	每立方米砂浆 砂子用量（kg）	每立方米砂浆 用水量（kg）
M5	210～240			
M7.5	240～270	粉煤灰掺量可占总量的 20%～30%，且用量不宜超过水泥总量的 40%	$1m^3$砂的堆积密度值	270～330
M10	270～300			
M15	300～330			

2. 预拌砂浆配合比的确定与要求

在确定湿拌砂浆稠度时，应考虑砂浆在运输和储存过程中的损失；湿拌砂浆应根据凝结时间要求确定外加剂掺量；生产厂家应根据配制结果明确干混砂浆的加水量范围；砌筑砂浆的砌体力学性能应符合现行 GB 50003 的规定；预拌砂浆的搅拌、运输、储存应符合现行 JG/T 230 标准要求；预拌砂浆性能应按表 6-2-8 确定。预拌砂浆配合比的确定与要求应遵守相关规范规定，预拌砂浆生产前应进行试配，试配强度计算方法与现场拌制砌筑砂浆相同；为满足和易性要求，预拌砂浆中可掺入保水增稠材料、外加剂等，掺量应经试配后确定。

表 6-2-8　预拌砂浆性能

项目	干混砌筑砂浆	湿拌砌筑砂浆
强度等级	M5、M7.5、M10、M15、M20、M25、M30	M5、M7.5、M10、M15、M20、M25、M30

项目	干混砌筑砂浆	湿拌砌筑砂浆
稠度（mm）	—	50、70、90
凝结时间（h）	3~8	≥8、≥12、≥24
保水率（%）	≥88	≥88

3. 砌筑砂浆配合比的试配、调整与确定

试配时应考虑工程实际需求，搅拌要求同前。按计算或查表所得配合比进行试拌时应测定其拌合物的稠度和分层度（或保水率），不能满足要求时应调整材料用量，直到符合要求为止，然后将其确定为试配时的砂浆基准配合比。试配时，至少应采用 3 个不同的配合比，其中 1 个为按规程得出的基准配合比，其他配合比的水泥用量应按基准配合比分别增加及减少 10%，在保证稠度、分层度（或保水率）合格的条件下，可将用水量或石灰膏、粉煤灰等矿物掺合料用量作相应调整。砂浆试配时，稠度宜按表 6-2-1 调整到下限值，并按现行 JGJ/T 70 分别测定不同配合比的砂浆强度，选定符合试配强度要求、水泥用量最低的配合比作为砂浆配合比。按选定的配合比进行试拌，加水调整砂浆稠度满足设计要求，测定砂浆表观密度，并按此密度值与各材料组分的比例对配合比进行修正，作为最终选定的砂浆配合比。预拌砂浆生产前，应按上述步骤进行试配、调整与确定。

6.3　抹面砂浆

涂抹在建筑物或构件表面的砂浆称为抹面砂浆。抹面砂浆既有保护基层材料、增加美观的作用，又有保温、隔热等其他功能。抹面砂浆也是一种使用量很大的砂浆。常用抹面砂浆有石灰砂浆、水泥混合砂浆、水泥砂浆、麻刀石灰浆（也称麻刀灰）、纸筋石灰浆（也称纸筋灰）等。

6.3.1　抹面砂浆的组成材料

抹面砂浆的主要组成材料为水泥、石灰、石膏、粉煤灰和砂等。另外，为减少抹面砂浆因收缩而开裂，常在砂浆中加入一定量的纤维材料，如纸筋、麻刀、稻草、玻璃纤维等。把它们加入到抹面砂浆中，能提高砂浆的抗拉强度，使砂浆不易开裂脱落。为提高抹面砂浆的质量，还常在砂浆中加入占水泥质量 10% 左右的聚醋酸乙烯等乳液。乳液的作用是提高面层强度，使其不致粉酥掉面；增加涂层柔韧性、减少开裂倾向；加强涂层与基层间的黏结力，使其不易剥落；便于涂抹施工。

6.3.2　抹面砂浆的技术要求

抹面砂浆的技术要求主要体现在以下 3 个方面。

① 砂浆应具有良好的工作性，以便涂抹成均匀平整的薄层。

② 要有较高的与基层的黏结力和较小的变形，以保证与基层黏结牢固、不开裂、不

脱落。

③ 为提高施工质量，抹面砂浆施工时通常采用分层涂抹方法，一般分为底层、中层和面层抹灰。

分层涂抹方法各层抹灰的作用和要求有所不同，因而，对各层抹灰砂浆的性质要求也有所不同。一般底层抹灰的作用是使砂浆层能与基层黏结牢固，故要求砂浆具有良好的和易性和较高的黏结力，同时要求砂浆具有良好的保水性，以防止水分被基层吸收而影响砂浆的黏结力；中层抹灰主要起找平作用，有时可省去；面层抹灰主要是为了获得平整、美观的表面效果。

6.3.3 抹面砂浆的选用原则

用于砖墙的底层抹灰多用石灰砂浆，有防水、防潮要求时用水泥砂浆。用于混凝土基层的底层抹灰多用水泥混合砂浆。中层抹灰多用水泥混合砂浆或石灰砂浆。面层抹灰多用水泥混合砂浆、麻刀灰或纸筋灰。水泥砂浆不得涂抹在石灰砂浆层上。

6.3.4 抹面砂浆的配合比设计

抹面砂浆的配合比可根据砂浆的使用部位和基层材料的特性，参考有关资料选用。一般抹面砂浆除指明是重量比外，通常指干松状态下材料的体积比。抹面砂浆的配合比可参考表 6-3-1。

表 6-3-1 抹面砂浆配合比参考表

组成材料	配合比（体积比）	应用范围
石灰：砂	1：(2～4)	用于砖石墙面（檐口、勒脚、女儿墙及潮湿墙体除外）
石灰：黏土：砂	1：1：(4～8)	干燥环境的墙表面
石灰：石膏：砂	1：(0.4～1)：(2～3)	用于不潮湿房间的墙及天花板
石灰：石膏：砂	1：2：(2～4)	用于不潮湿房间的线脚及其他装饰工程
石灰：水泥：砂	1：(0.5～1)：(4.5～5)	用于檐口、勒脚、女儿墙及比较潮湿部位
水泥：砂	1：(2.5～3)	用于浴室、潮湿车间等墙裙、勒脚或地面基层
水泥：砂	1：(1.5～2)	用于地面、天棚或墙面面层
水泥：砂	1：(0.5～1)	用于混凝土地面随时压光
水泥：石膏：砂：锯末	1：1：3.5	用于吸声粉刷
水泥：白石子	1：(1～2)	用于水磨石（打底用1：2.5水泥砂浆）
水泥：白石子	1：1.5	用于剁石［打底用1：(2～2.5) 水泥砂浆］
石灰膏：麻刀	100：2.5（质量比）	用于板条天棚底层
石灰膏：麻刀	100：1.3（质量比）	用于木板条天棚面层（或100kg灰膏加3.8kg纸筋）
石灰膏：纸筋	石灰膏1m³、纸筋 3.6kg	用于较高级墙面、天棚

6.4 干粉砂浆

干粉砂浆也叫干拌砂浆、干混砂浆，是预拌砂浆的一种类型。它是指在专门的生产厂家内将胶凝材料、细集料或填充料、外加剂等按一定比例混合而成的干粉状材料。干粉砂浆用袋装或散装的形式运到建筑工地，按一定的比例加水后就可直接使用。和现场拌制的砂浆相比，干粉砂浆具有质量好、生产效率高、品种丰富和环境友好等特点。

（1）胶凝材料。干粉砂浆常用胶凝材料有硅酸盐水泥、普通硅酸盐水泥、高铝水泥、石灰、石膏和聚合物胶粘剂等。由于石灰对砂浆的性能会有一些负面影响，因此，石灰有被水泥取代的趋势，特别是在对砂浆质量有较高要求的干粉砂浆中。

（2）细集料。干粉砂浆常用细集料有河砂、石英砂、石灰石砂或白云石砂等。另外，还有一些具有装饰效果的颗粒材料，如方解石、大理石或云母等。此外，为提高砂浆的保温隔热效果，还可采用珍珠岩、膨胀蛭石、泡沫玻璃和浮石等。

（3）填充料。干粉砂浆填充料是指粒径比细集料还小的粉状颗粒，主要用于腻子和涂料中。干粉砂浆常用填料有碳酸钙粉、滑石粉、灰钙粉、云母粉、硅灰石粉等。

（4）外加剂。没有外加剂就不会有现代干粉砂浆的发展，干粉砂浆所具有的许多特性也不会出现。外加剂在干粉砂浆中的用量虽然很少，但其作用却很大。随着研究的进行，干粉砂浆外加剂不论在品种上还是在质量上都在不断地发展。目前干粉砂浆常用的外加剂有可再分散乳胶粉（简称 EVA）、甲基纤维素醚（简称 MC）、抗裂纤维、木质纤维素、石膏缓凝剂、淀粉醚、引气剂和触变润滑剂等。

6.5 装饰砂浆

装饰砂浆是指涂抹在建筑物内外墙表面以增加建筑物美观的砂浆。装饰砂浆的底层和中层抹灰与抹面砂浆基本相同，二者的主要区别在于装饰砂浆的面层选材不同。为提供装饰砂浆的装饰效果，面层通常选用具有一定颜色的胶凝材料和集料，并采用某些特殊的施工操作工艺使装饰面层呈现出不同的色彩、线条和花纹。

6.5.1 装饰砂浆的组成材料

（1）胶凝材料。装饰砂浆常用胶凝材料有白色水泥、彩色水泥或在水泥中掺加耐碱矿物颜料配制成的彩色水泥、石灰、石膏等。

（2）集料。装饰砂浆集料采用天然砂（多为白色、浅色或彩色的天然砂）或人工石英砂、彩釉砂、着色砂、彩色大理石或花岗岩碎屑、陶瓷或玻璃碎粒或特制的塑料色粒等。

（3）颜料。室外用的装饰砂浆用颜料应选择耐碱、耐日晒的合适矿物颜料，以保证面层长期的质量并避免褪色，常用颜料有氧化铁黄、铬黄、氧化铁红、群青、钴蓝、铬绿、氧化铁棕、氧化铁紫、氧化铁黑和碳黑等。

6.5.2 装饰砂浆的主要饰面方式

装饰砂浆的饰面方式可分为灰浆类砂浆饰面和石渣类砂浆饰面两大类。

（1）灰浆类砂浆饰面。灰浆类砂浆饰面主要通过水泥砂浆的着色或对水泥砂浆表面进行艺术加工，从而获得具有特殊色彩、线条、纹理等质感的饰面。其主要优点是材料来源广泛、施工操作简便、造价比较低廉，而且通过不同的工艺加工可以创造不同的装饰效果。常用的灰浆类砂浆饰面有拉毛灰、甩毛灰、仿面砖、拉条、喷涂、弹涂等形式。拉毛灰的特点是用铁抹子或木蟹将罩面灰浆轻压后顺势拉起，形成一种凹凸质感很强的饰面层，拉细毛时用棕刷粘着灰浆拉成细的凹凸花纹；甩毛灰的特点是用竹丝刷等工具将罩面灰浆甩涂在基面上，形成大小不一而又有规律的云朵状毛面饰面层；仿面砖的特点是在掺入氧化铁系颜料的水泥砂浆抹面上，用特制的铁钩和靠尺按设计要求的尺寸进行分格划块，其沟纹清晰、表面平整、酷似贴面砖饰面；拉条的特点是在面层砂浆抹好后，用一凹凸状轴辊作模具在砂浆表面上滚出立体感强、线条挺拔的条纹，条纹分半圆形、波纹形、梯形等，条纹可粗可细，间距可大可小；喷涂的特点是用挤压式砂浆泵或喷斗将掺入聚合物的水泥砂浆喷涂在基面上，形成波浪、颗粒或花点质感的饰面层，最后在表面再喷一层甲基硅醇钠或甲基硅树脂疏水剂，可提高饰面层的耐久性和耐污染性；弹涂的特点是用电动弹力器将掺入 107 胶的 2～3 种水泥色浆分别弹涂到基面上，形成 1～3mm 圆状色点，从而获得不同色点相互交错、相互衬托、色彩协调的饰面层，最后再刷一道树脂罩面层，起防护作用。

（2）石渣类砂浆饰面。石渣是天然大理岩、花岗岩及其他天然石材经破碎而成，俗称"米石"。其常用的规格有大八厘（粒径为 8mm）、中八厘（粒径为 6mm）、小八厘（粒径为 4mm）。石渣类砂浆饰面的特点是用水泥、石渣、水拌成石渣浆，同时采用不同的加工手段除去表面水泥浆皮，使石渣呈现不同的外露形式及水泥浆与石渣的色泽对比，构成不同的装饰效果。石渣类砂浆饰面比灰浆类砂浆饰面色泽更加明亮，质感相对丰富，不易褪色，耐光性和耐污性也较好。常用的石渣类砂浆饰面有水刷石、干黏石、斩假石、水磨石等形式。水刷石的特点是将水泥石渣浆涂抹在基面上，待水泥浆初凝后以毛刷蘸水刷洗或用喷枪以一定水压冲刷表层水泥浆皮，使石渣半露出来达到装饰效果；干黏石又称"甩石子"，其特点是在水泥浆或掺入 107 胶的水泥砂浆黏结层上把石渣、彩色石子等粘在其上，再拍平压实而成的饰面，石粒的 2/3 应压入黏结层内，要求石子粘牢、不掉粒且不露浆；斩假石又称"剁假石"，其特点是以水泥石渣浆作面层抹灰，待具有一定强度时用钝斧或凿子等工具，在面层上剁出纹理而获得类似天然石材经雕琢后的纹理质感；水磨石的特点是由水泥、彩色石渣或白色大理石碎粒及水按一定比例配制，需要时掺入适量的颜料，经搅拌均匀，浇筑捣实，养护，待硬化后将表面磨光而成的饰面，最后常常将磨光表面用草酸冲洗、干燥后上蜡。

6.6　商品砂浆

商品砂浆为适用于由专业生产厂生产的、用于一般工业与民用建筑物的砌筑、抹灰、地面工程、装饰装修工程及其他特种用途的砂浆。商品砂浆的种类与符号见表 6-6-1。

表 6-6-1 商品砂浆的种类与符号

类别		品种	符号
预拌砂浆		预拌砌筑砂浆	RM
		预拌抹灰砂浆	RP
		预拌地面砂浆	RS
		预拌普通防水砂浆	RWPO
干混砂浆	普通干混砂浆	干混砌筑砂浆	DM
		干混抹灰砂浆	DP
		干混地面砂浆	DS
		干混普通防水砂浆	DMPO
	特种干混砂浆	干混瓷砖黏结砂浆	DTA
		干混外保温粘接砂浆	DEA
		干混外保温抹面砂浆	DBI
		干混界面处理砂浆	DB
		干混自流平砂浆	DSLF
		干混耐磨砂浆	DH
		干混灌浆砂浆	DG
		干混特种防水砂浆	DWPS

6.6.1 商品砂浆的标记

预拌砂浆的标记见图 6-6-1；普通干混砂浆的标记见图 6-6-2；特种干混砂浆的标记见图 6-6-3。特种干混砂浆标记中的特性指标见表 6-6-2。例如，某预拌砌筑砂浆的强度等级为 M10、稠度为 70mm、凝结时间为 12h、采用普通硅酸盐水泥，则其标记为"RMM10-70-12-P·O"；某干混瓷砖黏结砂浆的黏结强度≥0.6MPa，采用普通硅酸盐水泥，则其标记为"DTA0.6-P·O"。

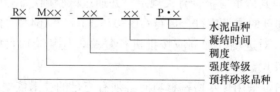

图 6-6-1 预拌砂浆的标记

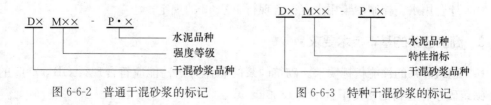

图 6-6-2 普通干混砂浆的标记　　　图 6-6-3 特种干混砂浆的标记

表 6-6-2　特种干混砂浆的特性指标

类别	品种	特性指标
特种干混砂浆	干混瓷砖黏结砂浆	黏结强度
	干混外保温专用砂浆	黏结强度（与膨胀聚苯板）
	干混界面处理砂浆	剪切黏结强度（14d）
	干混自流平砂浆	流动度
	干混耐磨砂浆	耐磨度比
	干混灌浆砂浆	1d 抗压强度
	干混特种防水砂浆	抗渗等级

6.6.2　商品砂浆对原材料的基本要求

商品砂浆所用原材料不得对环境有污染和对人体有害，并应符合现行 GB 6566 的规定。

（1）胶凝材料。水泥宜选用硅酸盐水泥、普通硅酸盐水泥、砌筑水泥，且水泥应符合相应的标准要求；生产彩色砂浆宜用低碱水泥或低碱白色硅酸盐水泥，且白色硅酸盐水泥应符合现行《白色硅酸盐水泥》（GB/T 2015）的规定，强度等级不应低于 32.5；石膏应符合现行 GB/T 5483 的规定；消石灰粉不得直接用于商品砂浆中。胶凝材料进场时，应具有质量证明文件，对进场水泥应按现行标准的规定按批进行复验，复验合格后方可使用。

（2）集料。细集料应符合现行 JGJ 52 及其他标准的规定。细集料进场时，应具有质量证明文件，对进场细集料应按现行 JGJ 52 等的规定按批进行复验，复验合格后方可使用。筛分及存储过程中，应使砂颗粒级配均匀并保持洁净，不得混入影响砂浆性能的有害物质。轻集料应符合相关标准的规定。

（3）矿物掺合料。粉煤灰、粒化高炉矿渣粉、天然沸石粉、硅灰应分别符合现行 GB/T 1596、GB/T 18046、JG/T 3048、GB/T 18736 的规定，采用其他品种矿物掺合料时必须有充足的技术依据，且应在使用前进行试验验证。矿物掺合料应具有质量证明文件，并按有关规定进行复验，其掺量应符合有关规定，并通过试验确定。

（4）外加剂。外加剂的质量应符合现行 GB 8076、JG/T 164 等的规定。外加剂进场时应具有质量证明文件，对进场外加剂应按批进行复验，且复验项目应符合相应标准的规定，复验合格后方可使用。

（5）保水增稠材料。采用保水增稠材料时必须有充足的技术依据，并应在使用前进行试验验证。

（6）拌合用水。拌制砂浆用水应符合现行 JGJ 63 的规定。

6.6.3　商品砂浆的基本技术要求

（1）砌筑砂浆的性能指标要求。砌筑砂浆的砌体力学性能应符合现行 GB 50003 的规定，砌筑砂浆拌合物的密度不宜小于 1800kg/m³。

（2）预拌砂浆的性能指标要求。预拌砌筑砂浆应在下列范围内规定砂浆强度等级、稠度、凝结时间及保水性，即强度等级为 M5、M7.5、M10、M15、M20、M25、M30；稠度为 50mm、70mm、90mm；凝结时间为 8h、12h、24h；保水性≥88％。预拌抹灰砂浆应在下列范围内规定砂浆强度等级、稠度、凝结时间、黏结强度及保水性，即强度等级为 M5、M10、M15、M20；稠度为 70mm、90mm、110mm；凝结时间为 8h、12h、24h；黏结强度≥0.4MPa；保水性≥88％。预拌地面砂浆应在下列范围内规定砂浆强度等级、稠度及凝结时间，即强度等级为 M10、M15、M20、M25；稠度为 50mm；凝结时间为 48h。预拌普通防水砂浆应在下列范围内规定砂浆强度等级、抗渗等级及黏结强度，即强度等级为 M5、M7.5、M10；抗渗等级为 P6、P8、P10、P12；黏结强度≥0.4MPa。预拌砂浆稠度允许偏差应合格，即预拌砂浆稠度实测值与合同规定的稠度值之差应符合表 6-6-3 的规定。

表 6-6-3　预拌砂浆稠度允许偏差（mm）

规定的稠度	<50	50～100	>100
允许偏差	−10～5	±10	−10～5

（3）干混砂浆的性能指标要求。干混砌筑砂浆应在下列范围内规定砂浆强度等级及保水性，即强度等级为 M5、M7.5、M10、M15、M20、M25、M30；保水性≥88％。干混抹灰砂浆应在下列范围内规定砂浆强度等级、黏结强度及保水性，即强度等级为 M5、M10、M15、M20；黏结强度≥0.4MPa；保水性≥88％。干混地面砂浆应在下列范围内规定砂浆强度等级，即强度等级为 M10、M15、M20、M25。干混普通防水砂浆应在下列范围内规定砂浆强度等级、抗渗等级及黏结强度，即强度等级为 M5、M7.5、M10；抗渗等级为 P6、P8、P10、P12；黏结强度≥0.4MPa。干混瓷砖黏结砂浆应符合表 6-6-4 的要求。干混外保温专用砂浆应符合表 6-6-5 的要求。干混界面处理砂浆应符合表 6-6-6 的要求。干混自流平砂浆应符合表 6-6-7 的要求。干混耐磨砂浆应符合表 6-6-8 的要求，表中的"近似"表示用肉眼基本看不出色差，"微"表示用肉眼看似乎有点色差。干混灌浆砂浆应符合表 6-6-9 的要求。干混特种防水砂浆应符合表 6-6-10 的要求。

表 6-6-4　干混瓷砖黏结砂浆的技术要求

项目	性能指标（水泥基）
拉伸黏结原强度（MPa）	≥0.5
浸水后的拉伸黏结强度（MPa）	
热老化后的拉伸黏结强度（MPa）	
冻融循环后的拉伸黏结强度（MPa）	
晾置时间，20min 拉伸黏结强度（MPa）	

表 6-6-5　干混外保温专用砂浆的技术要求

试验项目		技术指标	
		黏结砂浆	抹面砂浆
与水泥砂浆的拉伸黏结强度（MPa）	原强度	≥0.60	—
	耐水	≥0.40	—

续表

试验项目		技术指标	
		黏结砂浆	抹面砂浆
与膨胀聚苯板的拉伸黏结强度（MPa）	原强度	≥0.10，破坏界面在聚苯板上	≥0.10，破坏界面在聚苯板上
	耐水	≥0.10，破坏界面在聚苯板上	≥0.10，破坏界面在聚苯板上
	耐冻融	—	≥0.10，破坏界面在聚苯板上
柔韧性	抗压强度/抗折强度	—	≤3.0
可操作时间（h）		1.5～4.0	1.5～4.0

表 6-6-6　干混界面处理砂浆的技术要求

项目			技术指标	
			Ⅰ型	Ⅱ型
剪切黏结强度（MPa）	7d		≥1.0	≥0.7
	14d		≥1.5	≥1.0
拉伸黏结强度（MPa）	未处理	7d	≥0.4	≥0.3
		14d	≥0.6	≥0.5
	浸水处理		≥0.5	≥0.3
	热处理			
	冻融循环处理			
	碱处理			
晾置时间（min）			—	≥10

表 6-6-7　干混自流平砂浆的技术要求

项目		技术指标
外观		均匀、无结块
流动度（mm）	初始流动度	≥130
	20min 流动度	≥130
拉伸黏结强度（MPa）		≥1.0
耐磨性（g）		≤0.50
尺寸变化率（%）		−0.15～+0.15
抗冲击性		无开裂或脱离底板
24h 抗压强度（MPa）		≥6.0
24h 抗折强度（MPa）		≥2.0

表 6-6-8 干混耐磨砂浆的技术要求

项目	技术指标	
	Ⅰ型	Ⅱ型
外观	均匀、无结块	
集料含量偏差	生产商控制指标的±5%	
28d 抗折强度（MPa）	≥11.5	≥13.5
28d 抗压强度（MPa）	≥80.0	≥90.0
耐磨度比（%）	≥300	≥350
表面强度（压痕直径）（mm）	≤3.30	≤3.10
颜色（与标准样比）	近似~微	

表 6-6-9 干混灌浆砂浆的技术要求

项目		技术指标
粒径	4.75mm 方孔筛筛余（%）	≤2.0
凝结时间	初凝（min）	≥120
泌水率（%）		≤1.0
流动度（mm）	初始流动度	≥260
	30min 流动度保留值	≥230
抗压强度（MPa）	1d	≥22.0
	3d	≥40.0
	28d	≥70.0
竖向膨胀率（%）	1d	≥0.020
钢筋握裹强度（圆钢）（MPa）	28d	≥4.0
对钢筋锈蚀作用		应说明对钢筋有无锈蚀作用

表 6-6-10 干混特种防水砂浆的技术要求

项目		技术指标（干粉类）
外观		均匀、无结块
凝结时间	初凝（min）	≥45
	终凝（h）	≤12
抗渗压力（MPa）	7d	≥1.0
	28d	≥1.5
抗压强度（MPa）	28d	≥24.0
抗折强度（MPa）	28d	≥8.0
压折比		≤3.0
黏结强度（MPa）	7d	≥1.0
	28d	≥1.2
耐碱性：饱和 $Ca(OH)_2$ 溶液、168h		无开裂、剥落
耐热性：100℃水、5h		无开裂、剥落
抗冻性－冻融循环：（－15~＋20℃）、25 次		无开裂、剥落
收缩率（%）	28d	≤0.15

6.6.4 商品砂浆的试验方法及相关技术要求

商品砂浆的稠度、密度、凝结时间试验应按现行 JGJ/T 70 的有关规定进行。除另有规定之外，砂浆抗压强度试验应按现行 JGJ/T 70 的有关规定进行，但试模应改用带底试模。砂浆保水性试验应按本书 6.6.9 或现行 JGJ/T 70 的规定进行。砂浆拉伸黏结强度试验应按本书 6.6.10 或现行 JGJ/T 70 的规定进行。砂浆抗渗性试验应按现行《砂浆、混凝土防水剂》(JC/T 474) 或 JGJ/T 70 的规定进行。砌体抗压强度、抗剪强度试验应按现行《砌体基本力学性能试验方法标准》(GB/T 50129) 的规定进行。瓷砖黏结砂浆的性能试验应按现行《陶瓷墙地砖胶粘剂》(JC/T 547) 的规定进行。外保温专用砂浆的性能试验方法应按现行《膨胀聚苯板薄抹灰外墙外保温系统》(JG 149) 的规定进行。界面处理砂浆的性能试验方法应按现行《混凝土界面处理剂》(JC/T 907) 的规定进行。耐磨砂浆的性能试验方法应按现行《混凝土地面用水泥基耐磨材料》(JC/T 906) 的规定进行。灌浆砂浆性能试验方法应按现行《水泥基灌浆材料》(JC/T 986) 的规定进行。特种防水砂浆的性能试验方法应按现行《聚合物水泥防水砂浆》(JC/T 984) 的规定进行。

6.6.5 商品砂浆的制备及相关技术要求

1. 预拌砂浆的制备

(1) 计量。各种固体原材料的计量均应按重量计，水和液体外加剂的计量可按体积计。原材料的计量允许偏差不应超过表 6-6-11 规定的范围，表中的"累计计量允许偏差"是指每一运输车中各盘砂浆的每种材料计量和的偏差。计量设备应具有法定计量部门签发的有效合格证，并应定期进行检验。计量设备应满足不同配合比砂浆的连续生产。

表 6-6-11　预拌砂浆原材料计量允许偏差 (%)

原材料品种	水泥	细集料	水	外加剂	保水增稠材料	掺合料
每盘计量允许偏差	±2	±3	±2	±3	±4	±4
累计计量允许偏差	±1	±2	±1	±2	±2	±2

(2) 生产。预拌砂浆应采用自动控制的强制式搅拌机进行搅拌。砂浆搅拌时间不得小于 120s，掺用掺合料和外加剂的预拌砂浆不得小于 180s。生产中应测定砂的含水率，每一工作班不宜少于 1 次。预拌砂浆在生产过程中应尽量减少对周围环境的污染，搅拌站（厂）机房宜为封闭的建筑，所有粉料的运输及称量工序均应在密封状态下进行，并应有收尘装置，砂料场宜采取防止扬尘的措施。搅拌站（厂）应严格控制生产用水的排放。

(3) 运送。预拌砂浆应采用搅拌运输车运送，运输车在装料前，装料口应保持清洁，且筒体内不得有积水、积浆及杂物。装料及运送过程中，应保持搅拌运输车筒体按一定速度旋转。运输设备应不吸水、不漏浆，并应保证卸料及输送畅通，且严禁任意加水。预拌砂浆用搅拌运输车运送的延续时间应符合表 6-6-12 的规定。运输车在运送过程中应采取措施，以避免遗洒。

表 6-6-12　预拌砂浆运送延续时间

气温	5~35℃	其他
运送延续时间（min）	≤150	≤120

（4）供货量。预拌砂浆供货量以体积计，以 m³ 为计算单位。

2. 干混砂浆的制备

（1）干燥与储存。砂应干燥处理，砂的含水率应小于 0.5％，其他细集料的含水率应小于 1.0％。生产中应测定干砂的含水率，每一工作班不宜少于 1 次。砂宜采取分级筛分，并应按不同粒径等级分别储存在不同的专用筒仓内。所有原材料宜储存在专用筒仓内并标记清楚。

（2）计量。各种原材料的计量均应按重量计。原材料的计量允许偏差不应超过表 6-6-13 规定的范围。计量设备应具有法定计量部门签发的有效合格证，并定期进行检验。计量设备应满足不同品种干混砂浆的生产。

表 6-6-13　干混砂浆原材料计量允许偏差（％）

原材料品种	无机胶凝材料	细集料	外加剂	保水增稠材料	掺合料
计量允许偏差	±2	±2	±2	±2	±2

（3）混合。干混砂浆应采用自动控制的强制式搅拌机进行混合。砂浆品种更换时，混合及输送设备应清理干净。

6.6.6　商品砂浆的检验规则

1. 检验的基本要求

商品砂浆质量的检验分出厂检验、型式检验和交货检验。

出厂检验应遵守相关规范规定，商品砂浆出厂前应按要求对砂浆质量进行检验，出厂检验的取样试验工作应由供方承担。

型式检验应遵守相关规定，型式检验项目为本书 6.6.2 中规定的全部项目。在以下 6 种情况下应进行型式检验。

①　新产品投产或产品定型鉴定时；

②　正常生产时每一年进行一次；

③　主要原材料、配合比或生产工艺有较大改变时；

④　出厂检验结果与上次型式检验结果有较大差异时；

⑤　停产六个月以上恢复生产时；

⑥　国家质量监督检验机构提出型式检验要求时。

交货检验应遵守相关规定，供需双方应在合同规定的交货地点交接预拌砂浆，并应在交货地点对预拌砂浆质量进行检验，交货检验的取样试验工作由供需双方协商确定承担单位，其中应包括供需双方认可的有检验资质的检验单位，并应在合同中予以明确；干混砂浆交货时的质量验收可抽取实物试样，以其检验结果为依据，或以同编号干混砂浆的检验报告为依据，采取的验收方法由供需双方商定并在合同中注明。

判定预拌砂浆的质量是否符合要求时，强度和稠度应以交货检验结果为依据；保水性和凝结时间应以出厂检验结果为依据；砌筑砂浆的砌体力学性能应以型式检验报告为依据；其他检验项目应按合同规定执行。

2. 检验项目

（1）预拌砂浆。预拌砂浆的出厂及交货检验项目为强度、稠度、凝结时间和保水性；预拌普通防水砂浆除应检验前述所列项目外，还应根据设计要求检验砂浆的抗渗指标。

（2）干混砂浆。普通干混砂浆的出厂及交货检验项目为强度和保水性；普通干混防水砂浆除应检验前述所列项目外，还应根据设计要求检验砂浆的抗渗指标。特种干混砂浆出厂及交货检验项目为表 6-6-14 所列的项目。

表 6-6-14 出厂及交货检验项目

种类		检验项目
干混瓷砖黏结砂浆		晾置时间、拉伸黏结原强度
干混外保温专用砂浆	黏结剂	拉伸黏结原强度、可操作时间
	抹面胶浆	拉伸黏结原强度、可操作时间
干混界面处理砂浆		外观、7d 剪切黏结强度、7d 未处理的拉伸黏结强度
干混自流平砂浆		外观、流动度、抗压、抗折强度（24h、28d）
干混耐磨砂浆		外观、集料含量偏差、耐磨度比
干混灌浆砂浆		粒径、流动度、抗压强度、竖向膨胀率
干混特种防水砂浆		外观、凝结时间、抗渗压力（7d）、黏结强度（7d）

3. 取样与组批

（1）预拌砂浆。用于出厂检验的预拌砂浆试样应在搅拌地点采取；用于交货检验的预拌砂浆试样应在交货地点采取。交货检验预拌砂浆试样的采取及稠度试验应在砂浆运到交货地点时开始算起 20min 内完成，试件的制作应在 30min 内完成。交货检验的砂浆试样应随机从同一运输车中抽取，砂浆试样应在卸料过程中卸料量的 1/4～3/4 之间采取。每个试验量应满足砂浆质量检验项目所需用量的 2 倍，且不宜少于 0.01m³。

砂浆强度检验的试样，其取样频率和组批条件应按以下 2 条规定进行。

① 用于出厂检验的试样，其每 50m³ 相同配合比的砌筑砂浆的取样不得少于 1 次，每一工作班相同配合比的砂浆不足 50m³ 时，取样不得少于 1 次，抹灰砂浆、地面砂浆和普通防水砂浆每一工作班取样不得少于 1 次。

② 用于交货检验的试样，其砌筑砂浆应按现行《砌体结构工程施工质量验收规范》（GB 50203）中的相关规定执行；地面砂浆应按现行 GB 50209 中的相关规定执行。

砂浆拌合物的稠度、保水性和凝结时间检验试样的取样频率应与砂浆强度检验的取样频率一致。对有抗渗要求的砂浆进行抗渗检验的试样，用于出厂及交货检验的取样频率均应为同一配合比的砂浆不得少于 1 次，留置组数可根据实际需要确定。特殊要求项目检验的取样频率应按合同规定进行。

（2）干混砂浆。用于出厂检验的干混砂浆试样应按同品种、同强度等级编号和取样，试样应在出料口连续采取，且每一编号为一取样单位。出厂编号按干混砂浆生产厂实际生产能力确定，并遵守以下 2 条原则。

① 普通干混砂浆年产量为 10 万 t 以上时，以不超过 800t 为一编号；年产量为 4～10

万 t 时，以不超过 600t 为一编号；年产量为 4 万 t 以下时，以不超过 400t 或 4d 产量为一编号。每一编号的取样应随机进行，且试样总量应不少于 40kg。

②　特种干混砂浆以不超过 400t 或 4d 产量为一编号，每一编号的取样应随机进行，且试样总量应不少于 5kg。

交货检验以抽取实物试样的检验结果为验收依据时，供需双方应在发货前或交货地共同取样和签封，每一编号的取样应随机进行。取样量对普通干混砂浆试样至少 80kg；特种干混砂浆试样至少 10kg。试样量应缩分为两等份，一份由供方保存 40d，另一份由需方按相关规范规定的项目和方法进行检验。在 40d 内需方经检验认为产品质量有问题而供方又有异议时，双方应将供方保存的另一份试样送省级或省级以上国家认可的质量监督检验机构进行仲裁检验。

交货检验以干混砂浆生产厂同编号砂浆的检验报告为验收依据时，应在发货前或交货时由需方在同编号砂浆中抽取试样。对普通干混砂浆，双方应共同签封后保存 3 个月，或委托需方在同编号砂浆中抽取试样签封后保存 3 个月；对特种干混砂浆，双方应共同签封后保存 6 个月，或委托需方在同编号砂浆中抽取试样签封后保存 6 个月。在 3 个月内，需方对普通干混砂浆质量有疑问时，供需双方应将供方保存的另一份试样送省级或省级以上国家认可的质量监督检验机构进行仲裁检验。在 6 个月内，需方对特种干混砂浆质量有疑问时，供需双方应将供方保存的另一份试样送省级或省级以上国家认可的质量监督检验机构进行仲裁检验。特殊要求项目检验的取样频率应按合同规定进行。

4. 合格判断

(1) 预拌砂浆。强度和凝结时间的试验结果分别符合本书 6.6.3 中的规定，即认为该指标单项合格。稠度和保水性的试验结果分别符合本书 6.6.3 中的规定，即认为是合格品，若不符合要求，则应立即重新取样进行试验，若第 2 次试验结果分别符合本书 6.6.3 中的规定，则仍应判定为合格。其他特殊要求项目的试验结果符合合同规定的为合格。

(2) 干混砂浆。产品经检验符合规定检验项目指标的则判定为合格品，有不合格项时，应允许试样数量加倍后重做 1 次。第 2 次检验合格的，则仍应判定为合格品；第 2 次检验仍不合格的，则应判定为不合格品。

6.6.7　商品砂浆的包装、标志、运输和储存规定

(1) 包装。干混砂浆可袋装或散装。袋装干混砂浆每袋净含量不得少于标志质量的 98%，随机抽取 20 袋，总质量不得少于标志质量的总和。袋装干混砂浆的包装中应附产品合格证和使用说明书。产品合格证的编写应符合现行相关规范的规定；产品使用说明书应写明配比、推荐用水量、施工注意事项等内容。散装时应遵守相关规定。

(2) 标志。袋装普通干混砂浆包装上应有标志标明产品名称、标记、商标、强度等级、加水量范围、净含量、生产日期或批号、生产单位、地址和电话；袋装特种干混砂浆包装上应有标志标明产品名称、标记、商标、执行标准号、加水量范围、净含量、生产日期或批号、生产单位、地址和电话。若采用小包装，应附有产品使用说明书。

(3) 运输和储存。干混砂浆在运输和储存过程中不得受潮和混入杂物，且不得混杂，不同品种和强度等级的干混砂浆应分别储运、不得混杂，更换砂浆品种时，筒仓应清空，并清理干净。散装干混砂浆可采用罐装车运送至施工现场，并提交与袋装标志相同内容的

卡片，储存罐应密封、防水、防潮，并备有除尘装置。袋装普通干混砂浆的保质期为3个月；袋装特种干混砂浆的保质期为6个月；散装干混砂浆应在专用封闭式筒仓内储存，保质期为3个月。不同品种和强度等级的产品应分别储存、不得混杂。

6.6.8　商品砂浆的订货与交货规定

（1）订货。购买商品砂浆时，供需双方应先签订订货合同。合同签订后，供方应按订货单组织生产和供应。订货单至少应包括9方面内容，即订货单位及联系人；施工单位及联系人；工程名称；施工部位；交货地点；砂浆标记；技术要求；供货时间；供货量（m³）。

（2）交货。供需双方应在合同规定的地点交货，交货时商品砂浆的质量验收应抽取实物试样，并以其检验结果作为依据。交货时供方应随每一运输车向需方提供所运送商品砂浆的发货单。发货单至少应包括14方面内容，即合同编号；发货单编号；工程名称；施工部位；需方；供方；砂浆标记；技术指标；适用范围；供货日期；运输车号；供货量（m³）；发车时间、到达时间；供需双方确认手续，需方应指定专人及时对所供商品砂浆的质量、数量进行确认。供方提供发货单时，应附上产品合格证书。

6.6.9　砂浆保水性的试验方法

（1）试验仪器。试验仪器应为可密封的取样容器，在准备盛载砂浆试样时，必须保持其清洁和干燥。应采用金属或硬塑料圆环试模，内径100mm、内部深度25mm。应采用2kg的重物。应采用医用棉纱，尺寸为110mm×110mm，以选用纱线稀疏、厚度较小、吸水较少棉纱为宜。应采用超白滤纸，滤纸应为符合现行《化学分析滤纸》（GB/T 1914）规定的中速定性滤纸，直径110mm、200g/m²。应采用2片金属或玻璃的方形或圆形不透水片，边长或直径大于110mm。应采用电子天平，量程2000g、分度值0.1g。

（2）试验步骤。将试模放在不透水片上，接触面用黄油密封，保证水分不渗漏，称量其质量 M_1。称量8片超白滤纸质量 M_2。将待检干混砂浆样品放入水泥胶砂搅拌机中，启动机器，徐徐加入拌合水，使砂浆稠度控制在70~80mm，搅拌3min。将搅拌均匀的砂浆一次装入试模，装至略高于试模边缘，用捣棒顺时针插捣25次，然后用抹刀将砂浆表面刮平，将试模边的砂浆擦净，称量试模和砂浆的质量 M_3。用1片医用棉纱覆盖在砂浆表面，再在棉纱表面放上8片滤纸；用另一块不透水片盖在滤纸表面，以2kg的重物把不透水片压住。静置2min后移走重物及不透水片，取出滤纸（不包括棉纱），迅速称量滤纸质量 M_4。根据砂浆配合比及加水量计算砂浆的含水率，若无法计算，可按第（4）条测定砂浆的含水率。

（3）试验结果。砂浆的保水性 W 按式

$$W = \{1 - (M_4 - M_2) / [(M_3 - M_1) \alpha]\} \times 100\%$$

计算。式中，W 为砂浆的保水性（%）；M_1 为试模与不透水片的质量（g）；M_2 为8片滤纸吸水前质量（g）；M_3 为试模与砂浆总质量（g）；M_4 为8片滤纸吸水后质量（g）；α 为砂浆含水率（%）。

两次试验结果的平均值应作为试验结果，若两个测定值中有1个超出平均值的5%，则此组试验结果无效。

（4）砂浆含水率测试方法。称取 10g 砂浆拌合物试样置于一干燥并已称重的盘中，在 (105±5)℃的烘箱中烘干至恒重，按式

$$\alpha = (M_5/M_6) \times 100\%$$

计算砂浆的含水率，精确到 0.1%。式中，α 为砂浆含水率（%）；M_5 为烘干后砂浆样本损失的质量（g）；M_6 为砂浆样本总质量（g）。

6.6.10　砂浆拉伸黏结强度的试验方法

砂浆拉伸黏结强度试验的标准试验条件为空气温度（23±2)℃、相对湿度（50±10)%。

（1）试验仪器要求。拉力试验机的破坏荷载应在其量程的 20%～80% 范围内、精度 1%、最小示值 1N。拉伸专用夹具应符合现行《建筑室内用腻子》（JG/T 298）的要求。成型框的外框尺寸为 70mm×70mm，内框尺寸为 40mm×40mm，厚度为 6mm，材料为硬聚氯乙烯或金属框；钢制垫板的外框尺寸为 70mm×70mm，内框尺寸为 43mm×43mm，厚度为 3mm。

（2）试件制备。试件制备应遵守相关规范规定。

基底水泥砂浆试块制备的原材料中的水泥应符合现行 GB 175 的 42.5 级水泥要求；砂应符合现行 JGJ 52 中的中砂的规定；水应符合现行 JGJ 63 中的饮用水标准。配合比应采用质量比，即水泥∶砂∶水＝1∶3∶0.5。成型应遵守相关规定，应将按上述配合比制成的砂浆倒入 70mm×70mm×20mm 的硬聚氯乙烯或金属模具中振动成型，试模宜采用水性脱模剂。成型 24h 后脱模，放入水中养护 6d，再在试验条件下放置 21d 以上。试验前用 200 号砂纸将水泥砂浆试块的成型面磨平。

混凝土界面处理剂料浆的制备应遵守相关规范规定，专用混凝土界面处理剂应在试验条件下放置 24h 以上。将混凝土界面处理剂放入水泥胶砂搅拌机中启动机器，徐徐加入拌合水，使砂浆稠度控制在（48±2）mm，搅拌 3min、静停 5min、再搅拌 1min，搅拌好的料浆应在 2h 内用完。

干混砂浆料浆的制备应遵守相关规范规定，待检样品应在试验条件下放置 24h 以上。将待检样品放入水泥胶砂搅拌机中启动机器，徐徐加入拌合水，使砂浆稠度控制在 70～80mm，搅拌 3min。

拉伸黏结强度试件的制备应遵守相关规范规定，在前述水泥砂浆试块的成型面上均匀地涂一层拌好的混凝土界面处理剂料浆，厚度 2mm。当混凝土界面处理剂表面稍干（用手触摸不黏手）时，将成型框放在混凝土界面处理剂表面，将按前述规定制备好的干混砂浆或预拌砂浆倒入成型框中均匀插捣 15 次、人工颠实 5 次后再转 90℃颠实 5 次，然后用刮刀以 45°抹平砂浆表面、轻轻脱模，在试验条件下养护至规定龄期。每一砂浆试样至少制备 10 个试件。

（3）拉伸黏结强度试验。第 13d 时在试件表面涂上高强度黏合剂，然后将上夹具对正位置放在黏合剂上，并确保上夹具不歪斜，继续养护 24h（图 6-6-4）。将钢制垫板套入基底砂浆块上，将拉伸黏结强度夹具安装到试验机上，试件置于拉伸夹具中，夹具与试验机的连接宜采用球铰活动连接，以（5±1）mm/min 速度加荷至试件破坏，记录试件破坏时的荷载值，破坏面应在检验砂浆内部，否则试验结果无效。

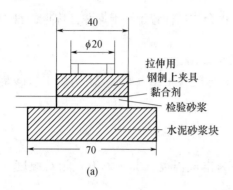
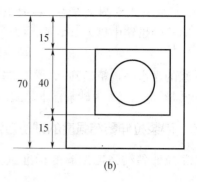

图 6-6-4　砂浆拉伸黏结强度示意

(a) 剖面图；(b) 俯视图

（4）试验结果。砂浆拉伸黏结强度按式

$$f_{at} = F_t / A_t$$

计算。式中，f_{at}为砂浆拉伸黏结强度（MPa）；F_t为试件破坏时的荷载（N）；A_t为黏结面积（mm^2）。

　　单个试件的拉伸黏结强度值应精确至 0.01MPa。计算 10 个试件的平均值，若单个试件的强度值与平均值之差大于 20%，则应逐次剔除偏差最大的试验值，直至各试验值与平均值之差不超过 20% 为止。若剔除后剩余数据不少于 6 个，则其结果以剩余数据的平均值表示，精确至 0.1MPa；若剔除后剩余数据少于 6 个，则本次试验结果无效，应重新制备试件进行试验。

6.7　其他砂浆

　　其他砂浆有绝热砂浆、吸声砂浆、耐酸砂浆、防辐射砂浆等。

　　（1）绝热砂浆。绝热砂浆是采用水泥等胶凝材料及膨胀珍珠岩、膨胀蛭石、陶粒砂等轻质多孔集料，按一定比例配制成的砂浆。它具有轻质、保温隔热等特性，其导热系数一般为 0.07~0.10W/（m·K）。

　　（2）吸声砂浆。吸声砂浆一般为采用多孔集料拌制而成的绝热砂浆，其吸声性能也很好。另外吸声砂浆还可以在砂浆中加入锯末、玻璃纤维、矿物棉等材料拌制形成。

　　（3）耐酸砂浆。耐酸砂浆一般采用水玻璃作为胶凝材料拌制而成，常常加入氟硅酸钠作为促硬剂。

　　（4）防辐射砂浆。防辐射砂浆的特点是使用重水泥（钡水泥、锶水泥）或重质集料（黄铁矿、重晶石、硼砂等）拌制而成，是可防止各类辐射的砂浆。

思考题与习题

1. 简述建筑砂浆原材料的特点及基本要求。

2. 何为砂浆拌合物的和易性？怎样评价砂浆的和易性？

3. 砂浆的强度和强度等级是如何规定的？

4. 砂浆的黏结性、变形性、凝结时间、抗冻性的含义是什么？

5. 砌筑砂浆有哪些技术要求？砌筑砂浆的强度主要受哪些因素的影响？

6. 如何进行砌筑砂浆的配合比设计？

7. 简述抹面砂浆的组成材料、技术要求和选用原则。

8. 如何进行抹面砂浆的配合比设计？

9. 简述干粉砂浆的特点及主要技术要求。

10. 简述装饰砂浆的组成材料及特点。装饰砂浆的主要饰面方式有哪些？

11. 砌筑砂浆对材料有哪些要求？

12. 某住宅楼工程的墙体采用烧结普通黏土砖，拟采用强度等级为 M7.5 的水泥石灰混合砂浆来砌筑墙体。工地现有的材料为 32.5 级普通硅酸盐水泥、堆积密度为 1250kg/m³；石灰膏稠度为 120mm、堆积密度为 1280kg/m³；中砂的含水率为 2%、堆积密度为 1450kg/m³。施工水平一般，要求确定该砂浆的配合比（质量比和体积比）。

第7章 土木工程用金属材料

金属材料一般分为黑色金属及有色金属两大类。黑色金属指的是以铁、铬、锰元素为主要成分的金属及其合金，在土木工程中应用最多的是铁碳合金，即通常的钢和铁；有色金属指的是除铁、铬、锰以外的其他金属，如铝、铜、铅、锌、锡等金属及其合金，建筑上用得较多的主要是铝合金，可用于结构和构件、门窗、装饰板等。

建筑用钢材与铝材是土木工程材料中按照化学成分而分的一个大类，同属于无机金属材料。钢材的特点是强度较高，且能承受相当大的弹性变形和塑性变形，其抗压和抗拉能力都很强，具有经受冲击和振动荷载的能力，可以焊接或铆接，因而便于装配，用于建筑结构具有很高的安全性，特别适用于大跨度及多、高层结构。钢材是土木工程中的重要材料之一，其缺点是易腐蚀，且在高温下会丧失强度，因此，在土木工程应用中应加以适当保护。由于钢材是经济建设各部门都需要的材料，因此，使用中应尽量注意节约。由于钢结构用钢量较大，采用钢筋混凝土结构可以大大节省钢材，因此，钢筋混凝土结构在建筑结构中被广泛采用，钢筋和钢丝也就成了最重要的土木工程材料。

7.1 钢材的特点及分类

钢和铁从化学组成上都属于铁碳合金。生铁的冶炼是铁矿石内氧化铁还原成铁的过程，而钢的冶炼则是把熔融的生铁中的杂质进行氧化，并将含碳量降低到 2.0% 以下，同时使磷、硫等其他杂质也减少到某一规定数值的过程。经典的炼钢方法主要有空气转炉冶炼、氧气转炉冶炼、平炉冶炼等 3 种。

空气转炉钢的冶炼特点是以熔融状态的铁水由转炉底部或侧面吹入高压热空气，铁水中的杂质靠与空气中的氧起氧化作用而除去，其缺点是吹炼时易混入空气中的氮、氢等有害气体，且冶炼时间短、化学成分难以精确控制，另外，铁水中的硫、磷、氧等杂质仍去除不净、质量较差，这种转炉只能用来炼制普通碳素钢。

氧气转炉钢的冶炼特点是以氧气代替空气吹入炉内，人们创造的纯氧顶吹转炉炼钢法克服了空气转炉法的一些缺点，能有效除去磷、硫等杂质，从而使钢的质量得到显著提高，因而可炼制优质的碳素钢和合金钢。

平炉钢的冶炼特点是以固体或液体生铁、铁矿石或废钢作原料，用煤气或重油在平炉中加热冶炼，杂质靠铁矿石或废钢中的氧起氧化作用而除去，杂质轻浮在表面，起到钢水与空气的隔离作用，因而可阻止空气中的氮、氢等气体杂质进入钢液中。平炉冶炼时间长，有利于化学成分的精确控制，其杂质含量少，成品质量高，故可用来炼制优质碳素钢、合金钢或有特殊要求的专用钢。平炉冶炼的缺点是冶炼周期长、成本较高。

随着炼钢技术的发展，钢材的冶炼还出现了电弧炉炼钢法，使冶金生产工艺达到了一个新的水平。目前，空气转炉冶炼、平炉冶炼的钢产量逐年下降，许多大型钢铁生产企业已完成了平炉改氧气转炉的工艺改造。

钢与生铁的区分首先在于含碳量的多少，钢是含碳量小于 2.06% 的铁碳合金，而生铁的含碳量通常大于 2.06%。钢材按化学成分的不同分为碳素钢、合金钢等两大类型。碳素钢中含碳量小于 0.25% 的称为低碳钢；含碳量为 0.25%～0.60% 的称为中碳钢；含碳量大于 0.60% 的称为高碳钢。合金钢中合金元素总含量小于 5.0% 的称为低合金钢；合金元素总含量为 5.0%～10% 的称为中合金钢；合金元素总含量在 10% 以上的称为高合金钢。

钢材按冶炼时脱氧程度的不同可分为镇静钢、沸腾钢、半镇静钢、特殊镇静钢等 4 种类型。镇静钢是脱氧较完全的钢，其特点是浇铸时钢液平静地冷却凝固，含有较少的有害氧化物杂质，且氮多半是以氮化物的形式存在的。镇静钢钢锭的组织致密度大、气泡少、偏析程度小，各种力学性能均比沸腾钢优越，可用于承受冲击荷载或其他重要结构，代号为 Z。沸腾钢是脱氧不完全的钢，其浇铸后在钢液冷却时会有大量 CO 气体外逸，并引起钢液剧烈沸腾，故称为沸腾钢。沸腾钢的碳和磷、硫等有害杂质的偏析较严重，钢的致密程度较差，故冲击韧性和焊接性能较差，最显著的缺点是低温冲击韧性低。沸腾钢的优点是只消耗少量的脱氧剂，因而，钢锭的收缩孔减少、成品率较高、成本低。沸腾钢被广泛应用于建筑结构，代号为 F。半镇静钢是指脱氧程度和质量介于镇静钢和沸腾钢之间的钢，质量较好，代号为 b。特殊镇静钢是指比镇静钢脱氧程度还要充分的钢，质量最好，适用于特别重要的结构工程，代号为 TZ。目前，沸腾钢的产量逐渐下降，并被镇静钢所取代。

钢材按质量品质的不同分为普通钢、优质钢、高级优质钢等 3 种类型。含硫量为 0.055%～0.065%、含磷量为 0.045%～0.085% 的钢材称为普通钢；含硫量为 0.03%～0.045%、含磷量为 0.035%～0.04% 的钢材称为优质钢；含硫量为 0.02%～0.03%、含磷量为 0.027%～0.035% 的钢材称为高级优质钢。

钢材按用途的不同可分为结构钢、工具钢、特殊钢等 3 种类型。结构钢主要用于工程结构及机械零件，一般为低、中碳钢；工具钢主要用于各种刀具、量具及模具，一般为高碳钢；特殊钢是指具有特殊物理、化学及机械性能的钢，如不锈钢、耐热钢、耐酸钢、耐磨钢、磁性钢等。

土木工程中常用的主要钢种是普通碳素钢中的低碳钢和合金钢中的低合金高强度结构钢。

7.2　钢材的主要技术性质

钢材的性能主要包括力学性能、工艺性能等。只有了解和掌握了钢材的各种性能，才能正确、经济、合理地选择和使用钢材。

7.2.1 建筑用钢材的力学性能

建筑用钢材的力学性能主要包括抗拉性能、冲击韧性、耐疲劳性和硬度等。

1. 抗拉性能

抗拉性能是建筑用钢材的重要性能，由拉力试验测得的屈服点、抗拉强度和伸长率等是钢材的重要技术指标。建筑用钢材的抗拉性能可通过软钢受拉的应力—应变图来阐明（图 7-2-1）。软钢拉伸发展的全过程可分为 4 个阶段，依次为弹性阶段、屈服阶段、强化阶段和颈缩阶段，每个阶段都有其独特的特点。

（1）弹性阶段（$O—A$）。$O—A$ 是一根直线。在 $O—A$ 范围内，应力与应变成正比关系。若卸去外力，则试件会恢复原状，这种能恢复原状的性质叫弹性，这个阶段叫弹性阶段。弹性阶段的最高点（图 7-2-1 中的 A 点）相对低碳钢受拉时应力—应变图对应的应力称为比例极限（或弹性极限），一般用 σ_p 表示。弹性阶段应力、应变的比值为常数，称为弹性模量，用 E 表示，即

$$\sigma/\varepsilon = E$$

土木工程中常见的 Q235 钢的弹性极限 $\sigma_p = 180 \sim 200\text{N/mm}^2$、弹性模量 $E = (2.0 \sim 2.1) \times 10^5 \text{N/mm}^2$。

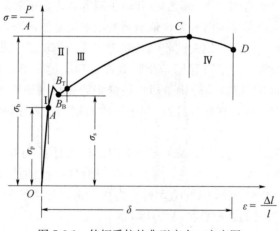

图 7-2-1　软钢受拉的典型应力—应变图

（2）屈服阶段（$A—B$）。当应力超过比例极限后，应力和应变将不再成正比关系。即应力超过 A 点以后，开始时的图形接近直线，后来形成接近水平的锯齿线，应变急剧增长，该阶段应变处于显著变动状态，而应力却仅在很小的范围内变动，这种现象就好像钢材对外力屈服了一样，所以称为屈服阶段。该阶段钢材的性质已由弹性转化为塑性，即使将拉力卸去，试件的变形也不会全部恢复，这部分不能恢复的变形称为塑性变形。当应力达到 B_T 之前，其塑性变形极小，当拉力继续增加，则可出现显著的屈服状态。图 7-2-1 中的 B_T 点是这一阶段的最高点（上屈服点），该点对应的应力称为屈服上限；B_B 点为下屈服点，对应的应力称为屈服下限。因屈服下限稳定且易测定，故又称为屈服点或屈服强度，用 σ_s 表示。

（3）强化阶段（$B—C$）。当钢材屈服到一定程度后（即到达 B_B 点后），由于内部组织中

的晶格发生畸变会阻止晶格的进一步滑移，导致钢材抵抗外力的能力重新得以提高，应力与应变的关系就形成 B—C 段上升的曲线，一般称此阶段为强化阶段，对应于图形中最高点 C 的应力称为极限抗拉强度，用 σ_b 表示。土木工程中常见的 Q235 钢的 σ_b 约为 380N/mm²。极限抗拉强度是试件能承受的最大应力。屈服强度和极限抗拉强度是衡量钢材强度的两个重要指标。结构设计中要求构件在弹性变形范围内工作，即使少量的塑性变形也应力求避免，所以规定以钢材的屈服强度作为设计应力的依据。抗拉强度在结构设计中不能完全利用，但屈服强度与抗拉强度的比（称屈强比）却有非同寻常的意义。屈强比越小，反映钢材受力超过屈服点工作时的可靠性越大、结构的安全性越高；当这个比值过小时，则表示钢材强度的利用率偏低、不够合理，屈强比最好在 0.60～0.75 之间。土木工程中常见的 Q235 钢的屈强比为 0.58～0.63，普通低合金钢的屈强比为 0.65～0.75。

（4）颈缩阶段（C—D）。当钢材强化达到最高点后，试件薄弱处的截面将会显著缩小而产生颈缩现象（图 7-2-2）。由于试件断面急剧缩小、塑性变形迅速增加，拉力也就随着下降，最后发生试件断裂。把试件断裂的两段拼起来，便可测得标距范围内的长度 l_1，l_1 减去原标距长 l_0 就是塑性变形值（图 7-2-3）。塑性变形值与原长 l_0 的比率称为伸长率 δ。伸长率 δ 可按下式计算。

$$\delta = (l_1 - l_0) / l_0 \times 100\%$$

δ 是衡量钢材塑性的一个指标，其数值越大，表示钢材的塑性越好。良好的塑性可将结构上的应力（超过屈服点的应力）重新分布，并避免应力集中，从而避免结构过早破坏。塑性变形在试件标距内的分布是不均匀的，颈缩处的伸长越大，原标距与直径之比越大，则颈缩处伸长值在总伸长值中所占的比值会越小，因而，计算的伸长率会小一些。通常以 δ_5 和 δ_{10} 为基准，δ_5 和 δ_{10} 分别表示 $l_0 = 5d_0$ 和 $l_0 = 10d_0$ 时的伸长率。对同种钢材而言，δ_5 值大于 δ_{10}。在受力条件下，屈服现象不明显的中碳钢和高碳钢（硬钢）难以测定屈服点，于是，规定以产生残余变形为原标距长度的 0.2% 时对应的应力值作为屈服强度，称为条件屈服点，用 $\sigma_{0.2}$ 表示。

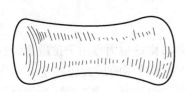

图 7-2-2 钢材的颈缩现象

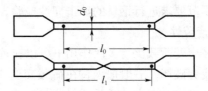

图 7-2-3 试件拉伸前和断裂后标距的长度

2. 冲击韧性

冲击韧性是指钢材抵抗冲击荷载的能力，用处在简支梁状态的金属试样在冲击荷载作用下折断时的冲击吸收功来表示（图 7-2-4）。冲击吸收功 A_{KF} 是指具有一定形状和尺寸的金属试样在冲击荷载作用下折断时所吸收的功，单位为 J。冲击韧性值 a_{KF} 是指冲击吸收功除以试样缺口底部横截面面积所得的值，单位为 J/cm²，即

$$a_{KF} = A_{KF} / A$$

式中，A 为试样缺口处的截面积（cm²）。

a_{KF} 值越大，表示冲断时单位面积所吸收的功越多，钢材的冲击韧性越好。冲击韧性测定时规定以 10mm×10mm×55mm 带有 V 形缺口的试样为标准试样。钢材化学成分组

织状态以及冶炼轧制质量等对冲击韧性都较敏感，如钢中磷、硫含量较高，或存在偏析，或非金属夹杂物和焊接中形成的微裂纹等，都会使冲击韧性显著降低。

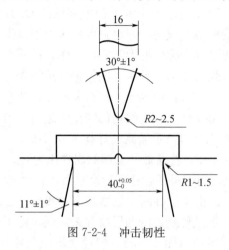

图 7-2-4 冲击韧性

　　试验表明，冲击韧性还会随温度的降低而下降，其规律是开始下降缓慢，当达到一定温度范围时会突然下降很多而呈脆性，这个特性称为钢材的冷温度脆性，这时的温度称为脆性临界温度。脆性临界温度数值越低，则钢材的耐低温冲击性能越好。由于脆性临界温度的测定工作较复杂，故现行规范中通常以 $-20℃$ 或 $-40℃$ 的负温冲击值作为其指标。随着时间的延长，钢材的强度会逐渐提高，塑性冲击韧性会逐渐下降，这种现象称为时效。钢材完成时效变化的过程通常可达数十年。钢材经受冷加工或使用中经受振动和反复荷载的影响时，其时效可迅速发展。因钢材时效而导致其性能的改变称为时效敏感性。时效敏感性越大的钢材，经过时效以后的冲击韧性的降低就会越显著。因此，为保障安全，对承受动荷载的重要结构应选用时效敏感性小的钢材。从上述叙述不难理解，许多因素都会降低钢材的冲击韧性，因此，对直接承受动荷载，而且可能在负温度下工作的重要结构，必须按有关规范要求进行钢材的冲击韧性检验。

　　3. 耐疲劳性

　　钢材在交变荷载反复多次作用下可以在远低于其屈服极限的应力作用下被破坏，这种破坏称为疲劳破坏。一般把钢材在荷载交变 1.0×10^7 次时不破坏的最大应力定义为疲劳强度或疲劳极限。在设计承受反复荷载且需进行疲劳验算的结构时，应当对所用钢材的疲劳极限有所了解。测定疲劳极限时，应当根据结构使用条件确定采用的应力循环类型、应力比值和周期基数，周期基数一般为 2×10^6 或 4×10^6 以上。应力比值又称应力特征值 (p)，是最小应力与最大应力之比。一般钢材的疲劳破坏都是由拉应力引起的，它首先从局部开始形成细小裂纹，由于裂纹尖角处的应力集中，会使其逐渐扩大，直到疲劳破坏为止。疲劳裂纹一般在应力最大的地方形成，即在应力集中的地方形成，因此，钢材疲劳强度不仅决定于它的内部组织，也决定于应力最大处的表面质量及内应力大小等因素。

　　4. 硬度

　　钢材的硬度是指其表面抵抗硬物压入而不产生塑性变形的性能。钢材的硬度和强度存在一定的关系，故测定钢的硬度后可间接求得其强度。测定硬度的方法很多，常用的硬度指标为布氏硬度值。如图 7-2-5 所示，布氏硬度试验原理是用一定直径（D）的淬硬钢球，

在规定荷载 P 的作用下压入试件表面，并保持一定的时间，然后卸去荷载，用压痕单位球面积上所承受的荷载大小 P 作为所测金属材料的硬度值，这个硬度值称为布氏硬度，用符号 HB 表示。对金属进行布氏硬度试验时，钢球直径 D 和荷载 P 应根据被试金属的种类、性质和厚度进行不同的选择（表 7-2-1）。试验后应用专门的刻度放大镜测出压痕直径的大小，然后再按下式计算得出布氏硬度值（MPa）。

$$HB = P/F = 2P/\{\pi D[D-(D^2-d^2)^{1/2}]\}$$

式中，F 为钢球体积（m^3）。

当然，也可查布氏硬度值表获得硬度值。由于布氏硬度试验的压痕较大、试验结果比较准确，因此能较好地代表试样的硬度，但当被试材料硬度 HB>45MPa 时，钢材本身会发生大的变形甚至破坏，因此，这种试验方法仅适用于 HB≤45MPa 的材料。一般来说，硬度越高，则强度也越大。根据试验数据分析比较，可用下式来估算碳素钢的抗拉强度值 σ_b。

$$\sigma_b = 0.36HB$$

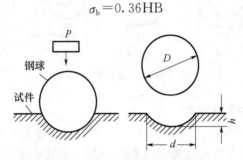

图 7-2-5　布氏硬度试验原理图

表 7-2-1　钢材试验用钢球、荷载与保持时间之间的选择

布氏硬度值范围 （MPa）	试样厚度 （mm）	荷载 P 与钢球 直径 D 的关系	钢球直径 D （mm）	荷载 P （N）	荷载保持时间 （s）
14.0~45.0	3~6	$P=30D^2$	10.0	29420	10
	2~4		5.0	7355	
	<2		2.5	1834	
<14.0	—	$P=10D^2$	10.0	9807	10
			5.0	2452	
			2.5	6129	

7.2.2　建筑用钢材的工艺性能

良好的工艺性能可保证钢材顺利通过各种加工而使钢材制品的质量不受影响。冷弯、冷加工及焊接性能均是建筑用钢材重要的工艺性能。

1. 钢材的冷弯性能

冷弯性能是指钢材在常温下承受弯曲变形的能力，是建筑用钢材的重要工艺性能。建筑用钢材的冷弯一般用弯曲角度 α 及弯心直径 d 相对于钢材厚度 a 的比值来表示。试验时采用的弯曲角度越大，弯心直径对试件厚度（或直径）的比值越小，则表示对冷弯性能的要求越高（图 7-2-6）。钢的技术标准中对各牌号钢的冷弯性能指标都有规定，按规定的弯曲角度和弯心直径进行试验，试件的弯曲处不发生裂缝、裂断或起层，即认为其冷弯性能合格。钢材的冷弯性能和伸长率一样，均表明钢材在静荷下的塑性。冷弯是钢材处于不利变形条件下的塑性，而伸长率则是反映钢材在均匀变形下的塑性。因此，冷弯试验是一种比较严格的检验，它能揭示钢材是否存在内部组织不均匀，以及内应力和夹杂物等缺陷。在通常的拉力试验中，这些缺陷常因塑性变形导致的应力重新分布而得不到反映。在工程中，冷弯试验还被用作对钢材焊接质量进行严格检验的一种手段，它能揭示焊件在受弯表面存在的未熔合、微裂纹和夹杂物的情况。

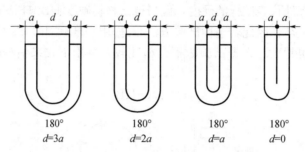

图 7-2-6　钢材的冷弯

2. 钢材的冷加工时效强化性能

将钢材在常温下进行冷拉、冷拔或冷轧，使其产生塑性变形，从而提高其屈服强度、降低其塑性韧性的过程称为冷加工强化处理。冷加工强化的原因是钢材加工至塑性变形后，由于塑性变形区域内的晶粒产生相对滑移而使滑移面下的晶粒破碎、晶格畸变，导致滑移面凹凸不平，阻碍晶格的进一步滑移，从而给以后的变形造成较大的困难，因而可间接提高钢材对外力的抵抗能力。冷加工硬化的钢材由于塑性变形后其滑移面会减少，因而塑性会降低，脆性会增大。

（1）钢材的冷拉和时效。将 I～Ⅳ 级热轧钢筋（即我国现行的 HPB300～HRB500 钢筋）在常温下拉伸至超过屈服点而小于抗拉强度的某一应力，然后卸荷即可制成冷拉钢筋，其力学性能应符合表 7-2-2 的规定。钢筋经冷拉后的性能变化规律可在拉力试验的应力—应变图中得到反映（图 7-2-7）。图中，σ_K 为冷拉控制应力；δ_1 为冷拉钢筋的伸长率；δ_2 为冷拉钢筋的弹性变形；δ_3 为冷拉钢筋的冷拉率；δ_4 为经过冷拉强化时效后钢筋的伸长率；δ_5 为未经时效的冷拉钢筋的伸长率；δ_6 为原钢筋的伸长率。

表 7-2-2　冷拉钢筋的力学性能

冷拉钢筋级别	直径 (mm)	屈服点 (N/mm²)	抗拉强度 (MPa)	伸长率 δ_{10}（%）	冷弯	
					弯曲角度	弯曲直径
Ⅰ 级（HPB300）	≤12	≥280	≥370	≥11	180°	3d
Ⅱ 级（HRB335、HRBF335）	≤25	≥450	≥510	≥10	90°	3d
	28～40	≥430	≥490	≥10	90°	4d
Ⅲ 级（HRB400、HRBF400、RRB400）	8～40	≥500	≥570	≥8	90°	5d
Ⅳ 级（HRB500、HRBF500）	10～28	≥700	≥835	≥6	90°	5d

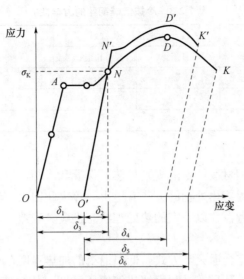

图 7-2-7 钢筋经冷拉前后性能的变化

图 7-2-7 中，$O—A—N—D$ 为未经冷拉时效试件的应力—应变曲线。将试件拉至超过屈服点的任意一点 N，然后卸去荷载，在卸去荷载过程中由于试件已产生塑性变形，故曲线沿 NO' 下降，NO' 大致与 AO 平行。若立即重新拉伸，则会出现新的屈服点 N'，表明钢筋经冷拉后屈服点将提高。若在 N 点卸荷后不立即拉伸并于常温下存放 15～20d，或加热到 100～200℃保持一定时间，则其强度将进一步提高、弹性模量可基本恢复，这个过程称为时效处理。前者称为自然时效，后者用加热的方法处理，称为人工时效。若时效后再拉伸，则其屈服点将升高至 N' 点，继续维持拉伸，则曲线将沿 $N'—D'—K'$ 发展，表明屈服点和抗拉强度都得到了提高，而塑性和冲击韧性均相应下降。

时效强化主要归因于熔于铁素体中的过饱和碳。随着时间的增长，过饱和碳会慢慢地从铁素体中析出，并形成渗碳体，分布于晶体的滑移面上。渗碳体起着阻碍滑移的强化作用，因而，可使钢材的强度和硬度增加，塑性和冲击韧性下降。

（2）钢材的冷拔。钢筋的冷拔多在预制工厂进行。冷拔是指将直径为 6.5～8mm 的碳素结构钢的 Q235（或 Q215）盘条通过拔丝机中钨合金做成的比钢筋直径小 0.5～1.0mm 的冷拔模孔（图 7-2-8）冷拔成比原直径小的钢丝。每次冷拔，断面缩小应在 10%以下，经多次冷拔可得规格更小的钢丝，称为冷拔低碳钢丝。

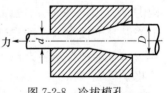

图 7-2-8 冷拔模孔

冷拔低碳钢丝表面光洁度高，屈服强度可提高 40%～60%，但塑性大大降低。冷拔低碳钢丝分为甲、乙两级，甲级冷拔低碳钢丝主要用作预应力筋；乙级冷拔低碳钢丝既可用作普通钢筋（非预应力筋），又可用于焊接网及用作骨架、箍筋和构造钢筋等。冷拔低碳钢丝的力学性能应符合表 7-2-3 的规定。冷拔低碳钢丝可以在预制厂自行生产，其加工方便、成本低、强度高，适用于生产中、小型预应力混凝土构件。

表 7-2-3 冷拔低碳钢丝的力学性能

钢丝级别	直径 (mm)	抗拉强度		伸长率 δ_{100}（%）	反复弯曲 (180°) 次数
		I 组	II 组		
甲级	5	≥650	≥600	≥3	≥4
	4	≥700	≥650	≥2.5	≥4
乙级	3～5	≥550	≥550	≥2	≥4

3. 钢材的热处理

钢材的热处理是将钢材按一定的规则加热、保温和冷却，以改变其组织，从而获得所需要性能的一种工艺过程。热处理的方法有退火、淬火和回火。建筑用钢材的热处理一般只在生产厂或加工厂进行，并以一定的热处理状态供应。当然，在施工现场，有时也需对焊接件进行热处理。

退火有低温退火和完全退火等方式。低温退火的加热温度在相变区域，即在铁素体等基本组织转变温度以下，其目的是利用加热使原子活跃，从而使加工中产生的缺陷减少、晶格畸变减轻和内应力基本消除。完全退火的加热温度为 800～850℃，该温度高于基本组织转变温度，加热经过保温后以适当速度缓冷，从而达到改变组织并改善性能的目的。如含碳量较高的高强度钢筋在焊接中容易形成很脆的组织，故必须紧接着进行完全退火，以消除这一不利的转变，保障焊接质量。

淬火和回火通常是两道相连的处理过程。淬火的加热温度在基本的转变温度以上，保温使组织完全转变后，随即投入选定的冷却介质（水或矿物油等）中急冷，使其转变为不稳定组织，淬火即告完结。随后应进行回火，回火的加热温度在转变温度以下（可在 150～650℃内选定），保温后按照一定速度冷却到室温，其目的是促进不稳定组织转变为需要的组织，消除淬火产生的内应力。我国目前生产的热处理钢筋就是采用中碳合金钢经油浴淬火和铅浴高温（500～650℃）回火制得的，其组织为铁素体和均匀分布的细颗粒渗碳体。

4. 钢材的焊接

焊接是各种型钢、钢板、钢筋等钢材的主要连接方式。土木工程的钢结构中，焊接结构占 90% 以上。钢筋混凝土结构中大量的钢筋接头、钢筋网片、钢筋骨架、预埋铁件及钢筋混凝土预制构件的安装等都要通过焊接方式实现。钢材焊接采用最多的是电弧焊和接触对焊两种基本方法。电弧焊的焊接接头是由基体金属和焊条金属通过电弧高温熔化联接成一体的。接触对焊的特点是通过电流把被焊金属接头端面加热到熔融状后，立即将其对接加压而成一体。焊接可在很短的时间内达到很高的温度，故金属熔化的体积很小，由于金属传热快，故冷却速度也很快，在焊件中常发生复杂的、不均匀的反应和变化，并会存在剧烈的膨胀和收缩，因而易产生变形，并导致内应力和组织发生变化。

经常发生的焊接缺陷主要有焊缝金属缺陷、基体金属热影响区缺陷等两大类型。焊缝金属缺陷的主要表现是裂纹（主要是热裂纹）、气孔、夹杂物（脱氧生成物和氮化物）；基体金属热影响区缺陷主要表现为裂纹（冷裂纹）、晶粒粗大和析出脆化。析出脆化是指碳、氮等原子在焊接过程中形成碳化物或氮化物，在缺陷处析出，使晶格畸变加剧所引起的脆化。由于焊接件在使用过程中的主要力学性能是强度、塑性、冲击韧性和耐疲劳性，因此，对性能影响最大的焊接缺陷是焊件中的裂纹、缺口和由于硬化而引起的塑性及冲击韧性的降低。

影响钢材焊接质量的主要因素是钢材的可焊性、焊接工艺、焊条材料等。可焊性好的钢材焊接质量易于保证，含碳量小于 0.25% 的碳素钢具有良好的可焊性，加入合金元素（如硅、锰、钒、钛等）的钢材将增大焊接处的硬脆性并降低可焊性，钢材中的硫能使焊接产生热裂纹及硬脆性。钢材焊接时，局部金属在短时间内达到高温熔融，焊接后又急速冷却，因此，焊接过程必将伴随产生急剧的膨胀、收缩、内应力及组织变化，从而引起钢材性能的改变，所以，必须正确掌握焊接方法，选择适宜的焊接工艺及控制参数。应根据不同材质的被焊件，选用适宜的焊条。焊条可查阅有关手册选用，焊条的强度必须大于被焊件的强度。

钢材焊接后必须取样进行焊接质量检验，检验一般包括拉伸试验和冷弯试验，试验时试件的断裂不能发生在焊接处。

7.3　钢材的化学成分及其对钢材性能的影响

7.3.1　建筑用钢材的晶体组织

建筑用钢材的特性及各种钢材性能上的差别是由其内部微观结构决定的，钢材的宏观力学性能基本上是其晶体力学性能的表现，因此，研究金属材料的性能变化规律，必须首先研究金属及合金的内部结构。金属的内部结构可以分为原子结构、晶体结构和显微结构3个层次。为较深刻地理解钢材的宏观力学、工艺性能，就应该对钢材的内部结构及其性能有初步的、基本性的了解。

钢材晶体结构中各个原子是以金属键方式结合的，这种结合方式是钢材具备较高强度和良好塑性的根本原因。钢材是由许多晶粒组成的，各晶粒中的原子是规则排列的。描述原子在晶体中排列形式的空间格子称为晶格。晶格按原子排列的方式不同分为若干类型，如纯铁在910℃以下为体心立方晶格（称为 α-铁）。晶格的最小几何单元叫作晶胞。就每个晶粒而言，其性质具有各向不同特征，但由于许多晶粒是不规则聚集的，故钢材是各向同性材料。钢材力学性能与其晶体结构关系密切。

钢材晶格中有些平面上的原子较密集，因而结合力较强。这些面与面之间则由于原子间距离较大而结合力较弱。这种情况导致晶格在外力作用下容易沿原子密集面产生相对滑移，α-铁晶格中这种容易导致滑移的面是比较多的，因此，建筑用钢材的塑性变形能力较大。

钢材晶格中存在许多缺陷，如点缺陷"空位""间隙原子"，线缺陷"刃型位错"和晶粒间的面缺陷"晶界面"等。缺陷的存在使晶格受力滑移时不是整个滑移面上全部原子一起移动，而只是缺陷处的局部移动，这就是钢材实际强度远比其理论强度低的原因。

钢材晶粒界面处原子排列紊乱，对滑移阻力很大。同体积钢材的晶粒越细，则晶界面积越大，强度也越高。另外，由于细晶粒的受力变形比粗晶粒均匀，故晶粒越细，其塑性和韧性也越好。生产中常利用合金元素以细化晶粒，提高钢材的综合性能。

钢材 α-铁晶格中可熔入碳、锰、硅、氮等其他元素而形成固熔体，固熔体的形成会使晶格产生畸变，因而导致强度提高，而塑性和冲击韧性降低。生产中常利用合金元素形成固熔体，以提高钢材强度，这种方法称为固熔强化。

建筑用钢材的基本成分是铁与碳，碳原子与铁原子之间的结合有固熔体、化合物和机械混合物 3 种基本方式。由于铁与碳结合方式的不同，碳素钢在常温下会形成不同的基本组织，如铁素体、渗碳体、珠光体等。铁素体是碳熔于 α-铁晶格中的固熔体，铁素体晶格原子间的空隙较小，其熔碳能力很低，室温下仅能熔入小于 0.005% 的碳。由于熔碳少，且晶格中滑移面较多，故其强度低、塑性很好。渗碳体是铁与碳的化合物，其分子式为 Fe_3C，含碳量为 6.67%。其晶体结构复杂，性质硬脆，是碳钢中的主要强化组分。珠光体是铁素体和渗碳体相间形成的层状机械混合物，其层状特征可认为是铁素体基体上分布着硬脆的渗碳体片。珠光体的性能介于铁素体和渗碳体之间。

建筑用钢材的含碳量通常不大于 0.8%，其基本组织为铁素体和珠光体。含碳量增大时，珠光体的相对含量会随之增大，铁素体则相应减小，因而，强度会随之提高，但塑性和冲击韧性则会相应下降。

7.3.2　钢的化学成分对钢材性能的影响

钢材经冶炼后仍存在于钢内或冶炼时特别加进的各种合金元素对钢材性能具有各种各样的影响，了解这些影响对合理选择钢材意义重大。

（1）碳。碳是决定钢材性质的重要元素。碳主要以渗碳体 Fe_3C 的形式存在于钢中，极少量熔于 α-铁中形成铁素体。含碳量小于 0.8% 的碳素钢，随含碳量的增加，其钢的抗拉强度 σ_b 和布氏硬度 HB 会相应提高，而塑性和冲击韧性则会相应降低。含碳量增大也会使钢的焊接性能和抗腐蚀性能下降。含碳量超过 0.3% 时，焊接性能会显著降低，并会增加冷脆性和时效倾向。

（2）硅。炼钢时，为脱氧而加入的硅大部分熔于铁素体中。含硅量较低（小于 1%）时，硅能显著提高钢的屈服强度和抗拉强度；含硅量小于 2% 时，硅对塑性和冲击韧性影响不大，但可提高其抗腐蚀能力，并改善钢的质量。硅在普通低合金钢中的作用主要是提高钢材的强度，但它可导致钢材的可焊性、冷加工性降低。

（3）锰。锰是为脱氧和去硫而加入的。它熔于铁素体中能消减硫所引起的热脆性，改善钢材的热加工性质，同时还能提高钢材的强度和硬度。但含锰量较高时，钢的可焊接性会明显降低。在普通碳素钢中，含锰量一般在 0.9% 以下；在合金钢中，含锰量多为 1%～2%；在高锰钢中，含锰量可达 11%～14%。高锰钢具有较高的耐磨性。

（4）磷。磷是在炼铁原料中带的。磷熔于铁素体中对钢材具有强化作用，因而可使钢的屈服点和抗拉强度提高，但塑性和冲击韧性却会显著降低，尤其是低温下的冲击韧性下降更为显著。普通碳素钢中的磷含量最多不得超过 0.05%。磷是钢中的有害杂质，会增大钢材的冷脆性，并降低钢材的焊接性能。但磷可提高钢的耐磨性和耐蚀性。在普通低合金钢中，磷可配合其他元素作为合金元素使用，如 45 硅锰磷钢。

（5）硫。硫也是在炼铁原料中带入的，在钢中以硫化铁夹杂物的形式存在。由于硫化铁熔点低，因而可使钢材在加工过程中出现晶粒分离，进而引起钢材断裂，形成热脆现象。硫会大大降低钢的热加工性、可焊性、冲击韧性、疲劳强度和抗腐蚀性，因此，在碳素钢中，硫是极有害的杂质，一般不得超过 0.06%。

（6）氧。氧常以 FeO 的形式存在于钢中，它会降低钢的机械性能（特别是冲击韧性）、降低钢材强度（包括疲劳强度）、增加热脆性，还会使钢材的冷弯性能变坏、焊接性能降低。氧是钢中有害杂质，其含量在钢中一般不得超过 0.05%。

（7）氮。氮是炼钢时空气内的氮进入钢水而存留下来的，它主要嵌熔于铁素体中，也可以化合物的形式存在于钢材中。氮可提高钢的屈服点、抗拉强度和硬度，但会使塑性（特别是冲击韧性）显著下降。氮会加剧钢材的时效敏感性和冷脆性，降低钢材的焊接性能，并使其冷弯性能变坏，因此，碳素钢中氮的含量一般不得超过 0.03%。但若在钢中加入少量的铝、钒、锆和铌，则氮可使它们变为氮化物，并能细化晶粒、改变性能，此时氮就不是有害元素了。

（8）钛。钛是较强的脱氧剂。钢中加入少量的钛，可显著提高钢的强度，但塑性会略有降低。钛能使晶体细化，从而改善钢的冲击韧性。钛还能提高钢材的可焊性和抗大气腐蚀能力。钛常以合金元素加入钢中。在 $45Si_2Ti$ 合金钢中，钛的质量分数不大于 0.06%。钢中含碳量较高时，加入较多的钛，会显著降低钢的塑性和冲击韧性。

（9）钒。钒是弱的脱氧剂，钒加入钢中可减弱碳和氮的不利影响，同样能细化晶粒、提高强度、改善冲击韧性、减少冷脆性，但它会降低钢材的可焊性。钒是很有发展前途的一种合金元素。

以上各种元素对钢的作用各不相同，除少数元素对钢有害外，一般都能改善钢材的某种性能。在炼制合金钢时，将几种元素合理掺合于钢中，便可发挥其各自的特性，取长补短，使钢材具有良好的综合技术性能。

7.4 建筑用钢材的标准和选用原则

建筑用钢材可以分为钢结构用型钢和混凝土结构用钢筋两大类。各种型钢和钢筋的性能主要取决于所用的钢种及其加工方式。

7.4.1 建筑用钢材的主要品种

建筑用钢材的主要品种是普通碳素结构钢、优质碳素结构钢、低合金高强度结构钢。

1. 普通碳素结构钢

普通碳素结构钢简称普通碳素钢。现行《碳素结构钢》（GB/T 700）规定，碳素结构钢分 Q195、Q215、Q235、Q255 和 Q275 等 5 个牌号，按其硫、磷杂质含量由多到少的顺序分 A、B、C、D 等 4 个质量等级。碳素结构钢的牌号是由代表屈服点的字母 Q、屈服点数值、质量等级（A、B、C、D）、脱氧程度（F、b、Z、TZ）等 4 个部分按顺序组成的。对镇静钢和特殊镇静钢，在钢的牌号中，Z 和 TZ 可省略，如"Q235-AF"表示此碳素结构钢是屈服点为 235MPa 的 A 级沸腾钢；"Q235-C"表示此碳素结构钢是屈服点为 235MPa 的 C 级镇静钢。碳素结构钢的技术要求主要涉及化学成分、力学性能、冶炼方法、交货状态及表面质量等5个方面。在保证钢材的力学性能符合规范规定的情况下，各牌号A级钢的碳、硅、锰含量以及各牌号其他等级钢的碳、锰含量下限可不作规定。碳素结构钢的化学成分应符合表7-4-1的规定，其中，Q235的A、B级沸腾钢的锰含量上限为0.60%。碳素结构钢钢材的力学性能应符合要求，钢材的拉伸和冲击试验应符合表7-4-2的规定。碳素结构钢钢材的弯曲试验应符合要求，对厚度或直径大于20mm钢材进行冷弯试验时，试样应经单面刨削使其厚度达到20mm，弯心直径应按表7-4-3的规定执行，进行试验时未加工面应在外面，若试样未经刨削，则弯心直径应比表7-4-3所列数值增加一个试样厚度 a。

表 7-4-1 碳素结构钢的化学成分

牌号	等级	化学成分（%）					脱氧方法
		C	Mn	Si	S	P	
Q195	—	0.06～0.12	0.25～0.50	≤0.30	≤0.050	≤0.045	FbZ
Q215	A	0.09～0.15	0.25～0.55	≤0.30	≤0.500	≤0.045	FbZ
	B	0.09～0.15	0.25～0.55	≤0.30	≤0.045	≤0.045	FbZ
Q235	A	0.14～0.22	0.30～0.65	≤0.30	≤0.050	≤0.045	FbZ
	B	0.12～0.20	0.30～0.70	≤0.30	≤0.045	≤0.045	FbZ
	C	≤0.18	0.35～0.80	≤0.30	≤0.040	≤0.040	Z
	D	≤0.17	0.35～0.80	≤0.30	≤0.035	≤0.035	TZ
Q255	A	0.18～0.28	0.40～0.70	≤0.30	≤0.050	≤0.045	Z
	B	0.18～0.28	0.40～0.70	≤0.30	≤0.045	≤0.045	Z
Q275	—	0.20～0.38	0.50～0.80	≤0.35	≤0.050	≤0.045	Z

表 7-4-2 碳素结构钢的力学性能

牌号	等级	拉伸试验													冲击试验	
		屈服点 σ_s（MPa）						抗拉强度 σ_b（MPa）	伸长率 δ_5（%）						温度（℃）	V型冲击功（纵向）（J）
		钢材厚度（直径）（mm）							钢材厚度（直径）（mm）							
		≤16	16～40	40～60	60～100	100～150	>150		≤16	16～40	40～60	60～100	100～150	>150		
Q195	—	≥195	≥185	—	—	—	—	315～390	≥33	≥32	—	—	—	—	—	—
Q215	A	≥215	≥205	≥195	≥185	≥175	≥165	335～410	≥31	≥30	≥29	≥28	≥27	≥26	—	—
	B	≥215	≥205	≥195	≥185	≥175	≥165	335～410	≥31	≥30	≥29	≥28	≥27	≥26	20	≥27
Q235	A	≥235	≥225	≥215	≥205	≥195	≥185	375～460	≥26	≥25	≥24	≥23	≥22	≥21	—	—
	B	≥235	≥225	≥215	≥205	≥195	≥185	375～460	≥26	≥25	≥24	≥23	≥22	≥21	20	≥27
	C	≥235	≥225	≥215	≥205	≥195	≥185	375～460	≥26	≥25	≥24	≥23	≥22	≥21	0	≥27
	D	≥235	≥225	≥215	≥205	≥195	≥185	375～460	≥26	≥25	≥24	≥23	≥22	≥21	−20	≥27
Q255	A	≥255	≥245	≥235	≥225	≥215	≥205	410～510	≥24	≥23	≥22	≥21	≥20	≥19	—	—
	B	≥255	≥245	≥235	≥225	≥215	≥205	410～510	≥24	≥23	≥22	≥21	≥20	≥19	20	≥27
Q275	—	≥275	≥265	≥255	≥245	≥235	≥225	490～610	≥20	≥19	≥18	≥17	≥16	≥15	—	—

表 7-4-3 碳素结构钢的冷弯试验指标

牌号	试样方向	冷弯试验 $B=2a$、180°		
		钢材厚度（直径）(mm)		
		60	60～100	100～200
		弯心直径 d		
Q195	纵	0	—	—
	横	0.5a	—	—
Q215	纵	0.5a	1.5a	2a
	横	a	2a	2.5a
Q235	纵	a	2a	2.5a
	横	1.5a	2.5a	a
Q255	纵	2a	3a	3.5a
Q275	横	3a	2a	4.5a

现行 GB/T 700 将碳素结构钢按屈服点的大小划分为 5 个牌号，随着牌号的增大，其含碳量增大，抗拉强度逐渐提高，伸长率降低。碳素结构钢的质量等级取决于钢内有害元素硫（S）和磷（P）的含量。硫、磷含量越低，钢的质量越好，且焊接性能和低温抗冲击性能都会得到提高。Q195 钢不分等级，其化学成分和力学性能（抗拉强度、伸长率和冷弯）均需得到保证。Q215 钢分 A 级和 B 级，这两个牌号的钢虽然强度不高，但却具有较大的伸长率和冲击韧性，且冷弯性能较好、易于冷弯加工，常用作钢钉、铆钉、螺栓及铁丝等，其中的 B 级钢要求做 V 形缺口的常温冲击试验。Q235 钢分 A、B、C、D 等 4 级，A 级钢可不做冲击试验；B 级钢要求做 V 形缺口的常温冲击试验；C、D 级钢可作为重要焊接结构用。除 A 级外的 B、C、D 级钢均具有较高的冲击韧性、较高的强度和良好的塑性及加工性能，因此，能满足一般钢结构和钢筋混凝土结构的要求，可制作低碳热轧圆盘条等建筑用钢材，应用范围广。Q255 钢分 A 级和 B 级，B 级要求做 V 形缺口的常温冲击试验（A 级不作该方面要求）。Q255 钢强度高，但塑性、冲击韧性较差，故不易冷弯加工，且焊接性能较差，可用于钢筋混凝土配筋，制作钢结构构件和机械零件，其中的 B 级抗冲击性比 A 级好。Q275 钢不分等级，其化学成分和力学性能均需得到保证，强度高、硬而脆，碳的质量分数在 0.28％以上，适用于制作耐磨构件、机械零件和工具，也可用于钢结构构件。

2. 优质碳素结构钢

现行《优质碳素结构钢》（GB/T 699）规定，优质碳素结构钢共有 31 个牌号，其牌号由数字和字母两部分组成，2 位数字表示平均碳含量的万分数；字母分别表示锰含量、冶金质量等级、脱氧程度。锰含量为 0.25％～0.80％时，不注"Mn"；锰含量为 0.70％～1.2％时，2 位数字后加注"Mn"。若是高级优质碳素结构钢，则应加注"A"，若是特级优质碳素结构钢，则应加注"E"。沸腾钢牌号后面为"F"；半镇静钢牌号后面为"b"。如"15F"表示碳含量为 0.12％～0.18％、锰含量为 0.25％～0.50％、冶金质量等级为优质、脱氧程度为沸腾状态的优质碳素结构钢。

优质碳素结构钢的特点是生产过程中对硫、磷等有害杂质控制较严，其中，优质钢中 P 含量≤0.035％、S 含量≤0.035％；高级优质钢中 P 含量≤0.030％、S 含量≤

0.030%；特级优质钢中 P 含量≤0.025%、S 含量≤0.020%。优质碳素结构钢一般都采用平炉、氧气碱性转炉或电弧炉冶炼，其脱氧程度大部分为镇静状态，因此，质量较稳定。优质碳素结构钢的合金元素主要有锰（Mn 含量为 0.25%～1.2%）、硅（08F 钢的 Si 含量≤0.03%，10F 钢和 15F 钢的 Si 含量≤0.07%，其他 28 个牌号的钢的 Si 含量为 0.17%～0.37%）、铬（08F 钢和 08 号钢的 Cr 含量≤0.1%，10F 钢和 10 号钢的 Cr 含量≤0.15%，其他 27 个牌号的钢的 Cr 含量≤0.25%）、镍（Ni 含量≤0.30%）、铜（Cu 含量≤0.25%）等。优质碳素结构钢的力学性能主要取决于碳含量，碳含量高，则强度也高，但塑性和冲击韧性会降低。

土木工程中，优质碳素结构钢主要用于重要结构的钢铸件及高强螺栓（常用的是 30～45 号钢），也常用于碳素钢丝、刻痕钢丝和钢绞线（通常用的是 65～80 号钢）。

3. 低合金高强度结构钢

低合金高强度结构钢是普通低合金结构钢的简称，它是在普通碳素钢的基础上添加少量的一种或多种合金元素（如硅、锰、钒、钛、铌、铬、镍）及稀土元素等（总含量一般不超过 5%），以提高其强度、耐腐蚀性、耐磨性或耐低温冲击韧性，以便于大量生产和应用。现行《低合金高强度结构钢》（GB/T 1591）中将低合金高强度结构钢按含碳量和合金元素种类、含量的不同划分牌号，共有 Q295、Q345、Q390、Q420 和 Q460 等 5 个牌号，其牌号由屈服点字母 Q、屈服点数值、质量等级（A、B、C、D、E）3 个部分组成。低合金高强度结构钢的含碳量一般都较低，以便满足钢材的加工和焊接要求，其强度的提高主要依靠加入的合金元素的细晶强化和固溶强化来达到。低合金高强度结构钢主要用于轧制各种型钢、钢板、钢管及钢筋，广泛用于钢结构和钢筋混凝土结构中，特别适用于各种重型结构、大型结构、高层结构、大跨度结构、大柱网结构、桥梁结构以及船舶和电视塔等工程。低合金高强度结构钢的化学成分见表 7-4-4，低合金高强度结构钢的力学性能见表 7-4-5。表 7-4-5 中，d 为弯心直径，a 为试件厚度（直径）。

土木工程中采用低合金高强度结构钢的主要目的是减轻结构重量、延长使用寿命。低合金高强度结构钢具有较高的屈服点和抗拉强度，以及良好的塑性和冲击韧性，还具有耐锈蚀、耐低温的特点，因而综合性能好。低合金高强度结构钢在平炉或氧气顶吹炉中都可以冶炼，成本不高，应用日益广泛。南京长江大桥、首都体育馆的屋盖网架结构等采用的都是低合金高强度结构钢。与普通碳素钢相比，低合金高强度结构钢可节约钢材，经济效益显著。

表 7-4-4 低合金高强度结构钢的化学成分

牌号	质量等级	化学成分（%）										
		C (≤)	Mn	Si (≤)	P (≤)	S (≤)	V	Nb	Ti	Al (≤)	Cr (≤)	Ni (≤)
Q295	A	0.16	0.80～1.50	0.55	0.045	0.045	0.02～0.15	0.015～0.060	0.02～0.20	—	—	—
	B	0.16	0.80～1.50	0.55	0.040	0.040	0.02～0.15	0.015～0.060	0.02～0.20	—	—	—
Q345	A	0.02	1.00～1.60	0.55	0.045	0.045	0.02～0.15	0.015～0.060	0.02～0.20	—	—	—
	B	0.02	1.00～1.60	0.55	0.040	0.040	0.02～0.15	0.015～0.060	0.02～0.20	—	—	—
	C	0.20	1.00～1.60	0.55	0.035	0.035	0.02～0.15	0.015～0.060	0.02～0.20	0.015	—	—
	D	0.18	1.00～1.60	0.55	0.030	0.030	0.02～0.15	0.015～0.060	0.02～0.20	0.015	—	—
	E	0.18	1.00～1.60	0.55	0.025	0.025	0.02～0.15	0.015～0.060	0.02～0.20	0.015	—	—

牌号	质量等级	化学成分（%）										
		C（≤）	Mn	Si（≤）	P（≤）	S（≤）	V	Nb	Ti	Al（≤）	Cr（≤）	Ni（≤）
Q390	A	0.20	1.00～1.60	0.55	0.045	0.045	0.02～0.20	0.015～0.060	0.02～0.20	—	0.30	0.70
	B	0.20	1.00～1.60	0.55	0.040	0.040	0.02～0.20	0.015～0.060	0.02～0.20	—	0.30	0.70
	C	0.20	1.00～1.60	0.55	0.035	0.035	0.02～0.20	0.015～0.060	0.02～0.20	0.015	0.30	0.70
	D	0.20	1.00～1.60	0.55	0.030	0.030	0.02～0.20	0.015～0.060	0.02～0.20	0.015	0.30	0.70
	E	0.20	1.00～1.60	0.55	0.025	0.025	0.02～0.20	0.015～0.060	0.02～0.20	0.015	0.30	0.70
Q420	A	0.20	1.00～1.70	0.55	0.045	0.045	0.02～0.20	0.015～0.060	0.02～0.20	—	0.40	0.70
	B	0.20	1.00～1.70	0.55	0.040	0.040	0.02～0.20	0.015～0.060	0.02～0.20	—	0.40	0.70
	C	0.20	1.00～1.70	0.55	0.035	0.035	0.02～0.20	0.015～0.060	0.02～0.20	0.015	0.40	0.70
	D	0.20	1.00～1.70	0.55	0.030	0.030	0.02～0.20	0.015～0.060	0.02～0.20	0.015	0.40	0.70
	E	0.20	1.00～1.70	0.55	0.025	0.025	0.02～0.20	0.015～0.060	0.02～0.20	0.015	0.40	0.70
Q450	C	0.20	1.00～1.70	0.55	0.035	0.035	0.02～0.20	0.015～0.060	0.02～0.20	0.015	0.70	0.70
	D	0.20	1.00～1.70	0.55	0.030	0.030	0.02～0.20	0.015～0.060	0.02～0.20	0.015	0.70	0.70
	E	0.20	1.00～1.70	0.55	0.025	0.025	0.02～0.20	0.015～0.060	0.02～0.20	0.015	0.70	0.70

表 7-4-5 低合金高强度结构钢的力学性能

牌号	质量等级	屈服点 σ_s（MPa，≥）				抗拉强度（MPa）	伸长率 δ_5（%）	V 型冲击功（A_{kv}，纵向）（J，≥）				180°弯曲试验 钢材厚度（直径）（mm）	
		厚度（直径、边长）（mm）						+20℃	0℃	−20℃	−40℃	≤16	16～100
		≤15	16～35	35～50	50～100								
Q295	A	295	275	255	235	390～570	23	—	—	—	—	$d=2a$	$d=3a$
	B	295	275	255	235	390～570	23	34	—	—	—	$d=2a$	$d=3a$
Q345	A	345	325	295	275	470～630	21	—	—	—	—	$d=2a$	$d=3a$
	B	345	325	295	275	470～630	21	34	—	—	—	$d=2a$	$d=3a$
	C	345	325	295	275	470～630	22	—	34	—	—	$d=2a$	$d=3a$
	D	345	325	295	275	470～630	22	—	—	34	—	$d=2a$	$d=3a$
	E	345	235	295	275	470～630	22	—	—	—	27	$d=2a$	$d=3a$
Q390	A	390	370	350	330	490～650	19	—	—	—	—	$d=2a$	$d=3a$
	B	390	370	350	330	490～650	19	34	—	—	—	$d=2a$	$d=3a$
	C	390	370	350	330	490～650	20	—	34	—	—	$d=2a$	$d=3a$
	D	390	370	350	330	490～650	20	—	—	34	—	$d=2a$	$d=3a$
	E	390	370	350	330	490～650	20	—	—	—	27	$d=2a$	$d=3a$
Q420	A	420	400	380	360	520～680	18	—	—	—	—	$d=2a$	$d=3a$
	B	420	400	380	360	520～680	18	34	—	—	—	$d=2a$	$d=3a$
	C	420	400	380	360	520～680	19	—	34	—	—	$d=2a$	$d=3a$

牌号	质量等级	屈服点 σ_s（MPa，$\geqslant$）厚度（直径、边长）(mm)				抗拉强度（MPa）	伸长率 δ_5（%）	V 型冲击功（A_{kv}，纵向）(J，$\geqslant$)				180°弯曲试验 钢材厚度（直径）(mm)	
		$\leqslant 15$	16～35	35～50	50～100			+20℃	0℃	−20℃	−40℃	$\leqslant 16$	>16～100
Q420	D	420	400	380	360	520～680	19	—	—	34	—	$d=2a$	$d=3a$
	E	420	400	380	360	520～680	19	—	—	—	27	$d=2a$	$d=3a$
Q460	C	460	440	420	400	550～720	17	—	34	—	—	$d=2a$	$d=3a$
	D	460	440	420	400	550～720	17	—	—	34	—	$d=2a$	$d=3a$
	E	460	440	420	400	550～720	17	—	—	—	27	$d=2a$	$d=3a$

7.4.2　常用建筑钢材

常用建筑钢材主要有钢筋混凝土用热轧带肋钢筋、预应力混凝土用热处理钢筋、冷轧带肋钢筋、预应力混凝土用钢丝和钢绞线、钢结构用钢材等。

1. 钢筋混凝土用热轧带肋钢筋

热轧带肋钢筋的牌号由 HRB 和牌号的屈服点最小值构成。H、R、B 分别为热轧（Hot-rolled）、带肋（Ribbed）、钢筋（Bars）3 个词的英文首位字母。热轧带肋钢筋有 HRB335、HRB400、HRR500 等 3 个牌号。热轧带肋钢筋的横截面通常为圆形，其表面通常带有 2 条纵肋和沿长度方向均匀分布的横肋，过去的变形钢筋已被现在的热轧带肋钢筋替代。热轧带肋钢筋有月牙肋钢筋和等高肋钢筋等类型。月牙肋钢筋的特点是横肋的纵截面呈月牙形，且与纵肋不相交，它与老螺纹钢相比，具有强度高、应力集中敏感性小、耐疲劳性好、方便生产等优点。等高肋钢筋的特点是横肋的纵截面高度相等，且与纵肋相交。纵肋是指平行于钢筋轴线的均匀连续肋；横肋是指与纵肋不平行的其他肋。

热轧带肋钢筋应满足相应的技术要求，钢的牌号应符合表 7-4-6 的规定，其化学成分（熔炼分析）应不大于表 7-4-7 规定的值。根据需要，钢中还可加入 V、Nb、Ti 等元素。热轧带肋钢筋的力学性能应符合表 7-4-8 的规定。

表 7-4-6　钢的牌号与化学成分

牌号	化学成分（%）					
	C	Si	Mn	P	S	C_{eq}
HRB335	0.25	0.80	1.60	0.045	0.045	0.52
HRB400	0.25	0.80	1.60	0.045	0.045	0.54
HRB500	0.25	0.80	1.60	0.045	0.045	0.55

表 7-4-7　钢的牌号与其化学成分（熔炼分析）

牌号	化学成分（%）							
	C	Si	Mn	V	Nb	Ti	P（$\leqslant$）	S（$\leqslant$）
HRB335	0.17～1.25	0.40～0.80	1.20～1.60	—	—	—	0.045	0.045

续表

牌号	化学成分（%）							
	C	Si	Mn	V	Nb	Ti	P（≤）	S（≤）
	0.17～1.25	0.20～0.80	1.20～1.60	0.04～0.12			0.045	0.045
HRB400	0.17～1.25	0.20～0.80	1.20～1.60	—	0.02～0.04		0.045	0.045
	0.17～1.25	0.17～0.37	1.20～1.60	—	—	0.02～0.05	0.045	0.045

表 7-4-8 热轧带肋钢筋的力学性能

牌号	外形	钢种	公称直径（mm）	屈服强度（MPa）	抗拉强度（MPa）	伸长率 δ_5（%）	冷弯试验	
							角度	弯心直径
HRB300	光圆	低碳钢	8～20	300	420	25	180°	$d=a$
HRB335	月牙肋	低碳低合金钢	6～25	335	490	16	180°	$d=3a$
			28～50					$d=4a$
HRB400			6～25	400	570	14	180°	$d=4a$
			28～50					$d=5a$
HRB500	等高肋	中碳低合金钢	6～25	500	630	12	180°	$d=6a$
			28～50					$d=7a$

　　热轧带肋钢筋的弯曲性能应符合要求。按表 7-4-8 规定的弯心直径弯曲 180°后，钢筋受弯曲部位的表面不得产生裂纹。热轧带肋钢筋的反向弯曲性能应符合要求，根据需方要求，钢筋可进行反向弯曲性能试验。反向弯曲试验的弯心直径应比弯曲试验相应增加一个钢筋直径，先正向弯曲 45°，再反向弯曲 23°，经反向弯曲试验后，钢筋受弯曲部位的表面不得产生裂纹。热轧带肋钢筋的表面质量应符合要求，钢筋表面不得有裂纹、结疤和折叠；允许有凸块，但凸块不得超过横肋的高度；其他缺陷的深度和高度不得大于所在部位尺寸的允许偏差。月牙肋钢筋和等高肋钢筋的表面形状见图 7-4-1。各级钢筋的钢材种类及主要用途见表 7-4-9。

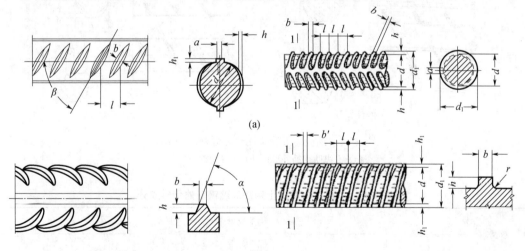

图 7-4-1 钢筋表面及截面形状

（a）等高肋钢筋；（b）月牙肋钢筋

　　注：d 为钢筋内径；d_1 为钢筋外径；α 为横肋斜角；β 为横肋与轴线夹角；h 为横肋高度；h_1 为纵肋高度；a 为纵肋顶宽；b 为横肋顶宽；b' 为肋宽；l 为横肋间距；r 为横肋根部圆弧半径。

表 7-4-9　各级钢筋的钢材种类及主要用途

钢筋等级	屈服强度（MPa）/抗拉强度（MPa）	钢材种类	主要用途
Ⅰ级（HPB300）	300/420	Q235	非预应力钢筋
Ⅱ级（HRB335、HRBF335）	335/510 及 335/490	20MnSi 或 20MnNb	非预应力钢筋及预应力钢筋
Ⅲ级（HRB400、HRBF400、RRB400）	400/570	20MnSiV、20MnTi 或 25MnSi	非预应力钢筋及预应力钢筋（新品种）
Ⅳ级（HRB500、HRBF500）	500/630	$40Si_2MnV$、45SiMnV 或 $45Si_2MnTi$	预应力钢筋

2. 预应力混凝土用热处理钢筋

预应力混凝土用热处理钢筋（以下简称热处理钢筋）是指用热轧带肋钢筋经淬火和回火调质处理的钢筋，按其螺纹外形的不同分有纵肋和无纵肋 2 种。热处理钢筋代号为 RB150。有纵肋的热处理钢筋与无纵肋的热处理钢筋的外形见图 7-4-2。热处理钢筋在预应力混凝土结构中使用，具有与混凝土黏结性能好、应力松弛率低、施工方便等优点。

预应力混凝土用热处理钢筋应满足相应的技术要求。其牌号及化学成分（熔炼分析）应符合表 7-4-10 的规定，$40Si_2Mn$ 和 $48Si_2Mn$ 钢中，Cr 和 Ni 的残余量各不得大于 0.20%，Cu 的残余量不得大于 0.30%；$45Si_2Cr$ 钢中，Ni 和 Cu 的残余量各不得大于 0.30%。其成品钢筋化学成分与熔炼分析成分的允许偏差应符合现行 GB/T 1591 的有关规定，成品 Cr 的允许偏差应不大于±0.05%。其力学性能应符合表 7-4-11 的规定。

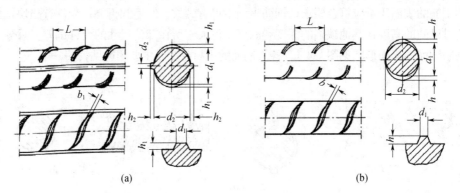

图 7-4-2　预应力混凝土用热处理钢筋外形图
（a）有纵肋钢筋外形；（b）无纵肋钢筋外形

表 7-4-10　预应力混凝土用热处理钢筋的化学成分

牌号	化学成分（%）					
	C	Si	Mn	Cr	P（≤）	S（≤）
$40Si_2Mn$	0.36～0.45	1.40～1.90	0.80～1.20	0.30～0.60	0.045	0.045
$48Si_2Mn$	0.44～0.53	1.40～1.90	0.80～1.20	0.30～0.60	0.045	0.045
$45Si_2Cr$	0.41～0.51	1.55～1.95	0.40～0.70	0.30～0.60	0.045	0.045

表 7-4-11　预应力混凝土用热处理钢筋的力学性能

公称直径（mm）	牌号	屈服强度 $\sigma_{0.2}$（MPa）	抗拉强度 σ_b（MPa）	伸长率 δ_{10}（%）
6	40Si$_2$Mn	≥1325	≥1470	≥6
8.2	48Si$_2$Mn	≥1325	≥1470	≥6
10	45Si$_2$Cr	≥1325	≥1470	≥6

预应力混凝土用热处理钢筋的松弛性能应符合要求，1000h 的松弛值不大于 3.5%，供方在保证 1000h 松弛值合格的基础上可进行 10h 的松弛试验，且其松弛值应不大于 1.5%。

预应力混凝土用热处理钢筋的表面质量应符合要求。钢筋表面不得有肉眼可见的裂纹、结疤、折叠；允许有凸块，但不得超过横肋高度；允许有不影响使用的缺陷；不得沾有油污。

3. 冷轧带肋钢筋

热轧圆钢盘条经冷轧后，在其表面有沿长度方向均匀分布的 3 面或 2 面横肋即成为冷轧带肋钢筋。钢筋冷轧后允许进行低温回火处理。现行《冷轧带肋钢筋》（GB/T 13788）将冷轧带肋钢筋按抗拉强度分为 CRB550、CRB650、CRB800、CRB970、CRB1170 等 5 个牌号。C、R、B 分别为冷轧、带肋、钢筋 3 个词的英文首位字母，数值为抗拉强度的最小值。冷轧带肋钢筋的力学性能和工艺性能见表 7-4-12。与冷拔低碳钢丝比，冷轧带肋钢筋具有强度高、塑性好、与混凝土黏结牢固、节约钢材、质量稳定等优点。CRB550 宜用于普通钢筋混凝土结构，其他牌号宜用于预应力混凝土结构。

表 7-4-12　冷轧带肋钢筋的力学性能和工艺性能

牌号	σ_b (MPa, ≥)	伸长率（%，≥）		弯曲试验（180°）	反复弯曲次数	松弛率（初始应力，$\sigma_{con}=0.7\sigma_b$）	
		δ_{10}	δ_{100}			1000b（%，≤）	10b（%，≤）
CRB550	550	8.0	—	$d=3a$	—	—	—
CRB650	650	—	4.0	—	3	8	5
CRB800	800	—	4.0	—	3	8	5
CRB970	970	—	4.0	—	3	8	5
CRB1170	1170	—	4.0	—	3	8	5

冷拔低碳钢丝是由直径为 6～8mm 的 Q195、Q215 或 Q235 热轧圆钢盘条经冷拔而成的。低碳钢经冷拔后屈服强度可提高 40%～60%，且塑性可大大降低，所以，冷拔低碳钢丝会变得硬脆，属硬钢类钢丝。冷拔低碳钢丝的性能要求和应用可参阅有关标准或规范。目前已逐渐限制该类钢丝的应用。

4. 预应力混凝土用钢丝和钢绞线

（1）预应力混凝土用钢丝。现行《预应力混凝土用钢丝》（GB/T 5223）将预应力混凝土用钢丝按加工状态分为冷拉钢丝（代号为 WCD）和消除应力钢丝两类。冷拉钢丝的力学性能应符合表 7-4-13 的规定。消除应力钢丝按松弛性能又分为低松弛级钢丝（代号为 WLR）和普通松弛级钢丝（代号为 WNR）。预应力混凝土用钢丝按外形的不同可分为光圆钢丝（代号为 P）、螺旋肋钢丝（代号为 H）和刻痕钢丝（代号为 I）3 种。消除应力的光圆、螺旋肋、刻痕钢丝的力学性能应符合表 7-4-14 的规定。现行 GB/T 5223 规定，产品标记应包含 6 方面内容，即预应力钢丝、公称直径、抗拉强度等级、加工状态代号、外形代号、标准号。如直径 4.00mm、抗拉强度 1670MPa 的冷拉光圆钢丝的标记为"预应力钢丝 4.00-1670-WCD-P-GB/T 5223—2014"；直径 7.00mm、抗拉强度 1570MPa 的低松弛螺旋肋钢丝的标记为"预应力钢丝 7.00-1570-WLR-H-GB/T 5223—2014"。预应力混凝土用钢丝质量稳定、安全可靠、强度高、无接头、施工方便，主要用于大跨度的屋架、薄腹架、吊车梁或桥梁等大型预应力混凝土构件，也可用于轨枕、压力管道等预应力混凝土构件。

表 7-4-13　冷拉钢丝的力学性能

公称直径 d_n (mm)	抗拉强度 σ_b (MPa, ≥)	规定非比例伸长应力 $\sigma_{p0.2}$ (MPa, ≥)	最大力下总伸长率 ($L_0=200mm$) δ_g (%, ≥)	弯曲次数 (次/180°, ≥)	弯曲半径 R (mm)	断面收缩率 φ (%, ≥)	每 210mm 扭矩的扭转次数 (n, ≥)	初始应力相当于 70%公称抗拉强度时，1000h 后应力松弛率 r (%, ≤)
3.00	1470	1100	1.5	4	7.5	—	—	8
4.00	1570	1180	1.5	4	10	35	8	8
5.00	1670	1250	1.5	4	15	35	8	8
	1770	1330						
6.00	1470	1100	1.5	5	15	30	7	8
7.00	1570	1180	1.5	5	20	30	6	8
8.00	1670	1250	1.5	5	20	30	5	8
	1770	1330						

（2）预应力混凝土用钢绞线。现行《预应力混凝土用钢绞线》（GB/T 5224）将用于预应力混凝土的钢绞线按结构不同分为 5 类，其代号分别为（1×2）、（1×3）、（1×3I）、（1×7）、（1×7）C。其中，（1×2）为用 2 根钢丝捻制的钢绞线；（1×3）为用 3 根钢丝捻制的钢绞线；（1×3I）为用 3 根刻痕钢丝捻制的钢绞线；（1×7）为用 7 根钢丝捻制的标准型钢绞线；（1×7）C 为用 7 根钢丝捻制又经模拔的钢绞线。预应力混凝土用钢绞线的产品标记应包含 5 方面内容，即预应力钢绞线、结构代号、公称直径、强度级别、标准号。如公称直径 15.20mm、强度级别 1860MPa 的 7 根钢丝捻制的标准型钢绞线的标记为"预应力钢绞线 1×7-15.20-1860-GB/T 5224—2014"；公称直径 8.74mm、强度级别 1670MPa 的 3 根刻痕钢丝捻制的钢绞线的标记为"预应力钢绞线 1×3I-8.74-1670-GB/T 5224—2014"；公称直径 12.70mm、强度级别 1860MPa 的 7 根钢丝捻制又经模拔的钢绞线的标记为"预应力钢绞线（1×7）C-12.70-1860-GB/T 5224—2014"。

表 7-4-14　消除应力的光圆、螺旋肋、刻痕钢丝的力学性能

钢丝	公称直径 (mm)	抗拉强度 σ_b	规定非比例伸长应力 $\sigma_{p0.2}$ (MPa, ≥)		最大力下总伸长率 (%)	弯曲次数 (次)	弯曲半径 (mm)	应力松弛性能		
								初始应力相当于公称抗拉强度的百分数（%）	1000h后应力松弛率 r（%，≤）	
			WLR	WNR				对所有规格	WLR	WNR
消除应力的光圆、螺旋肋钢丝	4.00	1470	1290	1250	3.5	3	10	60	1.0	4.5
	4.80	1570	1380	1330	3.5	4	15	60	1.0	4.5
		1670	1470	1410	3.5	4	15	60	1.0	4.5
	5.00	1770	1560	1500	3.5	4	15	60	1.0	4.5
		1860	1640	1580	3.5	4	15	60	1.0	4.5
	6.00	1470	1290	1250	3.5	4	15	60	1.0	4.5
	7.00	1570	1380	1330	3.5	4	20	60	1.0	4.5
	8.00	1670	1470	1410	3.5	4	20	70	2.0	8
		1770	1560	1500	3.5	4	20	70	2.0	8
	8.50	1470	1290	1250	3.5	4	20	80	4.5	12
	9.00	1570	1380	1330	3.5	4	20	80	4.5	12
	10.00	1470	1290	1250	3.5	4	25	80	4.5	12
	12.00	1470	1290	1250	3.5	4	30	80	4.5	12
消除应力刻痕钢丝	≤5.00	1470	1290	1250	3.5	3	15	60	1.5	4.5
		1570	1380	1330	3.5	3	15	60	1.5	4.5
		1670	1470	1410	3.5	3	15	60	1.5	4.5
		1770	1560	1500	3.5	3	15	60	1.5	4.5
		1860	1640	1580	3.5	3	15	70	2.5	8
	>5.00	1470	1290	1250	3.5	3	20	70	2.5	8
		1570	1380	1330	3.5	3	20	80	4.5	12
		1670	1470	1410	3.5	3	20	80	4.5	12
		1770	1560	1500	3.5	3	20	80	4.5	12

除非需方有特殊要求，钢绞线表面不得有油、润滑脂等物质；允许有轻微的浮锈，但不得有目视可见的锈蚀麻坑；允许存在回火颜色。钢绞线的检验规则应遵守现行《钢及钢产品　交货一般技术要求》（GB/T 17505）的规定，其产品的尺寸、外形、质量及允许偏差、力学性能等均应满足现行 GB/T 5224 的规定。

预应力钢丝和钢绞线强度高，并具有较好的柔韧性，且质量稳定、施工简便，使用时可根据要求的长度切断，因此，主要适用于大荷载、大跨度、曲线配筋的预应力钢筋混凝土结构。

5. 钢结构用钢材

钢结构用钢时，一般可直接选用各种规格与型号的型钢，其各构件之间可直接连接，或附加连接钢板进行连接。连接方式可酌情采用铆接、螺栓连接或焊接，因此，钢结构所

用钢材主要是型钢和钢板。型钢和钢板的成型有热轧和冷轧两种方式。

（1）热轧型钢。热轧型钢主要采用碳素结构钢 Q235-A、低合金高强度结构钢 Q345 和 Q390 热轧成型。常用的热轧型钢有角钢、工字钢、槽钢、T 型钢、H 型钢、Z 型钢等。热轧型钢的标记方式为一组符号，标记时需要标出型钢名称、横断面主要尺寸、型钢标准号及钢牌号与钢种标准，如用碳素结构钢 Q235-A 轧制的、尺寸 160mm×160mm×16mm 的等边角钢应标记为"热轧等边角钢（160×160×16-GB/T 706—2008）/（Q235-A-GB/T 700—2006）"。碳素结构钢 Q235-A 制成的热轧型钢强度适中、塑性和可焊性较好、冶炼容易、成本低，适用于土木工程中的各种钢结构。低合金高强度结构钢 Q345 和 Q390 制成的热轧型钢性能比 Q235-A 好，适用于大跨度、承受动荷载的钢结构。

（2）钢板和压型钢板。钢板是指用碳素结构钢和低合金高强度结构钢经热轧或冷轧生产的扁平钢材。生活中常见的钢板和钢带都属于钢板。以平板状态供货的称为钢板，以卷状态供货的称为钢带。厚度大于 4mm 的为厚板，厚度小于或等于 4mm 的为薄板。热轧碳素结构钢厚板是钢结构用的主要钢材。薄板主要用于屋面、墙面或压型板原料等。低合金高强度结构钢厚板主要用于重型结构、大跨度桥梁和高压容器等。压型钢板的特点是用薄板经冷压或冷轧成波形、双曲线、V 形等形状。压型钢板有涂层、镀锌、防腐等薄板，具有单位质量轻、强度高、抗震性能好、施工快、外形美观等优点，主要用于围护结构、楼板、屋面等。

（3）冷弯薄壁型钢。冷弯薄壁型钢是用 2～6mm 的薄钢板经冷弯或模压而制成的，有角钢、槽钢等开口薄壁型钢及方形、矩形等空心薄壁型钢，主要用于轻型钢结构。冷弯薄壁型钢的表示方法与热轧型钢相同。

7.4.3 建筑钢材的选用原则

建筑钢材的选用主要考虑荷载性质、使用温度、连接方式、钢材厚度、结构重要性等 5 方面因素。经常承受动力或振动荷载的结构易产生应力集中，并会引起疲劳破坏，因此，需选用材质好的钢材。经常处于低温状态的结构，其钢材易发生冷脆断裂，尤其是焊接结构，其冷脆倾向更加显著，因此，应该要求钢材具有良好的塑性和低温冲击韧性。焊接结构在温度变化和受力性质改变时易导致焊缝附近的母体金属出现冷、热裂纹，并诱发结构的早期破坏。因此，焊接结构对钢材的化学成分和机械性能要求应严格一些。钢材的力学性能一般随厚度增大而降低，钢材经多次轧制后，其内部晶体组织会更紧密、强度更高、质量更好，因此，一般结构用的钢材厚度不宜超过 40mm。选择钢材时，要考虑结构使用的重要性，大跨度结构、重要土木工程结构需相应选用质量更好的钢材。

7.5　钢材的腐蚀与防腐

钢材长期暴露于空气或潮湿的环境中，其表面会腐蚀，尤其在空气中存在各种介质污染时会更加严重。腐蚀不仅会使结构的截面均匀减小，还会产生局部锈坑，并引起应力集中，从而加速结构破坏，在冲击反复的荷载作用下加快其疲劳强度的降低而出现脆裂。影响钢材腐蚀的因素有所处环境中的湿度、侵蚀性介质数量、含尘量、构件所处的部位及材质等。

7.5.1 钢材的腐蚀

钢材的常见腐蚀方式是化学腐蚀和电化学腐蚀。

（1）化学腐蚀。化学腐蚀是因金属与干燥气体及非电解质液体的反应而产生的。氧化作用导致金属形成疏松的氧化物，从而引起腐蚀。在干燥环境中，腐蚀进行得很慢，但在环境湿度高时，腐蚀速度会加快。化学腐蚀也可由 CO_2 或 SO_2 的作用而产生 Fe_2O_3 或 Fe_2S_3，从而使金属光泽减退，颜色发暗，其腐蚀程度会随时间而逐步加深。

（2）电化学腐蚀。钢材与电解质溶液相接触而产生电流，形成腐蚀电池的过程称为电化学腐蚀。钢材中含有铁素体、渗碳体及游离石墨等成分，这些成分的电极电位各不相同。铁素体活泼，易失去电子而使铁素体与渗碳体在电解质中形成腐蚀电池的两极，铁素体为阳极，渗碳体为阴极。阴阳两极的接触产生电子流，阳极的铁素体失去电子成为 Fe^{2+} 进入溶液，电子流向阴极，并在阴极附近与溶液中的 H^+ 结合生成 H_2 而逸出，O_2 与电子结合生成 OH^-，Fe^{2+} 在溶液中与 OH^- 结合生成 $Fe(OH)_2$，使钢材受到腐蚀，形成铁锈。上述腐蚀过程的反应式为 $Fe^{2+}+2OH^- \longrightarrow Fe(OH)_2$ 和 $4Fe(OH)_2+2H_2O+O_2 \longrightarrow 4Fe(OH)_3$。

电化学腐蚀是最主要的钢材腐蚀方式，钢材中的渗碳体等杂质越多，腐蚀速度越快。钢材与酸、碱和盐接触或表面不平都会使腐蚀加快，并形成表面疏松物质，层层暴露、层层腐蚀。钢材腐蚀时会伴随体积增大现象，严重时可达原体积的 6 倍。钢材腐蚀发生在钢筋混凝土中会使周围混凝土胀裂。

7.5.2 钢材的防腐

钢材的防腐方法主要包括制成合金钢、采用金属敷盖、用涂料敷盖、喷涂防腐油等。

（1）制成合金钢。在钢中加入能提高抗腐蚀能力的元素可有效提高其防腐能力，如在低碳钢或合金钢中加入 Cu。也可将 Ni、Cr 加入到铁合金中，制得不锈钢。这种方法最有效，但成本很高。

（2）采用金属敷盖。采用金属敷盖是指在钢材表面以电镀或喷镀方法敷盖其他金属来提高其抗腐蚀能力，有阴极敷盖和阳极敷盖两种方式。阴极敷盖的特点是采用电位比基本金属高的金属敷盖，如用铁镀锡。金属膜的作用仅在于机械地保护基本金属，但当保护膜产生裂缝疵病时，它反而会加速基本金属在电解质中的腐蚀。阳极敷盖的特点是采用电位比基本金属低的金属敷盖，如用铁镀锌。金属膜因电化学作用而保护了基本金属。

（3）用涂料敷盖。钢材表面经除锈干净后就要涂上涂料。涂料通常分底漆和面漆两种。底漆的作用是牢固地附着于钢材的表面，以隔断其与外界空气的接触，防止其生锈；面漆的作用是保护底漆不受损伤或侵蚀。常用的涂料敷盖方式主要有 4 种，即红丹作底漆，灰铅油或醇酸漆作面漆；环氧富锌或无机富锌作底漆和面漆；磷化底漆、铁红环氧作底漆，各类醇酸磁漆或酚醛磁漆作面漆；偏硼酸钡和硼酸防锈漆作底漆，各类醇酸磁漆或酚醛磁漆作面漆。

（4）喷涂防腐油。国内研究的"73418"防腐油对钢材的防腐效果较好。该防腐油是一种黏性液体，将其均匀喷涂在钢材表面会形成一层连续、牢固的透明薄膜，从而使钢材与腐蚀介质隔绝。在$-20\sim50℃$的温度范围内，可将其应用于除马口铁以外的所有钢材。

7.6　土木工程用铝合金

铝是一种银白色的轻金属，属于有色金属。纯铝的密度很小，是铁的 1/3，仅为 $2.70g/cm^3$。铝的熔点较低（660℃），具有良好的导热性、导电性、反辐射性能及耐腐蚀性能，且易于加工和焊接。铝与氧结合会形成一层致密、坚固的氧化铝薄膜保护层。保护层对潮湿空气、水、硝酸、醋酸的抗侵蚀能力比氧化铁强，但遇碱和含氯的盐（食盐）会破坏其氧化膜，并产生强烈腐蚀。纯铝的强度、硬度都很低，不能满足土木工程的使用要求，故土木工程中不用纯铝制品。

7.6.1　建筑用铝合金

纯铝塑性好但强度低，当加入锰、镁、铜、硅、锌等合金元素后，即可制成各种铝合金。铝合金经压力加工或热处理后，其强度和硬度会显著提高，并可用于建筑结构。防锈铝是铝镁或铝锰的合金，其特点是耐蚀性较高、抛光性好，能长期保持光亮表面，且强度比纯铝高，塑性及焊接性能良好，但切削加工性不良，可用于承受中等或低荷载的土木结构以及要求耐腐蚀及表面光洁的构件、管道等。硬铝是铝和铜或再加入镁、锰等组成的合金，建筑工程上主要为含铜（3.8%～4.8%）、镁（0.4%～0.8%）、锰（0.4%～0.8%）、硅（不大于 0.8%）的铝合金，称为硬铝。硬铝经热处理强化后，可获得较高的强度和硬度，且耐腐蚀性好。硬铝在建筑上可用作承重结构或其他装饰制件，其强度极限可达 330～490MPa，伸长率可达 12%～20%，布氏硬度值 HB 可达 1000MPa，是发展轻型结构的好材料。超硬铝是铝和锌、镁、铜等的合金。超硬铝经热处理强化后，强度和硬度比普通硬铝更高，但塑性及耐蚀性中等。其切削加工性和点焊性能良好，但在负荷状态下易受腐蚀，为此，常用包铝方法进行保护，可用于承重构件和高荷载零件。锻铝是铝和镁、硅及铜的合金，除了具有较高的强度外，还具有良好的高温塑性及焊接性，但易腐蚀，适于用作承受中等荷载的构件。

7.6.2　建筑用铝合金的基本物理性能

建筑用铝合金的基本物理性能主要包括 4 项指标，即密度 $2.70g/cm^3$（铜为 $7.80g/cm^3$）、线膨胀系数 $2.3\times10^{-5}/℃$（钢为 $1.2\times10^{-5}/℃$）、电阻系数 $\rho=2.78\mu\Omega/cm^3$（导电系数为铜的 60%）、弹性模量 $E=6.9\times10^4\sim7.15\times10^4MPa$（铜为 2.04×10^4MPa）。

7.6.3　建筑用铝材的加工方法及用途

建筑用铝材的常用加工方法是铸铝、轧制铝和热挤压铝。铝合金具有良好的铸造性能，且较易生产薄壁大面积构件，因此，铸铝常用于生产铝幕墙。轧制铝有平板和波纹板等材型，主要用作复合材料的面材和内装修板材等。铝合金可用挤压法加工成带肋的薄壁铝型材，即热挤压铝。热挤压铝的断面虽小，却可承受较大压力，因而，可用作屋架等结构构件、活动墙或隔断墙及窗框等。

建筑工程中使用的铝合金型材，为提高其抗蚀性，常常用阳极氧化方法对其表面进行处理，以增加其氧化膜厚度。另外，在氧化处理的同时，还可对其进行表面着色处理，以增加铝合金制品的外观美。随着土木工程结构物向轻质和装配化方向的发展，铝合金将在我国建筑结构、窗框、顶棚、阳台扶手以及室内装修、五金等方面得到更加广泛的应用。

7.7 建筑用钢材的日常监理

7.7.1 钢材监理的基本工作内容

钢材是土木工程中应用最广泛的一种金属材料。建筑用钢材主要有型钢、钢板、钢筋、钢丝等，其力学性能主要有抗拉、冷加工、冲击韧性、硬度、耐疲劳等。钢材监理的主要内容包括钢材进场外观检查（资料审核、出厂合格证、质量证明书）；钢材取样试验（取样、送检、复试）；钢材加工检验（形状、规格、尺寸、数量、绑扎、焊接等）；钢材施工质量认可。

7.7.2 钢材进场检验的基本程序

钢材进场投入使用阶段，监理工程师仍需对所用钢材进行监督与管理，监督所用之材是否经过检验的同一批钢材，使用过程中发现可疑现象时仍需抽样检测，不合格的材料应严禁使用，把好材料进场关。钢材质量监理的基本程序见图 7-7-1。

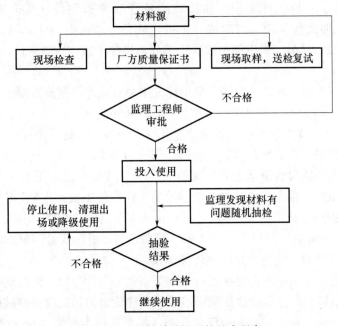

图 7-7-1　钢材质量监理的基本程序

7.7.3 钢材进场的质量控制

（1）低碳钢热轧圆盘条。采用标准主要有现行《低碳钢热轧圆盘条》（GB/T 701）、《金属材料 拉伸试验 第1部分：室温试验方法》（GB/T 228.1）、《金属材料 弯曲试验方法》（GB 232）、《钢的成品化学成分允许偏差》（GB/T 222）、《钢和铁 化学成分测定用试样的取样和制样方法》（GB/T 20066）。组批规则是每批盘条的重量不大于60t，每批应由同一牌号、同一炉罐号、同规格、同一交货状态的钢筋组成。抽样数量为每批盘条取拉伸试件1根、弯曲试件2根、化学分析试件1根，4根为1组。抽样方法是第1盘钢筋从端头截去500mm后，取拉伸试件1根、弯曲试件1根；第2盘钢筋从端头截去500mm后，取弯曲试件1根、化学分析试件1根，试件长度符合规定要求。检测项目包括拉力试验（用于冷拉时主要测定抗拉强度、伸长率；用于建筑时主要测定屈服点、抗拉强度、伸长率）、弯曲试验（测定弯心直径、弯曲角度）、化学成分试验（测定C、S、Mn、Si、P含量）。结果判定应遵守相关规范规定。试验结果有不符合标准要求项时，应从同一批中任取双倍数量的试样进行不合格项目的复试。复试结果仍有指标不合格，则该批材料为不合格。

（2）钢筋混凝土用热轧光圆钢筋。采用标准主要有现行《钢筋混凝土用钢 第1部分：热轧光圆钢筋》（GB/T 1499.1）、GB/T 222、GB/T 20066、《钢铁及合金化学分析方法》（GB 223）、GB/T 228.1、GB 232。组批规则是钢筋应按批进行检查验收，每批重量不大于60t；每批应由同一牌号、同一炉罐号、同一规格、同一交货状态的钢筋组成；公称容量不大于30t的冶炼炉冶炼的钢坯和连铸坯轧成的钢筋允许由同一牌号、同一冶炼方法、同一浇注方法的不同炉罐号组成混合批，但每批不应多于6个炉罐号，各炉罐号的含碳量之差不得大于0.02%、含锰量之差不得大于0.15%。抽样数量为每批拉伸试件2根、弯曲试件2根、化学分析试件1根。抽样方法是任取2根钢筋，从第1根的一端截去500mm后，取拉伸试件1根、弯曲试件1根，从另一端截去500mm后，取拉伸试件1根、弯曲试件1根；从另一根钢筋中抽取化学分析试件1根。检测项目、结果判定方法同热轧圆盘条。

（3）钢筋混凝土用热轧带肋钢筋。采用标准主要有现行《钢筋混凝土用钢 第2部分：热轧带肋钢筋》（GB 1499.2）、GB/T 222、GB/T 20066、GB/T 228.1、GB 232。组批规则是钢筋应按批进行检查和验收，每批重量不大于60t；每批应由同一牌号、同一炉罐号、同一规格的钢筋组成；允许由同一牌号、同一冶炼方法、同一浇注方法的不同炉罐号组成混合批，但各炉罐号含碳量之差不大于0.02%、含锰量之差不大于0.15%。抽样数量为每批取拉伸试件2根、弯曲试件2根、反向弯曲试件1根、化学分析试件1根。抽样方法是任取2根钢筋，从第1根一端截去500mm后，取拉伸试件1根、弯曲试件1根，从另一端截去500mm后，取拉伸试件1根、弯曲试件1根；从另一根钢筋中抽取化学分析试件1根。检测项目、结果判定同热轧圆盘条。

（4）冷拉钢筋。采用标准主要有现行GB/T 228.1、GB 232。组批规则是每批由重量不大于20t的同级别、同直径的冷拉钢筋组成。抽样数量为每批取拉伸试件1根、弯曲试件2根。抽样方法是每批冷拉钢筋中任取2根，每根从端头截去500mm后，依次取拉伸试件1根、弯曲试件1根。检验项目包括拉力试验（测定屈服强度、抗拉强度、伸长率）、弯曲试验（测定弯心直径、弯曲角度）。结果判定应遵守相关规范规定，当其中有结果不符合规范规定项时，应另取双倍数量的试样重新做各项试验。当重试过程中仍有试样不合格时，该批冷拉钢筋为不合格品。

（5）冷轧带肋钢筋。采用标准主要有现行 GB/T 13788、GB/T 222、GB/T 20066。组批规则是每批由重量不大于 50t 的同一牌号、同一规格、同一级别的钢筋组成。抽样数量为每批取弯曲试件 2 根、化学分析试件 1 根、拉伸试件 1 根。抽样方法是任取 1 盘钢筋，从端头截去 500mm 后，取拉伸试件 1 根；从取拉伸试件后的钢筋中任取两小盘，在一盘上取 1 根弯曲试件、2 根化学试件，在另一盘上取 1 根弯曲试件。检测项目包括拉力试验（测定屈服强度、抗拉强度、伸长率）、弯曲试验（测定弯心直径、弯曲角度）、化学成分（测定 C、S、Mn、Si、P 含量）。结果判定应遵守相关规范规定。拉力试验有不合格项，则该盘不得使用；弯曲试验如有不合格项，则该盘不得使用，并应从未经取样的钢筋中取双倍数量的试件进行不合格项目的复试，复试结果仍有试样不合格，则该批不合格；化学成分如有不符合标准要求项，从同一批未经检验的钢筋中取双倍数量的试件复试，复试结果仍有试件不合格，则该批不合格。

（6）冷拔低碳钢丝。采用标准主要有现行《金属材料 线材 反复弯曲试验方法》（GB/T 238）。组批规则是甲级钢丝逐盘检验；乙级钢丝以同一直径每 5t 为一批。抽样数量为甲级钢丝每盘取拉伸试件 1 个、反复弯曲试件 1 个；乙级钢丝每批取拉伸试件 3 个、反复弯曲试件 3 个。抽样方法为对甲级钢丝，从每盘钢丝上的任一端截去不少于 500mm 后，再取拉伸试件 1 个、反复弯曲试件 1 个；对乙级钢丝，从每批钢丝中任取 3 盘，从每盘钢丝的任一端截去不少于 500mm 后，再取拉伸试件 1 个、反复弯曲试件 1 个。检验项目包括抗拉试验（测定抗拉强度、伸长率）、反复弯曲试验（测定弯曲角度、弯曲次数）。结果判定应遵守相关规范规定，甲级钢丝力学性能符合规范规定时，应判其合格，并按抗拉强度确定该盘钢筋的组别；盘中另取双倍数量试样再做试验，凡有不合格的试样，则该批不能使用。

（7）钢绞线。采用标准主要有现行 GB/T 5224。组批规则是预应力钢绞线应成批验收，每批由同一钢号、同一规格、同一生产工艺制造的钢绞线组成，每批重量不大于 60t。抽样数量为每批取拉伸试件 3 根，若每批少于 3 盘，则应逐盘检验。抽样方法是在每批钢绞线中选取 3 盘，从每盘所选的钢绞线端部正常部位截取 1 根试样，试样长度不少于 800mm。检验项目包括拉力试验（测定破坏负荷、伸长率）。结果判定应遵守相关规范规定，钢绞线力学性能符合标准规定的为合格；如有不合格项，则该盘报废，并应再从未试验过的钢绞线中取双倍数量的试件复验，如仍有不合格项，则该批应判为不合格。

（8）碳素结构钢。采用标准主要有现行 GB/T 700、《钢及钢产品 力学性能试验取样位置及试样制备》（GB/T 2975）、GB/T 228.1、GB 232、GB/T 222、GB/T 20066。组批规则是钢材应成批验收，每批由同一牌号、同一炉罐号、同一等级、同一尺寸、同一交货状态组成，每批重量不得大于 60t。抽样数量为每批钢材取拉伸试件 1 个、化学分析试件 1 个，根据生产需要，取冷弯试件 2 个。抽样方法是根据型钢、钢板的具体形状和尺寸采用不同方法分类取样，具体可查阅相关手册。检验项目包括抗拉试验（测定屈服点、抗拉强度、伸长率）、化学分析试验（测定 C、S、Mn、Si、P 含量），还应根据生产需要做冷弯或反复弯曲试验（测定弯心直径、弯曲角度）。结果判定应遵守相关规范规定，钢材试验结果符合标准的为合格；其中有试验结果不符合标准要求项时，应从同一批中任取双倍数量的试件进行该项目的复试，如仍有不合格项，则该批钢材不合格。

思考题与习题

1. 简述钢材的特点及分类。
2. 建筑用钢材主要考虑哪些力学性能？
3. 建筑用钢材有哪些工艺性能要求？
4. 建筑用钢材晶体组织的特点是什么？
5. 简述钢的化学成分对钢材性能的影响。
6. 建筑用钢材的主要品种有哪些？
7. 简述常用建筑钢材的类型及特点。
8. 建筑钢材的选用原则是什么？
9. 钢材腐蚀的原因是什么？
10. 钢材的防腐方法有哪些？如何进行？
11. 简述建筑用铝合金的类型及特点。

第8章　墙体材料与屋面材料

8.1　传统墙体材料

传统墙体材料主要包括烧结砖、砌块、板材三大类。

8.1.1　烧结砖

砖是砌筑用小型块材，按生产工艺的不同分烧结砖和非烧结砖两大类；按规格、孔洞率、孔尺寸大小和孔数量的不同可分为普通砖、多孔砖和空心砖等类型。烧结砖是指以黏土、页岩、粉煤灰、煤矸石等为主要原料经焙烧制成的砖。烧结砖常结合主要原料命名，如烧结黏土砖、烧结页岩砖、烧结粉煤灰砖、烧结煤矸石砖、煤矸石烧结标砖（图 8-1-1）和全煤矸石烧结空心砖（图 8-1-2）等。

图 8-1-1　煤矸石烧结标砖

图 8-1-2　全煤矸石烧结空心砖

1. 烧结普通砖

烧结普通砖是指以黏土、页岩、粉煤灰、煤矸石为主要原料经焙烧而成的普通砖。现行《烧结普通砖》（GB/T 5101）规定了烧结普通砖的强度和抗风化性能合格砖的标准，并根据砖的尺寸偏差、外观质量、泛霜和石灰爆裂程度将其分为优等品（A）、一等品（B）、合格品（C）3 个质量等级。烧结普通砖的主要技术性质包括外观质量和尺寸偏差、强度等级、耐久性指标、抗风化性能、抗冻性能。耐久性指标主要通过泛霜、石灰爆裂等体现。

（1）外观质量和尺寸偏差。如图 8-1-3 所示，烧结普通砖的外形为矩形体，其标准尺寸为长 240mm、宽 115mm、厚 53mm。其中，240mm×115mm 的面称为大面；240mm× 53mm 的面称为条面；115mm×53mm 的面称为顶面。烧结普通砖的优等品颜色必须基本一致，且外观质量和尺寸偏差应符合表 8-1-1 的要求。

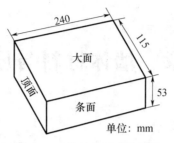

图 8-1-3　烧结普通砖的外形

表 8-1-1　烧结普通砖的外观质量要求

项目		优等品		一等品		合格品	
		样本平均偏差	样本极差（≤）	样本平均偏差	样本极差（≤）	样本平均偏差	样本极差（≤）
尺寸偏差（mm）	长度 240	±2.0	8	±2.5	8	±3.0	8
	宽度 115	±1.5	6	±2.0	6	±2.5	6
	高度 53	±1.5	4	±1.6	5	±2.0	5
两条面高度差不大于（mm）		2		3		5	
弯曲不大于（mm）		2		3		5	
杂质凸出高度不大于（mm）		2		3		5	
缺棱掉角的 3 个破坏尺寸不得同时大于（mm）		15		20		30	
裂纹长度不大于（mm）	大面上宽度方向及其延伸至条面的长度	70		70		110	
	大面上长度方向及其延伸至顶面的长度或条、顶面上水平裂纹长度	100		100		150	
完整面		一条面和一顶面		一条面和一顶面		—	
颜色		基本一致		—		—	

（2）强度等级。烧结普通砖按抗压强度的不同分为 MU30、MU25、MU20、MU15、MU10、MU7.5 等 6 个强度等级，各强度等级应符合表 8-1-2 的规定。

表 8-1-2　烧结普通砖的强度等级（MPa）

强度等级	抗压强度平均值 f（≥）	变异系数 $\delta \leq 0.21$	变异系数 $\delta > 0.21$
		抗压强度标准值 f_k（≥）	单块最小抗压强度值 f_{min}（≥）
MU30	30.0	22.0	25.0
MU25	25.0	18.0	22.0
MU20	20.0	14.0	16.0
MU15	15.0	10.0	12.0
MU10	10.0	6.5	7.5
MU7.5	7.5	4.5	5.0

（3）耐久性指标。烧结砖原料中含有害杂质或生产工艺不当，均会造成烧结砖的质量缺陷，并影响耐久性。烧结砖的主要缺陷及耐久性指标包括泛霜、石灰爆裂。生产原料中含有硫酸钠等可溶性无机盐时，这些盐在烧结过程中会隐含在烧结砖内部，砖吸水后再次干燥时，这些可溶盐会随水分向外迁移并渗到砖的表面，水分蒸发后便会留下白色粉末状、絮团或絮片状的盐，这种现象称为泛霜。泛霜不仅有损于建筑物的外观，且其结晶膨胀还会引起砖的表层酥松甚至剥落。石灰爆裂是指生产烧结砖的原料中夹有石灰石等杂物时焙烧会被烧成生石灰块等物质，使用时生石灰会吸水熟化，且体积会显著膨胀，从而导致砖块裂缝甚至崩溃。石灰爆裂不仅会导致砖外观缺陷的出现，以及强度的降低，严重时还会使砌体强度降低甚至破坏。烧结砖的泛霜和石灰爆裂指标应符合表 8-1-3 的规定。

表 8-1-3　烧结普通砖的泛霜及石灰爆裂技术要求

项目	优等品	一等品	合格品
泛霜	无泛霜	不允许出现中等泛霜	不允许出现严重泛霜
石灰爆裂	不允许出现最大破坏尺寸大于 2mm 的爆裂区域	最大破坏尺寸不超过 10mm 且大于 2mm 的爆裂区域，每组砖样不得多于 15 处；不得出现最大破坏尺寸超过 10mm 的爆裂区域	最大破坏尺寸不超过 15mm 且大于 2mm 的爆裂区域，每组砖样不得多于 15 处，其中超过 10mm 的不得多于 7 处；不得出现最大破坏尺寸超过 15mm 的爆裂区域

（4）抗风化性能。抗风化性能是指在干湿变化、温度变化、冻融变化等物理因素作用下，材料不被破坏并长期保持原有性质的能力。我国按风化指数分为严重风化区（风化指数≥12700）和非严重风化区（风化指数＜12700）。风化指数是指每年日气温从正温降至负温或从负温升至正温的平均天数与每年从霜冻之日起至消失霜冻之日止这一期间降雨总量（以 mm 计）的平均值的乘积。我国风化区的划分见表 8-1-4。

表 8-1-4　我国风化区的划分

严重风化区	黑龙江、吉林、辽宁、内蒙古、新疆、宁夏、甘肃、青海、陕西、山西、河北、北京、天津
非严重风化区	山东、河南、安徽、江苏、湖北、江西、浙江、四川、贵州、福建、台湾、广东、广西、湖南、云南、西藏、上海、海南、重庆

成品砖中不允许有欠火砖、酥砖和螺旋纹砖。烧结普通砖虽然价格低廉、历史悠久，但黏土砖具有大量毁坏良田、自重大、能耗高、尺寸小、施工效率低、抗震性能差等缺点，因此，目前正大力推广新型墙体材料，利用空心砖、工业废渣砖及砌块、轻质板材等新型墙体材料来代替实心黏土砖。

2. 烧结多孔砖

如图 8-1-4 所示，烧结多孔砖通常是指内孔径不大于 22mm 或非圆孔内切圆直径不大于 15mm、孔洞率不小于 15%、孔的尺寸小而数量多的烧结砖。烧结多孔砖有 M、P 两种规格，M 型尺寸为 190mm×190mm×90mm，P 型尺寸为 240mm×115mm×90mm。现行《烧结多孔砖和多孔砌块》（GB/T 13544）对烧结多孔砖的强度和抗风化性能作了详细的规定，根据其尺寸偏差、外观质量、孔形及孔洞排列、泛霜、石灰爆裂情况，将其分为优等品（A）、一等品（B）和合格品（C）3 个质量等级。

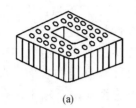

(a)

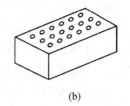

(b)

图 8-1-4　烧结多孔砖

(1) 尺寸偏差和外观质量。烧结多孔砖的尺寸偏差和外观质量应分别符合表 8-1-5 和表 8-1-6 的要求。

表 8-1-5　烧结多孔砖的尺寸偏差（mm）

尺寸	优等品		一等品		合格品	
	样本平均偏差	样本极差（≤）	样本平均偏差	样本极差（≤）	样本平均偏差	样本极差（≤）
290、240	±2.0	6	±2.5	7	±3.0	8
190、180、175、140、115	±1.5	5	±2.0	6	±2.5	7
90	±1.5	4	±1.6	5	±2.0	6

表 8-1-6　烧结多孔砖的外观质量（mm）

项目		优等品	一等品	合格品
颜色（一条面和一顶面）		一致	基本一致	—
完整面不得少于		一条面和一顶面	一条面和一顶面	—
缺棱掉角的 3 个破坏尺寸不得同时大于		15	20	30
裂纹长度不大于	大面上深入孔壁 15mm 以上，宽度方向及其延伸到条面的长度	60	80	100
	大面上深入孔壁 15mm 以上，长度方向及其延伸到顶面的长度	60	100	120
	条、顶面上的水平裂纹	80	100	120
杂质在砖面上造成的凸出高度不大于		3	4	5

(2) 强度等级。以 5 块多孔砖进行试验，根据抗压强度、抗折荷重不同，将多孔砖分为 MU30、MU25、MU20、MU15、MU10、MU7.5 等 6 个强度等级（表 8-1-7）。

表 8-1-7　烧结多孔砖的强度标准

产品等级	强度等级	抗压强度（MPa）		抗折荷重（kN）	
		平均值（≥）	单块最小值（≥）	平均值（≥）	单块最小值（≥）
优等品	MU30	30.0	22.0	13.5	9.0
	MU25	25.0	18.0	11.5	7.5
	MU20	20.0	14.0	9.5	6.0
一等品	MU15	15.0	10.0	7.5	4.5
	MU10	10.0	6.0	5.5	3.0
合格品	MU7.5	7.5	4.5	4.5	2.5

（3）耐久性指标。烧结多孔砖的耐久性指标见表 8-1-8。

表 8-1-8　烧结多孔砖的耐久性指标

项目	鉴别指标
抗冻性	经 15 次冻融循环后，每块砖样均须符合 2 条要求，即干重损失率不大于 2％；被冻裂砖样裂纹长度不大于表 8-1-6 中合格品的规定
泛霜	优等品每块砖样不允许出现轻微泛霜；一等品每块砖样不允许出现中等泛霜；合格品每块砖样不允许出现严重泛霜
每组砖样的平均吸水率	优等品：不大于 22％；一等品：不大于 25％；合格品：无要求
石灰爆裂	试验后的每块砖样外观质量指标应符合表 8-1-6 中的规定，同时每组砖样的表面必须符合以下相应等级的要求：对优等品，具有不超过 2 处最大直径为 2～5mm 的爆裂点的砖样不得多于 2 块，且爆裂不得在同一条面或顶面上出现；具有 1 处最大直径为 5～10mm 的爆裂点的砖样不得多于 1 块；在各面上不允许有最大直径大于 10mm 的爆裂点。对一等品，具有不超过 2 处最大直径为 5～10mm 的爆裂点的砖样不得多于 2 块，且爆裂点不得在同一条面或顶面上出现；在各面上不允许有最大直径大于 10mm 的爆裂点。对合格品，在条面和顶面上不得出现最大直径大于 10mm 的爆裂点

3. 烧结空心砖

如图 8-1-5 所示，烧结空心砖是指孔洞率不小于 15％、孔尺寸大而数量少的烧结砖。烧结空心砖的外形为直角六面体，在与砂浆的接合面上应设有增加结合力的深度为 1mm 以上的凹线槽。烧结空心砖孔洞采用矩形条孔或其他孔形，且孔平行于大面和条面。

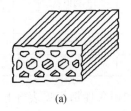
(a)
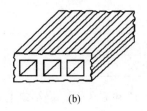
(b)

图 8-1-5　烧结空心砖

（1）密度等级。烧结空心砖根据表现密度的不同可分为 800、900、1000 等 3 个密度等级（表 8-1-9）。每个密度等级的烧结空心砖又可根据孔洞及其排数、尺寸偏差、外观质量、强度等级和物理性能分为优等品（A）、一等品（B）和合格品（C）3 个等级。

表 8-1-9　烧结空心砖密度等级（kg/m³）

密度等级	800	900	1100
5 块密度平均值	≤800	801～900	901～1100

（2）尺寸偏差和外观质量。烧结空心砖的尺寸偏差和外观质量要求见表 8-1-10。

表 8-1-10　烧结空心砖的尺寸偏差和外观质量要求

项目		尺寸允许偏差（mm）		
		优等品	一等品	合格品
尺寸（mm）	＞200	±4	±5	±7
	100～200	±3	±4	±5
	＜100	±3	±4	±4

项目		尺寸允许偏差（mm）		
		优等品	一等品	合格品
弯曲不大于		3	4	5
缺棱掉角的 3 个破坏尺寸不得同时大于		15	30	40
未贯穿裂纹长度不大于	大面上宽度方向及其延伸到条面的长度	不允许	100	140
	大面上长度方向或条面上水平方向的长度	不允许	120	160
贯穿裂纹长度不大于	大面上宽度方向及其延伸到条面的长度	不允许	60	80
	壁、肋沿长度方向、宽度方向及水平方向的长度	不允许	60	80
肋、壁内残缺长度不大于		不允许	60	80
完整面不少于		一条面和一大面	一条面或一大面	—
欠火砖和酥砖		不允许	不允许	不允许

（3）强度等级。根据 5 块空心块的抗压强度可将烧结空心砖分为 MU5.0、MU3.0、MU2.0 等 3 个强度等级（表 8-1-11）。

表 8-1-11　烧结空心砖的强度等级（MPa）

等级	强度等级	大面抗压强度		条面抗压强度	
		平均值（≥）	单块最小值（≥）	平均值（≥）	单块最小值（≥）
优等品	MU5.0	5.0	3.7	3.4	2.3
一等品	MU3.0	3.0	2.2	2.2	1.4
合格品	MU2.0	2.0	1.4	1.6	0.9

（4）物理性质和耐久性。烧结空心砖的物理指标和耐久性指标见表 8-1-12。

表 8-1-12　烧结空心砖的物理指标和耐久性指标

项目	鉴别指标
冻融	优等品不允许出现裂纹、分层、掉皮、缺棱掉角等冻坏现象；一等品、合格品冻裂长度不大于表 8-1-8 中的合格规定，不允许出现分层、掉皮、缺棱掉角等冻坏现象
泛霜	优等品不允许出现轻微泛霜；一等品不允许出现中等泛霜；合格品不允许出现严重泛霜
石灰爆裂	试验后的每块试样应符合表 8-1-8 中的规定，同时每组试验必须符合相应等级的相关要求；对优等品，在同一大面和条面上出现不多于 1 处最大直径 5～10mm 的爆裂区域的试样不得多于 1 块；对一等品，在同一大面和条面上出现不多于 1 处最大直径 5～10mm 的爆裂区域的试样不得多于 3 块，各面出现不多于 1 处最大直径 10～15mm 的爆裂区域的试样不得多于 2 块；对合格品，各面不得出现最大直径大于 15mm 的爆裂区域
吸水率	优等品：不大于 22%；一等品：不大于 25%；合格品：不要求

8.1.2　砌块

砌块是砌筑用的人造块材，是一种新型墙体材料，其外形多为直角六面体，也有异形的。砌块系列中主规格的长度、宽度或高度有一项或一项以上会分别超过 365mm、240mm 或 115mm，但砌块高度一般不超过其长度或宽度的 6 倍，长度不超过高度的 3

倍。砌块的分类方法很多，按主规格高度的不同分为小型砌块（高度为115～380mm）、中型砌块（高度为380～980mm）和大型砌块（高度大于980mm），并分别简称小砌块、中砌块和大砌块；按其在结构中作用的不同分为承重砌块和非承重砌块；按有无孔洞及空心率大小不同分为实心砌块（无孔洞或空心率小于25％）和空心砌块（空心率不小于25％）；按材质的不同分为混凝土砌块、硅酸盐砌块，轻集料混凝土砌块等。常用砌块有混凝土小型空心砌块、蒸压加气混凝土砌块、粉煤灰砌块。

（1）混凝土小型空心砌块。混凝土小型空心砌块是以普通混凝土制成的，为减轻空心砌块的自重，可使用陶粒、煤渣、煤矿石和膨胀珍珠岩等轻集料。工程中常用的砌块尺寸一般为390mm×190mm×190mm、290mm×190mm×190mm、190mm×190mm×190mm，孔洞率一般为35％～60％。混凝土小型空心砌块按外观质量的不同分为一等品和二等品；按强度分为MU3.5、MU5.0、MU7.5、MU10.0、MU15.0等5个等级（表8-1-13）。

表 8-1-13　砌块的抗压强度标准

强度等级		MU3.5	MU5.0	MU7.5	MU10.0	MU15.0
抗压强度（MPa）	5块平均值（≥）	3.5	5.0	7.5	10.0	15.0
	单块最小值（≥）	2.8	4.0	6.0	8.0	12.0

（2）蒸压加气混凝土砌块。蒸压加气混凝土砌块是以钙质材料（如水泥、石灰等）、硅质材料（如砂、矿渣、粉煤灰等）以及加气剂（如铝粉）等经配料、搅拌、浇注、发气、切割和蒸压养护而成的多孔轻质块体材料。蒸压加气混凝土砌块的规格见表8-1-14。砌块按尺寸偏差、表观密度分为优等品（A）、一等品（B）、合格品（C）3个等级。蒸压加气混凝土砌块的密度级别标准见表8-1-15。蒸压加气混凝土砌块的强度、干缩值、抗冻性标准见表8-1-16。

表 8-1-14　蒸压加气混凝土砌块的规格（mm）

项目	第一系列	第二系列
长度	600	600
高度	200、250、300	240、300
宽度	75、100、125、150、175、200、225、250…（以25递增）	60、120、180、240…（以60递增）

表 8-1-15　蒸压加气混凝土砌块的密度级别标准

密度级别		04	05	06	07	08
干表观密度（kg/m³）	优等品（A）（≤）	400	500	600	700	800
	一等品（B）（≤）	430	530	630	730	830
	合格品（C）（≤）	450	550	650	750	850

表 8-1-16　蒸压加气混凝土砌块的强度、干缩值、抗冻性标准

强度等级		25	35	50	75
立方体抗压强度（MPa）	平均值	≥2.5	≥3.5	≥5.0	≥7.5
	最小值	≥2.0	≥2.8	≥4.0	≥6.0

强度等级		25	35	50	75
密度级别		04、05	05、06	06、07	07、08
干燥收缩值 （mm/m）	温度（50±1）℃，相对湿度28％～32％条件下测定	≤0.8	≤0.8	≤0.8	≤0.8
	温度（20±2）℃，相对湿度41％～45％条件下测定	≤0.5	≤0.5	≤0.5	≤0.5
抗冻性	质量损失（％）	≤5	≤5	≤5	≤5
	强度损失（％）	≤20	≤20	≤20	≤20

（3）粉煤灰砌块。粉煤灰砌块是以粉煤灰、石灰、石膏和集料等为原料，加水搅拌、振动成型、蒸汽养护而制成的密实砌块。其主规格外形尺寸有880mm×380mm×240mm和880mm×430mm×240mm两种。粉煤灰砌块按外观质量、尺寸偏差和干缩性能分为一等品（B）和合格品（C）两个等级。粉煤灰砌块按立方体抗压强度分为MU10和MU13两个强度等级。

8.1.3　板材

目前常用的板材主要是新型墙体板材。常用的墙体板材有混凝土墙板、轻质复合墙板和屋面板等。新型墙体板材（简称新型板材）品种很多，大体可分为新型薄板材、新型墙用条板和新型复合条板3类。新型薄板材主要以薄板和龙骨组成墙体，其品种有玻璃纤维增强水泥板、纸面石膏板、石棉水泥板、纤维增强硅酸钙板、水泥木屑板、水泥刨花板、稻壳板等。轻质、高强、应用灵活、施工方便是这类板材的最大特点。

（1）玻璃纤维增强水泥板（简称GRC）。轻质多孔隔墙条板是典型的玻璃纤维增强水泥板。如图8-1-6所示，轻质多孔隔墙条板是以低碱水泥为胶结料、耐碱玻璃纤维或其网格布为增强材料、膨胀珍珠岩（也可用炉渣、粉煤灰等）为轻集料，并配以发泡剂和防水剂等，经配料、搅拌、浇筑、振动成型、脱水、养护而成的。

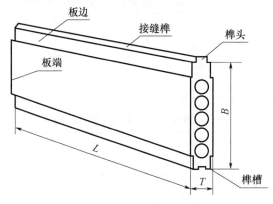

图 8-1-6　玻璃纤维增强水泥板

（2）纸面石膏板。纸面石膏板是由石膏芯材与护面纸组成的，按其用途不同分为普通纸面石膏板、耐水纸面石膏板和耐火纸面石膏板3种。纸面石膏板表面平整、尺寸稳定，具有自重轻、保温隔热、隔声、防火、抗震、可调节室内湿度、加工性好、施工简便等优点，但用纸量较大，成本较高。

（3）轻型复合条板。轻型复合条板是以绝热材料为芯材，以金属材料或非金属材料为面材，经不同方式复合而成的，有工厂预制和现场复合两种方式。钢丝网架水泥夹芯板的芯材可为聚苯乙烯泡沫板、岩棉、矿渣棉或膨胀珍珠岩等，但其面层都是以水泥砂浆抹面的。此类板材包含了泰柏系列、3D 板系列、舒乐舍板钢板网等。金属面夹芯板的芯材可为聚苯乙烯泡沫塑料、硬质聚氨酯泡沫塑料、岩棉、矿渣棉、酚醛泡沫塑料、玻璃棉等。

8.2 传统屋面材料

黏土瓦作为防水、保温、隔热屋面材料具有悠久的使用历史，是我国使用较多、历史较长的屋面材料之一。黏土瓦同黏土砖一样存在破坏耕地、浪费能源问题，因此，正在逐步被大型水泥类瓦材和高分子类复合瓦材所取代。常用屋面材料的主要组成材料、特性和应用范围见表 8-2-1。

表 8-2-1 常用屋面材料的主要组成材料、特性和应用范围

品种		主要组成材料	主要特性	主要作用
烧结类瓦材	黏土瓦	黏土、页岩	常用，但自重大，易脆裂	民用建筑坡形屋面防水
	琉璃瓦	难熔黏土	表面光滑、质地坚密、色彩美丽、耐久性好	高级屋面防水与装饰
水泥类瓦材	混凝土瓦	水泥、砂或无机硬质细集料	成本低、耐久性好，但重量大	同黏土瓦
	纤维增强水泥瓦	水泥、增强纤维	防水、防潮、防腐、绝缘	厂房、库房、堆货棚、凉棚
	钢丝网水泥大波瓦	水泥、砂、钢丝网	尺寸、重量较大	工厂散热车间、仓库、临时性围护结构
高分子类复合瓦材	玻璃钢波形瓦	不饱和聚酯树脂、玻璃纤维	轻质、高强、耐冲击、耐热、耐蚀、透光率高、制作简单	遮阳、车站站台、售货亭、凉棚等屋面
	塑料瓦楞板	聚氯乙烯树脂、配合剂	轻质、高强、防水、耐蚀、透光率高、色彩鲜艳	凉棚、果棚、遮阳板、简易建筑屋面
	木质纤维波形瓦	木纤维、酚醛树脂防水剂	防水、耐热、耐寒	活动房屋、轻结构房屋、车间、仓库、料棚、临时设施等屋面
	玻璃纤维沥青瓦	玻璃纤维薄毡改性沥表	轻质、黏结强、抗风化、施工方便	民用建筑坡形屋面
轻型复合板材	EPS轻型板	彩色涂层钢板、自熄聚苯乙烯、热固化胶	集承重、保温、隔热、防水、装修为一体，且施工方便	体育馆、展览厅、冷库等跨度屋面结构
	硬质聚氨酯夹芯板	镀锌彩色压型钢板、硬质聚氨酯泡沫	集承重、保温、防水为一体，且耐候性极强	大型工业厂房、仓库、公共设施等大跨度屋面结构和高层建筑屋面结构

8.3 现代墙体材料

现代墙体材料包括现代块体材料、现代板材等类型。

非烧结墙体材料所用的原材料及配合比应符合现行规范的相应规定。砌筑蒸压砖、蒸压加气混凝土砌块、混凝土小型空心砌块墙体时，宜采用专用砌筑砂浆。有机材料制成的墙体材料产品说明书中应标注其使用年限。不宜采用非蒸压硅酸盐砖（砌块）、氯氧镁板材及非蒸压的泡沫混凝土制品。

8.3.1 现代块体材料

（1）现代块体材料的外型尺寸。现代块体材料的外型尺寸除应符合建筑模数外，还应遵守以下 6 条规定。

① 含孔块材的孔洞率、壁及肋厚度等应符合表 8-3-1 的要求；

② 承重单排孔混凝土小型空心砌块的孔型应保证其砌筑时上下皮砌块的孔与孔相对，多孔砖及自承重单排孔小砌块的孔型宜采用半盲孔；

③ 薄灰缝砌体结构的块体材料，其块型外观几何尺寸误差不应大于 ±1.0mm；

④ 蒸压加气混凝土砌块应有长度尺寸 L 和实际长度尺寸 L_0 标注；

⑤ 蒸压加气混凝土砌块不得有未切割面，其切割面不得有鱼鳞状附着屑；

⑥ 夹心复合砌块的二肢块体之间应有可靠的拉结。

表 8-3-1 中，承重含孔块材的孔的长度与宽度比不应大于 2；沿长度方向中部不得设孔；烧结承重多孔砖最小肋厚不受该表限制；烧结自承重块体材料的最小外壁厚度及肋厚不受该表限制。

表 8-3-1 含孔块材的孔洞率、壁及肋厚度要求

块体材料类型及用途		孔洞率（%）	最小外壁厚度（mm）	最小肋厚（mm）	其他要求
含孔砖	用于承重墙	≤35	18	18	—
	用于自承重墙	—	10	10	—
砌块	用于承重墙	≤47	30	25	孔的圆角半径应不小于20mm
	用于自承重墙	—	13	13	—

（2）现代块体材料的强度等级。现代块体材料的强度等级应符合以下 4 条规定。

① 产品标准除应给出抗压强度等级外，还应给出变异系数的限值；

② 承重块体材料的折（劈）压比不应小于表 8-3-2 要求的数值；

③ 块体材料的最低强度等级应符合表 8-3-3 的规定；

④ 用于建筑分户隔墙的保温块体材料，其强度等级不应低于 MU3.5。

表 8-3-2 中的蒸压实心砖包括蒸压灰砂砖和蒸压粉煤灰砖；多孔砖包括烧结多孔砖和混凝土多孔砖。表 8-3-3 中防潮层以下宜采用实心砖或预先将孔灌实的多孔砖（空心砌块）；水平孔块体材料不得用于承重砌体。

表 8-3-2　承重块体材料的折（劈）压比最低限值

承重块体材料种类	块材高度（mm）	承重块体材料强度等级				
		MU30	MU25	MU20	MU15	MU10
		折压比				
蒸压实心砖	53	0.16	0.18	0.20	0.25	—
多孔砖	90	0.21	0.23	0.24	0.27	0.32
蒸压加气混凝土（100mm×100mm×100mm）	—	承重块体材料强度等级				
		A5.0			A7.5	
		劈压比				
		0.15			0.13	

表 8-3-3　块体材料的最低强度等级

块体材料用途及类型		最低强度等级	备注
承重墙	烧结多孔砖、混凝土砖	MU10	用于外墙及潮湿环境的内墙时，强度应提高一个等级
	蒸压砖	MU15	
	混凝土小型空心砌块	MU7.5	以粉煤灰作为混凝土小型空心砌块掺合料，生产粉煤灰混凝土小型空心砌块时，粉煤灰的品质和掺量应符合国家现行标准的规定
	蒸压加气混凝土砌块	A5.0	—
自承重墙	轻集料混凝土空心砌块	MU2.5	强度等级为 MU2.5 时，仅限于全烧结陶粒砌块，且密度等级不得大于 800 级，用于内墙；用于外墙及潮湿环境的内墙时，全陶粒砌块强度等级不应低于 MU3.5；采用其他轻集料砌块，应相应提高一个强度等级；不得用炉渣和非烧结陶粒作轻集料
	蒸压加气混凝土砌块	A2.5	—
	其他块材	MU3.5	用于外墙及潮湿环境的内墙时，强度等级不应低于 MU5.0

（3）现代块体材料的物理性能。现代块体材料的物理性能应符合以下 5 条要求。

① 材料标准应给出吸水率和干燥收缩率限值；

② 碳化系数不应小于 0.85；

③ 软化系数不应小于 0.85；

④ 抗冻性能应符合表 8-3-4 的规定；

⑤ 线膨胀系数不宜大于 $1.0 \times 10^{-5}/℃$。

表 8-3-4 中，非采暖地区指最冷月平均气温高于 $-5℃$ 的地区；采暖地区指最冷月平均气温不高于 $-5℃$ 的地区；F 指冻融循环次数。

表 8-3-4　块体材料的抗冻性能

使用条件	抗冻标号	质量损失（%）	强度损失（%）
非采暖地区	F25	≤5	≤25
采暖地区	F50		

8.3.2　现代板材

常见的现代板材有骨架隔墙覆面平板、预制隔墙板、预制外墙板等。骨架隔墙覆面平板的表面平整度不应大于 1.0mm。预制隔墙板的表面平整度不应大于 2.0mm，厚度偏差不应大于 ±1.0mm。隔墙板的金属拉结件或钢丝应进行防腐蚀处理。骨架隔墙覆面平板的断裂荷载（抗折强度）应在各相应标准指标的基础上提高 20%。

（1）隔墙板的力学性能。隔墙板的力学性能应符合以下 3 条规定。

① 预制隔墙板抗弯的横向最大挠度 a 应小于允许挠度 a_f，且板表面应不开裂（$a_f = l/250$，l 为受弯试件支座间的距离）；

② 抗冲击次数不应少于 5 次；

③ 单点吊挂力不应小于 1000N。

（2）隔墙板的物理性能。隔墙板的物理性能应符合以下 2 条规定。

① 质量含水率不应大于 10%；

② 应满足建筑热工、隔声及防火要求。

（3）预制外墙板的构造设计。预制外墙板的构造设计除应满足建筑热工、隔声及防火要求外，还应符合以下 3 条规定。

① 应进行单块板抗风设计；

② 应进行与主体结构连接的构造设计；

③ 板部件的耐久性应符合相关标准规定。

8.3.3　现代墙体材料对砂浆的要求

设计有抗冻性要求的墙体时，其砂浆应进行冻融试验，抗冻性能应与墙体块材相同。专用砌筑砂浆和预拌抹灰砂浆有抗压强度、黏结强度、抗折强度、收缩率、碳化系数、软化系数等指标要求。用于提高砌体强度的专用砌筑砂浆应进行研究性试验，并须通过技术鉴定。

（1）现代墙体材料对砌筑砂浆的要求。砌筑砂浆应符合以下 5 条要求。

① 强度等级不应低于 M5.0（专用砌筑砂浆为 Ma5.0、Mb5.0、Mf5.0），当采用水泥砂浆时，须提高一个强度等级，室内地坪以下及潮湿环境砌体的砂浆强度等级不应低于 M10，且应为水泥砂浆、预拌砂浆或专用砌筑砂浆；

② 预拌砂浆、专用砂浆的力学指标应符合相应标准的规定；

③ 掺引气剂的砌筑砂浆，其引气量应不大于 20%；

④ 水泥砂浆的最低水泥用量不应小于 200kg/m³；

⑤ 水泥砂浆的密度应不小于 1900kg/m³，水泥混合砂浆的密度不应小于 1800kg/m³。

（2）现代墙体材料对抹灰砂浆的要求。抹灰砂浆应符合以下 5 条要求。

① 相关应用标准应给出抹灰砂浆的抗压强度等级、黏结强度最低限值和收缩率指标；

② 抹灰砂浆的强度等级不应小于 M5.0，黏结强度不应小于 0.15MPa；

③ 外墙抹灰砂浆宜采用防裂砂浆，采暖地区砂浆的强度等级不应小于 M15，非采暖地区砂浆的强度等级不应小于 M10；

④ 地下室及潮湿环境应采用具有防水性能的水泥砂浆或预拌防水砂浆；

⑤ 墙体宜采用薄层抹灰砂浆。

8.3.4 现代墙体材料对灌孔混凝土的要求

灌孔混凝土应符合两条规定，即强度等级 C_b 不应小于块材混凝土的强度等级；设计有抗冻性要求的墙体时，其灌孔混凝土应根据使用条件和设计要求进行冻融试验。

8.3.5 现代墙体材料对保温、连接及其他材料的要求

（1）现代墙体材料对保温的要求。墙体保温材料应符合以下 9 条规定。

① 墙体保温材料不得单独用于严寒及寒冷地区除加气混凝土墙体以外的建筑外墙内、外保温；

② 墙体内、外保温材料的干密度应符合表 8-3-5 的规定；

③ 不得采用掺有无机掺合料的膨胀聚苯板（EPS 板）、挤塑聚苯板（XPS 板）；

④ 外墙保温体系中不得采用由再生料制成的 EPS、XPS 板；

⑤ 当相对变形为 10% 时，EPS 板和 XPS 板的压缩强度应分别不小于 0.10MPa 和 0.20MPa，墙体外保温的 XPS 板的抗压强度不应小于 0.20MPa；

⑥ 胶粉 EPS 颗粒保温浆料的抗压强度不应小于 0.20MPa，无机保温砂浆的压缩强度不应小于 0.40MPa（浆料养护不得少于 28d）；

⑦ 墙体保温材料的导热系数、吸水率应符合相关标准的规定；

⑧ 墙体保温材料的氧指数及聚苯板出厂前的尺寸稳定性应符合相关标准的规定；

⑨ 进场保温材料应有永久性标识，标明产品类型、规格及型号，产品说明书应注明产品燃烧性能级别和使用寿命期限。

表 8-3-5 墙体保温材料的干密度

材料名称	膨胀聚苯板（EPS）	挤塑聚苯板（XPS）	聚苯颗粒保温浆料	聚氨酯泡沫	无机保温砂浆	玻璃棉毡	矿棉毡	硬质矿棉板	蒸压加气混凝土砌块	陶粒混凝土小型空心砌块	泡沫玻璃保温板
干密度（kg/m³）	≥18	25～32	180～250	≥35	300～1100	24～48	60～120	150～250	≤600	≤800	150～180

（2）现代墙体材料对连接的要求。连接材料应符合以下两条要求。

① 金属连接部件应进行防腐蚀处理或采用不锈钢连接件；

② 非金属连接部件应满足相关标准的承载力及耐久性要求，其产品说明书应注明材料使用寿命期限，不得采用再生材料制品。

（3）现代墙体材料对其他材料的要求。其他材料应遵守以下 4 条规定。

① 嵌缝腻子、硅酮密封及防水材料的产品说明书中应有耐老化指标；

② 板材接缝材料的黏结强度不应低于板材的抗折强度；

③ 玻璃纤维网格布应具有耐碱性能；

④ 外保温墙体所采用的饰面涂料应具有防水透气性。

8.4 新型墙体材料

新型墙体材料主要包括砖类（多孔砖和多孔砌块、空心砖和空心砌块、保温砖和保温砌块、复合保温砖和复合保温砌块、装饰砖、路面砖、烧结瓦等）、砌块类（普通混凝土砌块、轻质混凝土砌块、蒸压加气混凝土砌块、石膏砌块等）、板材类（蒸压加气混凝土板、GRC 墙板、水泥预制板、纤维增强水泥墙板、复合墙板、石膏板等）三大系列，50余个品种。除此之外，还有掺废墙体材料和特殊功能墙体材料等。墙体材料革新的目的不只是禁止使用实心黏土砖和限制黏土砖的发展，重要的是改变和优化墙体结构，使建筑物的自重由于建筑材料的减轻而减轻，而且保证建筑物的质量安全，同时在技术提升和优化工艺的基础上减少资源消耗。在节省资源、减小墙体厚度的前提下，使建筑物减少用地，增加使用面积，提高施工效率。

1. 砖类

砖类包括非黏土烧结多孔砖、非黏土烧结空心砖、混凝土多孔砖、蒸压粉煤灰砖、蒸压灰砂空心砖、烧结多孔砖（仅限西部地区）、烧结空心砖（仅限西部地区）。烧结多孔砖既可用作非承重墙，也可用作承重墙，其竖孔砌筑、热工性能较优，原料中的主要化学成分为 SiO_2 和 Al_2O_3（经 1050℃左右的高温烧结而成）。其体积稳定性高，且与水泥、石灰砂浆的黏结牢固可靠，墙体的质量通病容易克服，墙体自重比实心黏土砖轻（孔洞率为25％以上），隔热性能优于实心砖（因其砖块内有一定数量的孔洞而可产生一定的热阻）。相对多孔砖而言，如果孔洞数量少，且孔的尺寸大，砌筑时孔洞轴线呈水平方向，则称为烧结空心砖或空心砌块（其孔洞率达 40％以上），其墙体自重更轻、等效导热系数更小，但只能用于非承重墙。烧结空心砖采用的国家标准是现行《烧结空心砖和空心砌块》（GB/T 13545）。

2. 砌块类

砌块类包括普通混凝土小型空心砌块、轻集料混凝土小型空心砌块、烧结空心砌块（以煤矸石、江河湖淤泥、建筑垃圾、页岩为原料）、蒸压加气混凝土砌块、石膏砌块、粉煤灰小型空心砌块。

3. 板材类

板材类包括蒸压加气混凝土板、建筑隔墙用轻质条板、钢丝网架聚苯乙烯夹芯板、石膏空心条板、玻璃纤维增强水泥轻质多孔隔墙条板（简称 GRC 板）、金属面夹芯板（如金属面聚苯乙烯夹芯板、金属面硬质聚氨酯夹芯板等）、金属面岩棉（矿渣棉）夹芯板、建筑平板（如纸面石膏板、纤维增强硅酸钙板、纤维增强低碱度水泥建筑平板、维纶纤维增强水泥平板、建筑用石棉水泥平板等）。

4. 掺废墙体材料

掺废墙体材料是指原料中掺有不少于 30％的工业废渣、农作物秸秆、建筑垃圾、江（河、湖、海）淤泥的墙体材料产品（烧结实心砖除外）。

5. 特殊功能墙体材料

特殊功能墙体材料包括符合国家标准、行业标准和地方标准的混凝土砖、烧结保温砖

（砌块）、中空钢网内模隔墙、复合保温砖（砌块）、预制复合墙板（体），聚氨酯硬泡复合板及以专用聚氨酯为材料的建筑墙体等。

思考题与习题

1. 简述烧结砖、砌块、板材、传统屋面材料、现代块体材料、现代板材的类型及特点。

2. 简述现代墙体材料的基本要求。

3. 现代墙体材料对砂浆有哪些要求？

第9章 沥青及沥青混合料

9.1 沥青的类型及特点

沥青材料是以沥青为主要成分的一种有机结合料。沥青是由天然出产或各种有机物经热加工后得到的产品,是由多种化学成分极其复杂的烃类组成的。这些烃类为一些带有不同长短侧链的高度缩合的环烷烃和芳环烃,以及这些烃类的非金属元素(氧、氮、硫)的衍生物,有时还含有带一些微量金属元素(如钒、镍、锰、铁)的烃类等。这些烃类几乎能完全溶于二硫化碳、四氯化碳、三氯甲烷和苯等有机溶剂,其外观颜色呈黑色至黑褐色,在常温时可为液态、半固态或固态,具有高度非牛顿液体在复合黏-塑性或黏-弹性状态时的力学性质。沥青按其在自然界中获得方式的不同分为地沥青和焦油沥青两大类。

1. 地沥青

地沥青是由天然产物或石油精制加工得到的以沥青占绝对优势成分的沥青材料,按其产源不同可进一步细分为天然沥青、石油沥青。

(1)天然沥青。天然沥青是石油在自然条件下长时间受各种自然因素作用而形成的,它以纯粹沥青成分存在(如沥青湖、沥青泉或沥青海等),也可渗入各种孔隙性岩石中(如岩地沥青)与砂石材料相混(如地沥青砂、地沥青岩)。前者可直接使用,后者可作为混合料使用,还可用水熬煮或溶剂抽提得到纯地沥青后使用。

(2)石油沥青。石油沥青是指弥散于石油胶体中的沥青经各种石油精制加工而得到的产品,最常得到的有直馏沥青、氧化沥青、裂化沥青、溶剂脱沥青、调和沥青等,另外,还可经过加工而得到轻质沥青、乳化沥青等。我国天然沥青很少,但石油资源丰富,故石油沥青是使用量较大的一种沥青材料。

2. 焦油沥青

焦油沥青是指对各种有机物(如煤、泥炭、木材等)干馏加工中得到的焦油经再加工得到的产品。焦油沥青按其加工的有机物的名称来命名,如由煤干馏所得的煤焦油经再加工后所得到的沥青即称为煤沥青。除此以外,还有页岩沥青、木沥青和泥炭沥青等。

综上所述,沥青包括地沥青和焦油沥青两大类。地沥青有天然沥青、石油沥青两个分类;焦油沥青有煤沥青、木沥青、页岩沥青等若干分类。页岩沥青的技术性质接近于石油沥青,生产工艺则接近于焦油沥青,在目前的分类中暂属焦油沥青类。

9.2 石油沥青

9.2.1 石油沥青的组成

石油沥青是由多种碳氢化合物及其非金属（氧、硫、氮）的衍生物组成的混合物。其成分主要是碳（80%～87%）、氢（10%～15%），其次是氧、硫、氮等（<3%）非烃元素，此外还含有镍、钒、铁、锰、钙、镁、钠等微量的金属元素（含量都很小，约为百万分之一的量级）。石油沥青的化学成分复杂，为便于分析和使用，常将其物理、化学性质相近的成分归类为若干组（称为组分），不同的组分对沥青性质的影响也不同。通常认为石油沥青由油分、树脂质和沥青质 3 个组分组成。此外，沥青中还常含有一定量的固体石蜡。

（1）油分。油分为沥青中最轻的组分，呈淡黄色至红褐色，密度 0.7～1g/cm³，能溶于丙酮、苯、三氯甲烷等大多数有机溶剂，但不溶于酒精，在石油沥青中的含量为 40%～60%。油分使沥青具有流动性。

（2）树脂质。树脂质为密度略大于 1g/cm³ 的黑褐色或红褐色黏稠物质，能溶于汽油、三氯甲烷和苯等有机溶剂，但在丙酮和酒精中溶解度很低，在石油沥青中的含量为 15%～30%。树脂质使石油沥青具有塑性和黏结性。

（3）沥青质。沥青质为密度大于 1g/cm³ 的黑色固体物质，不溶于汽油、酒精，但能溶于二硫化碳和三氯甲烷中，在石油沥青中的含量为 10%～30%。沥青质决定了石油沥青的温度稳定性和黏性。

（4）固体石蜡。固体石蜡会降低沥青的黏结性、塑性、温度稳定性和耐热性。由于存在于沥青油分中的蜡是有害成分，因此，常采用氯盐处理，或用高温吹氧、溶剂脱蜡等方法对其进行处理。

石油沥青中的各组分是不稳定的。在阳光、空气、水等外界因素作用下，各组分之间会不断演变，油分、树脂质会逐渐减少，沥青质会逐渐增多，这一演变过程称为沥青的老化。沥青老化后，其流动性、塑性会变差，脆性会增大，从而使沥青失去防水、防腐功能。

9.2.2 石油沥青的结构

石油沥青的结构可用胶体理论进行解释。现代胶体学说认为，沥青中的沥青质是分散相的。油分是分散介质，但沥青质不能直接分散在油分中。胶质是一种"胶溶剂"，沥青吸附了胶质后形成胶团，再分散于油分中。因此，沥青的胶体结构特点是以沥青质为核，胶质吸附在其表面，并逐渐向外扩散形成胶团，胶团再分散于油分中。沥青中的各组分在沥青中可以形成不同的胶体结构，它在常温下呈固体、半固体或黏性液体状态，通常可分为溶胶型、凝胶型和溶-凝胶型 3 种结构（图 9-2-1）。

第一类沥青为溶胶型结构，其中沥青质的含量很少，同时，由于树脂质的作用，其沥青质完全胶溶分散于油分介质中。胶团之间没有吸引力或者吸引力极小。液体沥青多属于溶胶型沥青，且具有较大的感温性。

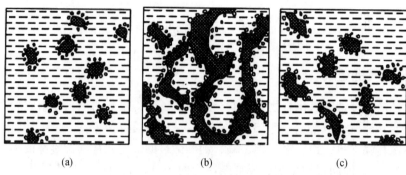

图 9-2-1　沥青胶体结构示意图

（a）溶胶型结构；（b）凝胶型结构；（c）溶-凝胶型结构

第二类沥青为凝胶型结构，其中沥青质的含量很多，形成空间网络结构。其油分分散在网络空间中。这类沥青的弹性和黏性较高，但温度敏感性较小，流动性和塑性较低。氧化沥青多属于凝胶型沥青，具有较低的温度感应性，但低温变形能力差。

第三类沥青为溶-凝胶型结构，其中沥青质的含量适当，并有较多的树脂质作为保护物质。由其所组成的胶团之间具有一定的吸引力。这类沥青在常温时性质介于前述两者之间。这类沥青高温时具有较低的感温性，低温时又具有较好的变形能力。

通常直馏产品沥青多属于第一类胶体结构。目前，按人工组配的人造沥青（或称溶剂沥青）可按预期要求配制成第二类胶体结构。沥青的胶体结构的形成与沥青中各组分的含量比例有关，同时又与各组分的化学性质有关。

9.2.3　石油沥青的技术性质

石油沥青的主要技术性质可概括为黏滞性（或称黏性）、塑性、温度敏感性、大气稳定性、溶解度和闪点等几个方面。前 4 种性质是石油沥青的主要性质，是鉴定建筑工程中常用石油沥青品质的依据。此外，为全面评定石油沥青的质量和保证安全，还需了解石油沥青的溶解度和闪点等性质。

（1）黏滞性。黏滞性是反映沥青材料在外力作用下，其材料内部阻碍产生相对流动的能力。液态石油沥青的黏滞性用黏度表示；半固体或固体沥青的黏滞性用针入度表示。黏度和针入度是沥青划分牌号的主要指标。黏度是液体沥青在一定温度（25℃ 或 60℃）条件下，经规定直径（3.5mm 或 10mm）的孔漏下 50mL 所需的秒数，其测定方法见图 9-2-2。黏度常以符号 $C_{T,d}$ 表示，其中 d 为孔径（mm），T 为试验时沥青的温度（℃）。$C_{T,d}$ 代表在规定的 d 和 T 条件下所测得的黏度值。沥青在相同温度和流孔条件下流出时间越长，表示沥青黏度越大；黏度大时，也代表沥青的稠度大。针入度是指在温度为 25℃ 的条件下，以质量为 100g 的标准针经 5s 沉入沥青中的深度，

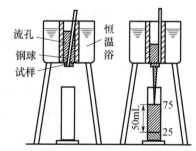

图 9-2-2　黏度测定示意图

以 0.1mm 为 1 度。针入度的测定方法见图 9-2-3。针入度越大，说明沥青流动性越大、黏

性越差、稠度越小。

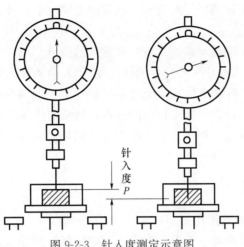

针入度P

图 9-2-3　针入度测定示意图

（2）塑性。塑性是指沥青在外力作用下产生变形而不破坏，除去外力后仍能保持变形后形状不变的性质。沥青的塑性大小与沥青的组分及温度有关。沥青中的树脂质含量多、油分及沥青质含量适当，则塑性较大。常温下，塑性好的沥青不易产生裂缝，并可减少摩擦时的噪声，同时，塑性对沥青在温度降低时抵抗开裂的性能也有重要影响。沥青的塑性用延伸度（或称延度）表示，即按标准试验方法制成"8"字形标准试件。试件中间最狭窄处的断面积为 1cm²，在规定温度（一般为 25℃）和规定速度（5cm/min）的条件下，在延伸仪上进行拉伸，延伸度以试件拉细而断裂时的长度（cm）表示。沥青的延伸度越大，表明沥青的塑性越好。

（3）温度敏感性。温度敏感性是指石油沥青的黏滞性和塑性随温度升降而变化的性能。温度敏感性较小的石油沥青，其黏滞性、塑性随温度的变化较小。

沥青的高温敏感性常用软化点来表示。软化点是指沥青材料由固体状态转变为具有一定流动性的膏体时的温度。软化点可通过环球法试验测定。将沥青试样装入规定尺寸的铜环中，上置规定尺寸和质量的钢球，再将置球的铜环放在有水或甘油的烧杯中，以 5℃/min 的速率加热至沥青软化下垂达 25mm 时的温度（℃）即为沥青的软化点。不同的沥青具有不同的软化点，沥青的软化点大致在 25～100℃ 之间。软化点高，说明沥青的耐热性能好；但软化点过高，又不易加工；软化点低的沥青夏季易产生变形甚至流淌。

沥青的低温敏感性常用脆点来表示。脆点是指沥青材料由黏塑状态转变为固体状态，达到脆裂条件时的温度。脆点可用弗拉斯法测定。测定时，将沥青试样涂在金属片上，置于有冷却设备的脆点仪内。摇动脆点仪的曲柄，使涂有沥青的金属片产生弯曲。随着制冷剂温度的降低，沥青薄膜的温度逐渐降低。沥青薄膜在规定弯曲条件下产生断裂时的温度即为脆点。

实际工程中要求沥青具有较高的软化点和较低的脆点，否则容易发生夏季流淌或冬季变脆甚至开裂的现象。

（4）大气稳定性。沥青的大气稳定性是指石油沥青在热、阳光、氧气和潮湿等因素的长期综合作用下抵抗老化的性能，它反映的是沥青的耐久性。大气稳定性可用沥青的蒸发减量及针入度变化来表示，即利用试样在 160℃ 温度下加热蒸发 5h 后的质量损失百分率以及蒸发前后的针入度比这两项指标表示。蒸发损失率越小、针入度比越大，表示沥青的大气稳定性越好。

$$蒸发损失百分率＝（蒸发前的质量－蒸发后的质量）/蒸发前的质量×100\%$$

$$蒸发后针入度比＝蒸发后的针入度/蒸发前的针入度×100\%$$

（5）溶解度和闪点。溶解度指石油沥青在三氯乙烯、四氯化碳或苯中溶解的百分率，是限制有害不溶物含量的依据。闪点也称闪火点，是指加热沥青产生的气体和空气的混合物在规定条件下与火焰接触，初次产生蓝色闪光时的沥青温度。闪点的高低关系到运输、贮存和加热使用等方面的安全。

9.2.4　石油沥青的应用

1. 石油沥青的用途及选用原则

不同品种牌号的石油沥青应根据工程类别（如房屋、道路或防腐）、当地气候条件及所处工程部位（如屋面、地下）等具体情况合理选用。通常在满足使用要求的前提下，应尽量选用较大牌号的石油沥青，以保证其具有较长的使用年限。建筑石油沥青多用于制作防水卷材、防水涂料、沥青胶和沥青嵌缝膏，还可用于建筑屋面和地下防水、沟槽防水防腐以及管道防腐等工程。道路石油沥青多用于拌制沥青砂浆和沥青混凝土，还可用于道路路面、车间地坪及地下防水工程。道路石油沥青一般选用黏性较大、软化点较高的石油沥青。一般屋面用沥青的软化点应比当地屋面可能达到的最高温度高出 20～25℃，亦即比当地最高气温高出 50℃ 左右。一般地区可选用 30 号石油沥青；夏季炎热地区宜选用 10 号石油沥青；严寒地区一般不宜使用 10 号石油沥青，以防冬季出现脆裂现象；地下防水防潮层可选用 60 号或 100 号石油沥青。普通石油沥青由于含有较多的蜡，故温度敏感性较大，在建筑工程上不宜直接使用，可以采用吹气氧化法改善其性能。

2. 沥青的掺配使用

当单独用一种牌号的沥青不能满足工程耐热性要求时，可以用同产源的 2 种或 3 种沥青进行掺配。2 种沥青的掺配量可按式

$$Q_1 = （T_2 - T）/（T_2 - T_1）×100\%$$

和

$$Q_2 = 100 - Q_1$$

进行估算。式中，Q_1 为较软沥青的用量（%）；Q_2 为较硬沥青的用量（%）；T 为要求配置沥青的软化点（℃）；T_1 为较软沥青的软化点（℃）；T_2 为较硬沥青的软化点（℃）。

3. 改性沥青

通常情况下，普通石油沥青的性能不一定能全面满足使用要求，为此常采取措施对其进行改性。改性后，性能得到不同程度改善的新沥青称为改性沥青。改性沥青是指掺加橡胶、树脂、高分子聚合物、磨细的橡胶粉或其他填料等外掺剂（改性剂），或采取对沥青轻度氧化加工等措施，使沥青性能得以改善而制成的沥青结合料。

（1）氧化改性。氧化也称吹制，是在 250～300℃ 高温下向残留沥青或渣油吹入空气，通过氧化作用和聚合作用使沥青分子变大，提高沥青的黏度和软化点，从而改善沥青的性能。工程使用的道路石油沥青、建筑石油沥青和普通石油沥青均为氧化沥青。

（2）矿物填充料改性。人们为提高沥青的黏结力和耐热性、降低沥青的温度敏感性，经常在石油沥青中加入一定数量的矿物填充料进行改性。常用的改性矿物填充料大多是粉状和纤维状的，主要有滑石粉、石灰石粉和石棉等。矿物填充料之所以能对沥青进行改性，是由于沥青对矿物填充料有湿润和吸附作用。沥青呈单分子状排列，在矿物颗粒（或纤维）表面形成结合力牢固的沥青薄膜（图 9-2-4）。这部分沥青称为结构沥青，具有较高的黏性和耐热性。为形成恰当的结构沥青薄膜，掺入的矿物填充料比例要恰当。一般填充料的比例不宜小于 15％。

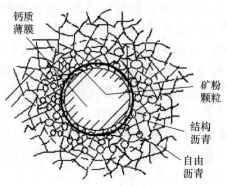

图 9-2-4　沥青与矿粉相互作用的结构图

（3）聚合物改性。聚合物（包括橡胶和树脂）同石油沥青具有较好的相容性，可赋予石油沥青某些橡胶的特性，从而改善石油沥青的性能。聚合物的掺量达到一定限度，便会形成聚合物的网络结构，而将沥青胶团包裹。用于沥青改性的聚合物很多，目前使用最普遍的是 SBS 橡胶和 APP 树脂，可用其加工成 SBS 改性沥青和 APP 改性沥青。

SBS 是丁苯橡胶的一种，其热塑性的弹性体（简称"SBS"）具有橡胶和塑料的优点。它在常温下具有橡胶的弹性，在高温下又能像橡胶那样熔融流动而成为可塑性材料。SBS 对沥青的改性十分明显，它可在沥青内部形成一个高分子量的凝胶网络，从而大大改善沥青的性能。

与沥青相比，SBS 改性沥青具有以下 4 方面特点。

① 弹性好、延伸率大，延度可达 2000％；

② 低温柔性大大改善，冷脆点降至－40℃；

③ 热稳定性提高，耐热度达 90～100℃；

④ 耐久性好。

SBS 改性沥青是目前用量最大的一种改性沥青，在国内外已得到普遍使用，主要用于制作 SBS 改性沥青防水卷材。

APP 是聚丙烯的一种。根据甲基排列的不同，聚丙烯分为无规聚丙烯、有规聚丙烯和间规聚丙烯 3 种。无规聚丙烯为黄白色塑料，无明显熔点，加热到 150℃后才开始变软，在 250℃左右熔化，并可与石油沥青均匀混合。研究表明，改性沥青中的 APP 也会形成网络结构。APP 改性石油沥青与石油沥青相比，软化点高、延度大、冷脆点低、黏度大，并具有优异的耐热性和抗老化性，尤其适用于气温较高的地区。APP 改性沥青主要用于制造防水卷材。

（4）改性沥青的制备。改性沥青的加工制作及使用方式可分为直接投入法和预混法两大类。预混法又有母体法、机械搅拌法等方式。

① 直接投入法。直接投入法是直接将改性剂投入沥青混合料拌合锅，与矿料、沥青拌合制作改性沥青混合料的工艺。SBR 聚合物改性沥青常采用此方法制作。它将合成橡胶制造过程中的中间产品胶浆浓缩成高浓度的胶乳运到工地，用一台泵抽取胶乳后，通过喷嘴喷入拌合锅即可。直接投入法所需设备简单，施工成本低，制备时的技术关键是计量，并应防止胶乳堵塞管道。

② 母体法。母体法的特点是先制备高剂量聚合物改性沥青母体，再在现场把改性沥青母体与基质沥青掺配调稀成要求剂量的改性沥青使用，又称二次掺配法。母体法的优点是改性剂在沥青中分散非常均匀；缺点是母体制造时要用溶剂，因溶剂回收成本较高，故其改性沥青价格昂贵。此外，母体不易破碎，会给工程应用造成困难。

③ 机械搅拌法。机械搅拌法的特点是将聚合物改性剂与基质沥青通过机械拌制得到改性沥青。机械搅拌法适用于与基质沥青相溶性较好的聚合物（如 EVA）。

机械搅拌法只需一个简单的拌合罐即可，其生产量仅取决于搅拌罐的容量，故适用于小规模工程，并可与小型沥青混合料拌合机配套使用。机械搅拌法又可分为胶体磨法和高速剪切法。

胶体磨法和高速剪切法的特点是利用胶体磨或高速剪切设备的研磨和剪切力，强制将改性剂打碎，使之充分分散到基质沥青中，从而得到质量较好的改性沥青。橡胶粉改性沥青的生产应遵守相关规定。我国的废旧轮胎每年的形成量很大，且有逐年增加的趋势，出于环保考虑，把废橡胶粉用于改性沥青生产是一个好的途径。

废橡胶粉改性沥青的生产方式分湿法和干法两大类。废橡胶粉改性湿法生产时，将废橡胶粉在 160～180℃ 的热沥青中拌合 2 小时，制成改性沥青悬浮液（称为"沥青橡胶"），然后拌入混合料中。该方法工艺较简单，技术关键是控制橡胶粉的细度。颗粒越细，越易拌合均匀，且不易发生离析、沉淀现象。废橡胶粉改性干法生产时，将废橡胶粉直接喷入拌合锅中，拌合废橡胶粉改性沥青混合料。一般来讲，湿法橡胶粉改性沥青常用于填缝料、封层或热拌沥青混合料；干法橡胶粉改性沥青仅用于热拌沥青混合料。废橡胶粉改性沥青在我国的工程应用主要是铺筑沥青混凝土磨耗层以及用作养护或罩面。

9.3　煤沥青

各种天然有机物（如煤、木材、泥炭或页岩等）在隔绝空气条件下经焦化、干馏得到的黏性液体统称焦油，俗称"柏油"。焦油再经进一步加工而得到的黏稠液体以至半固体的产品称为焦油沥青。由于通常加工焦油沥青的原料为煤，故称煤焦油沥青，简称煤沥青。各种煤沥青按稠度不同可分为软煤沥青和硬煤沥青两类。软煤沥青是煤焦油在进一步加工时仅馏出其中部分轻油和中油而得到的黏稠液体或半固体的产品；硬煤沥青是煤焦油在分馏时馏出轻油、中油、重油以至蒽油等大部分油品后得到的脆硬的固体产品。煤沥青根据干馏温度的不同分为高温煤焦油（700℃以上）和低温煤焦油（450～700℃）。

9.3.1　煤沥青的组成

煤沥青主要由碳、氢、氧、硫和氮等 5 种元素组成，其高度缩聚和短侧链的特点决定了其碳氢比比石油沥青大得多。通过组分分析，习惯认为煤沥青由游离碳、树脂和油分 3 个基本组分组成。实际上，除了上述 3 个基本组分外，煤沥青的油分中还含有萘、蒽和酚等。萘和蒽能溶解于油分中，在含量较高或低温时能呈固态晶状态析出而影响煤沥青的低温变形能力。酚为苯环中的含羟物质，能溶于水且易被氧化。煤沥青中的酚、萘和水均为有害物质，其含量必须加以限制。

（1）游离碳。游离碳又称自由碳，是高分子有机化合物的固态碳质微粒，不溶于任何有机溶剂。加热时，不溶物质会高温分解。煤沥青中游离碳含量的增加可提高其黏度和温度稳定性，但其低温脆性也会随之增加。

（2）树脂。树脂为环心含氧碳氢化合物，分为硬树脂和软树脂两大类。硬树脂类似石油沥青中的沥青质，为固态晶体结构，能增加煤沥青的黏滞性；软树脂是一种赤褐色黏-塑性物，可溶于氯仿，并能使煤沥青具有塑性，其作用类似石油沥青中的树脂质。

（3）油分。油分主要是由液体未饱和的芳香族碳氢化合物组成的，可使煤沥青具有流动性。与其他组分比较，油分是最简单结构的物质。

9.3.2　煤沥青的结构

煤沥青和石油沥青类似，也是复杂的胶体分散系，其游离碳和硬树脂组成的胶体微粒为分散相，油分为分散介质，软树脂为保护物质。软树脂吸附于固态分散胶粒周围，逐渐向外扩散，并溶解于油分中，从而使分散系形成稳定的胶体体系。

9.3.3　煤沥青的技术性质

煤沥青与石油沥青有不少共同点，但由于二者组分不同，因此在技术性质上仍存在以下 5 方面差异。

① 煤沥青的温度稳定性较低；

② 煤沥青塑性差；

③ 煤沥青的气候稳定性较差；

④ 煤沥青与矿质集料的黏附性较好；

⑤ 煤沥青的密度比石油沥青大。

煤沥青是一种较粗的分散系，同时其树脂的可溶性较高，因而表现出较低的热稳定性。在一定温度下，随着煤沥青黏度的降低，热稳定性不好的可溶性树脂会减少，热稳定性好的油分含量会增加。煤沥青黏度升高时，粗分散相的游离碳含量会增加，但这些不足以补偿由于同时发生的可溶树脂数量的变化带来的热稳定性损失，故煤沥青受热易软化、冬季易硬脆。煤沥青因含有较多的游离碳，使用时易因受力变形而开裂，尤其是在低温条件下易变得脆硬。煤沥青化学组成中含有较高含量的不饱和芳香烃，这些化合物有相当大的化学潜能，在周围介质（如空气中的氧、日光的温度、紫外线以及大气降水）的作用下老化进程（如黏度增大、塑性降低等）比石油沥青快。煤沥青的组成中含有较多的酸、碱等极性物质，这些物质赋予了煤沥青很高的表面活性，因此它与矿质集料具有较好的黏附性。

总之，煤沥青的主要技术性质都比石油沥青差，加之其含蒽、酚，因此，具有毒性和臭味，在建筑工程上较少使用。煤沥青的防腐能力强，多用于地下防水层或制作防腐材料等。

9.4　乳化沥青

乳化沥青又称沥青乳液，简称乳液。乳化沥青是将黏稠沥青加热至流动态，经机械力的作用而形成的。其微滴（粒经约为 $2 \sim 5 \mu m$）分散在有乳化剂-稳定剂的水中，由于乳化剂-稳定剂的作用而使其成为均匀稳定的水包油状乳状液。

乳化沥青的主要特点是冷态施工、节约能源、便利施工、节约沥青、无毒、无味、稳定性差。乳化沥青可在常温下进行喷洒、贯入或拌合摊铺，且现场无需加热，因而可简化施工程序、简便操作、节省能源。乳化沥青黏度低、和易性好、施工方便，因而可节约劳动力。此外，乳化沥青在集料表面会形成较薄的沥青薄膜，从而提高集料与沥青的黏附性、节约沥青用量，有利于环境保护，并确保施工安全。乳化沥青的贮存期不能超过半年，贮存温度应在 0℃以上。

基于以上特点，乳化沥青不仅可用于铺筑路面，而且已在边坡保护、屋面防水、金属材料表面防腐等工程中得到了广泛应用。

9.4.1　乳化沥青的组成材料

乳化沥青主要由沥青、水、乳化剂和稳定剂 4 个组分组成。

（1）沥青。沥青是乳化沥青的基本组分，在乳化沥青中占 55%～70%（重量比）。沥青的质量直接关系到乳化沥青的性能。在选择沥青时，首先要求沥青具有易乳化性。沥青的易乳化性与其化学结构密切相关，可认为易乳化性与沥青中的沥青酸含量有关。通常沥青酸含量大于 1%的沥青易于乳化。

（2）水。水是乳化沥青的重要组成部分，水的质量对乳化沥青的性能具有重要影响。水中常含有各种矿物质，或其他影响乳化沥青形成或引起乳化沥青过早分裂的物质，因此，生产乳化沥青的水中不应含其他杂质。

（3）乳化剂。乳化剂是乳化沥青形成的关键材料，是一种表面活性物质。它在分子化学结构上表现为一端为易溶于水的亲水基团，另一端为易溶于油的亲油基团（图 9-4-1）。亲油基团与亲水基团这两个基团不仅具有防止油、水两相互相排斥的功能，还具有把油、水两相连接起来，不使其分离的特殊功能。亲油基团一般为碳氢原子团，即由长链烷基构成，且结构差别较小。亲水基团则种类繁多、结构差异较大。人们按亲水基团在水中是否电离把乳化剂分为离子型和非离子型两大类。离子型乳化剂按其离子电性进一步细分为阴离子型、阳离子型、两性离子型，其中阴离子乳化剂是当前应用最广泛的乳化剂。按沥青乳化液与矿料接触后分解破乳恢复沥青的速度不同，乳化剂又可分为快裂型、中裂型、慢裂型三大类。

（4）稳定剂。必要时在沥青乳液中加入适量稳定剂，可以起到节省乳化剂用量、增加机械及泵送稳定性、提高乳化沥青的贮存稳定性、增强其与集料的黏附性、防止乳化设备腐蚀、延长乳化设备的使用寿命等方面的作用。稳定剂分有机稳定剂和无机稳定剂两大类。常用有机稳定剂主要有聚乙烯醇、聚丙烯酰胺、羧甲基纤维素钠、糊精、MF 废液等。这类稳

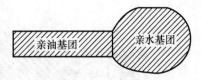

图 9-4-1 沥青乳化剂分子模型

定剂可提高乳液的贮存稳定性和施工稳定性，尤其是一些高分子稳定剂对某些特殊沥青（如含蜡量高的石蜡基沥青）的乳化及贮存稳定性具有决定性作用。常用无机稳定剂主要有氯化钙、氯化镁、氯化铵和氯化铬等，这类稳定剂可增强乳液颗粒周围的双电层效应，增加颗粒间的相互排斥力，减缓颗粒间的凝结数度，提高乳化能力以及与集料的黏附能力。稳定剂对乳化剂的协同作用必须通过试验确定，且稳定剂的用量不宜过多，一般宜为沥青乳液的 $0.1\% \sim 0.15\%$。

9.4.2 乳化沥青的形成、制备分裂

1. 乳化沥青的形成

沥青在有乳化剂-稳定剂的水中经机械力的作用分裂为微滴而形成稳定的沥青-水分散体系。其形成机理归因于乳化剂降低界面张力的作用、界面膜的保护作用、双电层的稳定作用。

（1）乳化剂降低界面张力的作用。沥青在 180℃ 时的表面张力约为 30mN/m，80℃ 时水的表面张力约为 63mN/m，故沥青与水的界面张力约为 33mN/m。通常情况下，沥青不能分散在水中。乳化剂是一种两亲性物质，它在沥青-水的体系中非极性端（亲油基端）朝向沥青、极性端（亲水基端）朝向水（图 9-4-2），使它能够吸附于沥青与水这两个相互排斥的界面上。这样的排列可使沥青与水的界面张力大大降低，使沥青-水体系形成稳定的分散系。

（2）界面膜的保护作用。乳化剂在沥青-水的界面上定向排列，降低了沥青与水的界面张力。与此同时，乳化剂在沥青微滴的周围形成界面膜（图 9-4-3）。该膜具有一定的强度，对沥青微滴起着保护作用，使其在相互碰撞时，不致产生聚结现象。界面膜的紧密程度和强度与乳化剂在水中的浓度有密切的关系。当乳化剂在最适宜的用量时，界面膜由密排的定向分子组成，此时界面膜的强度最高。沥青微滴聚结需要克服较大的阻力，从而保证沥青-水体系的稳定性。

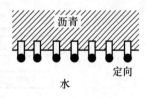

图 9-4-2 乳化剂在沥青与水界面上定向排列

（3）双电层的稳定作用。通常稳定的沥青乳液中的沥青微滴都带有电荷，这些电荷来源于电离、吸附和沥青微滴与水之间的摩擦。电离与吸附带电是同时发生的，如阳离子乳化剂吸附于沥青微滴表面时，伸入水中的极性基团（亲水基团）电离，而使沥青微滴带正电荷。沥青-水界面上电荷层的结构一般为扩散双电层分布（图 9-4-4）。双电层由两部分组成，第一部分为单分子层，基本固定在界面上，这层电荷与沥青微滴的电荷相反，称为吸附层；第二部分由吸附层向外，电荷向水介质中扩散，称为扩散层。在吸附层与扩散层界面上产生了电动电位，电位的大小决定了乳化沥青的稳定性。由于每一沥青微滴界面都带相同电荷，并有扩散双电层的作用，因此，水-沥青体系成为一种稳定体系。

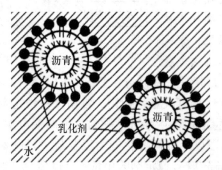

图 9-4-3 乳化剂在沥青微滴的周围形成界面膜

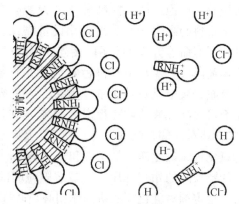

图 9-4-4 扩散双电层分布

2. 乳化沥青的制备

（1）乳化工艺。乳化工艺包括生产流程、配方（外加剂）、温度控制、油水比例控制等内容。乳化工艺的确定是一项复杂的工作，通常应先根据乳液性能、乳化剂性能、沥青性能、水质、设备性能、生产规模、施工要求等条件进行室内试验，然后再在生产设备上试生产，进行验证和修正，最后才能得到正式的乳化工艺。图 9-4-5 为乳化工艺的一个例子。乳化工艺的主要流程一般由 5 个主要工序组成，即乳化剂水溶液的调制、沥青加热、沥青与水比例控制、乳化、沥青乳液贮存。

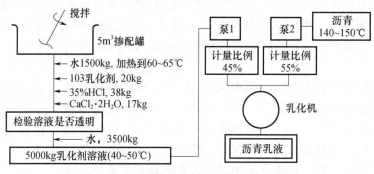

图 9-4-5 用胺类乳化剂进行乳化的工艺图

乳化剂水溶液的调制应遵守相关规定，在水中加入需要数量的乳化剂和稳定剂，使其在水中充分溶解，水温一般应控制在 60～80℃。沥青加热温度应根据其品种、牌号、施工季节和地区确定，一般温度为 120～150℃。沥青与水的比例控制应遵守相关规定，沥青与乳液应通过流量计严格控制其加入比例。乳化常用设备主要包括胶体磨或其他同类设备。沥青乳液贮存应遵守相关规定，贮运过程中应注意沥青乳液的稳定性，避免产生破乳现象。

（2）乳化设备。乳化设备是完成沥青液相破碎分散的装置，主要利用剪切、挤压、摩擦、冲击和膨胀扩散等作用来进行破碎分散，其性能的好坏对乳液质量具有重要影响。目前，使用机械分散法制造乳化沥青的设备类型很多，归纳起来有搅拌式乳化机、匀化器类乳化机、胶体磨类乳化机等三大类。

① 搅拌式乳化机。典型的搅拌式乳化机见图 9-4-6，其为多轴搅拌机，有两个以上搅

拌部分，中心轴以比较缓慢的速度转动，偏心轴上装有叶片，叶片除自身高速旋转外，还绕中心轴旋转，具有很强的分散搅拌能力。搅拌式乳化机的特点是简单易行，但生产率较低。

② 匀化器类乳化机。匀化器类乳化机的工作原理是使乳化的混合液在高压下从小孔中喷出达到要求的、均匀分散的乳液。图 9-4-7 为高压匀化器的一种典型形式，其阀头、阀座之间压有镍铬合金的网，混合液由泵从井口压送流入，穿过锥形状缝隙后即完成分散和乳化。匀化器类乳化机可实现连续生产，其乳化效果比搅拌式乳化机高，缺点是容易堵塞。

③ 胶体磨类乳化机。胶体磨类乳化机由高速转动的转子和固定的定子两个主要部分组成。其转子和定子间有一定的间隙，最小可调至 0.025mm（图 9-4-8）。混合液从进口流入，穿过转、定子间的缝隙，在此期间，沥青液相受到转子产生的离心力和摩擦力的作用，被磨碎成极细的颗粒，从出口流出，即完成分散乳化。胶体磨类乳化机是最常见的理想沥青乳化机。

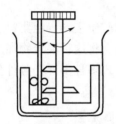

图 9-4-6　搅拌式乳化机结构示意图

图 9-4-7　高压匀化器结构示意图

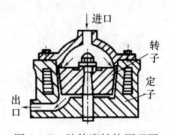

图 9-4-8　胶体磨结构原理图

3. 乳化沥青的分裂

乳化沥青在工程施工时为发挥其黏结功能，沥青液滴必须从乳液中分裂出来，聚集在集料的表面，形成连续的薄膜（图 9-4-9），这一过程称为分裂。乳化沥青的分裂主要取决于水的蒸发作用、集料的吸收作用、集料的物理-化学作用、机械的激波作用。

由于施工环境气温、相对湿度和风速等因素的影响，乳液中水的蒸发会破坏乳化沥青的稳定性而造成分裂。集料的矿物构造孔隙对乳液水分的吸收同样能破坏乳液的稳定性，造成分裂。乳化沥青中带电荷的微滴与不同化学性质的集料接触后会产生复杂的物理-化学作用，使乳化沥青分裂，并在集料表面形成薄膜。施工过程中，由于工程机械的碾压，各种机械力的震颤会产生激波作用，这种激波作用也能促进乳化沥青稳定性的破坏和沥青薄膜结构的形成。

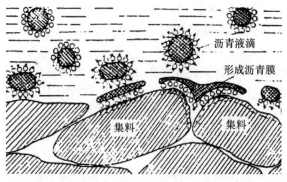

图 9-4-9　乳化沥青中沥青微滴形成沥青薄膜的过程

9.5　沥青混合料的类型及物理特征

沥青混合料是用适当比例的沥青材料与一定级配的矿质集料（粗集料、细集料，如碎石、石屑、砂等）及填料经过充分拌合而形成的混合物。将这种混合物加以摊铺、碾压成型，即成为各种类型的沥青面层。沥青混合料的分类形式多种多样，各种分类的基本情况见表 9-5-1。几种典型沥青混合料的结构常数见表 9-5-2。

表 9-5-1　沥青混合料的分类概况

分类形式	分类	定义及主要特征
按结合料分类	石油沥青混合料	以石油沥青为结合料的沥青混合料（包括黏稠石油沥青、乳化石油沥青及液体石油沥青）
	煤沥青混合料	以煤沥青为结合料的沥青混合料
按施工温度分类	热拌热铺沥青混合料	简称热拌沥青混合料。沥青与矿料在热态拌合、热态铺筑的混合料
	常温沥青混合料	以乳化沥青或稀释沥青与矿料在常温下拌制、铺筑的混合料
按矿质集料级配类型分类	连续级配沥青混合料	沥青混合料中的矿料是按级配原则，从小到大各粒径都有，按比例相互搭配组成的混合料
	间断级配沥青混合料	连续级配沥青混合料中缺少一个或数个档次粒径的沥青混合料
按混合料密实度分类	密级配沥青混合料	按密实级配原则设计的连续型级配混合料，但其粒径递减系数较小，剩余空隙率小于 10%，也称沥青混凝土
	开级配沥青混合料	按开级配原则设计的连续型级配混合料，但其粒径递减系数较大，剩余空隙率大于 15%。剩余空隙率介于 10%～15% 之间的混合料称为半开级配沥青混合料
按集料最大粒径分类	粗粒式沥青混合料	集料最大粒径等于或大于 26.5mm（圆孔筛 30mm）的沥青混合料
	中粒式沥青混合料	集料最大粒径为 16mm 或 19mm（圆孔筛 20mm 或 25mm）的沥青混合料
	细粒式沥青混合料	集料最大粒径为 9.5mm 或 13.2mm（圆孔筛 10mm 或 15mm）的沥青混合料
	砂粒式沥青混合料	集料最大粒径等于或小于 4.25mm（圆孔筛 5mm）的沥青混合料

表 9-5-2　几种典型沥青混合料的结构常数

沥青混合料名称	结构常数			
	密度 ρ（g/cm³）	空隙率 V（%）	集料空隙率 V_{MA}（%）	沥青填隙率 V_{FA}（%）
密级配混合料	2.398	1.5	17.9	92.1
开级配混合料	2.366	6.1	16.2	62.5
黑色碎石混合料	2.289	9.4	18.3	48.5
间断级配混合料	2.425	2.7	14.8	81.7

9.6　沥青混合料的结构与强度

9.6.1　沥青混合料的组成结构

沥青混合料主要由矿质集料、沥青和空气三相组成，同时还含有水分，是典型的多相多成分体系。根据粗、细集料比例的不同，其结构组成有悬浮密实结构、骨架空隙结构和骨架密实结构 3 种形式（图 9-6-1）。

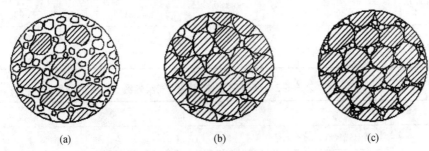

图 9-6-1　沥青混合料的矿料骨架类型
（a）悬浮密实结构；（b）骨架空隙结构；（c）骨架密实结构

9.6.2　沥青混合料的组成材料

沥青混合料的组成材料主要包括沥青、粗集料、细集料、填料，具体应根据工程性质、所处环境、建设要求合理选择。

1. 沥青

沥青路面所用的沥青材料有石油沥青、煤沥青、液体石油沥青和沥青乳液等。各类沥青路面所用沥青材料的标号宜根据气候条件、施工季节、路面类型、施工方法和矿料性质与尺寸等选用。总体而言，热拌热铺沥青路面因在热态下拌合和碾压，可采用稠度较高的沥青材料；热拌冷铺沥青路面应采用稠度较低的沥青材料；贯入式沥青路面宜采用中等稠度的沥青材料；气候寒冷、矿料粒径偏细时，宜采用稠度较低的沥青材料；炎热季节施工时，可采用稠度较高的沥青材料；路拌类沥青路面应采用稠度较低的沥青材料。另外，煤沥青不宜用作沥青面层，一般仅作透层沥青使用。选用乳化沥青时，阳离子型适用于酸性石料、潮湿石料和低温季节施工，阴离子型适用于碱性石料或掺有石灰、粉煤灰、水泥的石料。

适用于各类沥青路面的沥青材料见表 9-6-1；沥青路面使用性能气候分区见表 9-6-2（表中沥青路面由温度和雨量组成气候分区）；道路用石油沥青技术要求见表 9-6-3、表 9-6-4、表 9-6-5；乳化沥青的分类及用途见表 9-6-6；乳化沥青的破乳速度按表 9-6-7 的标准分级；不同等级的道路石油沥青具有不同的适用范围（表 9-6-8）；道路用煤沥青技术要求见表 9-6-9。

乳液黏度可选用标准黏度计或恩格拉黏度计的一种测定，E25 表示在 25℃ 测定的；贮存稳定性一般用 5d 的，如时间紧迫也可用 1d 的；需要在低温冰冻条件下贮存或使用时，应进行低温贮存稳定性试验。

表 9-6-1　各类沥青路面选用的沥青材料

气候分区	沥青种类	沥青路面类型			
		沥青表面处理	沥青贯入式及上拌下贯式	沥青碎石	沥青混凝土
寒区	石油沥青	A-140、A-180	A-140、A-180	AH-90、AH-110、AH-130、A-100	AH-90、AH-130、A-100
温区	石油沥青	A-100、A-140、A-180	A-140、A-180	AH-90、AH-110、A-100	AH-70、AH-90、A-60、A-100
热区	石油沥青	A-60、A-100、A-140	A-60、A-100、A-140	AH-50、AH-70、AH-90、A-100、A-60	AH-50、AH-70、A-60、A-100

表 9-6-2　沥青路面使用性能气候分区

气候分区指标		气候分区			
按照高温指标	高温气候区	1	2	3	—
	气候区名称	夏炎热区	夏热区	夏凉区	—
	7 月平均最高温度（℃）	>30	20～30	<20	—
按照低温指标	低温气候区	1	2	3	4
	气候区名称	冬严寒区	冬寒区	冬冷区	冬温区
	极端最低气温（℃）	<−37.0	−37.0～−21.5	−21.5～−9.0	>−0.9
按照雨量指标	雨量气候区	1	2	3	4
	气候区名称	潮湿区	湿润区	半干区	干旱区
	年降雨量（mm）	>1000	1000～500	500～250	<250

2. 粗集料

沥青混合料用粗集料可采用碎石、破碎砾石和矿渣等。沥青混合料粗集料应洁净、干燥、无风化、不含杂质，其形状要接近正立方体，针片状颗粒要求表面粗糙并有一定棱角。在力学性质上，压碎值和洛杉矶磨耗损失应符合相应道路等级的要求（表 9-6-10）。

表9-6-3 道路用石油沥青技术要求

指标	等级	C160	C130	C110			C90					C70④					C50④	C30
针入度(25℃,100g,5s)(0.1mm)	—	140~200	120~140	100~120			80~100					60~80					40~60	20~40
适用的气候分区	—	注③	注③	2-1	2-2	2-3	1-1	1-2	1-3	2-2	2-3	1-3	1-4	2-2	2-3	2-4	1-4	注⑤
针入度指数 PI①②	A	$-1.5\sim+1.0$																
	B	$-1.8\sim+1.0$																
软化点(环球法)(℃,≥)	A	38	40	43			45	45	45	44	44	46	46	45	45	45	49	55
	B	36	39	42			43	43	43	42	42	44	44	43	43	43	46	53
	C	35	37	41			42					43					45	50
动力黏度(60℃)(Pa·s,≥)	A	—	60	120			160					180					200	260
延度(10℃,5cm/min)(cm,≥)	A	50	50	40			45	30	20	30	20	20	15	25	20	15	15	—
	B	30	30	30			30	20	15	20	15	15	10	20	15	10	10	—
延度(15℃,5cm/min)(cm,≥)	A、B	80	80	60			50					40					30	20
	C																	
闪点(COC)⑥(℃,≥)	—	230					245					260					260	260
含蜡量 W(蒸馏法)(%,≤)	A	2.2																
	B	3.0																
	C	4.5																
溶解度(三氯乙烯)(%,≥)	—	99.5																
密度(15℃)(g/cm³)	—	实测记录																
薄膜加热试验(或旋转薄膜加热试验)后 质量损失(%,≥)	—	±0.8																

续表

指标	等级	C160	C130	C110	C90	C70	C50	C30
残留针入度比（%，≥）	A	48	54	55	57	61	63	65
	B	45	50	52	54	58	60	62
	C	40	45	48	50	54	58	60
残留延度（10℃）（cm，≥）	A	12	12	10	8	6	4	—
	B	10	10	8	6	4	2	—
残留延度（15℃）（cm，≥）	C	40	35	30	20	15	10	—

注：① 用于仲裁试验时，求取针入度指数 PI 的 5 个温度与针入度回归关系的相关系数不得小于 0.997；
② 经主管部门同意，针入度指数 PI、动力黏度（60℃）、延度（10℃）可作为选择性指标；
③ 160 号、130 号沥青除了直接用于中低级公路外，通常用作乳化沥青、稀释沥青及改性沥青的基质沥青；
④ 可根据需要，要求 70 号沥青的针入度范围为 50～70 或 80～90 的沥青，或者要求 50 号沥青的针入度范围为 40～50 或 50～60 的沥青；
⑤ C30 号沥青仅适用于沥青稳定层；
⑥ 闪点（COC）为通过克利夫兰开口杯法求得的。

表 9-6-4 道路液体石油沥青技术要求

序号	项目		快凝		中凝						慢凝						试验方法依据《公路工程沥青及沥青混合料试验规程》条文[JTG E 20—2011]
			AL(R)-1	AL(R)-2	AL(M)-1	AL(M)-2	AL(M)-3	AL(M)-4	AL(M)-5	AL(M)-6	AL(S)-1	AL(S)-2	AL(S)-3	AL(S)-4	AL(S)-5	AL(S)-6	
1	黏度(s)	$C_{T,d}=C_{25.5}$	<20	—	<20	—	—	—	—	—	<20	—	—	—	—	—	T0621
		$C_{T,d}=C_{60.5}$	—	5~15	5~15	16~25	26~40	41~100	101~200	—	5~15	16~25	26~40	41~100	101~180	—	
2	蒸馏体积(%)	225℃前	>20	>15	<10	<7	<3	<2	0	0	—	—	—	—	—	—	T0632
		315℃前	>35	>30	<35	<25	<17	<14	<8	<5	—	—	—	—	—	—	
		360℃前	>45	>35	<50	<35	<30	<25	<20	<15	<40	<35	<25	<20	<15	<5	
3	蒸馏后残留物性质	针入度(25℃,100g,5s)(0.1mm)	60~200	60~200	100~300	100~300	100~300	100~300	100~300	100~300	—	—	—	—	—	—	T0604
		延度(25℃)(cm,>)	60	60	60	60	60	60	60	60	—	—	—	—	—	—	T0605
		浮标度(50℃)(s)	—	—	—	—	—	—	—	—	<50	>20	>30	>40	>45	>45	T0631
4	闪点(TOC)(℃,不低于)		30	30	65	65	65	65	65	65	70	70	100	100	120	120	T0633
5	含水量(%,不大于)		0.2	0.2	0.2	0.2	0.2	0.2	0.2	0.2	0.2	0.2	0.2	0.2	0.2	0.2	T0612

注：①黏度使用道路沥青黏度计测定，$C_{T,d}$的脚标第一个数字 T 代表温度(℃)，第二个数字 d 代表孔径(mm)；

②闪点(TOC)为通过表格开口杯法求得的；

③试验方法依据国家现行《公路工程沥青及沥青混合料试验规程》(JTG E20—2011)中的相关条文，即其中的 T0621、T0632、T0604、T0605、T0631、T0633、T0612 等项目。

226

表 9-6-5　道路用乳化沥青技术要求

序号	项目		阳离子（阴离子）				非离子	
			PC-1 PA-1	PC-2 PA-2	PC-3 PA-3	BC-1 BA-1	PN-2	BN-2
1	筛上余量（%）		<0.1					
2	电荷		阳离子带正电（＋），阴离子带负电（－）				非离子	
3	破乳速度试验		快裂	慢裂	快裂	中或慢裂	慢裂	慢裂
4	黏度（s）	沥青标准黏度计 $C_{25,3}$	10~25	8~20		10~60	8~20	10~60
		恩格拉黏度 E_{25}	2~10	1~6		2~30	1~6	2~30
5	蒸发残留物含量（%）		>50	>50		>55	>50	>55
6	蒸发残留物性质	针入度（25℃，100g，5s）(0.1mm)	50~200	50~300	45~150	45~150	50~300	60~300
		与原沥青的延度比（15℃）（%）	>40					
		溶解度（三氯乙烯）（%）	>97.5					
7	贮存稳定性（%）	5d	<5					
		1d	>1					
8	与矿料的黏附性试验，裹覆面积		>2/3					
9	粗粒式集料拌合试验		—			均匀	—	
10	细粒式集料拌合试验		—				均匀	
11	水泥拌合试验，筛上余量（%）		—				3	
12	低温贮存稳定度（－5℃）		无粗颗粒或结块					

表 9-6-6　乳化沥青的分类及用途

类别	代号	用途
阳（阴）离子乳化沥青	PC-1、PA-1	表处、贯入式路面及下封层用
	PC-2、PA-2	透油层及基层养生用
	PC-3、PA-3	黏层油用
	BC-1、BA-1	稀浆封层或冷拌沥青混合料用
非离子乳化沥青	PN-2	透层油用
	BN-1	与水泥稳定集料同时使用（基层路拌或再生）

表 9-6-7　乳化沥青的破乳速度分级

代号	破乳速度	A 组矿料拌合结果	B 组矿料拌合结果
RS	快裂	混合料呈松散状态，一部分矿料颗粒未裹覆沥青，沥青分布不均匀，并有些凝聚成块	乳液中的沥青在拌合后立即凝聚成团块，不能拌合均匀
MS	中裂	混合料混合均匀	混合料呈松散状态，沥青分布不均匀，并有可见的凝聚团块
SS	慢裂	—	混合料呈糊状，沥青乳液分布均匀

表 9-6-8　道路石油沥青的适用范围

沥青等级	适用范围
A 级沥青	各个等级的公路，适用于任何场合和层次
B 级沥青	高速公路、一级公路沥青层上部约 80～100cm 以下的层次，二级及二级以下公路的各个层次；用作改性沥青、乳化沥青、改性乳化沥青、稀释沥青的基质沥青
C 级沥青	三级及三级以下公路的各个层次

表 9-6-9　道路用煤沥青技术要求

试验项目		T-1	T-2	T-3	T-4	T-5	T-6	T-7	T-8	T-9
黏度 (s)	$C_{30,5}$	5～25	26～70	—	—	—	—	—	—	—
	$C_{30,10}$	—	5～20	21～50	51～120	121～200	—	—	—	—
	$C_{50,10}$	—	—	—	—	—	10～75	76～200	—	—
	$C_{60,10}$	—	—	—	—	—	—	—	35～65	—
蒸馏试验馏出量 (L)	170℃前 (≤)	3	3	3	2	1.5	1.5	1.0	1.0	1.0
	270℃前 (≤)	20	20	20	15	15	15	10	10	10
	300℃前 (≤)	15～35	15～35	30	30	25	25	20	20	15
300℃蒸馏残渣软化点（环球法）(℃)		30～45	30～45	35～65	35～65	35～65	35～65	40～70	40～70	40～70
水分 (%, ≤)		1.0	1.0	1.0	1.0	1.0	0.5	0.5	0.5	0.5
甲苯不溶物 (%, ≤)		20	20	20	20	20	20	20	20	20
含萘量 (%, ≤)		5	5	5	4	4	3.5	3	2	2
焦油酸含量 (%, ≤)		4	4	3	3	2.5	2.5	1.5	1.5	1.5

表 9-6-10　沥青面层用粗集料质量技术要求

指标		高速公路、一级公路	其他等级公路
石料压碎值 (%, ≤)		28	30
洛杉矶磨耗损失 (%, ≤)		30	40
视密度 (t/m³, ≥)		2.50	2.45
吸水率 (%, ≤)		2.0	3.0
对沥青的黏附性 (≥)		四级	三级
坚固性 (%, ≤)		12	—
细长扁平颗粒含量 (%, ≤)		15	20
水洗法粒径<0.0075mm 颗粒含量 (%, ≤)		1	1
软石含量 (%, ≤)		5	5
石料磨光值 (BPN, ≥)		42	实测
石料冲击值 (%, ≤)		28	实测
破碎砾石的破碎面积 (%, ≥)	拌合的沥青混合料路面表面层	90	40
	拌合的沥青混合料路面中下面层	50	40
	贯入式路面	—	40

表 9-6-10 中，坚固性试验应根据需要进行。用于高速公路、一级公路时，多孔玄武岩的视密度限度可放宽至 $2.45t/m^3$，吸水率可放宽至 3%，但必须得到主管部门的批准；石料磨光值是为高速公路、一级公路的表层抗滑需要而试验的指标；石料冲击值根据需要进行，其他等级公路如需要时可提出相应的指标值；钢渣的游离氧化钙的含量应不大于3%，浸水后的膨胀率应不大于 2%。

对用于抗滑表层沥青混合料用的粗集料，应该选用坚硬、耐磨、韧性好的碎石或破碎砾石，矿渣及软质集料不得用于防滑表层。用于高速公路、一级公路、城市快速道路、主干路沥青路面表面层及各类道路抗滑层的粗集料应符合磨光值、洛杉矶磨耗损失和冲击值的要求。在坚硬石料来源缺乏的情况下，允许掺加一定比例的普通集料作为中等或小颗粒的粗集料，但掺加比例不应超过粗集料总质量的 40%。破碎砾石的技术要求与碎石相同，但破碎砾石用于高速公路、一级公路、城市快速路、主干路沥青混合料时，其 5mm 以上的颗粒中有 1 个以上破碎面的含量不得少于 50%（质量）。钢渣作为粗集料时，仅限于一般道路，并应经过试验论证取得许可后使用；钢渣应有 6 个月以上的存放期，且质量应符合表 9-6-10 的要求。由于碱性岩石与沥青具有较强的黏附力，组成沥青混合料可得到较高的力学强度，因此，应尽量选用碱性岩石。经检验属于酸性岩石的石料（如花岗岩、石英岩等）用于高速公路、一级公路、城市快速路、主干路时，为增加混合料的黏聚力，宜使用针入度较小的沥青，并采用 3 方面抗剥离措施，使其对沥青的黏附性符合要求，即用干燥的生石灰或消石灰粉、水泥作为填料的一部分，且其用量宜为矿料总量的 1%～2%；在沥青中掺加抗剥离剂；将粗集料用石灰浆处理后使用。

3. 细集料

用于拌制沥青混合料的细集料可采用天然砂、人工砂或石屑。细集料应洁净、干燥、无风化、不含杂质，并应有适当的级配范围。对沥青面层用细集料的质量技术要求见表 9-6-11。热拌沥青混合料的细集料宜采用优质的天然砂或人工砂，在缺砂地区也可使用石屑，但用于高速公路、一级公路、城市快速路、主干路沥青混凝土面层及抗滑表层的石屑用量宜不超过砂的用量。细集料与沥青具有良好的黏结能力，高速公路、一级公路、城市快速路、主干路沥青面层使用与沥青黏结性能差的天然砂，及用花岗岩、石英岩等酸性岩石破碎的人工砂或石屑石时，应采用前述粗集料的抗剥离措施。细集料的级配应遵守相关规定，天然砂宜按表 9-6-12 中的粗砂、中砂或细砂的规格选用，石屑宜按表 9-6-13 的规格选用，但细集料的级配在沥青混合料中的适用性应以其与粗集料和填料配制成砂制混合料后判定其是否符合矿质混合料的级配要求来决定。当一种细集料不能满足级配要求时，可采用两种或两种以上的细集料掺合使用。表 9-6-11 中，坚固性试验应根据需要进行；当进行砂当量试验有困难时，也可用水洗法测定粒径小于 0.075m 部分的含量（仅适用于天然砂），对高速公路、一级公路要求不大于 3%，其他等级公路要求不大于 5%。

表 9-6-11　沥青面层用细集料的质量技术要求

指标	高速公路、一级公路	其他等级公路
视密度（t/m³，≥）	2.50	2.45
坚固性（%，粒径大于 0.3mm 部分≤）	12	—
砂当量（%，≤）	60	50

表 9-6-12　沥青面层用天然砂规格

方孔筛（mm）	圆孔筛（mm）	通过各筛孔的质量百分率（%）		
		粗砂	中砂	细砂
9.5	10	100	100	100
4.75	5	90～100	90～100	90～100
2.36	2.5	65～95	75～100	85～100
1.18	1.2	35～65	50～90	75～100
0.6	0.6	15～29	30～59	60～84
0.3	0.3	5～20	8～30	15～45
0.15	0.15	0～10	0～10	0～10
0.075	0.075	0～5	0～5	0～5
细度模数 M_x		3.7～3.1	3.0～2.3	2.2～1.6

表 9-6-13　沥青面层用石屑规格

规格	公称粒径（mm）	通过筛孔的质量百分率（%）					
		方孔筛（mm）	9.5	4.75	2.36	0.6	0.075
		圆孔筛（mm）	10	5	2.5	—	—
S15	0～5	—	100	85～100	40～70	—	0～15
S16	0～3	—	—	100	85～100	20～50	0～15

4. 填料

沥青混合料的填料宜采用石灰岩或岩浆岩中的强基性岩石（憎水性石料）经磨细得到的矿粉。原石料中的泥土含量应小于 3%，且不得有其他杂质。矿粉要求干燥、洁净，其质量应符合表 9-6-14 的技术要求。采用水泥、石灰、粉煤灰填料时，其用量不宜超过矿料总量的 2%。粉煤灰作为填料使用时，烧失量应小于 12%，塑性指数应小于 4%，其他质量要求与矿粉相同。粉煤灰用量不宜超过填料总量的 50%，并应经试验确认其与沥青有良好的黏附性，沥青混合料的水稳性能满足要求。拌合机采用干法除尘时的石粉尘可作为矿粉的一部分回收使用，采用湿法除尘的石粉尘回收使用时，应经干燥粉尘处理，且不得含有杂质。回收粉尘的用量不得超过填料总量的 50%，掺有粉尘石填料的塑性指数不得大于 4%，回收粉尘的其他质量要求与矿粉相同。

表 9-6-14　沥青面层用矿粉质量技术要求

指标		高速公路、一级公路	其他等级公路
视密度（t/m³，≥）		2.50	2.45
含水量（%，≤）		1	1
粒度范围	<0.6mm（%）	100	100
	<0.15mm（%）	95～100	90～100
	<0.075mm（%）	75～100	70～100
外观		无团粒结块	
亲水系数		<1	

9.6.3 沥青混合料强度的影响因素

沥青混合料强度的影响因素主要有集料的性状与级配、沥青混合料的黏度与用量、矿粉的品种与用量等。

（1）集料的性状与级配。集料颗粒表面的粗糙度和颗粒形状对沥青混合料的强度有很大影响。集料表面越粗糙、凹凸不平，其制成的沥青混合料的强度越高。集料颗粒的形状以接近立方体、呈多棱角为好。间断密级配沥青混合料内摩擦力大，且具有较高的强度；连续级配的沥青混合料由于粗集料的数量太少呈悬浮状态分布，因而其内摩擦力较小、强度较低。

（2）沥青混合料的黏度与用量。沥青混合料黏度越大，其抵抗剪切变形的能力越强。适当增加沥青混合料用量会改善混合料的胶结性能，但当沥青混合料用量进一步增加时，就会出现塑性变形。因此，混合料中存在最佳沥青用量问题。

（3）矿粉的品种与用量。碱性矿粉（如石灰石）与沥青的亲和性良好，并能形成较强的黏结性能；而由酸性石料磨成的矿粉则与沥青的亲和性较差。适量提高矿粉掺量有利于提高沥青混合料的强度，通常矿粉与沥青之比以0.8～1.2为宜。

9.6.4 提高沥青混合料强度的措施

提高沥青混合料的强度包括两个方面，即提高沥青混合料的黏聚力；改善沥青与矿料的物理-化学性质及其相互作用过程。为提高沥青混合料的黏聚力，应选用表面粗糙、形状方正、有棱角的矿料，并适当增加矿料的粗度。此外，合理选择混合料的结构类型和组成设计对提高沥青混合料强度也具有重要作用。当然，混合料的结构类型和组成设计还应根据稳定性方面的要求，并结合沥青材料的性质和当地自然条件综合确定。提高沥青混合料强度的措施及途径见表9-6-15。

表 9-6-15　提高沥青混合料强度的措施及途径

目的	措施及途径
提高沥青混合料的黏聚力	改善矿料的级配组成，以提高其压实后的密实度；增加矿粉含量；采用稠度较高的沥青
改善沥青与矿料的物理-化学性质及其相互作用过程	改善沥青的物理-化学性质可采用调整沥青的组分，往沥青中掺加表面活性物质或其他添加剂等方法；改善矿料的物理-化学性质可采用活性添加剂使矿料表面憎水化的方法；对沥青和矿料的物理-化学性质同时产生作用

9.7　沥青混合料的技术性质和技术标准

9.7.1 沥青混合料的技术性质

沥青混合料的技术性质主要包括高温稳定性、低温抗裂性、耐久性、抗滑性、施工和易性等。

1. 高温稳定性

沥青混合料的高温稳定性是指混合料在高温（通常为60℃）条件下经车辆荷载长期重复作

用后，不产生车辙和波浪等病害的性能。现行《公路沥青路面施工技术规范》（JTG F 40）规定采用马歇尔稳定度试验（包括稳定度、流值）来评价沥青混合料的高温稳定性，对高速公路、一级公路、城市快速路、主干路用沥青混合料，还应通过车辙试验检验其抗车辙能力。高速公路的表面层、中面层沥青混合料的动稳定度不应低于 800 次/mm；一级公路、城市快速路、主干路的表面层、中面层沥青混合料的动稳定度不应低于 600 次/mm。

（1）马歇尔稳定度。马歇尔稳定度的试验方法自 B·马歇尔（Marshall）提出迄今已近 1 个世纪，经过了许多研究者的改进，目前普遍用于测定马歇尔稳定度（M_S）、流值（F_L）两项指标。稳定度是指标准尺寸试件在规定温度和加荷速度下在马歇尔仪中的最大破坏荷载（kN）；流值是指达到最大破坏荷载时试件的竖向变形（以 0.1m 计）。

（2）车辙试验。车辙试验方法首先由英国道路研究所（TRRL）提出，后来经过了许多国家道路工作者的研究改进。我国的试验方法是采用标准成型方法制成 300mm×300mm×50mm 的沥青混合料试件，在 60℃ 的温度条件下，以一定荷载的轮子在同一轨迹上作一定时间的反复行走，形成一定的车辙深度，然后计算试件产生 1mm 变形所需的试验车轮行车次数，即动稳定度。现行 JTG F 40 规定，高速公路和一级公路的公称最大粒径等于或小于 19mm 的密级配沥青混合料（AC）及 SMA、OGFC 混合料必须在规定的试验条件下进行车辙试验，并符合有关要求。

影响沥青混合料高温稳定性的主要因素是沥青用量、沥青黏度、矿料级配、矿料尺寸和形状等。提高路面的高温稳定性可采用提高沥青混合料黏结力和内摩阻力的方法。增加粗集料含量可以提高沥青混合料的内摩阻力；适当提高沥青材料的黏度、控制沥青与矿料比值、严格控制沥青用量均能改善沥青混合料的黏结力，这样就可以增强沥青混合料的高温稳定性。

2. 低温抗裂性

随着温度的降低，沥青混合料的变形能力下降，路面由于低温而收缩，行车荷载的作用在薄弱部位会产生裂缝，从而影响道路的正常使用，因此，要求沥青混合料具有一定的低温抗裂性。沥青混合料的低温裂缝是由混合料的低温脆化、低温缩裂和温度疲劳引起的。混合料的低温脆化是指其在低温条件下变形能力降低；低温缩裂通常是由于材料本身的抗拉强度不足造成的；对于温度疲劳，可以模拟温度循环进行疲劳破坏。因此，在沥青混合料组成设计中应选用稠度较低、温度敏感性低、抗老化能力强的沥青。评价沥青混合料低温变形能力的常用方法之一是低温弯曲试验。

3. 耐久性

沥青混合料的耐久性是指其在长期的荷载作用和自然因素影响下保持正常使用状态而不出现剥落和松散等损坏的能力。影响沥青混合料耐久性的因素主要有沥青的化学性质、矿料的矿物成分、沥青混合料的组成结构（残留空隙率、沥青饱和度）等。其中空隙率越小，越可以有效地防止水分渗入和日光紫外线对沥青的老化作用等，但一般沥青混合料中均应残留一定的空隙，以备夏季沥青材料膨胀。沥青路面的使用寿命与沥青含量有很大关系，沥青用量低于要求用量时，会降低沥青的变形能力，并使沥青混合料的残留空隙率增大。现行规范采用空隙率、沥青饱和度和残留稳定度等指标来表征沥青混合料的耐久性。

4. 抗滑性

用于高等级公路沥青路面的沥青混合料，其表面应具有一定的抗滑性，才能保证汽车高速行驶的安全性。沥青混合料路面的抗滑性与矿质集料的表面性质、混合料的级配组成以及沥青用量等因素有关。为提高路面抗滑性，配料时应特别注意矿料的耐磨光性，选择硬质有棱角的矿料。现行 JTG F 40 强调，沥青用量对抗滑性的影响非常重大，沥青用量超过最佳用量的 0.5％即可使摩阻系数明显降低。另外，含蜡量对沥青混合料的抗滑性也有明显影响，应选用含蜡量低的沥青，以免沥青表层出现滑溜现象。

5. 施工和易性

沥青混合料的施工和易性是指沥青混合料在施工过程中是否容易拌合、摊铺和压实的性能。它主要决定于矿料的级配、沥青的品种和用量以及施工环境条件等。单纯从混合材料性质讲，影响施工和易性的首先是混合料的级配情况。若粗细颗粒的大小相距过大、缺乏中间尺寸，则混合料容易分层层积（粗颗粒集中表面，细颗粒集中底部）；若细颗粒过少，沥青层就不容易均匀地留在粗颗粒表面；若细颗粒过多，则会导致拌合困难。另外，沥青用量过少或矿粉用量过多时，混合料容易产生疏松、不易压实；若沥青用量过多或矿粉质量不好，则容易使混合料黏结成块、不易摊铺。间断级配混合料的施工和易性比较差。

9.7.2 热拌沥青混合料的技术标准

现行规范规定，热拌沥青混合料配合比应按马歇尔试验法进行，其技术标准见表 9-7-1。若采用粗粒式沥青混凝土，则稳定度可减低 1～1.5kN；若采用Ⅰ型细粒式及砂粒式沥青混凝土，则空隙率可放宽至 2％～6％。沥青混凝土混合料的矿料间隙率 V_{MA} 宜符合表 9-7-2 的要求。高速公路、一级公路和二级公路的沥青混凝土应具有良好的水稳定性。沥青混凝土混合料的水稳性指标应符合表 9-7-3 的规定。高速公路和一级公路竣工后第一个夏季应测定沥青混凝土混合料面层的横向力系数（或摆值）、路面宏观构造深度，其数值应符合表 9-7-4 规定的竣工验收值要求。

表 9-7-1　热拌沥青混合料马歇尔试验技术标准

项目		沥青混合料类型	高速公路、一级公路、城市快速路、主干路	其他等级公路及城市道路	行人道路
击实次数（次）		沥青混凝土	两面各 75	两面各 50	两面各 30
		沥青碎石、抗滑表层	两面各 50	两面各 50	两面各 30
技术指标	稳定度	Ⅰ型沥青混凝土	＞7.5	＞5.0	＞3.8
		Ⅱ型沥青混凝土、抗滑表层	＞5.0	＞4.0	—
	流值 F_L（0.1mm）	Ⅰ型沥青混凝土	20～40	20～45	2～5
		Ⅱ型沥青混凝土、抗滑表层	20～40	20～45	—
	空隙率 V_V（％）	Ⅰ型沥青混凝土	3～5	3～6	2～5
		Ⅱ型沥青混凝土、抗滑表层	4～10	4～10	—
		沥青碎石	＞10	＞10	—
	沥青饱和度 V_{FA}（％）	Ⅰ型沥青混凝土	70～85	70～85	75～90
		Ⅱ型沥青混凝土、抗滑表层	60～75	60～75	—
	残留稳定度 M_{S0}（％）	Ⅰ型沥青混凝土	＞75	＞75	＞75
		Ⅱ型沥青混凝土、抗滑表层	＞70	＞70	—

表9-7-2 沥青混凝土混合料的矿料间隙率

集料最大粒径（mm）	37.5	31.5	26.5	19.0	13.2	9.5	4.75
V_{MA}（%，≥）	12	12.3	13	14	15	16	18

表9-7-3 沥青混凝土混合料的水稳性指标

年降雨量（mm）	>1000	500～1000	250～500	<250
沥青与石料的黏附性（级，≥）	4	4	3	3
浸水马歇尔试验（48h）残留稳定度（%）	75	70	65	60
冻融劈裂试验残留强度（%）	70	70	65	65

表9-7-4 沥青混凝土混合料面层的竣工验收值

公路等级	竣工验收值		
	横向力系数 S_{FC}	摆值 F_B（BPN）	构造深度 T_C（mm）
高速公路、一级公路（≥）	54	45	0.55

9.8 沥青混合料的配合比设计

热拌沥青混合料的配合比设计包括目标配合比设计阶段、生产配合比设计阶段及生产配合比验证阶段。通过配合比设计可确定沥青混合料的材料品种、矿料级配及沥青用量。目标配合比设计又分矿质混合料的配合组成设计和沥青最佳用量的确定两个部分，是沥青混合料配合比设计的重点。

9.8.1 矿质混合料的配合组成设计

矿质混合料配合组成设计的目的是选配一个具有足够密实度，且有较高内摩阻力的矿质混合料。根据级配理论可计算出需要的矿质混合料的级配范围，但为了应用已有的研究成果和实践经验，通常采用规范推荐的矿质混合料级配范围来确定。设计步骤依次为确定沥青混合料的类型、确定矿质混合料的级配范围、计算矿质混合料的配合比例。

（1）确定沥青混合料的类型。沥青混合料的类型应根据道路等级、路面类型、所处的结构层位按表9-8-1选定。

表9-8-1 沥青混合料的类型

结构层次	高速公路、一级公路、城市快速路、主干路		其他等级公路		城市道路与其他道路工程	
	三层式路面	两层式路面	沥青混凝土路面	沥青碎石路面	沥青混凝土路面	沥青碎石路面
上面层	AC-13、AC-16、AC-20	AC-13、AC-16	AC-13、AC-16	AC-13	AC-5、AC-10、AC-13	AM-5
中面层	AC-20、AC-25	—	—	—	—	—
下面层	AC-25、AC-30	AC-20、AC-25、AC-30	AC-20、AC-25、AC-35、AM-25、AM-30	AM-25、AM-30	AC-20、AC-25、AM-25、AM-30	AC-25、AM-10、AM-30

（2）确定矿质混合料的级配范围。根据已确定的沥青混合料查阅规范推荐的矿质混合料级配范围表，即可确定所需的级配范围。

（3）计算矿质混合料的配合比例。组成材料的原始数据测定应遵守相关规定，根据现场取样对粗集料、细集料和矿粉进行筛析试验，按筛析结果分别绘出各组成材料的筛分曲线，同时测出各组成材料的相对密度，以供计算物理常数用。计算组成材料的配合比应遵守相关规定，根据各组成材料的筛析试验资料，采用图解法或试算（电算）法计算出符合要求级配范围的各组成材料用量比例。调整配合比计算应遵守相关规定，合成级配应根据以下 3 条要求作必要的配合比调整。

① 通常情况下，合成级配曲线宜尽量接近设计级配中限，尤其应使 0.075mm、2.36mm 和 4.75mm 筛孔的通过量尽量接近设计级配范围的中限；

② 对高速公路、一级公路、城市快速路、主干路等交通量大、轴载重的道路，宜偏向级配范围的下（粗）限，对一般道路、中小交通量或人行道路等，宜偏向级配范围的上（细）限；

③ 合成级配曲线应接近连续的或合理的间断级配，但不应出现过多的犬牙交错，若经再三调整仍有两个以上的筛孔超出级配范围，则必须对原材料进行调整，或更换原材料重新试验。

9.8.2　沥青最佳用量的确定

沥青混合料的沥青最佳用量（Optimum Asphalt Content，简称 OAC）可通过各种理论计算的方法求得，但由于实际材料性质的差异，按理论公式计算得到的最佳沥青用量往往仍然需要通过试验方法进行修正，因此，理论法只能得到一个供试验的参考数据。采用试验的方法确定沥青最佳用量时，应借助维姆法和马歇尔法。现行 JTG F 40 规定按以下方法确定沥青最佳用量，其过程依次为制备试样、测定物理指标、测定力学指标、马歇尔试验结果分析、水稳定性检验、抗车辙能力检验、确定矿料级配和沥青用量。

1. 制备试样

按确定的矿质混合料配合比计算各种矿质材料的用量，根据推荐的沥青用量范围（或经验的沥青用量范围）估计适宜的沥青用量（或油石比）。

2. 测定物理指标

为确定沥青混合料的沥青最佳用量，需测定沥青混合料的视密度、理论密度、空隙率、沥青体积百分率、矿料间隙率、沥青饱和度等物理指标。

（1）视密度。沥青混合料的压实试件视密度可采用水中重法、表干法、体积法或封蜡法等方法测定。对密级配沥青混合料，通常可采用水中重法按下式计算。

$$\rho_s = m_a \rho_w / (m_a - m_w)$$

式中，ρ_s 为试件的视密度（g/cm³）；m_a 为干燥试件的空中质量（g）；m_w 为试件的水中质量（g）；ρ_w 为常温水的密度，约等于 1g/cm³。

（2）理论密度。沥青混合料试件的理论密度是指压实沥青混合料试件全部为矿料（包括矿料内部孔隙）和沥青所组成（空隙率为 0）的最大密度。理论密度可区别情况按相关公式计算。按油石比（即沥青与矿料的质量比）计算时，理论密度为

$$\rho_t = (100 + P_a) \rho_w / (P_1/\gamma_1 + P_2/\gamma_2 + \cdots + P_n/\gamma_n + P_a/\gamma_b)$$

按沥青含量（沥青质量占混合料总质量的百分率）计算时，理论密度为

$$\rho_t = 100\rho_w / (P_1'/\gamma_1 + P_2'/\gamma_2 + \cdots + P_n'/\gamma_n + P_b/\gamma_b)$$

式中，ρ_t 为理论密度（g/cm^3）；P_1、$P_2\cdots P_n$ 为各种砂料的配合比，砂料总为 $\Sigma P_i = 100\%$；P_1'、$P_2'\cdots P_n'$ 为各种矿料的配合比，矿料与沥青之和为 $\Sigma P_i' + P_b = 100\%$；$\gamma_1$、$\gamma_2\cdots\gamma_n$ 为各种矿料的相对密度（g/cm^3）；P_a 为油石比（即沥青与矿料的质量比，%）；P_b 为沥青含量（即沥青质量占沥青混合料总质量的百分率，%）；γ_b 为 25℃ 时沥青的相对密度（g/cm^3）。

（3）空隙率。压实沥青混合料试件的空隙率根据其视密度和理论密度按下式计算。

$$V_V = (1 - \rho_s/\rho_t) \times 100$$

式中，V_V 为试件空隙率（%）；ρ_s 为试件视密度（g/cm^3）；ρ_t 为试件理论密度（g/cm^3）。

（4）沥青体积百分率。压实沥青混合料试件中，沥青的体积占试件总体积的百分率称为沥青体积百分率（Volume of Asphalt，简称 V_A），V_A 可按

$$V_A = P_b\rho_s / (\gamma_b\rho_w)$$

或

$$V_A = 100P_a\rho_s / [(100 + P_a) \gamma_b\rho_w]$$

计算。式中，V_A 为沥青混合料试件的沥青体积百分率（%）。

（5）矿料间隙率。压实沥青混合料试件内，矿料部分以外的体积占试件总体积的百分率称为矿料间隙率（Voids in the Mineral Aggregate，简称 V_{MA}），即试件空隙率与沥青体积百分率之和。V_{MA} 按下式计算。

$$V_{MA} = V_A + V_V$$

（6）沥青饱和度。压实沥青混合料中，沥青部分的体积占矿料骨架以外的空隙部分体积的百分率称为沥青填隙率（Voids Filled with Asphalt，简称 V_{FA}），也称沥青饱和度。V_{FA} 按

$$V_{FA} = 100V_A / (V_A + V_V)$$

或

$$V_{FA} = 100V_A/V_{MA}$$

计算。

3. 测定力学指标

为确定沥青混合料的沥青最佳用量，应测定沥青混合料的马歇尔稳定度、流值等力学指标。

（1）马歇尔稳定度。按标准方法制备的试件在 60℃ 条件下保温 45min，然后将试件放置于马歇尔稳定度仪上，以（50±5）mm/min 的形变速度加荷，直至试件破坏时的最大荷载（以 kN 计）称为马歇尔稳定度（Marshall Stability，简称 M_S）。

（2）流值。在测定稳定度的同时，还应测定试件的流动变形。当达到最大荷载的瞬间，试件所产生的竖向流动变形值（以 0.1mm 计）称为流值（Flow Value，简称 F_L）。在有 $x-y$ 记录仪的马歇尔稳定度仪上可自动绘出荷载 P 与变形 F 的关系曲线（图 9-8-1）。图中曲线的峰值 P_m 即为马歇尔稳定度 M_S。流值可以有 3 种不同的计算方法，即图 9-8-1 中的直线流值 F_1、中间流值 F_x、总流值 F_m，通常采用 F_x 作为测定流值。

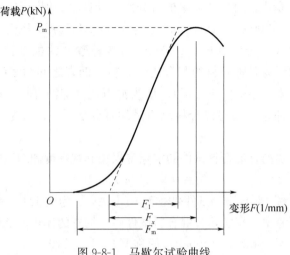

图 9-8-1　马歇尔试验曲线

4. 马歇尔试验结果分析

马歇尔试验结果分析应按以下顺序进行。

(1) 绘制沥青用量与物理-力学指标关系图。以沥青用量为横坐标，以视密度、空隙率、饱和度、稳定度和流值为纵坐标，将试验结果绘制成沥青用量与各项指标的关系曲线 (图 9-8-2)。

(2) 根据稳定度、密度和空隙率，确定沥青最佳用量的初始值 (OAC_1)。从图中取相应于稳定度最大值的沥青用量 a_1、相应于密度最大值的沥青用量 a_2、相应于规定空隙范围的中值的沥青用量 a_3。求取三者的平均值，作为沥青最佳用量的初始值 OAC_1，即

$$OAC_1 = (a_1 + a_2 + a_3) / 3$$

(3) 根据符合各项技术指标的沥青用量范围，确定沥青最佳用量的初始值 (OAC_2)。从图 9-8-2 中求出各指标符合沥青混合料技术标准 (表 9-7-1) 的沥青用量范围 OAC_{min} 和 OAC_{max}，平均值为 OAC_2，即

$$OAC_2 = (OAC_{min} + OAC_{max}) / 2$$

(4) 根据 OAC_1 和 OAC_2 综合确定沥青最佳用量 OAC。按沥青最佳用量的初始值 OAC_1 在图 9-8-2 中求取相应的各项指标值，检查其是否符合表 9-7-1 规定的马歇尔设计配合比技术标准，同时检验 V_{MA} 是否符合要求。若符合，则由 OAC_1 和 OAC_2 综合确定沥青最佳用量 OAC；若不符合，则应调整级配，重新进行配合比设计马歇尔试验，直至各项指标均能符合要求为止。

(5) 根据气候条件和交通特性调整沥青最佳用量。由 OAC_1 和 OAC_2 综合确定沥青最佳用量 OAC 时，还宜根据实践经验和道路等级、气候条件，考虑以下两种情况进行调整。

① 对热区道路以及车辆渠化交通的高速公路、一级公路、城市快速路、主干路，预计有可能造成较大车辙的情况时，可以在中限值 OAC_2 与下限值 OAC_{min} 范围内确定，但一般不宜小于中限值 OAC_2 的 0.5%。

② 对寒区道路以及一般道路，沥青最佳用量可以在中限值 OAC_2 与上限值 OAC_{max} 范围内确定，但一般不宜大于中限值 OAC_2 的 0.3%。

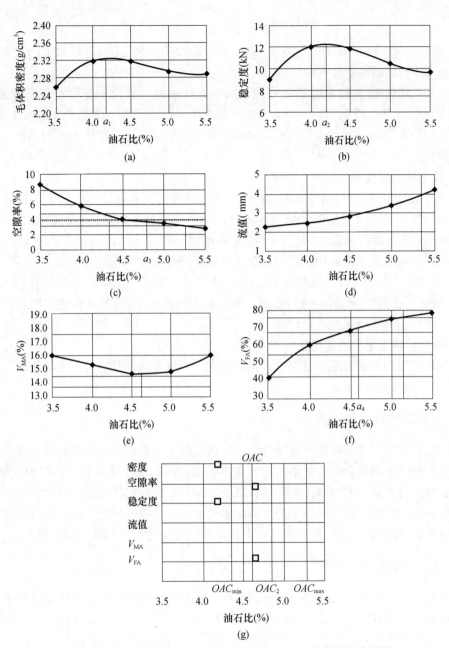

图 9-8-2 沥青用量与马歇尔稳定度试验物理-力学指标的关系图

5. 水稳定性检验

按沥青最佳用量 OAC 制作马歇尔试件，进行浸水马歇尔试验（或真空饱水马歇尔试验），检验其残留稳定度是否合格。当沥青最佳用量 OAC 与两个初始值 OAC_1、OAC_2 相差较大时，宜将 OAC 与 OAC_1、OAC_2 分别制作试件，进行残留稳定度试验。若不符合要求，则应重新进行配合比设计。

（1）残留稳定度试验。残留稳定度试验方法是将标准试件在规定温度下浸水 48h（或经真空饱水后，再浸水 48h），测定其浸水残留稳定度 M_{S0}。

$$M_{S0} = 100M_{S1}/M_S$$

式中，M_{S0} 为试件浸水（或真空饱水）残留稳定度（%）；M_{S1} 为试件浸水 48h（或真空饱水后浸水 48h）后的稳定度（kN）。

（2）水稳定性-残留稳定度指标校核。水稳定性试验的残留稳定度按现行规范规定，对 I 型沥青混凝土不低于 75%，对 II 型沥青混凝土不低于 70%。若校核不符合上述要求，则应重新进行配合比设计。水稳定性检验不符合要求时，也可采用掺加抗剥剂的方法来提高水稳定性。

6. 抗车辙能力检验

按沥青最佳用量 OAC 制作车辙试验试件，应按现行试验规程，在 60℃ 条件下用车辙试验机对检验设计沥青用量的动稳定度。对高速公路、城市快速路，动稳定度宜不低于 800 次/mm；对一级公路及城市干路，动稳定度宜不低于 600 次/mm。若不符合上述要求，则应对矿料级配或沥青用量进行调整，并重新进行配合比设计。

当沥青最佳用量 OAC 与两个初始值 OAC_1 和 OAC_2 相差较大时，宜将 OAC 与 OAC_1、OAC_2 分别制作试件，进行车辙试验。根据试验结果对 OAC 作适当调整。若不符合要求，则应重新进行配合比设计。

7. 确定矿料级配和沥青用量

确定矿料级配和沥青用量时应遵守相关规定，经反复调整及综合以上试验结果，并参考工程实践经验综合确定。

9.8.3 生产配合比设计阶段

施工配合比应利用实际施工的拌合机进行试拌确定。试验前，应根据级配类型选择振动筛筛号，使几个热料仓的材料不致相差太多，最大筛孔应保证超粒径料筛出。试验时，应按实验室配合比设计的冷料比例上料、烘干、筛分，然后取样筛分，按实验室配合比设计进行矿料级配计算，按计算结果进行马歇尔试验。现行规范规定，试验油石比可取实验室最佳油石比及其 ±0.3% 三档试验，从而得出最佳油石比，供试拌试铺时使用。

9.8.4 生产配合比验证阶段

拌合机采用生产配合比试拌、铺筑试验段，技术人员观察摊铺、碾压过程和成型混合料的表面状况，用拌合的沥青混合料及路上钻取的芯样进行马歇尔试验检验，最终确定生产用的标准配合比。标准配合比应作为生产上控制的依据和质量检验的标准。标准配合比的矿料级配至少应包括 0.075mm、2.36mm、4.75mm（圆孔筛 0.074mm、2.5mm、5mm）三档，且其筛孔通过率应接近要求级配的中值。生产过程中，当进场材料发生变化时，应及时调整配合比，必要时应重新进行配合比设计，以使沥青混合料的质量符合要求。

9.9 沥青基制品的类型及应用领域

常见的沥青基制品主要有冷底子油与沥青胶、沥青防水卷材、沥青防水涂料、建筑防水沥青嵌缝油膏等。

9.9.1 冷底子油与沥青胶

1. 冷底子油

冷底子油是用有机溶剂（如汽油、柴油、煤油、苯等）与沥青溶合后制得的一种沥青溶液。其黏度小，并具有良好的流动性，可在常温下用作防水工程的底层，故称为冷底子油。冷底子油可随配随用，其参考配合比（质量比）如下。

① 快挥发性冷底子油中，石油沥青：汽油＝30∶70；

② 慢挥发性冷底子油中，石油沥青：煤油(或轻柴油)＝40∶60。

冷底子油的配制方法有热配法和冷配法两种。冷底子油应涂刷于干燥的基面上，通常要求水泥砂浆找平层的含水率≤10％。

2. 沥青胶

沥青胶是在沥青中掺入适量矿物质粉料，或再掺入部分纤维状填料配制而成的材料。与纯沥青相比，沥青胶具有较好的黏性、耐热性、柔韧性和抗老化性，主要用于粘贴卷材、嵌缝、接头、补漏及作防水层的底层。常用的矿物填充料主要有滑石粉、石灰石粉和石棉等。沥青胶分热沥青胶和冷沥青胶两种。热沥青胶是将沥青加热至 180～200℃ 使其脱水后，加入 20％～30％ 已预热的干燥填料，热拌混合均匀而制成的。热沥青胶应热用施工。冷沥青胶是将约 50％ 的沥青熔化脱水后，缓慢加入 25％～30％ 的溶剂（如柴油等），再加入 10％～30％ 的填料，混合拌匀而制成的。

沥青胶的标号以耐热度表示，分 S-60、S-65、S-70、S-75、S-80、S-85 等 6 个标号，采用的沥青种类应与被粘贴的卷材的沥青种类一致。炎热地区屋面的沥青胶可选用 10 号或 30 号的建筑石油沥青配制；地下防水工程使用的沥青胶可选用 60 号或 100 号沥青；若用一种沥青不能满足配制要求的软化点，可进行掺配。

沥青胶施工时应注意以下 3 方面问题。

① 要求基层清洁、干燥，并应涂刷 1～2 遍冷底子油；

② 用沥青胶粘贴油毡时，厚度应控制在 1～2mm 之间，太薄会使油毡不能很好地粘牢，太厚会使油毡容易流淌；

③ 直接用沥青胶作构筑物防水层时，一般应涂刷 2～3 遍，并要求涂刷均匀，且没有凹凸不平、起鼓或脱落现象。

9.9.2 沥青防水卷材

沥青防水卷材是用纸、纤维织物、纤维毡物、纤维毡等胎体涂沥青，表面撒布粉状、粒状或片状材料制成可卷曲的片状防水材料。常见的沥青防水卷材包括石油沥青油纸、石油沥青纸胎油毡、煤沥青纸胎油毡、石油沥青玻璃布油毡、石油沥青玻璃纤维胎油毡、铝箔面沥青油毡等。

（1）石油沥青油纸。石油沥青油纸是采用低软化点石油沥青浸渍原纸所制成的一种无涂盖层的纸胎防水卷材。石油沥青油纸按原纸每平方米的质量分为 200 号和 350 号两种标号，幅度分为 915mm 和 1000mm 两种规格，每卷面积为（20±0.3）m²。油纸主要用于建筑防潮和包装，也可作多层防水层的下层。它应贮存在阴凉干燥的库房内，环境温度控制在 10~45℃，不得与明火接近。

（2）石油沥青纸胎油毡。石油沥青纸胎油毡是采用低软化点石油沥青浸渍原纸，然后用高软化点石油沥青涂盖油纸两面，再涂撒隔离材料所制成的一种纸胎防水卷材。油毡的幅度和面积规格均与油纸相同，按原纸每平方米的质量分为 200 号、350 号和 500 号 3 种标号。其中 200 号油毡适用于简易防水、临时性建筑防水、建筑防潮及包装；350 号和 500 号油毡适用于屋面、地下、水利等工程的多层防水。施工前应先清理平整基层、无浮松尘屑、杂物，力求干燥。为克服纸胎抗拉能力低、易腐蚀、耐久性差的缺点，通过改进胎体材料，我国发展了石油沥青玻璃布油毡、石油沥青玻璃纤维胎油毡、铝箔面沥青油毡等一系列防水沥青卷材。

（3）煤沥青纸胎油毡。煤沥青纸胎油毡是先用低软化点煤沥青浸渍原纸，后用高软化点煤沥青涂盖油纸的两面，再涂撒隔离材料所制成的一种纸胎防水卷材，按原纸每平方米的质量分为 200 号、270 号和 350 号 3 种标号。其中 200 号油毡适用于简易防水、建筑防潮及包装；270 号和 350 号油毡可用于建筑防水及屋面多层防水；350 号还可用于一般地下防水。它贮运时应竖立放置，且堆高不应超过两层，切勿横倒堆放或接近火源。其使用温度为 10~40℃，用牛皮纸包装。

（4）石油沥青玻璃布油毡。石油沥青玻璃布油毡是用玻璃纤维经纺织而成的玻璃纤维布为胎体，浸涂石油沥青，并在两面涂撒隔离材料所制成的一种防水卷材。石油沥青玻璃布油毡幅宽 1000mm，每卷面积为（10±0.3）m^2。它按物理性能分为一等品和合格品。石油沥青玻璃布油毡的低温柔度为 0℃，明显优于纸胎油毡。其性能指标还增加了耐霉菌性的要求，从而使石油沥青玻璃布油毡可用于长期受潮湿侵蚀的地下防水工程。此外，石油沥青玻璃布油毡也适用于地下防水、防腐层，屋面防水层，还可作为管道（热管道除外）的防腐保护层。

（5）石油沥青玻璃纤维胎油毡。石油沥青玻璃纤维胎油毡是采用玻璃纤维薄毡为胎基，浸涂石油沥青，在其表面涂撒矿物材料，或覆盖聚乙烯膜等隔离材料所制成的一种防水卷材。石油沥青玻璃纤维胎油毡按每 10m^2 标称质量分为 15 号、25 号和 35 号 3 种标号。石油沥青玻璃纤维胎油毡幅宽为 1000mm。15 号油毡每卷面积为（20±0.2）m^2；25 号和 35 号油毡每卷面积为（10±0.2）m^2。石油沥青玻璃纤维胎油毡的纵横向拉力比玻璃布要均匀得多，用于屋面或地下防水的部位比以玻璃布为胎体的油毡具有更大的适应性。

（6）铝箔面油毡。铝箔面油毡是采用玻璃纤维毡为胎基，浸涂氧化沥青，在其上表面用压纹铝箔贴面，底面撒细颗粒矿物材料，或覆盖聚乙烯膜所制成的一种具有热反射和装饰功能的防水卷材。铝箔面油毡具有很高的阻隔蒸汽的能力，且抗拉强度较强。铝箔面油毡按标称卷重可分为 30 号和 40 号两种标号。30 号铝箔面油毡适用于多层防水工程的面层；40 号铝箔面油毡适用于单层或多层防水工程的面层。

9.9.3 沥青防水涂料

沥青防水涂料是一种在常温下为液态，涂于结构表面能形成坚韧防水膜的材料，有水乳型和溶剂型两种。通常用涂布的方法涂刮在防水基层上，在常温下固化形成具有一定弹性的涂膜防水层。溶剂型防水涂料即冷底子油，一般不单独使用。水乳型防水涂料即水性沥青，是以乳化沥青为基料的防水涂料。水乳型防水涂料分为 AE-1 和 AE-2 两大类型。

（1）AE-1类。AE-1类采用矿物乳化剂，常温时为膏体或黏稠体，不具流平性，为厚质防水涂料，包括水性石棉沥青防水涂料（AE-1-A）、膨润土沥青乳液（AE-1-B）、石灰乳化沥青（AE-1-C）。

（2）AE-2类。AE-2类采用化学乳化剂，常温时为液体，具有流平性，为薄质防水涂料，包括氯丁胶乳沥青（AE-2-A）、水乳性再生胶沥青涂料（AE-2-B）、用化学乳化剂配制的乳化沥青（AE-2-C）。

水乳型防水涂料性能较低，一般可涂刷或喷涂在材料表面作为防潮或防水层，也可作冷底子油用。用于屋面防水工程时，水性沥青防水涂料应该与其他材料配套使用，或用于油毡屋面的保护涂层，不宜单独使用。水乳型防水涂料可直接施工在潮湿基层上，但不宜在5℃以下施工，以免水分结冰破坏防水层，也不宜在夏季烈日下施工，以防水分蒸发过快、乳化沥青凝结快、膜内水分蒸发不出而产生气泡。

9.9.4 建筑防水沥青嵌缝油膏

建筑防水沥青嵌缝油膏是以石油沥青为级料，加入改型材料、稀释剂、填料等配制而成的黑色膏状嵌缝材料。建筑防水沥青嵌缝油膏主要用于防水工程填嵌各种变形缝、分仓缝、墙板板缝、密封细部构造及卷材搭接缝等部位。建筑防水沥青嵌缝油膏按耐热性和低温柔性不同分为702号和801号两种标号，是性能较差的一类接缝与密封材料。它不仅耐热度较低，且其他性能指标也较低，在发达国家已逐步退出建筑市场。但由于成本低，目前我国各类建筑的嵌缝与密封部位还使用这种材料。

思考题与习题

1. 简述沥青的类型及特点。
2. 分别简述石油沥青和煤沥青的组成、结构和相关技术性质。
3. 石油沥青有哪些主要应用场合？
4. 简述乳化沥青组成材料的基本特征。
5. 简述乳化沥青的形成与分裂机理。
6. 简述沥青混合料的基本类型及物理特征。
7. 简述沥青混合料的组成结构。
8. 影响沥青混合料强度的因素有哪些？
9. 简述提高沥青混合料强度的措施。
10. 简述沥青混合料组成材料的特点。

第 10 章　木材与复合木材

10.1　木材的构造与特点

传统土木工程中使用的木材是由树木加工而成的，树木种类不同，其性质及应用方法也不同。宏观而言，树木分针叶树和阔叶树两大类，建筑中应用最多的是针叶树。木材的构造是决定木材性质的主要因素。对木材的研究一般可从宏观和微观两方面进行。

10.1.1　木材的宏观构造

用肉眼或低倍放大镜所看到的木材组织称为宏观构造。如图 10-1-1 所示，为便于了解木材的构造，可将树木切成 3 个不同的切面进行研究。垂直于树轴的切面称为横切面；通过树轴的切面称为径切面；和树轴平行、与年轮相切的切面称为弦切面。由图 10-1-1 不难看出，宏观条件下的树木可分为树皮、木质部和髓心 3 个部分，作为木材使用的主要是木质部。一般树的树皮覆盖在木质部外表面起保护树木的作用。髓心是树木最早形成的部分，它贯穿整个树木的干和枝的中心，材性低劣、易于腐朽，不适宜用作结构材料。

土木工程中使用的木材均是树木的木质部分。木质部分颜色不均。通常接近树干中心部分的木质部含有色素、树脂、芳香油等，其材色较深、水分较少，并对菌类有毒害作用，称为心材；靠近树皮部分的木质部材色较浅、水分较多，含有菌虫生活的养料，易受腐朽和虫蛀，称为边材。每个生长周期所形成的木材可在横切面反映，围绕髓心构成的同心圆称为生长轮。在温带和寒带地区，树木一年只有一季生长期，故生长轮又可称为年轮。但在有干湿季节之分的热带地区，一年中也只生

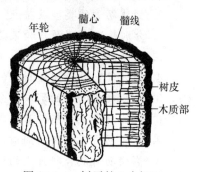

图 10-1-1　树干的 3 个切面

一个圆环。在同一年轮内，生长季节早期所形成的木材胞壁较薄、形体较大、颜色较浅、材质较松软，称为早材（春材）。秋季形成的木材胞壁较厚、组织致密、颜色较深、材质较硬，称为晚材（秋材）。在热带地区，树木一年四季均可生长，故无早材、晚材之分。对于相同树种，年轮越密、越均匀，材质越好；晚材部分越多，木材强度越高。

10.1.2　木材的微观构造

木材的微观构造是指借助显微镜才能看到的木材组织。针叶树与阔叶树在微观构造上

存在很大差别，同时又具有许多共同特征。微观上，木材是由无数管状细胞组成的，除少数细胞横向排列外（形成髓线），绝大部分细胞是纵向排列的。每个细胞都由细胞壁和细胞腔组成，细胞壁由若干层细纤维组成，纤维之间的纵向连接比横向连接牢固，因此，木材具有各向异性特征。同时，细胞中的细胞腔里存在着大量的孔隙，这是木材吸湿性较大的根本原因。

10.2　木材的基本性质

木材的基本性质主要包括物理性质和力学性质等。

10.2.1　木材的物理性质

木材的物理性质主要包括木材的含水率、木材的纤维饱和点、木材的平衡含水率、木材的湿胀干缩等。

（1）木材的含水率。木材的含水率取决于木材中水分的多少。木材中的水分包括自由水、吸附水、结合水等三大部分。自由水是指存在于木材细胞腔和细胞间隙中的水分；吸附水是指吸附在细胞壁内细纤维之间的水分；结合水是指形成细胞化学成分的化合水。

（2）木材的纤维饱和点。木材受潮时，首先形成吸附水，吸附水饱和后，多余的水成为自由水。木材干燥时，首先失去自由水，然后才失去吸附水。吸附水处于饱和状态而无自由水存在时，对应的含水率称为木材的纤维饱和点。纤维饱和点因树种而异，一般为23％～33％，平均为30％。木材的纤维饱和点是木材物理、力学性质的转折点。

（3）木材的平衡含水率。木材的含水率是随环境温度、湿度的变化而改变的。木材长期处于一定温度和湿度下时，其含水率会趋于一个定值，表明木材表面的蒸汽压与周围空气的压力达到了平衡，此时的含水率称为木材的平衡含水率。木材的平衡含水率与周围空气的温度、相对湿度存在关联，根据周围空气的温度和相对湿度，可求出木材的平衡含水率。木材在纤维饱和点以内，含水率的变化对其变形、强度等物理、力学性能影响极大。为避免木材因含水率大幅度变化而引起变形及制品开裂，木材使用前必须使其含水率达到使用环境常年平均平衡含水率。木材的平衡含水率随其所在的地区不同而不同，在我国北方约为12％，南方约为18％，其中长江流域一般为15％左右。

（4）木材的湿胀干缩。木材细胞壁内吸附水含量的变化会引起木材变形，这种现象称为木材的湿胀干缩。潮湿状态的木材处于干燥环境中时，首先放出的是自由水，此时木材尺寸不改变，只发生重量的减轻，然后才放出吸附水，木材才开始收缩。干燥的木材处于潮湿环境时，首先吸入的是吸附水，木材随之就会膨胀。含水率在纤维饱和点以内变化时，木材的干湿变形才会发生；含水率超过纤维饱和点时，存在于细胞壁和细胞间隙中的自由水的变化只会使木材的体积密度及燃烧性能等发生变化，而对其变形没有影响。木材干湿变形的大小因树种而异，通常情况下，体积密度大、夏材含量高时，胀缩变形大。另外，由于木材构造的不均匀，同一木材含水率变化时，其各方向变形的大小也不同，弦向最大，径向次之，顺纹方向变形最小。干缩对木材的使用有很大影响，它会使木材产生裂缝或翘曲变形，甚至引起木结构的结合松弛或凸起等问题。木材含水率与胀缩变形的关系见图 10-2-1。

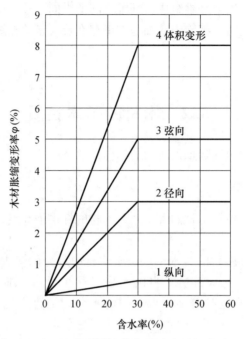

图 10-2-1　木材含水率与胀缩变形的关系

10.2.2　木材的力学性质

木材的力学性质主要是指木材的强度。按受力状态的不同，木材强度分为抗拉、抗压、抗弯和抗剪四种。木材强度检验时采用无不良组织的木材制成标准试件，按现行《木材物理力学试材采集方法》（GB/T 1927）的相关规定进行标准化测定。木材受剪切作用时，因作用力对应的木材纤维方向的不同分为顺纹剪切、横纹剪切和横纹切断 3 种状态（图 10-2-2）。顺纹抗压强度为 1 时的木材各项强度值的比例关系见表 10-2-1。影响木材强度的因素主要有含水率、负荷时间、环境温度、木材缺陷。

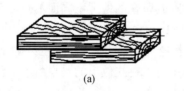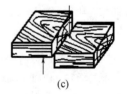

(a)　　　　　　　　　　(b)　　　　　　　　　　(c)

图 10-2-2　木材的剪切

（a）顺纹剪切；（b）横纹剪切；（c）横纹切断

表 10-2-1　木材各项强度值的比较

顺纹抗压强度	横纹抗压强度	顺纹抗拉强度	横纹抗拉强度	抗弯强度	顺纹抗剪强度	横纹切断强度
1	1/10~1/3	2~3	1/20~1/3	3/2~2	1/7~1/3	1/2~1

（1）含水率对木材强度的影响。如图 10-2-3 所示，当含水率在纤维饱和点以上变化时，仅仅存在自由水的增减，而对木材强度没有影响；当含水率在纤维饱和点以下变化时，随含水率的降低，细胞壁趋于紧密，木材强度增加。木材试验标准规定以标准含水率（即含水率为 12%）时的强度为标准值。

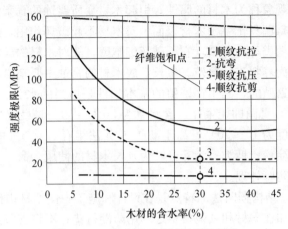

图 10-2-3　含水率对木材强度的影响

（2）负荷时间对木材强度的影响。木材在长期荷载作用下，只有当其应力远低于强度极限的某一范围时，才可避免木材因受长期负荷而遭破坏。木材在长期荷载作用下不致引起破坏的最大强度称为持久强度。木材的持久强度比极限强度小得多，一般为极限强度的 50%～60%。

（3）环境温度对木材强度的影响。环境温度对木材强度有直接影响。当环境温度由 25℃升至 50℃时，会因木纤维和其间胶体软化等原因而使木材抗压强度降低 20%～40%、抗拉和抗剪强度降低 12%～20%。温度在 100℃以上时，木材中的部分组织会分解、挥发，木材会变黑，强度会明显下降。因此，长期处于高温环境下的建筑物不宜采用木结构。

（4）木材缺陷对木材强度的影响。木材的节子能提高其横纹抗压和顺纹抗剪强度。木材受腐朽菌侵蚀后，不仅颜色会改变，其结构也会变得松软、易碎而呈筛孔和粉末状形态。木材的裂纹会降低木材的强度，特别是顺纹抗剪强度，而且缝内容易积水，并加速木材的腐烂。木材的构造缺陷、木纤维排列的不正常均会降低木材的强度，特别是抗拉及抗弯强度。

10.3　木材的传统应用方式

1. 木材产品

工程中，木材按加工程度和用途的不同分为原条、原木、锯材、枕木 4 类，此外，还有人造板材。原条是指去皮（也有不去皮的）而未经加工成规定材品的木材，主要用于建筑工程的脚手架和供进一步加工等。原木是指除去树皮（也有不去的）和树梢，并按尺寸切取的材料，有直接使用原木和加工原木之分。直接使用原木在传统建筑工程中主要用作屋架、檩条等；加工原木则主要用于锯制普通锯材、加工胶合板等。锯材是指已经加工锯解成一定尺寸的木料，凡宽度为厚度 3 倍以上的称为板材，不足 3 倍的称为枋材。枕木主要用于过去的铁路轨道，现已不用，故不作进一步介绍。

2. 木材的防腐

木材的腐蚀一般是由一些菌类和昆虫侵害造成的。真菌侵入会改变木材的颜色和结构，并使木材细胞壁受到破坏，进而导致木材物理、力学性能的降低，最后使木材变得松软或成为粉末，这种现象称为木材的腐蚀。引起木材变质腐蚀的真菌主要有霉菌、变色菌和腐蚀菌三大类型。霉菌只寄生于木材表面，对木材不起破坏作用，通常称为发霉。变色菌以细胞腔内淀粉、糖类等为养料，它不破坏细胞壁，故对木材的破坏作用也很小。腐蚀菌以细胞壁物质分解为养料进行繁殖、生长，故木材的腐蚀主要来自腐蚀菌。真菌是在一定条件下才能生存和繁殖的，其生存繁殖的基本条件是适当的水分、温度、氧气和养分。木材含水率为18%时，真菌即能生存，含水率为30%～60%时最宜生存、繁殖。真菌最适宜生存、繁殖的温度为15～30℃，高于60℃时无法生存。有5%的空气时真菌即可生存。真菌以木质素、淀粉、糖类等为养分。为延长木材的使用寿命，可对木材采用结构预防法、防腐剂法进行防腐处理。

（1）结构预防法。结构预防法的特点是在设计和施工中使木材构件不受潮湿，并处于良好的通风条件下，如在木材和其他材料之间用防潮衬垫；不将支节点或其他任何木构件封闭在墙内；木地板下设置通风洞；木屋顶采用山墙通风；设置老虎窗等。

（2）防腐剂法。防腐剂法的特点是通过涂刷或浸渍防腐剂，使木材含有毒物质，以起到防腐和杀虫作用。木材常用防腐剂有水剂、油剂、乳剂三大类型。常用水剂防腐剂有氯化钠、氯化锌、硫酸铜、硼酚合剂等；常用油剂防腐剂有林丹五氯合剂等；常用乳剂防腐剂有氯化钠沥青膏浆等。

3. 人造板材

人造板材是利用木材或含有一定量纤维的其他植物作原料，采用一般物理和化学方法加工制成的。与天然木材相比，人造板材板面宽、表面平整光洁，没有节子、虫眼和各向异性缺陷，不翘曲、不开裂，经加工处理后还可具备防火、防水、防腐、防酸等性能。常用的人造板材有胶合板、纤维板、刨花板等。

（1）胶合板。胶合板是使3层或多层单板的纤维方向互相垂直胶合而成的薄板，一般可分阔叶树材普通胶合板和松木普通胶合板两种类型。

（2）纤维板。纤维板是将树皮、刨花、树枝等废料经破碎、浸泡、研磨成木浆，再经加压成型、干燥处理而成的板材。纤维板因成型时温度和压力的不同分为硬质、半硬质、软质3种。硬质纤维板可代替木材用于室内墙面、天花板、地板、家具等；半硬质纤维板主要用于房间隔断；软质纤维板可用作保温、吸声材料。

（3）刨花板。刨花板是利用木材加工时产生的碎木、刨花，经干燥、拌胶再压制而成的板材，也称碎木板。刨花板表观密度小、性质均匀、花纹美丽，但容易吸湿、强度不高。刨花板可用作保温、隔声或室内装饰材料。

10.4 现代木结构使用的基本材料

1. 现代木结构用木材

承重结构用材分方木、原木、规格材、结构复合材和胶合木层板5类。设计方木、原木结构构件时，应根据构件的主要用途选用相应的材质等级。采用现场分等时，应按相关规定选用（受拉或拉弯构件为Ⅰₐ；受弯或压弯构件为Ⅱₐ；吊顶小龙骨等受压构件及次要受弯构件为Ⅲₐ）；采用工厂分等，用于梁柱构件时，应按相关规定选用（梁材质等级为Ⅱₐ₁、Ⅱₐ₂、Ⅱₐ₃；柱材质等级为Ⅲₐ₁、Ⅲₐ₂、Ⅲₐ₃）。横向配置的正交胶合木横纹层板可采用一定比例的结构复合材制作。如图10-4-1所示，顺纹层板的特点是层板长度方向与构件长度方向相同；横纹层板的特点是层板长度与构件宽度相同。制作构件时，木材含水率应符合要求。桁架下弦宜选用型钢或圆钢，当采用木下弦时，宜采用原木或"破心下料"的方木（图10-4-2）。

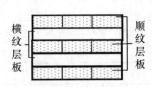

图10-4-1 正交胶合木截面的层板组合示意图

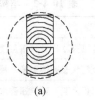

图10-4-2 "破心下料"的方木

2. 现代木结构用钢材及金属连接件

承重木结构中的钢材宜采用Q235钢、Q345钢、Q390钢和Q420钢，其质量应分别符合现行GB/T 700和GB/T 1591的有关规定。当承重木结构中的钢材采用国内其他牌号的钢材时，应符合国家现行有关标准的规定和要求；采用国外进口金属连接件时，应提供产品质量合格证书（其质量应符合设计要求，且应对其材料进行复验）。焊条的型号应与主体金属的力学性能相适应。

3. 现代木结构的结构用胶

承重结构用胶必须满足结合部位的强度和耐久性的要求，保证其胶合强度不低于木材顺纹抗剪和横纹抗拉的强度。胶连接的耐水性和耐久性应与结构的用途和使用年限相适应，并符合环境保护要求。承重结构采用的胶粘剂按性能指标分为Ⅰ级胶和Ⅱ级胶。除了特殊情况下采用Ⅱ级胶粘剂以外，大多数使用环境下的木结构都可用Ⅰ级胶粘剂。

4. 现代木结构对木材设计指标的基本要求

在施工现场分等的结构用原木、方木木材，其设计指标应按规定采用。结构用的木材（方木、原木木材），其树种的强度等级应符合表10-4-1和表10-4-2的规定。一般情况下，木材的强度设计值及弹性模量应符合表10-4-3的规定；在不同的使用条件下，木材的强度设计值和弹性模量还应乘以规定的调整系数；对于不同的设计使用年限，木材的强度设计值和弹性模量也应乘以规定的调整系数。受弯构件挠度应遵守表10-4-4的规定。受压构件的长细比应符合表10-4-5的规定。

表 10-4-1 结构用针叶树种木材适用的强度等级

强度等级	组别	适用树种
TC17	A	柏木、长叶松、湿地松、粗皮落叶松
	B	东北落叶松、欧洲赤松、欧洲落叶松
TC15	A	铁杉、油杉、太平洋海岸黄柏、花旗松-落叶松、西部铁杉、南方松
	B	鱼鳞云杉、西南云杉、南亚松

强度等级	组别	适用树种
TC13	A	油松、西伯利亚落叶松、云南松、马尾松、扭叶松、北美落叶松、海岸松、日本扁柏、日本落叶松
	B	红皮云杉、丽江云杉、樟子松、红松、西加云杉、欧洲云杉、北美山地云杉、北美短叶松
TC11	A	西北云杉、西伯利亚云杉、西黄松、云杉-松-冷杉、铁-冷杉、加拿大铁杉、杉木
	B	冷杉、速生杉木、速生马尾松、新西兰辐射松、日本柳杉

表 10-4-2 结构用阔叶树种木材适用的强度等级

强度等级	适用树种
TB20	青冈椆木、甘巴豆冰片香、重黄娑罗、双重坡垒、龙脑香绿心樟、紫心木李叶苏木、双龙瓣豆
TB17	栎木、腺瘤豆筒状非洲楝、蟹木楝、深红默罗藤黄木
TB15	锥栗、桦木、黄娑罗、双异翅香水曲柳、红尼克樟
TB13	深红娑罗、双浅红娑罗、双白娑罗、双海棠木
TB11	大叶椴心形椴

表 10-4-3 木材的强度设计值和弹性模量（N/mm²）

强度等级	组别	抗弯强度 f_m	顺纹抗压及承压强度 f_c	顺纹抗拉强度 f_t	顺纹抗剪强度 f_v	横纹承压强度 $f_{c,90}$			弹性模量 E
						全表面	局部表面和齿面	拉力螺栓垫板下	
TC17	A	17	16	10	1.7	2.3	3.5	4.6	10000
	B		15	9.5	1.6				
TC15	A	15	13	9.0	1.6	2.1	3.1	4.2	10000
	B		12	9.0	1.5				
TC13	A	13	12	8.5	1.5	1.9	2.9	3.8	10000
	B		10	8.0	1.4				9000
TC11	A	11	10	7.5	1.4	1.8	2.7	3.6	9000
	B		10	7.0	1.2				
TB20	—	20	18	12	2.8	4.2	6.3	8.4	12000
TB17	—	17	16	11	2.4	3.8	5.7	7.6	11000
TB15	—	15	14	10	2.0	3.1	4.7	6.2	10000
TB13	—	13	12	9.0	1.4	2.4	3.6	4.8	8000
TB11	—	11	10	8.0	1.3	2.1	3.2	4.1	7000

注：计算木构件端部（如接头处）的拉力螺栓垫板时，木材横纹承压强度设计值应按"局部表面和齿面"一栏的数值采用。

表 10-4-4 受弯构件挠度限值

项次	构件类别		挠度限值（ω）
1	檩条	$l \leqslant 3.3m$	$l/200$
		$l > 3.3m$	$l/250$

续表

项次	构件类别			挠度限值（ω）
2	橡条			$l/150$
3	吊顶中的受弯构件			$l/250$
4	楼板梁和格栅			$l/250$
5	屋面大梁	工业建筑		$l/120$
		民用建筑	无粉刷吊顶	$l/180$
			有粉刷吊顶	$l/240$

注：表中，l 为受弯构件的计算跨度。

表 10-4-5 受压构件的长细比限值

项次	构件类别	长细比限值（L/B）
1	结构的主要构件（包括桁架的弦杆、支座处的竖杆、斜杆或承重柱等）	≤120
2	一般构件	≤150
3	支撑	≤200

10.5 现代典型木结构的特点

10.5.1 方木原木结构

方木原木结构是指承重结构主要采用方木或原木制作的单层或多层木结构。方木原木结构的主要形式通常包括穿斗式木结构、抬梁式木结构、井干式木结构、平顶式木结构以及现代木结构广泛采用的框架剪力墙木结构、梁柱式木结构等，也包括作为楼盖或屋盖在其他材料结构（如混凝土结构、砌体结构、钢结构）中组合使用的混合结构。方木原木结构应采用经施工现场分等或工厂分等的方木、原木制作，也可采用承载能力不低于设计要求的结构复合材和胶合木替代方木原木。

方木原木结构设计应遵守相关规定，木材宜用于结构的受压或受弯构件；在干燥过程中，容易翘裂的树种木材（如落叶松、云南松等）制作桁架时宜采用钢下弦（采用木下弦时，对原木，跨度不宜大于 15m；对方木，跨度不应大于 12m，且应采取有效防止裂缝危害的措施）；木屋盖宜采用外排水（必须采用内排水时，则不应采用木制天沟）；应合理减小构件截面的规格，以满足工业化生产要求；应保证木构件（特别是钢木桁架）在运输和安装过程中的强度、刚度和稳定性（必要时应在施工图中提出注意事项）；木结构的钢材部分应有防锈措施。

在可能造成风灾的台风地区和山区风口地段，方木原木结构的设计应采取有效措施加强建筑物的抗风能力，并应遵守相关规定，即尽量减小天窗的高度和跨度；采用短出檐或封闭出檐（除檐口的瓦面应加压砖或座灰外，其余部位的瓦面也宜加压砖或座灰）；山墙宜采用硬山；檩条与桁架或山墙、桁架与墙或柱、门窗框与墙体等的连接均应采取可靠锚固措施。

当有对称削弱时，杆系结构中的木构件净截面面积不应小于构件毛截面面积的 50%；当有不对称削弱时，其净截面面积不应小于构件毛截面面积的 60%，在受弯构件的受拉边不得打孔或开设缺口。木结构文物建筑和优秀历史建筑中，斗拱的各部件尺寸应按各个时期的建筑法式确定（不作结构验算）。当维修中发现大斗原件被压坏时，则应验算相同位置新斗构件的横纹承压强度（横纹承压设计强度应采用全表面横纹承压强度）。当新斗构件的横纹承压强度不满足要求时，宜采用其他硬质木材或结构复合材制作。

10.5.2 胶合木结构

胶合木分为层板胶合木和正交胶合木两类。层板胶合木构件应采用经应力分等的木板制作。各层木板的木纹应与构件长度方向一致。层板胶合木构件截面的层板数不得低于 4 层。正交胶合木构件宜采用机械分等的木板制作。正交胶合木构件各层木板应相互叠层正交，截面的总层板数不得低于 3 层，且不得大于 9 层，总厚度不应大于 500mm。设计层板胶合木构件和正交胶合木构件时，应根据使用环境注明对结构用胶的要求（生产厂家应严格遵循要求生产制作）。采用螺栓、销、六角头木螺钉和剪板等紧固件进行连接的胶合木构件应按现行《胶合木结构技术规范》（GB/T 50708）的规定进行构件节点的连接设计。

（1）层板胶合木的设计与构造要求。层板胶合木的设计与构造应符合现行 GB/T 50708 的相关要求。胶合木桁架在制作时，应按其跨度的 1/200 起拱。对于跨度较大的胶合木屋面梁，起拱高度为恒载作用下计算挠度的 1.5 倍。

（2）正交胶合木的设计与构造要求。制作正交胶合木所用木板的尺寸（木板厚度 d、木板宽度 b）应符合相关要求，即 $15mm \leqslant t \leqslant 45mm$、$80mm \leqslant b \leqslant 250mm$。正交胶合木外层层板的长度方向应为顺纹配置，并可采用两层木板顺纹配置作为外层层板（图 10-5-1）。

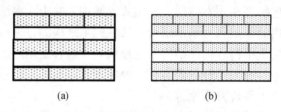

图 10-5-1　正交胶合木层板配置截面示意图
(a) 外侧一层顺纹配置；(b) 外侧两层顺纹配置

10.6　现代木结构的防火

木结构建筑的防火设计和防火构造除应遵守现行《建筑设计防火规范》（GB 50016）的有关规定外，应采用耐火极限不超过 2.00h 的构件防火设计。木构件燃烧 t 小时后，有效炭化速率应根据下式计算。

$$\beta_e = 1.2\beta_n / t^{0.187}$$

式中，β_e 为根据耐火极限 t 的要求确定的有效炭化速率（mm/h）；β_n 为木材燃烧 1.00h 的名义线性炭化速率（mm/h），采用针叶材制作的胶合木构件的名义线性炭化速率为

38mm/h。

根据该炭化速率计算的有效炭化率和有效炭化层厚度见表10-6-1，t 为耐火极限（h）。木构件燃烧后，剩余截面（图10-6-1）的几何特征应根据构件实际曝火面和有效炭化厚度进行计算。木结构建筑构件的燃烧性能和耐火极限不应低于规范规定。木结构采用的建筑材料的燃烧性能技术指标应符合现行《建筑材料难燃性试验方法》（GB/T 8625）的规定。木结构建筑不同层数的建筑最大允许长度、防火分区面积和防火间距不应超过现行 GB 50016 的相关规定。

表 10-6-1 有效炭化速率和炭化层厚度

构件的耐火极限 t（h）	0.50	1.00	1.50	2.00
有效炭化速率 β_e（mm/h）	52.0	45.7	42.4	40.1
有效炭化层厚度 T（mm）	26	46	64	80

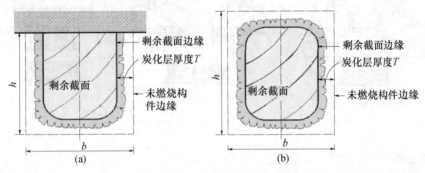

图 10-6-1 三面曝火和四面曝火构件截面简图
（a）三面曝火；（b）四面曝火

10.7 现代木结构防护技术

木结构建筑应根据当地气候条件、白蚁危害程度及建筑特征采取有效的防水防潮、防白蚁、防腐措施，以保证结构和构件在设计使用年限内正常工作。木结构建筑使用的木材含水率应符合规定，防止木材在运输、存放和施工过程中遭受雨淋和潮气。

1. 防水防潮

木结构建筑应有效地利用周围地势、其他建筑物及树木，减小围护结构的环境暴露程度。木结构建筑应有效利用悬挑结构、雨篷等设施对外墙面和门窗进行保护，减少在围护结构上开窗开洞。木结构建筑应采取有效措施提高整个建筑围护结构的气密性能，在一些关键部位的接触面和连接点设置气密层（如相邻单元之间、室内与车库之间、室内与非调温调湿地下室之间、室内与架空层之间、室内与通风屋顶之间）。木结构的相关部位应采取防潮和通风措施，在桁架和大梁的支座下应设置防潮层；在木柱下应设置柱墩或垫板（严禁将木柱直接埋入土中或浇筑在混凝土中）；桁架、大梁的支座节点或其他承重木构件不得处于墙、保温层或通风不良的环境中（图10-7-1和图10-7-2）；处于房屋隐蔽部分的木结构应设置通风孔洞；露天结构在构造上应避免任何部分有积水的可能，并应在构件之间留有空隙（连接部位除外）；无地下室的底层木楼板必须架空，并应有通风防潮措施。

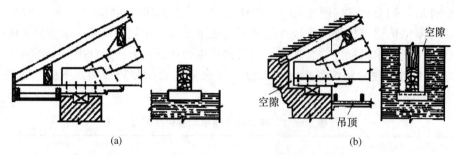

图 10-7-1　外排水屋盖支座节点通风构造示意图

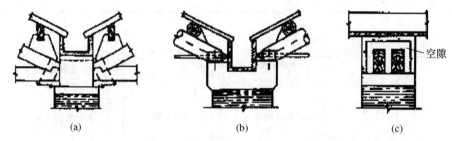

图 10-7-2　内排水屋盖支座节点通风构造示意图

2. 防白蚁

木结构建筑受生物危害地区应根据危害程度划分为 4 个区域等级，各等级包括的地区应符合表 10-7-1 的规定。当按具体行政区域界限划分各等级时，应符合相关规范要求。

（1）对位于生物危害区域Ⅱ、Ⅲ和Ⅳ等级的木结构建筑，施工现场应满足如下相关要求。

① 施工前应对场地周围的树木和土壤进行白蚁检查和灭蚁工作；

② 应清除地基土中已有的白蚁巢穴和潜在的白蚁栖息地；

③ 地基开挖时，应彻底清除树桩、树根和其他埋在土壤中的木材；

④ 所有施工时产生的木模板、废木材、纸质品及其他有机垃圾，应在建造过程中或完工后及时清理干净；

⑤ 所有进入现场的木材、其他林产品、土壤和绿化用树木均应进行白蚁检疫，施工时不应采用任何受白蚁感染的材料；

⑥ 应按设计要求做好防治白蚁的其他各项措施。

表 10-7-1　生物危害地区划分表

序号	白蚁危害区域等级	白蚁危害程度	包括地区
1	区域Ⅰ	低危害地带	新疆、西藏西部地区、青海绝大部分地区、甘肃西北部地区、宁夏北部地区、内蒙古除突泉至赤峰一带以东地区和加格达奇地区外的绝大部分地区

续表

序号	白蚁危害区域等级	白蚁危害程度	包括地区
2	区域Ⅱ	中等危害地带，无白蚁	西藏中部地区、甘肃和宁夏南部地区、四川北部地区、陕西北部地区、辽宁省营口至宽甸一带以北地区、吉林省、黑龙江省
3	区域Ⅲ	中等危害地带，有白蚁	西藏南部地区、四川中部地区、陕西南部地区、湖北北部地区、安徽北部地区、江苏、上海、河南、山东、山西、河北、天津、北京、辽宁省营口至宽甸一带以南地区
4	区域Ⅳ	严重危害地带，有乳白蚁	云南、四川南部地区、重庆、湖北南部地区、安徽南部地区、浙江、福建、江西、湖南、贵州、广西、海南、广东、香港、澳门、台湾

（2）对位于白蚁危害区域Ⅲ和Ⅳ等级的木结构建筑，防白蚁设计应遵守如下相关规定。

① 直接与土壤接触的基础和外墙应采用混凝土或砖石结构（基础和外墙中出现的缝隙宽度不应大于 0.3mm）；

② 无地下室时，其底层地面应采用混凝土结构，并宜采用整浇的混凝土地面；

③ 由地下通往室内的设备电缆缝隙、管道孔缝隙、基础顶面与底层混凝土地坪之间的接缝，应采用防白蚁物理屏障或土壤化学屏障进行局部处理；

④ 外墙的排水通风空气层开口处必须设置连续的防虫网（防虫网格栅孔径应小于1mm）；

⑤ 地基的外排水层或外保温绝热层不宜高出室外地坪，否则应作局部防白蚁处理。

在白蚁危害区域Ⅲ、Ⅳ等级地区，应采用防白蚁土壤化学处理和白蚁诱饵系统等措施，并应符合现行的相关规定。

3. 防腐木材

对于木结构建筑，除应在设计图纸中说明防腐、防虫构造措施外，在施工各工序交接时还应检查防腐木材的来源、标识、处理质量及其施工质量，不符合规定时应立即纠正。防腐木材应包括防腐实木、防腐胶合木、防腐木质人造板、防腐正交胶合木以及其他防腐工程木产品。

所有在室外使用或与土壤直接接触的木构件均应采用防腐木材（在不直接接触土壤的情况下，天然耐久木材可作为防腐木材使用）。当木构件与混凝土或砖石结构直接接触时，对底边距地坪小于 300mm 的木构件，应采用防腐木材或天然耐久木材。承重结构使用马尾松、云南松、湿地松、桦木以及新利用树种，并位于易腐朽或易遭虫害的地方，应采用防腐木材。在白蚁严重危害区域Ⅳ的木结构建筑，应采用具有防白蚁性能的防腐处理木材或天然耐腐木材。

木构件的机械加工应在药剂处理前进行，木构件经防腐防虫处理后，应避免重新切割或钻孔（由于技术上的原因，确有必要作局部修整时，应在木材暴露的表面涂刷足够的同品牌或同品种药剂）。用于连接含铜防腐剂防腐处理木材的金属连接件、齿板及螺钉等，应避免防腐剂引起的腐蚀（应采用热浸镀锌或不锈钢产品）。

防腐防虫药剂配方及技术指标应符合现行《木材防腐剂》（GB/T 27654）的相关规

定，在任何情况下均不得使用未经鉴定合格的药剂。防腐木材的使用分类和要求应满足现行《防腐木材的使用分类和要求》（GB/T 27651）的相关规定。木结构的防腐、防虫采用药剂加压处理时，该药剂在木材中的保持量和透入度应达到设计文件规定的要求。设计未作规定时，应符合现行《木结构工程施工质量验收规范》（GB 50206）的相关规定。

10.8 现代木结构对木材质量控制的基本要求

木材的质量控制中应关注死节、轮裂问题，以及白腐、蜂窝腐，并妥善进行处理。

对于死节（包括松软节和腐朽节），除按一般木节测量外，必要时还应按缺孔验算（若死节有腐朽迹象，则应经局部防腐处理后使用）。木节尺寸按垂直于构件长度方向测量，木节表现为条状时，则条状的一面不量（图 10-8-1），直径小于 10mm 的活节不量。构件截面高度（宽面）h、构件截面宽度（窄面）b、构件长度 L 见图 10-8-2。图中，节子A 是指位于构件长度中间 1/3 处的构件宽度或构件高度边缘的节子；节子 B 是指位于构件长度两端 1/3 处的构件宽度或构件高度边缘的节子；节子 C 是指位于构件长度方向构件高度中心线处的节子。

轮裂问题包括表面轮裂、等效裂缝、贯通轮裂等。表面轮裂是指仅呈现在方木材一个表面上的纵向裂缝（等效裂缝指当裂缝长度小于 $L/2$ 时，相应的裂缝深度可根据等效裂缝面积适当增加。同样，当裂缝深度小于 $b/2$ 时，相应的裂缝长度可根据等效裂缝面积适当增加）。贯通轮裂是指从方木材一个表面延伸至相对面或相邻面的纵向裂缝。

白腐是指木材中白色或棕色的小壁孔或斑点，由白腐菌引起。白腐菌存活于活树中，在使用时不会发展。

蜂窝腐与白腐相似，但囊孔更大，含有蜂窝腐的构件与不含蜂窝腐的构件抗腐朽性能相同。

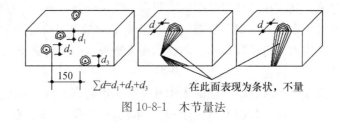

图 10-8-1 木节量法

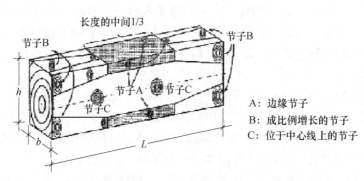

图 10-8-2 木节示意图

1. 承重结构中相关木材的主要特性

槐木干燥困难、耐腐性强、易受虫蛀;乌墨(密脉蒲桃)干燥较慢、耐腐性强;木麻黄木材硬而重、干燥容易、易受虫蛀、不耐腐;隆缘桉、柠檬桉和云南蓝桉干燥困难、易翘裂(云南蓝桉能耐腐,隆缘桉和柠檬桉不耐腐);檫木干燥较容易、干燥后不易变色、耐腐性较强;榆木干燥困难、易翘裂、收缩颇大、耐腐性中等、易受虫蛀;臭椿干燥容易、不耐腐、易呈蓝变色、木材轻软;桤木干燥颇易、不耐腐;杨木干燥容易、不耐腐、易受虫蛀;拟赤杨木材轻、质软、收缩小、强度低、易干燥、不耐腐。

以上木材的干燥难易是对板材而言的;耐腐性是对心材部分在室外条件下而言和;边材一般均不耐腐。在正常的温湿度条件下,用作室内不接触地面的构件,耐腐性并非最重要的考虑条件。以上树种木材的强度设计值和弹性模量(N/mm²)见表10-8-1。

表 10-8-1　相关树种木材的强度设计值和弹性模量（N/mm²）

强度等级	树种名称	抗弯强度 f_m	顺纹抗压及承压强度 f_c	顺纹抗剪强度 f_v	横纹承压强度 $f_{c,90}$			弹性模量 E
					全表面	局部表面和齿面	拉力螺栓垫板下	
TB15	槐木、乌墨	15	13	1.8	2.8	4.2	5.6	9000
	木麻黄			1.6				
TB13	隆缘桉、柠檬桉、云南蓝桉	13	12	1.5	2.4	3.6	4.8	8000
	檫木			1.2				
TB11	榆木、臭椿、桤木	11	10	1.3	2.1	3.2	4.1	7000

注:① 杨木和拟赤杨木顺纹强度设计值和弹性模量可按 TB11 级数值乘以 0.9 采用;

　　② 横纹强度设计值可按 TB11 级数值乘以 0.6 采用。若当地有使用经验,也可在此基础上作适当调整。

2. 木材强度检验

检验一批木材的强度等级时,可根据其弦向静曲强度的检验结果进行判定。对未列出树种名称的进口木材无国内试验资料可供借鉴时,应在使用前进行物理性能试验(包括木材的密度和干缩率)和力学性能试验(包括木材的抗弯、顺纹抗压、顺纹抗剪强度以及木材的抗弯弹性模量)。

常见国产树种规格材的强度设计值和弹性模量应按表 10-8-2 的规定取值。已经换算的部分目测分等进口规格材的强度设计值和弹性模量应符合表 10-8-3 和表 10-8-4 的规定,但还应乘以表 10-8-5 规定的尺寸调整系数。北美地区规格材与国产规格材的对应关系见表 10-8-6。工厂生产的结构材包括结构复合材、旋切板胶合木(LVL)、平行木片胶合木(PSL)、层叠木片胶合木(LSL)、定向木片胶合木(OSL)以及其他类似特征的复合木产品。正交胶合木木板的强度设计值应根据采用的树种或树种组合按相应规定采用,$e_{s,i}$为参加计算的各层顺纹层板的重心至截面重心的距离(图 10-8-3)。

表 10-8-2　常见国产树种规格材的强度设计值和弹性模量（N/mm²）

树种名称	材质等级	强度设计值					弹性模量 E
		抗弯强度 f_m	顺纹抗压强度 f_c	顺纹抗拉强度 f_t	顺纹抗剪强度 f_v	横纹承压强度 $f_{c,90}$	
杉木	I_c	13	11	9.0	1.3	4.1	10000
	II_c	11	10	8.0	1.3	4.1	9500
	III_c	11	10	7.5	1.3	4.1	9500
兴安落叶松	I_c	17	16	9.0	1.6	4.6	13000
	II_c	11	14	5.5	1.6	4.6	12000
	III_c	11	12	3.8	1.6	4.6	12000
	IV_c	8.9	9.5	2.9	1.6	4.6	11000

表 10-8-3　北美地区目测分等进口规格材的强度设计值和弹性模量（N/mm²）

树种名称	材质等级	截面最大尺寸（mm）	强度设计值					弹性模量 E
			抗弯强度 f_m	顺纹抗压强度 f_c	顺纹抗拉强度 f_t	顺纹抗剪强度 f_v	横纹承压强度 $f_{c,90}$	
花旗松-落叶松类（南部）	I_c	285	16	18	11	1.9	7.3	13000
	II_c		11	16	7.2	1.9	7.3	12000
	III_c		9.7	15	6.2	1.9	7.3	11000
	IV_c、V_c		5.6	8.3	3.5	1.9	7.3	10000
	VI_c	90	11	18	7.0	1.9	7.3	10000
	VII_c		6.2	15	4.0	1.9	7.3	10000
花旗松-落叶松类（北部）	I_c	285	15	20	8.8	1.9	7.3	13000
	II_c		9.1	15	5.4	1.9	7.3	11000
	III_c		9.1	15	5.4	1.9	7.3	11000
	IV_c、V_c		5.1	8.8	3.2	1.9	7.3	10000
	VI_c	90	10	19	6.2	1.9	7.3	10000
	VII_c		5.6	16	3.5	1.9	7.3	10000
铁-冷杉类（南部）	I_c	285	15	16	9.9	1.6	4.7	11000
	II_c		11	15	6.7	1.6	4.7	10000
	III_c		9.1	14	5.6	1.6	4.7	9000
	IV_c、V_c		5.4	7.8	3.2	1.6	4.7	8000
	VI_c	90	11	17	6.4	1.6	4.7	9000
	VII_c		5.9	14	3.5	1.6	4.7	8000
铁-冷杉类（北部）	I_c	285	14	18	8.3	1.6	4.7	12000
	II_c		11	16	6.2	1.6	4.7	11000
	III_c		11	16	6.2	1.6	4.7	11000
	IV_c、V_c		6.2	9.1	3.5	1.6	4.7	10000
	VI_c	90	12	19	7.0	1.6	4.7	10000
	VII_c		7.0	16	3.8	1.6	4.7	10000

树种名称	材质等级	截面最大尺寸（mm）	强度设计值					弹性模量 E
			抗弯强度 f_m	顺纹抗压强度 f_c	顺纹抗拉强度 f_t	顺纹抗剪强度 f_v	横纹承压强度 $f_{c,90}$	
南方松类	I$_c$	285	20	19	11	1.9	6.6	12000
	II$_c$		13	17	7.2	1.9	6.6	12000
	III$_c$		11	16	5.9	1.9	6.6	11000
	IV$_c$、V$_c$		6.2	8.8	3.5	1.9	6.6	10000
	VI$_c$	90	12	19	6.7	1.9	6.6	10000
	VII$_c$		6.7	16	3.8	1.9	6.6	9000
云杉-松-冷杉类	I$_c$	285	13	15	7.5	1.4	4.9	10300
	II$_c$		9.4	12	4.8	1.4	4.9	9700
	III$_c$		9.4	12	4.8	1.4	4.9	9700
	IV$_c$、V$_c$		5.4	7.0	2.7	1.4	4.9	8300
	VI$_c$	90	11	15	5.4	1.4	4.9	9000
	VII$_c$		5.9	12	2.9	1.4	4.9	8300
其他北美树种	I$_c$	285	9.7	11	4.3	1.2	3.9	7600
	II$_c$		6.4	9.1	2.9	1.2	3.9	6900
	III$_c$		6.4	9.1	2.9	1.2	3.9	6900
	IV$_c$、V$_c$		3.8	5.4	1.6	1.2	3.9	6200
	VI$_c$	90	7.5	11	3.2	1.2	3.9	6900
	VII$_c$		4.3	9.4	1.9	1.2	3.9	6200

表 10-8-4　欧洲地区目测分等进口规格材的强度设计值和弹性模量（N/mm²）

树种名称	材质等级	截面最大尺寸（mm）	强度设计值					弹性模量 E
			抗弯强度 f_m	顺纹抗压强度 f_c	顺纹抗拉强度 f_t	顺纹抗剪强度 f_v	横纹承压强度 $f_{c,90}$	
欧洲赤松 欧洲落叶松 欧洲云杉	I$_c$	285	17	18	8.2	2.2	6.4	12000
	II$_c$		14	17	6.4	1.8	6.0	11000
	III$_c$		9.3	14	4.6	1.3	5.3	8000
	IV$_c$、V$_c$		8.1	13	3.7	1.2	4.8	7000
	VI$_c$	90	14	16	6.9	1.3	5.3	8000
	VII$_c$		12	15	5.5	1.2	4.8	7000
欧洲道格拉斯松	I$_c$、II$_c$	285	12	16	5.1	1.6	5.5	11000
	III$_c$		7.9	13	3.6	1.2	4.8	8000
	IV$_c$、V$_c$		6.9	12	2.9	1.1	4.4	7000

表 10-8-5　尺寸调整系数

等级	截面高度 (mm)	抗弯		顺纹抗压	顺纹抗拉	其他
		截面宽度 (mm)				
		40 和 65	90			
Ⅰc、Ⅱc、Ⅲc、Ⅳc、Ⅴc	≤90	1.5	1.5	1.15	1.5	1.0
	115	1.4	1.4	1.1	1.4	1.0
	140	1.3	1.3	1.1	1.3	1.0
	185	1.2	1.2	1.05	1.2	1.0
	235	1.1	1.2	1.0	1.1	1.0
	285	1.0	1.1	1.0	1.0	1.0
Ⅵc、Ⅶc	≤90	1.0	1.0	1.0	1.0	1.0

表 10-8-6　北美地区规格材与国产规格材的对应关系

规格材等级	Ⅰc	Ⅱc	Ⅲc	Ⅳc	Ⅴc	Ⅵc	Ⅶc
北美规格材等级	Select Structural	No. 1	No. 2	No. 3	Stud	Construction	Standard

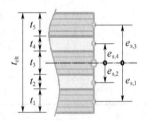

图 10-8-3　截面计算示意图

3. 常用主要树种木材

中国木材品种繁多，东北落叶松包括兴安落叶松和黄花落叶松（长白落叶松）两种；铁杉包括普通铁杉、云南铁杉和丽江铁杉；西南云杉包括麦吊云杉、油麦吊云杉、巴秦云杉、产于四川西部的紫果云杉和普通云杉；西北云杉包括产于甘肃、青海的紫果云杉和普通云杉；红松包括普通红松、华山松、广东松、台湾及海南五针松；冷杉包括各地区产的冷杉属木材，有苍山冷杉、普通冷杉、岷江冷杉、杉松冷杉、臭冷杉、长苞冷杉等；栎木包括麻栎、槲栎、柞木、小叶栎、辽东栎、抱栎、栓皮栎等；青冈包括普通青冈、小叶青冈、竹叶青冈、细叶青冈、盘克青冈、滇青冈、福建青冈、黄青冈等；椆木包括柄果椆、包椆、石栎、茸毛椆（猪栎）等；锥栗包括红锥、米槠、苦槠、罗浮锥、大叶锥（钩栗）、栲树、南岭锥、高山锥、吊成锥、甜槠等；桦木包括白桦、硕桦、西南桦、红桦、棘皮桦等。

目前常见的进口木材有花旗松-落叶松类（包括北美黄杉、粗皮落叶松等）、铁-冷杉类（南部）（包括加州红冷杉、巨冷杉、大冷杉、太平洋银冷杉、西部铁杉、白冷杉等）、铁-冷杉类（北部）（包括太平洋冷杉、西部铁杉等）、南方松类（包括火炬松、长叶松、短叶松、湿地松等）、云杉-松-冷杉类（包括落基山冷杉、香脂冷杉、黑云杉、北美山地云杉、北美短叶松、扭叶松、红果云杉、白云杉等）、俄罗斯落叶松（包括西伯利亚落叶松和兴安落叶松等）。

各类建筑构件的燃烧性能和耐火极限见表10-8-7。其中，桁架构件截面不小于40mm×90mm，金属齿板厚度不小于1mm、齿长不小于8mm、木桁架高度不小于235mm。

表 10-8-7　各类建筑构件的燃烧性能和耐火极限

构件名称	构件组合描述	耐火极限 (h)	燃烧性能
墙体	墙骨柱间距：400～600mm；截面为40mm×90mm； 墙体构造： (1) 普通石膏板＋空心隔层＋普通石膏板＝15mm＋90mm＋15mm	0.50	难燃
	(2) 防火石膏板＋空心隔层＋防火石膏板＝12mm＋90mm＋12mm	0.75	难燃
	(3) 防火石膏板＋绝热材料＋防火石膏板＝12mm＋90mm＋12mm	0.75	难燃
	(4) 防火石膏板＋空心隔层＋防火石膏板＝15mm＋90mm＋15mm	1.00	难燃
	(5) 防火石膏板＋绝热材料＋防火石膏板＝15mm＋90mm＋15mm	1.00	难燃
	(6) 普通石膏板＋空心隔层＋普通石膏板＝25mm＋90mm＋25mm	1.00	难燃
	(7) 普通石膏板＋绝热材料＋普通石膏板＝25mm＋90mm＋25mm	1.00	难燃
楼盖顶棚	楼盖顶棚采用规格材格栅或工字形格栅，格栅中心间距为400～600mm，楼面板厚度为15mm的结构胶合板或定向木片板（OSB）： (1) 格栅底部有厚度为12mm的防火石膏板，格栅间空腔内填充绝热材料；	0.75	难燃
	(2) 格栅底部有两层厚度为12mm的防火石膏板，格栅间空腔内无绝热材料	1.00	难燃
柱	(1) 仅支撑屋顶的柱： ① 由截面不小于140mm×190mm的实心锯木制成；	0.75	可燃
	② 由截面不小于130mm×190mm的胶合木制成。	0.75	可燃
	(2) 支撑屋顶及地板的柱： ① 由截面不小于190mm×190mm的实心锯木制成；	0.75	可燃
	② 由截面不小于180mm×190mm的胶合木制成	0.75	可燃
梁	(1) 仅支撑屋顶的横梁： ① 由截面不小于90mm×140mm的实心锯木制成；	0.75	可燃
	② 由截面不小于80mm×160mm的胶合木制成。	0.75	可燃
	(2) 支撑屋顶及地板的横梁： ① 由截面不小于140mm×240mm的实心锯木制成；	0.75	可燃
	② 由截面不小于190mm×190mm的实心锯木制成；	0.75	可燃
	③ 由截面不小于130mm×230mm的胶合木制成；	0.75	可燃
	④ 由截面不小于180mm×190mm的胶合木制成	0.75	可燃
屋盖轻型木桁架	桁架中心间距为600mm，木桁架底部为1层15.9mm厚的防火石膏板	0.75	难燃
楼盖轻型木桁架	木桁架中心间距不大于600mm； 楼盖空间有隔声材料； 1层15.9mm厚的防火石膏板	0.5	难燃

续表

构件名称	构件组合描述	耐火极限（h）	燃烧性能
楼盖轻型木桁架	（1）木桁架中心间距不大于 600mm； （2）楼盖空间有隔声材料，隔声材料为≥2.8kg/m² 的岩棉或炉渣材料，且厚度不小于 90mm； （3）1 层 15.9mm 厚的防火石膏板	0.75	难燃
	（1）木桁架中心间距不大于 600mm； （2）楼盖空间无隔声材料； （3）2 层 15.9mm 厚的防火石膏板	1.0	难燃
	（1）木桁架中心间距不大于 600mm； （2）楼盖空间无隔声材料； （3）2 层 12.7mm 厚的防火石膏板	0.75	难燃

10.9 现代木结构施工用材选择的基本要求

1. 原木、方木

进场木材的树种、规格和强度等级应符合设计文件的要求，已列入《木结构设计规范》（GB 50005）树种的进口木材还应有产地国质量等级认证标识，并经我国认证机构确认，同时还应附有无活虫虫孔的说明。

木料锯割应遵守相关规定，构件直接采用原木制作时，应将原木剥去树皮、砍平木节。构件用方木或板材制作时，应按设计文件规定的尺寸将原木进行锯割，且锯割时截面尺寸应预留干缩量（表 10-9-1）。对落叶松、木麻黄等收缩量较大的原木，预留干缩量还应比表中的规定大 30%。东北落叶松、云南松等易开裂树种锯制成方木时，应采用"破心下料"的方法［图 10-9-1（a）］，原木直径较小时，可采用"按侧面破心下料"的方法［图 10-9-1（b）］，并按图 10-9-1（c）所示的方法拼接成截面较大的方木，以供木桁架下弦杆等使用。

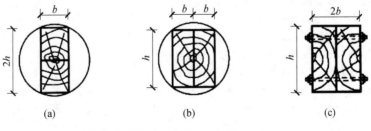

图 10-9-1 破心下料示意图
（a）破心下料；（b）按侧面破心下料；（c）截面拼接方法

木材的干燥应选择自然干燥（气干）或窑干，并应符合相关规范规定。原木、方木与板材应分别按相关规范规定的目测分级材质等级标准划定每根木料的等级，不得采用商品材的等级标准替换。制作构件时，原木、方木的全截面平均含水率不应大于 25%，板材的全截面平均含水率不应大于 20%，作为拉杆的连接板的含水率不应大于 18%。

干燥好的木材应放置在避雨、遮阳、通风良好的敞棚内，板材应采用纵向平行堆垛法存放，并应有压重等防止板材翘曲的措施。

方木、板材可从工厂购置，但应按现行 GB 50206 的要求进行验收。工程中使用的木材应按现行 GB 50206 的要求进行木材强度的检验，且强度等级应满足设计文件的要求。

表 10-9-1 方木、板材加工预留干缩量 （mm）

方木、板材宽度	预留量	方木、板材宽度	预留量
15～25	1	130～140	5
40～60	2	150～160	6
30～90	3	170～180	7
100～120	4	190～200	8

2. 规格材

规格材主要用于轻型木结构。进场规格材的树种、等级和规格应符合设计文件要求，进口规格材还应有产地国的认证标识，并由我国认证机构确认。规格材的截面尺寸应符合表 10-9-2 和表 10-9-3 的规定。进口规格材的截面高、宽与两表偏差不足 2mm 者，可视为同规格的规格材。目测分级规格材应按相关规范规定进行进场检查。构件制作时，规格材的含水率应不大于 20%。

表 10-9-2 规格材的标准截面尺寸 （mm）

截面尺寸 （宽×高）	40×40	40×65	40×90	40×115	40×140	40×185	40×235	40×285
	—	65×65	65×90	65×115	65×140	65×185	65×235	65×285
	—	—	90×90	90×115	90×140	90×185	90×235	90×285

注：表中截面尺寸均为含水率不大于 20%、由工厂加工的干燥木材尺寸。进口规格材截面尺寸与表列规格材尺寸相差不超 2mm 时，可与其相应规格材等同使用，但在计算时应按进口规格材实际截面进行计算。不得将不同规格系列的规格材在同一建筑中混合使用。

表 10-9-3 机械分级速生树种规格材的截面尺寸 （mm）

截面尺寸（宽×高）	45×75	45×90	45×140	45×190	45×240	45×290

注：同表 10-9-2。

3. 层板及层板胶合木

进场胶合木用层板的树种、等级及规格应符合设计文件要求，并应有满足各类层板材质等级和力学性能指标的质量检验合格报告，层板上应有材质等级标识，进口层板还应有产地国的质量认证标识，并由我国认证机构确认。机械弹性模量分等层板可用机械应力分级规格材代替，其对应关系见表 10-9-4。层板应按本书前述要求存储，制作胶合木构件层板的含水率应不大于 15%。进场层板胶合木受弯构件应作荷载标准组合作用下的结构性能检验，在符合现行 GB 50206 要求的前提下方能使用。

表 10-9-4　机械应力分等规格材和机械弹性模量分等层板的等级对应关系

机械弹性模量分等层板的等级	M_E8	M_E9	M_E10	M_E11	M_E12	M_E14
机械应力分等规格材等级	M10	M14	M22	M26	M30	M40

4. 结构胶合板及定向木片板

轻型木结构的墙体、楼盖和屋盖的覆面板应采用结构胶合板或定向木片板，不得用普通的商品胶合板或刨花板替代。进场结构胶合板与定向木片板的品种、规格和等级应符合设计文件要求，并应具有进场板批次的相应检验合格保证文件。结构胶合板进场验收时，还应检查其单板缺陷，其值不应超过表 10-9-5 的规定。结构胶合板和定向木片板应在通风良好的仓房内平卧叠放，顶部应均匀压重，以防止翘曲变形。

表 10-9-5　结构胶合板单板缺陷限值

缺陷特征	缺陷尺寸
实心缺陷：木节	垂直木纹方向不得超过 76mm
空心缺陷：节孔或其他孔眼	垂直木纹方向不得超过 76mm
劈裂、离缝、缺损或钝棱	$L<400mm$，垂直木纹方向不得超过 40mm；$400≤L≤800mm$，垂直木纹方向不得超过 30mm；$L>800mm$，垂直木纹方向不得超过 25mm
上、下面板过窄或过短	沿板的某一侧边或某一端头不超过 4mm，其长度不超过板材的长度或宽度的 1/2
与上、下面板相邻的总板过窄或过短	≤（4mm×200mm）

注：L 为缺陷长度。

5. 结构复合木材及预制工字型木格栅

进场结构复合木材包括旋切板胶合木（LVL）、平行木片胶合木（PSL）、层叠木片胶合木（LSL）及定向木片胶合木（OSL），其规格应符合设计文件要求。使用结构复合木材做结构构件时，不宜对其原有厚度方向作切割、刨削等加工。进场的结构复合木材及其预制构件应存放在遮阳、避雨、通风良好的敞棚内，并按各自的产品说明书要求堆放。

6. 木结构用胶

进场木结构用胶的种类应符合设计文件规定，并应具有生产厂商出具的质量合格保证文件。进场木结构用胶应在有效使用期内使用，在产品说明书规定的环境条件下存放，使用前应进行胶的胶结能力检验，在符合现行 GB 50206 规定的前提下方能使用。

10.10　现代轻型木结构工程防护施工的技术要求

在轻型木结构的防护工程中，应按设计文件规定的防护（防腐、防虫害）要求，并对照相关规范规定的不同使用环境和工程所在地的虫害等实际情况合理选用化学防腐剂，即防护用药剂必须不危及人畜安全，不污染环境。含砷的防腐剂严禁用于储存食品或能与饮用水接触的木构件；需油漆的木构件应采用水溶性防护剂，或以挥发性的碳氢化合物为溶剂的油溶性防护剂；在建筑物预定的使用期限内，木材防腐和防虫性能应能稳定持久。浸渍法施工应由有木材防护施工资质的专门企业进行。木构件应在防护处理前完成制作、预拼装等工序。

不同使用环境下的原木、方木和规格材等一般木结构构件经化学药剂防腐处理后，应达到表 10-10-1 规定的以防腐剂活性成分计的最低载药量和表 10-10-2 规定的防护剂透入度。以上两项指标均应按现行 GB 50206 的规定，采用钻孔取样的方法测定。胶合木结构宜在化学药剂处理前胶合，并应采用油溶性防护剂，以防吸水变形，必要时也可先处理后胶合。经化学防腐处理后，在不同使用环境下，胶合木防护药剂的最低保持量、检测深度及其透入度应分别不小于表 10-10-3 和表 10-10-4 的规定，检测方法同前。经化学防腐处理后的结构胶合板和结构复合木材，其防护剂的最低保持量与检测深度不应低于表 10-10-5 的规定。

木结构防腐的构造措施施工应按设计文件规定严格进行，并应满足相关规范规定。凡木屋盖下设吊顶天棚形成闷顶时，其屋盖系统应设老虎窗、山墙百叶窗或檐口疏钉板条（图 10-7-1），以保证其通风良好。木梁、桁架等支承在混凝土或砌体等构件上时，其构件的支承部位不应被封闭，在混凝土或构件周围及端面至少应留宽度为 30mm 的缝隙，并与大气相通。支座处宜设防腐垫木，且至少应有防潮层。屋盖系统的内排水天沟应避开桁架端节点设置或架空设置（图 10-7-2），以避免天沟渗漏雨水而浸泡桁架端节点。

表 10-10-1 不同使用环境下的防腐木材及其制品应达到的载药量

防腐剂			活性成分	组成比例（%）	最低载药量（kg/m³）			
类别	名称				使用环境			
					C1	C2	C3	C4.1
水溶性	硼化合物①		三氧化二硼	100	2.8	4.5	NR④	NR
	季铵铜（ACQ）	ACQ-2	氧化铜 DDAC②	66.7 33.3	4.0	4.0	4.0	6.4
		ACQ-3	氧化铜 BAC③	66.7 33.3	4.0	4.0	4.0	6.4
		ACQ-4	氧化铜 DDAC	66.7 33.3	4.0	4.0	4.0	6.4
	铜唑（CuAz）	CuAz-1	铜 硼酸 戊唑醇	49 49 2	3.3	3.3	3.3	6.5
		CuAz-2	铜 戊唑醇	96.1 3.9	1.7	1.7	1.7	3.3
		CuAz-3	铜 丙环唑	96.1 3.9	1.7	1.7	1.7	3.3
		CuAz-4	铜 戊唑醇 丙环唑	96.1 1.95 1.95	1.0	1.0	1.0	2.4

防腐剂 类别	防腐剂 名称	活性成分	组成比例（%）	最低载药量（kg/m³） 使用环境 C1	C2	C3	C4.1
水溶性	唑醇啉（PTI）	戊唑醇 丙环唑 吡虫啉	47.6 47.6 4.8	0.21	0.21	0.21	NR
	酸性铬酸铜（ACC）	氧化铜 三氧化铬	31.8 68.2	NR④	4.0	4.0	8.0
	柠檬酸铜（CC）	氧化铜 柠檬酸	62.3 37.7	4.0	4.0	4.0	NR
油溶性	8-羟基喹啉铜（Cu8）	铜	100	0.32	0.32	0.32	NR
	环烷酸铜（CuN）	铜	100	NR	NR	0.64	0.96

注：① 硼化合物包括硼酸、四硼酸钠、八硼酸钠、五硼酸钠等及其混合物；
② DDAC 是指二癸基二甲基氯化铵；
③ BAC 是指十二烷基苄基二甲基氯化铵；
④ NR 是指不建议使用。

表 10-10-2　防护剂透入度检测规定与要求

木材特征	透入度或边材透入率 $t<125mm$	$t\geqslant125mm$	钻孔采样数量（个）	试样合格率（%）
易吸收，不需要刻痕	64mm 或 85%	64mm 或 85%	20	80
不易吸收，不需要刻痕	10mm 或 90%	13mm 或 90%	20	80

注：t 指需处理木材的厚度。

表 10-10-3　胶合木防护药剂的最低保持量（kg/m³）与检测深度（mm）

药剂 类别	药剂 名称		胶合前处理 使用环境 C1	C2	C3	C4.1	检测深度	胶合后处理 使用环境 C1	C2	C3	C4A	检测深度
水溶性	硼化合物		2.8	4.5	NR	NR	13～36	NR	NR	NR	NR	—
	季铵铜（ACQ）	ACQ-2	4.0	4.0	4.0	6.4	13～36	NR	NR	NR	NR	—
		ACQ-3	4.0	4.0	4.0	6.4	13～36	NR	NR	NR	NR	—
		ACQ-4	4.0	4.0	4.0	6.4	13～36	NR	NR	NR	NR	—
	铜唑（CuAz）	CuAz-1	3.3	3.3	3.3	6.5	13～36	NR	NR	NR	NR	—
		CuAz-2	1.7	1.7	1.7	3.3	13～36	NR	NR	NR	NR	—
		CuAz-3	1.7	1.7	1.7	3.3	13～36	NR	NR	NR	NR	—
		CuAz-4	1.0	1.0	1.0	2.4	13～36	NR	NR	NR	NR	—
	唑醇啉（PTI）		0.21	0.21	0.21	NR	13～36	NR	NR	NR	NR	—
	酸性铬酸铜（ACC）		NR	4.0	4.0	8.0	13～36	NR	NR	NR	NR	—
	柠檬酸铜（CC）		4.0	4.0	4.0	NR	13～36	NR	NR	NR	NR	—
油溶性	8-羟基喹啉铜（Cu8）		0.32	0.32	0.32	NR	13～36	0.32	0.32	0.32	NR	0～15
	环烷酸铜（CuN）		NR	NR	0.64	0.96	13～36	0.64	0.64	0.64	0.96	0～15

表 10-10-4 胶合木防护药剂的透入度

木材特征	使用环境		钻孔采样的数量（个）
	C1	C2 或 C3	
易吸收，不需要刻痕	75mm 或 90%	75mm 或 90%	20
不易吸收，需要刻痕	25mm	32mm	20

表 10-10-5 结构胶合板、结构复合木材中防护剂的最低保持量（kg/m³）与检测深度（mm）

药剂			使用环境				检测深度	使用环境				检测深度
类别	名称		C1	C2	C3	C4.1		C1	C2	C3	C4.1	
水溶性	硼化合物		2.8	4.5	NR	NR	0～10	NR	NR	NR	NR	—
	季铵铜（ACQ）	ACQ-2	4.0	4.0	4.0	6.4	0～10	NR	NR	NR	NR	—
		ACQ-3	4.0	4.0	4.0	6.4	0～10	NR	NR	NR	NR	—
		ACQ-4	4.0	4.0	4.0	6.4	0～10	NR	NR	NR	NR	—
	铜唑（CuAz）	CuAz-1	3.3	3.3	3.3	6.5	0～10	NR	NR	NR	NR	—
		CuAz-2	1.7	1.7	1.7	3.3	0～10	NR	NR	NR	NR	—
		CuAz-3	1.7	1.7	1.7	3.3	0～10	NR	NR	NR	NR	—
		CuAz-4	1.0	1.0	1.0	2.4	0～10	NR	NR	NR	NR	—
	唑醇啉（PTI）		0.21	0.21	0.21	NR	0～10	NR	NR	NR	NR	—
	酸性铬酸铜（ACC）		NR	4.0	4.0	8.0	0～10	NR	NR	NR	NR	—
	柠檬酸铜（CC）		4.0	4.0	4.0	NR	0～10	NR	NR	NR	NR	—
油溶性	8-羟基喹啉铜（Cu8）		0.32	0.64	NR	NR	0～10	0.32	0.64	0.96	NR	0～10
	环烷酸铜（CuN）		NR	NR	0.64	0.96	0～10	0.64	0.64	0.64	0.96	0～10

思考题与习题

1. 简述木材的宏观构造。
2. 简述木材的微观构造。
3. 木材的物理性质有哪些？
4. 木材的力学性质有哪些？
5. 简述木材的传统应用方式。
6. 现代木结构使用的基本材料有哪些？

第 11 章　土木工程用高分子材料

11.1　塑料的组成及特性

塑料的基本成分是树脂。人们将塑料的组成大致分为简单组分和复杂组分两大类。简单组分的塑料基本上是由一种物质组成而不加或仅加入少量的辅助材料，即仅由树脂本身组成，如有机玻璃等。复杂组分的塑料是由多种组分组成的，其中基本成分仍然是树脂，此外，根据需要，还要加入各种填料和添加剂。塑料可以制成各种各样的建筑部件，如塑料管件（图 11-1-1）、塑料型材（图 11-1-2）、塑料门窗（图 11-1-3）等。

图 11-1-1　塑料管件

图 11-1-2　塑料型材

图 11-1-3　塑料门窗

建筑塑料与传统建材相比，具有 6 方面优点，即质轻且比强度高、加工性能优良、装饰性能出色、绝缘性能优异、耐腐蚀性优良、节能效果显著。

1. 合成树脂

合成树脂是塑料中的最基本成分，通常占 40%～100%，在塑料中起着胶粘其他成分的作用。树脂的种类、性质和用量决定了塑料的物理力学性质，因此，塑料常以所含合成树脂的名称来命名。合成树脂按受热时形态性能变化的不同可分为热塑性树脂和热固性树脂两大类。由热塑性树脂组成的塑料称为热塑性塑料；由热固性树脂组成的塑料称为热固性塑料。热塑性塑料的特点是受热后软化、逐渐熔融，冷却后变硬成型，这种软化和硬化过程可重复进行。热塑性塑料的优点是加工成型简便、机械性能较高，缺点是耐热性和刚性较差。典型的热塑性树脂有聚乙烯（PE）、聚丙烯（PP）、聚氯乙烯（PVC）、聚苯乙烯（PS）等。热固性塑料的特点是加热时软化并产生化学变化，形成聚合物交联，而后逐渐硬化成型，再受热则不软化或改变其形状。其耐热性和刚性均较高，但机械性能较差。典型的热固性树脂有酚醛树脂（PF）、环氧树脂（EP）、脲醛树脂（UF）、三聚氰胺树脂（MF）、有机硅树脂（SI）等。

2. 填料

填料是塑料的另一个重要但不是必要的成分，通常占塑料的 20%～50%。填料决定了塑料的主要机械、电气和化学稳定性能，并能改变塑料的某些物理性能，如玻璃纤维可以提高塑料的机械强度，云母可以改善塑料的电绝缘性等。此外，填料一般较便宜，加入填料还可起到降低塑料成本的作用。常用的有机填料有木粉、木屑、棉布、纸等；常用的无机填料有石棉、石灰石粉、云母、滑石粉、铝粉、玻璃纤维等。

3. 添加剂

添加剂是为改变塑料加工性能而加入的辅助材料，如增塑剂、稳定剂、润滑剂、着色剂等。

（1）增塑剂。增塑剂在塑料中的作用是增加塑料的可塑性、流动性，同时它还可改善塑料的低温脆性。不同塑料对增塑剂是有选择的，即增塑剂必须能与树脂相混溶，且其性能的变化不能影响塑料的工程性质。常用的增塑剂有邻苯二甲酸酯、二苯甲酮、樟脑等。

（2）稳定剂。塑料在加热、使用过程中，受光、热或氧化作用后，性能会降低，即发生老化。加入稳定剂可使塑料的老化性能得以改善，并使其能长期保持原有的工程性质。常用的稳定剂有硬脂酸盐、钛白粉等。

（3）润滑剂。润滑剂的作用是防止塑料在成型加工过程中将模子粘住。常用的润滑剂有硬脂酯钙、石蜡等。

（4）着色剂。在塑料中加入着色剂是为了获得所需要的色彩。着色剂应与树脂相溶、相熔，且在加热加工和使用中应保持稳定。

11.2　常用的建筑塑料及制品

常用的建筑塑料及制品主要有塑料门窗和塑料管材。

1. 塑料门窗

塑料门窗主要是指由硬质聚氯乙烯型材经焊接、拼装、修整而成的门窗制品。为增强塑料门窗的刚性，常在门窗框内嵌入金属型材，成为复合塑料门窗，又称塑钢门窗。塑料门窗的优点是隔热、隔声性能好；防火安全系数较高；耐水、耐腐蚀性能强；装饰性好。塑料门窗型材（PVC 型材）应无扭曲，表面应平滑，且不得有影响使用的伤痕、凹凸、裂纹、杂质等缺陷。PVC型材的物理机械性能应符合表11-2-1的规定。

表 11-2-1 PVC 型材的物理机械性能

项　目	指　标	
硬度 HRR	≥85	
断裂伸长率（％）	≥100	
拉伸强度（MPa）	≥36.8	
弯曲弹性模量（MPa）	≥1961	
低温落锤冲击（破裂个数）	≤1	
维卡软化点（℃）	≥83	
加热后状态	无气泡、裂痕、麻点	
加热后尺寸变化率（％）	≤25	
氧指数（％）	≥35	
高低温反复尺寸变化率（％）	≤0.2	
简支梁冲击强度（kJ/m²）	温度范围	(23±2)℃	(−10±1)℃
	外窗	≥12.7	≥4.9
	内窗	≥4.9	≥3.9
框架梁冲击强度（kJ/m²）	外窗	≥8.8	耐候性
	内窗	≥6.9	
颜色变化	无显著变化	

2. 塑料管材

塑料管材是目前建筑塑料制品中用量最大的品种，约占整个建筑塑料产量的40％以上。以塑代铁是国际上管道发展的方向，塑料管材已成为整个管道业中不可缺少的组成部分。塑料管材的优点是重量轻、耐腐蚀性能好、输送效率高。塑料管材按材质的不同，主要分为硬质聚氯乙烯管、聚乙烯（PE）管、聚丙烯（PP）管、丙烯腈-丁二烯-苯乙烯共聚物（ABS）管等；按塑料管可挠性的不同，分为塑料硬管和可挠管（如波纹管）；按塑料管的抗压程度的不同，分为受压塑料管和无压塑料管；按塑料管结构的不同，分为均质管和复合管。受压塑料管主要包括建筑室内供水系统用管道、天然气输送管、工业工艺管道等；无压塑料管主要包括建筑的排水系统用管道、排污系统用管道、电线护套管、建筑或桥梁雨水管等。复合管既可以是不同品种的塑料复合，也可以是塑料与金属的复合，如铝塑复合（PAP）管。

建筑上常用的塑料管材主要有硬质聚氯乙烯管、PE管、PP管、ABS管、PAP管等。目前应用较为普遍的是改性无规共聚聚丙烯（PP-R）管、聚丁烯（PB）管、交联聚乙烯（PEX）管、钢塑复合（SP）管、PAP管等。

（1）硬质聚氯乙烯管。聚氯乙烯是一种综合性能良好的聚合物，由于聚氯乙烯（PVC）大分子中存在大量的氯原子，因而，聚氯乙烯（PVC）管具有较大的极性、刚性和自熄性能，但也存在热稳定性欠佳、受冲击易脆裂的缺点。硬质聚氯乙烯管是指未加或加少量增塑剂的聚氯乙烯管，通常将其分为Ⅰ、Ⅱ、Ⅲ等3种类型。Ⅰ型为普通硬质聚氯乙烯管；Ⅱ型为改性硬质聚氯乙烯管；Ⅲ型为具有良好的耐热性和抗冲击性能的氯化聚氯乙烯管。硬质聚氯乙烯管是建筑上主要使用的塑料管材之一。

（2）聚乙烯（PE）管。聚乙烯管可分为高密度聚乙烯（HDPE）管和低密度聚乙烯（LDPE）管。与 PVC 管相比，PE 管重量轻，韧性好，无毒，耐腐蚀性、低温性较好，用作给水管道时冬季不易冻裂。PE 管被广泛用作工业与民用建筑的上（下）水管道、天然气管道、工业耐腐蚀管道等。

（3）聚丙烯（PP）管。PP 管比 PE 管轻，刚度和强度均较高，且耐化学腐蚀性能好，耐热性比 PVC 管和 PE 管好得多，在 100～120℃的温度下仍能保持一定的机械强度，适合用作热水管。近年来新开发的改性无规共聚聚丙烯管（PP-R）的强度、耐热性、卫生等性能更佳。PP 管、PP-R 管是国内推广使用的建筑给水管材。

（4）丙烯腈-丁二烯-苯乙烯共聚物（ABS）管。ABS 管具有优良的韧性、坚固性和耐腐蚀性。特殊牌号的 ABS 管还具有很高的耐热性能。ABS 管是理想的卫生洁具系统的下水、排污、放空的管道。

（5）铝塑复合（PAP）管。PAP 管是一种国内推广使用的新型给水管材，其管型为多层复合材料，中间层骨架是薄壁铝管，内外层是聚乙烯材料，塑料与铝合金间采用亲和热熔助剂通过高温高压的特殊复合工艺紧密结合而成。PAP 管具有复合的致密性、极强的复合力，集金属与非金属的特点于一体，其综合性能优于其他塑料管材。

11.3　建筑胶粘剂

能使两部分相同或不同的材料黏结在一起的材料统称为胶粘剂。建筑胶粘剂在现代化建筑施工中已成为装修工程、修补加固工程的重要建筑材料，正在逐步替代需依托湿环境进行的大量建筑装修工作，从而为装修工程的工业化创造了极为有利的条件。

1. 胶粘剂的组成及分类

胶粘剂通常由主体材料和辅助材料配制而成。主体材料主要指黏料，它在胶粘剂中起黏结作用，并赋予胶层一定的机械强度。常见黏料主要是各种树脂、橡胶、沥青等合成或天然高分子材料，以及硅溶胶、水玻璃等无机材料。辅助材料是胶粘剂中用以完善主体材料性能而加入的物质，如常用的固化剂、增塑剂、填料、稀剂、助剂等。

胶粘剂的分类方法很多，目前尚无统一的方法。胶粘剂按主要成分的不同可分为有机物质胶粘剂和无机物质胶粘剂；按来源的不同可分为天然胶粘剂和合成胶粘剂；按用途的不同可分为结构胶粘剂、非结构胶粘剂和特殊用途胶粘剂。

2. 常用的建筑胶粘剂

常用的建筑胶粘剂主要有酚醛树脂胶粘剂、环氧树脂胶粘剂、聚醋酸乙烯胶粘剂、聚乙烯醇缩甲醛胶粘剂、丙烯酸酯胶粘剂等。

（1）酚醛树脂胶粘剂。酚醛树脂胶粘剂属于热固型高分子胶粘剂，具有很好的黏附性能，且耐热性、耐水性好，其缺点是胶层较脆，经改性后可广泛用于金属、木材、塑料等材料的黏结。

（2）环氧树脂胶粘剂。环氧树脂胶粘剂是由环氧树脂、硬化剂、增塑剂、稀剂和填料等组成的，具有黏合力强、收缩小以及良好的化学稳定性等优点，可有效解决新旧砂浆、混凝土层之间的界面黏结问题，对金属、木材、玻璃、橡胶、皮革等也有很强的黏附力，是目前应用最多的胶粘剂，有"万能胶"之称。

（3）聚醋酸乙烯胶粘剂。聚醋酸乙烯胶粘剂是醋酸乙烯单体经聚合反应得到的一种热塑性水乳型胶粘剂，俗称"白乳胶"。此类胶粘剂具有良好的黏结强度，以黏结各种非金属为主。其常温固化速度较快，且早期黏合强度较高，既可单独使用，也可掺入水泥等作复合胶使用。但其耐热性较差，且徐变较大，因此，常作为室温下的非结构胶使用。

（4）聚乙烯醇缩甲醛胶粘剂。聚乙烯醇缩甲醛胶粘剂是由聚乙烯醇和醛为主要原料，加入少量氢氧化钠和水，在一定条件下缩聚而成的。市面上常见的 107 胶、801 胶等均属于聚乙烯醇缩甲醛胶粘剂。此类胶粘剂具有较高的黏结强度和较好的耐水、耐老化性，还能和水泥复合使用，从而显著提高水泥材料的耐磨性、抗冻性和抗裂性，可用来胶接塑料壁纸、墙布、瓷砖等。

（5）丙烯酸酯胶粘剂。丙烯酸酯胶粘剂是以丙烯酸酯树脂为基体，配以合适溶剂制成的胶粘剂，分为热塑性丙烯酸酯胶粘剂和热固性丙烯酸酯胶粘剂两大类。此类胶粘剂具有黏结强度高、成膜性好的优点，能在室温下快速固化，抗腐蚀性、耐老化性能优良。可用于胶接木材、纸张、皮革、玻璃、陶瓷、有机玻璃、金属等。常见的 501 胶、502 胶即属于热固性丙烯酸酯胶粘剂。

3. 胶粘剂的选用原则

根据材料性质及环境条件正确选用胶粘剂是确保胶接质量的必要条件。选用胶粘剂时应注意以下 4 方面问题。

① 根据胶接材料的种类、性质合理选用与被胶接材料相匹配的胶粘剂，一般情况下，被胶接材料的性质应与胶粘剂的性质有相近之处；

② 根据胶接材料的使用要求（如在导电、导热、高低温等方面的要求）选择合适的胶粘剂；

③ 考虑影响胶接强度的气候、光、热、水分等各种因素对胶粘剂的破坏作用，选择耐老化、耐水性能好的胶粘剂；

④ 在满足使用性能要求的前提下，应考虑性能与价格的均衡，尽可能使用经济型的胶粘剂。

思考题与习题

1. 简述塑料的组成及特性。
2. 简述常用建筑塑料及制品的类型、特点、应用范围。
3. 简述常用建筑胶粘剂的类型、特点、应用范围、选用原则。

第12章 土木工程结构用防水材料

12.1 常见的建筑防水制品

常见的建筑防水制品主要有沥青防水卷材、高聚物改性沥青防水卷材、合成高分子防水卷材、防水涂料、建筑密封材料等。

1. 沥青防水卷材

目前所用的防水卷材仍以沥青防水卷材为主。沥青防水卷材被广泛应用于地下、水工、工业及其他建筑和构筑物中，尤其以屋面工程应用最为普遍。石油沥青油纸（简称油纸）是用低软化点的石油沥青浸渍原纸而制成的一种无涂盖层的防水卷材。原纸是生产油毡的专用纸，主要成分为棉纤维以及外加的20％～30％废纸。石油沥青油毡（简称油毡）是采用高软化点沥青涂盖油纸的两面，再涂撒隔离材料所制成的一种纸胎防水材料。涂撒滑石粉等粉状材料的称为粉毡；涂撒云母片等片状材料的称为片毡。

2. 高聚物改性沥青防水卷材

高聚物改性沥青防水卷材是以合成高分子聚合物改性沥青为涂盖层，纤维织物或纤维毡为胎体，粉状、粒状、片状或薄膜材料为覆盖材料制成的可卷曲片状防水材料。高聚物改性沥青防水卷材克服了传统沥青卷材温度稳定性差、延伸率低的不足，具有高温不流淌、低温不脆裂、拉伸强度较高、延伸率较大等优异性能。常见的高聚物改性沥青防水卷材主要有SBS橡胶改性沥青防水卷材、APP改性沥青防水卷材、再生橡胶改性沥青防水卷材、焦油沥青耐低温防水卷材等。

（1）SBS橡胶改性沥青防水卷材。SBS橡胶改性沥青防水卷材是以玻纤毡、聚酯毡为胎体，苯乙烯-丁二烯-苯乙烯（SBS）热塑性弹性体作改性剂，涂盖在经沥青浸渍后的胎体两面，然后在上表面涂撒矿物质粒、片料或覆盖聚乙烯膜，下表面涂撒细砂或覆盖聚乙烯膜而制成的新型中、高档防水卷材。SBS橡胶改性沥青防水卷材是弹性体橡胶改性沥青防水卷材中的代表性品种，其胎基材料主要为聚酯胎（PY）和玻纤胎（G）两类。SBS橡胶改性沥青防水卷材按上表面隔离材料的不同可分为聚乙烯（PE）膜、细砂（S）及矿物粒（片）料（M）3种类型；按物理力学性能的不同可分为Ⅰ型和Ⅱ型。

SBS橡胶改性沥青防水卷材最大的特点是低温柔韧性好，同时还具有较好的耐高温性、较高的弹性及延伸率（延伸率可达150％）、较理想的耐疲劳性。SBS橡胶改性防水卷材广泛用于各类建筑的防水、防潮工程，尤其适用于寒冷地区和结构变形频繁的建筑物的防水。

（2）APP改性沥青防水卷材。APP改性沥青防水卷材是用无规聚丙烯（APP）改性沥青浸渍胎基（玻纤或聚酯胎），以砂粒或聚乙烯薄膜为防黏隔离层的防水卷材，属于塑性体沥青防水卷材中的一种。APP改性沥青防水卷材的性能与SBS橡胶改性沥青防水卷材接近，同样具有优良的综合性质，尤其是耐热性能好。APP改性沥青防水卷材在130℃的高温下不流淌，且耐紫外线能力比其他改性沥青防水卷材都强，因此，非常适用于高温地区或阳光辐射强烈的地区，在屋面、地下室、游泳池、桥梁、隧道等建筑工程的防水防潮中得到了广泛的应用。

（3）再生橡胶改性沥青防水卷材。再生橡胶改性沥青防水卷材是用废旧橡胶粉作改性剂，掺入石油沥青中，再加入适量的助剂，经混炼、压延、硫化而成的无胎体防水卷材。其特点是自重轻、价格低廉，且延伸性、低温柔韧性、耐腐蚀性均比普通油毡好。再生橡胶改性沥青防水卷材适用于屋面或地下接缝等防水工程，尤其适用于基层沉降较大或沉降不均匀的建筑物变形缝处的防水。

（4）焦油沥青耐低温防水卷材。焦油沥青耐低温防水卷材以焦油沥青为基料，聚氯乙烯、旧聚氯乙烯或其他树脂（如氯化聚氯乙烯）为改性剂，加上适量的助剂（如增塑剂、稳定剂等），经共熔、混炼、压延而成的无胎体防水卷材。改性剂的加入使防水卷材的耐老化性、防水性都得到很大提高，在-15℃时仍具有柔性。

3. 合成高分子防水卷材

合成高分子防水卷材是以合成橡胶、合成树脂或两者的共混体为基料，加入适量的化学助剂和填料，经混炼、压延或挤出等工序加工而成的可卷曲的片状防水材料。其抗拉强度、延伸性、耐高低温性、耐腐蚀性、耐老化性及防水性都很优良，是值得推广的高档防水卷材，多用于要求具有良好防水性能的屋面、地下防水工程。常见的合成高分子防水卷材主要有三元乙丙橡胶（EPDM）防水卷材、聚氯乙烯（PVC）防水卷材、氯化聚乙烯-橡胶共混防水卷材等。

（1）三元乙丙橡胶（EPDM）防水卷材。EPDM防水卷材是以EPDM为主体原料，掺入适量的丁基橡胶、硫化剂、软化剂、补强剂等，经密炼、拉片、过滤、压延或挤出成型、硫化等工序加工而成的。其耐老化性优异，使用寿命一般可超过40年，弹性和拉伸性能极佳，拉伸强度可达7MPa以上，断裂伸长率可大于450%，因此，对基层伸缩变形或开裂的适应性强。其耐高低温性能优良，在-45℃不脆裂，耐热温度可达160℃，既能在低温条件下进行施工作业，又能在严寒或酷热的条件长期使用。EPDM防水卷材的主要物理性能见表12-1-1。

表 12-1-1　三元乙丙橡胶（EPDM）防水卷材的主要物理性能

项　　目		指　　标	
		一等品	合格品
拉伸强度（常温）（N/mm^2，≥）		8	7
扯断伸长率（%，≥）		450	
直角形撕裂强度（常温）（N/cm，≥）		280	245
不透水性	0.3N/mm^2，30min	合格	—
	0.1N/mm^2，30min	—	合格

续表

项 目		指 标	
		一等品	合格品
脆性温度（℃，≤）		−45	−40
热老化［（80±2）℃，168h］，伸长率100%		无裂纹	
臭氧老化	500pphm，168h，40℃，伸长率40%，静态	无裂纹	—
	100pphm，68h，40℃，伸长率40%，静态	—	无裂纹

（2）聚氯乙烯（PVC）防水卷材。PVC防水卷材是以聚氯乙烯树脂为主要原料，并加入一定量的改性剂、增塑剂等助剂和填充料，经混炼、造粒、挤出压延、冷却、分卷包装等工序制成的柔性防水卷材。PVC防水卷材具有抗渗性好、抗撕裂强度较高、低温柔性较好的特点。与EPDM防水卷材相比，PVC防水卷材的综合防水性能略差，但其原料丰富、价格较为便宜。PVC防水卷材适用于新建或修缮工程的屋面防水，也可用于水池、地下室、堤坝、水渠等防水抗渗工程。PVC防水卷材的物理力学性能见表12-1-2。

表12-1-2 聚氯乙烯（PVC）防水卷材的物理力学性能

项 目	P 型			S 型	
	优等品	一等品	合格品	一等品	合格品
拉伸强度（MPa，≥）	15.0	10.0	7.0	5.0	2.0
断裂伸长率（%，≥）	250	200	150	200	120
热处理尺寸变化率（%，≥）	2.0	2.0	3.0	5.0	7.0
低温弯折性	−20℃，无裂纹				
抗渗透性	不透水				
抗穿孔性	不透水				
剪切状态下的黏合性	$\sigma > 2.0$N/mm 或在接缝处断裂				

（3）氯化聚乙烯-橡胶共混防水卷材。氯化聚乙烯-橡胶共混防水卷材是以氯化聚乙烯树脂和合成橡胶共混物为主体，加入适量的硫化剂、促进剂、稳定剂、软化剂和填充料等，经过素炼、混炼、过滤、压延或挤出成型、硫化、分卷包装等工序制成的防水卷材。此类防水卷材兼具塑料和橡胶的特点，具有优异的耐老化性、高弹性、高延伸性及优异的耐低温性，对地基沉降、混凝土收缩的适应强。其物理性能接近EPDM防水卷材。由于原料丰富，故其价格低于EPDM防水卷材。

4. 防水涂料

防水涂料是以沥青、高分子合成材料为主体，在常温下呈无定形流态或半流态，经涂布后通过溶剂的挥发、水分的蒸发或各组分的化学反应，在结构物表面形成坚韧防水膜的材料。常见防水涂料有冷底子油、沥青玛琋脂（沥青胶）、水乳型沥青防水涂料等。

（1）冷底子油。冷底子油是用建筑石油沥青加入汽油、煤油、轻柴油等溶剂，或用软化点为50~70℃的煤沥青加入苯，溶合而配成的沥青涂料。由于施工后形成的涂膜很薄，一般不单独使用，往往用作沥青类卷材施工时打底的基层处理剂，故称冷底子油。冷底子油黏度小，具有良好的流动性。用它涂刷混凝土、砂浆等表面后，能很快渗入基底，溶剂挥发沥青颗粒则留在基底的微孔中，使基底表面憎水并具有黏结性，为黏结同类防水材料创造有利条件。

（2）沥青玛琋脂（沥青胶）。沥青玛琋脂是用沥青材料加入粉状或纤维状的填充料均匀混合而成的。沥青玛琋脂按溶剂及胶粘工艺的不同可分为热熔沥青玛琋脂和冷沥青玛琋脂。热熔沥青玛琋脂（热用沥青胶）的配制通常是将沥青加热至 150℃～200℃，脱水后与 20％～30％的加热干燥的粉状或纤维状填料（如滑石粉、石灰石粉、白云粉、石棉屑、木纤维等）热拌而成、热用施工。填料的作用是提高沥青的耐热性、增加韧性、降低低温脆性，因此，用沥青玛琋脂粘贴油毡比纯沥青效果好。冷沥青玛琋脂（冷用沥青胶）是将 40％～50％的沥青熔化脱水后，缓慢加入 25％～30％的填料，混合均匀制成的，可在常温下施工，其优点是浸透力强。采用冷玛琋脂粘贴油毡不一定要求涂刷冷底子油，具有施工方便、可减少环境污染等优点，目前其应用面已逐渐扩大。

（3）水乳型沥青防水涂料。水乳型沥青防水涂料即水性沥青防水涂料。水乳型沥青防水涂料是以乳化沥青为基料的防水涂料。它借助乳化剂的作用，在机械强力搅拌下，将熔化的沥青微粒均匀地分散于溶剂中，使其形成稳定的悬浮体。这类涂料对沥青基本上没有改性或改性作用不大。这类涂料主要有石灰乳化沥青、膨润土沥青乳液和水性石棉沥青防水涂料等，主要用于Ⅲ级和Ⅳ级防水等级的工业与民用建筑屋面、地下室和卫生间防水等。

5. 建筑密封材料

为提高建筑物的整体防水、抗渗性能，对工程中出现的施工缝、构件连接缝、变形缝等各种接缝，必须填充具有一定的弹性、黏结性，能够使接缝保持水密、气密性能的材料，这就是建筑密封材料。建筑密封材料分为具有一定形状和尺寸的定型密封材料（如止水条、止水带等）以及各种膏糊状的不定型密封材料（如腻子、胶泥、密封膏等）。常见的建筑密封材料主要有建筑防水沥青嵌缝油膏、聚氯乙烯建筑防水接缝材料、聚氨酯建筑密封膏、聚硫建筑密封膏、硅酮建筑密封膏等。

（1）建筑防水沥青嵌缝油膏。建筑防水沥青嵌缝油膏（简称油膏）是以石油沥青为基料，加入改性材料及填充料混合制成的冷用膏状材料。此类密封材料价格较低，以塑性性能为主，具有一定的延伸性和耐久性，但弹性差。其性能指标应符合现行《建筑防水沥青嵌缝油膏》（JC/T 207）的要求。建筑防水沥青嵌缝油膏主要用于各种混凝土屋面板、墙板等建筑构件节点的防水密封。使用沥青油膏嵌缝时，缝内应洁净干燥，先涂刷冷底子油一道，待其干燥后即镶嵌填注油膏。

（2）聚氯乙烯建筑防水接缝材料。聚氯乙烯建筑防水接缝材料是以聚氯乙烯树脂为基料，加以适量的改性材料及其他添加剂配制而成的，简称 PVC 接缝材料。聚氯乙烯建筑防水接缝材料按施工工艺的不同可分为热塑型（通常指 PVC 胶泥）和热熔型（通常指塑料油膏）两类。聚氯乙烯建筑防水接缝材料具有良好的弹性、延伸性及耐老化性，与混凝土基面具有较好的黏结性，能适应屋面振动、沉降、伸缩等引起的变形要求。

（3）聚氨酯建筑密封膏。聚氨酯建筑密封膏是以异氰酸基（—NCO）为基料，和含有活性氢化物的固化剂组成的一种双组分反应型弹性密封材料。这种密封膏能够在常温下固化，并具有优异的弹性、耐热耐寒性和耐久性，与混凝土、木材、金属、塑料等多种材料具有很好的黏结力。

（4）聚硫建筑密封膏。聚硫建筑密封膏是以液态聚硫橡胶为主剂，和金属过氧化物等硫化剂反应，在常温下形成的弹性密封材料，其性能应符合现行《聚硫建筑密封胶》（JC/T 483）的要求。这种密封材料能形成类似于橡胶的高弹性密封口，能承受持续和明显的循环位移。其使用温度范围广，在－40～90℃的温度范围内能保持其各项性能指标，与金属、非金属材质均具有良好的黏结力。

（5）硅酮建筑密封膏。硅酮建筑密封膏是以聚硅氧烷为主要成分的单组分和双组分室温固化型弹性建筑密封材料。硅酮建筑密封膏属于高档密封膏，具有优异的耐热性、耐寒性和耐候性，与各种材料具有较好的黏结力，且耐伸缩疲劳性强、耐水性好。

12.2 单层防水卷材屋面对防水材料的基本要求

12.2.1 单层防水卷材屋面

单层防水卷材屋面（Single-ply Waterproofing Membrane）是指采用单层热塑性聚烯烃（TPO）防水卷材、PVC 防水卷材、EPDM 防水卷材、SBS 橡胶改性沥青防水卷材、APP 改性沥青防水卷材等外露使用，采用机械固定法、满黏法或空铺压顶法施工的屋面系统。

机械固定法（Mechanically Fastened Method）是指采用专用固定件，将保温隔热材料、防水卷材和其他构造层次的材料固定在屋面基层或结构层上的施工方法，包括点式固定和线性固定两种方式。

满黏法（Fully Adhered Method）是指防水卷材用胶粘剂或热熔黏结在基层上的施工方法。

空铺压顶法（Loosely Laid Method）是指将防水卷材空铺于基层上，在一定范围内用胶粘剂或固定件加强固定，并连接为整体，然后根据实际情况在上面铺设压铺层来抵抗风荷载的施工方法。

单层防水卷材屋面应按构造层次、环境条件和功能要求选择屋面材料，材料应配置合理、安全可靠。单层防水卷材屋面工程采用的材料应符合以下 5 条规定。

① 材料的品种、规格、性能等应符合国家现行相关产品标准和设计规定，满足屋面设计使用年限的要求，并应提供产品合格证书和检测报告；

② 设计文件应标明主要材料的品种、规格及其主要技术性能；

③ 屋面工程宜采用节能环保型材料；

④ 材料进场后应按规定抽样复验，并提供试验报告；

⑤ 屋面使用的材料宜贮存在阴凉、干燥、通风处，并应避免日晒、雨淋和受潮，且严禁接近火源，运输应符合现行相关标准的规定。

12.2.2 屋面采用的材料

屋面采用的材料包括以下几种，其性能应符合现行相关建筑防火规范的规定。

1. 隔汽材料

隔汽材料应符合以下 3 条要求。

① 采用聚乙烯、聚丙烯膜时，其厚度不应小于 0.3mm；

② 采用复合金属铝箔时，其厚度不应小于 0.1mm；

③ 采用其他材料时，应符合其材料标准的规定。

隔汽材料应具有隔绝水蒸气、耐老化、抗撕裂和抗拉伸等性能。

2. 保温隔热材料

保温隔热材料可采用硬质聚苯乙烯泡沫塑料、硬质聚氨酯泡沫塑料、硬质泡沫聚异氰脲酸酯、硬质玻璃棉隔热材料、硬质酚醛泡沫和岩棉等保温板材，并应符合现行防火设计规范的相关要求。保温隔热材料的品种和厚度应满足屋面系统导热系数的要求，并符合现行《民用建筑热工设计规范》（GB 50176）的相关规定。聚苯乙烯泡沫塑料的主要性能见表 12-2-1。硬质聚氨酯泡沫塑料保温板的主要性能见表 12-2-2。硬质聚异氰脲酸酯泡沫保温板的主要性能见表 12-2-3。硬质酚醛泡沫保温板的主要性能见表 12-2-4。岩棉保温隔热材料用于机械固定法施工时应符合表 12-2-5 的要求。硬质玻璃棉隔热材料用于机械固定法施工时应符合表 12-2-6 的要求。

保温隔热材料采用机械固定施工方法时，其主要性能应符合以下 3 条要求。

① 在 60kPa 的压缩强度下，压缩比不得大于 10%。

② 当岩棉等纤维状保温隔热材料采用单层铺设时，其压缩强度不得低于 60kPa；采用多层铺设时，每层压缩强度不得低于 40kPa，且与防水层直接接触的岩棉的压缩强度不得低于 60kPa。

③ 在 500N 的点荷载作用下，变形不得大于 5mm。

表 12-2-1 聚苯乙烯泡沫塑料的主要性能

类别	表观密度 （kg/m³）	压缩强度 （kPa）	导热系数 [W/（m·K）]	尺寸稳定性 （70℃，48h）（%）	水蒸气渗透系数 （ng/Pa·m·s）	吸水率 （v/v）（%）
挤塑	—	≥150	≤0.030	≤2.0	≤3.5	≤1.5
模塑	≥20	≥100	≤0.041	≤3.0	≤4.5	≤4.0

表 12-2-2 硬质聚氨酯泡沫塑料保温板的主要性能

表观密度 （kg/m³）	压缩强度 （kPa）	导热系数 [W/（m·K）]	尺寸稳定性 （70℃，48h）（%）	水蒸气渗透系数 （ng/Pa·m·s）	吸水率 （v/v）（%）
≥30	≥120	≤0.024	≤2.0	≤6.5	≤4.0

表 12-2-3 硬质聚异氰脲酸酯泡沫保温板的主要性能

表观密度 （kg/m³）	压缩强度 （kPa）	导热系数 [W/（m·K）]	尺寸稳定性 （70℃，48h）（%）	水蒸气渗透系数 （ng/Pa·m·s）	吸水率 （v/v）（%）
—	≥150	≤0.029	≤5.0	≤5.8	≤2.0

表 12-2-4　硬质酚醛泡沫保温板的主要性能

表观密度 （kg/m³）	压缩强度 （kPa）	导热系数 ［W/（m·K）］	尺寸稳定性 （70℃，48h）（%）	水蒸气渗透系数 （ng/Pa·m·s）	吸水率 （v/v）（%）
≥60	≥100	≤0.040	≤2	≤8.5	≤7.5

表 12-2-5　岩棉保温隔热材料的主要性能

厚度 （mm）	压缩强度 （压缩比10%） （kPa）	点荷载强度 （变形5mm） （N）	导热系数 ［平均温度 （25±2）℃］ ［W/（m·K）］	酸度系数	尺寸稳定性	质量吸湿率（%）	憎水率（%）	短期吸水量 （部分浸入） （kg/m²）
≥50	≥40	≥200	≤0.040	≥1.6	长度、宽度和厚度的相对变化率均不大于1.0%	≤1	≥98	≤1.0
	≥60	≥500						
	≥80	≥700						

表 12-2-6　硬质玻璃棉隔热材料的主要性能

密度 （kg/m³）	密度允许偏差 （%）	导热系数 ［平均温度（23±3）℃］ ［W/（m·K）］	尺寸允许偏差（mm）			燃烧性能 等级
			长	宽	厚	
≥72	±15	≤0.045	±20	±15	−2～4	A2

3. 防水卷材

用于单层防水卷材屋面的 PVC 防水卷材、EPDM 防水卷材、单层热塑性聚烯烃（TPO）防水卷材、弹性体（SBS）改性沥青防水卷材、塑性体（APP）改性沥青防水卷材等的主要性能指标应符合现行相应材料标准的规定。弹性体（SBS）改性沥青防水卷材和塑性体（APP）改性沥青防水卷材在采用机械固定法铺设时，应选用具有玻纤增强聚酯毡胎基的产品，外露卷材的表面应覆有页岩片、粗矿物颗粒等耐候性保护材料。

屋面防水层应采用耐候性防水卷材，选用的防水卷材人工气候老化应按国家现行有关标准试验，且辐照时间不应少于 2500h。采用机械固定法施工时，防水卷材应采用内增强类型的材料。

4. 机械固定件

机械固定件的边长或直径不应小于 70mm。机械固定件应符合以下 5 条要求。

① 固定件和配件的规格和技术性能应符合现行相关标准的规定，并应满足屋面防水层的设计使用年限和安全的要求；

② 固定件应具有抗腐蚀涂层；

③ 固定件应选用具有抗松脱功能螺纹的螺钉；

④ 固定件应按设计要求提供固定件拉拔力性能的检测报告；

⑤ 固定岩棉等纤维状保温隔热材料时，宜采用带套筒的固定件。

机械固定件在高湿、高温、腐蚀等环境下使用，或室内保持湿度大于 70% 时，应采用不锈钢螺钉。机械固定件宜做抗松脱测试。固定钉宜进行现场拉拔试验，试验方法应符合现行规范的有关规定。

5. 胶粘材料

高分子防水卷材用基底胶、搭接胶，沥青基防水卷材用胶粘剂，隔汽层搭接用胶粘材料，基层处理剂、胶粘剂、涂料等的性能指标应符合现行标准的相关规定。EPDM 防水卷材搭接胶带的主要性能应符合表 12-2-7 的规定。

表 12-2-7　EPDM 防水卷材搭接胶带的主要性能

试验项目	性能要求
持黏性（min）	≥20
耐热性（80℃，2h）	无流淌、龟裂、变形
低温柔性（℃）	−40，无裂纹
剪切状态下的黏合性（卷材）（N/mm）	≥2.0
剥离强度（卷材）（N/mm）	≥0.5
热处理剥离强度保持率（卷材，80℃，168h）（%）	≥80

6. 不燃覆盖层材料

用于难燃、可燃保温隔热材料上面的 A 级不燃覆盖层材料应符合以下 4 条规定。

① 采用配筋细石混凝土时，不燃覆盖层材料的厚度不应小于 35mm；

② 采用抗裂砂浆时，不燃覆盖层材料的厚度不应小于 10mm；

③ 采用耐水耐火石膏板、玻镁防火板、水泥加压板等时，不燃覆盖层材料的厚度不应小于 10mm；

④ 不宜采用混凝土架空板。

7. 压顶材料

压顶材料可采用卵石或水泥砂浆、细石混凝土等制成预制压铺块。用于压顶材料的卵石应无尖锐棱角，且直径宜为 25～50mm，密度应≥2650kg/m³，不得使用石灰岩等轻质石材。用于压顶材料的预制压铺块可采用独立式压铺块和互锁式压铺块，且其密度应≥1800kg/m³，厚度不得小于 30mm。单块独立式压铺块的面积不得小于 0.1m³；单块互锁式压铺块的面积不得小于 0.08m³；不得采用轻质块材。块状压顶材料应表面洁净、色泽一致，无裂纹、掉角和缺楞等缺陷。

8. 其他材料

聚酯无纺布或丙纶无纺布等柔性隔离材料的单位面积的质量不宜小于 120g/m³。自粘泛水材料应符合现行《自粘聚合物沥青泛水带》（JC/T 1070）和《丁基橡胶防水密封胶粘带》（JC/T 942）的规定。接缝密封防水应采用高弹性、低模量、耐老化的密封材料。屋面避雷设施应符合现行《建筑物防雷设计规范》（GB 50057）的规定。

12.3　住宅室内防水工程对防水材料的基本要求

住宅室内防水工程的防水材料应符合国家现行有关标准的质量要求。住宅室内防水工程中对产品的耐低温性能和抗紫外线性能不作要求，地辐射采暖应符合热老化性能的相关要求。多数防水材料根据其理化性能进行分类，但住宅室内有防水设计要求的处所具有面积相对较小、使用环境的温湿度变化不大、基层变形不大的特点，因此，对防水材料的拉伸强度和延伸率不作过高要求，原则上某一种产品的任一型号均能满足使用要求。由于住宅内有防水设计要求的场所空间不大、通风条件有限、不利于溶剂的挥发，因此不得使用溶剂型防水材料（包括溶剂型防水涂料和溶剂型胶粘剂）。若由于施工环境较差，不利于材料固化成膜，而需要添加部分有机助剂，则应使用厂家提供的配套材料。

1. 防水混凝土

用于配制防水混凝土的水泥应符合两条要求，即水泥品种宜采用硅酸盐水泥、普通硅酸盐水泥；不得使用过期或受潮结块的水泥，不得将不同品种或强度等级的水泥混合使用。用于配制防水混凝土的化学外加剂、矿物掺合料、砂、石及拌合用水等应符合现行有关标准的质量要求。住宅室内防水工程中的防水混凝土仅用于消防池、泳池等现浇钢筋混凝土的容水器。

2. 防水涂料

室内防水工程宜使用聚合物水泥防水涂料、聚合物乳液防水涂料、聚氨酯防水涂料、聚合物水泥防水浆料、水乳型沥青防水涂料等。聚合物水泥防水涂料应符合表12-3-1的要求。聚合物乳液防水涂料应符合表12-3-2的要求。聚氨酯防水涂料应符合表12-3-3的要求。聚合物水泥防水浆料应符合表12-3-4的要求，其中Ⅱ型产品具有一定的柔韧性，故将其列入防水涂料的范围。水乳型沥青防水涂料应符合表12-3-5的要求。防水涂料的有害物质含量应符合表12-3-6的要求。用于加强层的胎体材料宜选用30～50g/m³的聚酯无纺布、聚丙烯无纺布或耐碱玻纤网。涂膜防水层的厚度应符合表12-3-7的要求。住宅室内防水工程的质量是由选用材料的性能及施工方法决定的，防水涂膜的厚度不是保证防水工程质量的充分条件，所以涂膜的厚度可以根据具体材料的性能进行调整。

表 12-3-1　聚合物水泥防水涂料

项　　目		技术要求
固体含量（%）		≥70
拉伸强度	无处理（MPa）	≥1.2
	加热处理后保持率（%）*	≥80
	碱处理后保持率（%）	≥60
	浸水处理后保持率（%）	≥60
断裂伸长率	无处理（%）	≥30
	加热处理（%）*	≥20
	碱处理（%）	≥20
	浸水处理（%）	≥20

续表

项　目		技术要求
黏结强度	无处理（MPa）	≥0.5
	潮湿基层（MPa）	≥0.5
	碱处理（MPa）	≥0.5
	浸水处理（MPa）	≥0.5
不透水性（0.3MPa，30min）		不透水
抗渗性（砂浆背水面）		≥0.6

注：* 地板辐射采暖应加做此项目。

表 12-3-2　聚合物乳液防水涂料

项　目		技术要求
拉伸强度（MPa）		≥1.0
断裂延伸率（%）		≥300
不透水性（0.3MPa，0.5h）		不透水
固体含量（%）		≥65
干燥时间（h）	表干时间	≤4
	实干时间	≤8

表 12-3-3　聚氨酯防水涂料

项　目		技术要求
拉伸强度（MPa）*		≥1.90
断裂伸长率（%）		≥450
撕裂强度（N/mm）*		≥12
不透水性（0.3MPa，30min）		不透水
固体含量（%）		≥80
干燥时间（h）	表干时间	≤12
	实干时间	≤24
潮湿基面黏结强度（MPa）		≥0.50
热处理	拉伸强度保持率（%）	80～150
	断裂伸长率（%）	≥400
碱处理	拉伸强度保持率（%）	60～150
	断裂伸长率（%）	≥400

注：* 地板辐射采暖应加做此项目。

表 12-3-4 聚合物水泥防水浆料

项 目		技术要求
干燥时间（h）*	表干时间	≤4
	实干时间	≤8
抗渗压力（MPa）		≥0.6
不透水性（0.3MPa，30min）		不透水
弯折性		无裂纹
黏结强度（MPa）	无处理	≥0.7
	潮湿基层	≥0.7
	碱处理	≥0.7
	浸水处理	≥0.7
耐碱性		无开裂、剥落
耐热性		无开裂、剥落

注：* 干燥时间项目可根据用户需要及季节变化进行调整。

表 12-3-5 水乳型沥青防水涂料

项 目	技术要求
固体含量（%）	≥45
耐热度（℃）	140，无流淌、滑移、滴落
不透水性（0.3MPa，30min）	不透水
拉伸强度（MPa）	≥0.50
断裂延伸率（%）*	≥600

注：* 地板辐射采暖应加做此项目。

表 12-3-6 防水涂料的有害物质含量指标

项 目	技术要求	
	水性	反应型
挥发性有机化合物（VOC）（g/L）	≤80	≤50
游离甲醛（mg/kg）	≤100	—
苯、甲苯、乙苯和二甲苯总和（mg/kg）	≤300	≤1000
苯（mg/kg）	—	≤200
苯酚（mg/kg）	—	≤200
蒽（mg/kg）	—	≤10
萘（mg/kg）	—	≤200
游离 TDI（g/kg）*	—	≤3
氨（mg/kg）	≤500	—

项 目		技术要求	
		水性	反应型
可溶性重金属（mg/kg）**	铅（Pb）	≤90	
	镉（Cd）	≤75	
	铬（Cr）	≤60	
	汞（Hg）	≤60	

注：* 仅适用于聚氨酯类防水涂料；

　　** 无色、白色、黑色防水涂料不需测定可溶性重金属。

表 12-3-7　涂膜防水层的厚度

防水涂料	厚度（mm）	
	水平面	铅直面
聚合物水泥防水涂料	≥1.5	≥1.0
聚合物水泥防水浆料		
聚合物乳液防水涂料	≥1.2	≥1.0
聚氨酯防水涂料	≥1.2	≥1.0
水乳型沥青防水涂料	≥2.0	≥1.5

注：经过技术评估或鉴定的新材料可根据产品的技术性能调整厚度。

3. 防水卷材

室内防水工程可选用自粘聚合物改性沥青防水卷材和聚乙烯丙纶复合防水卷材等。自粘聚合物改性沥青防水卷材应符合表 12-3-8 和表 12-3-9 的要求，D 类产品不适用于住宅室内防水工程。聚乙烯丙纶复合防水卷材应与配套的聚合物水泥防水胶结料共同组成复合防水层，两者的性能应分别符合表 12-3-10 和表 12-3-11 的要求。对于整体厚度小于 1.0mm 的卷材，其扯断伸长率不得小于 50%、断裂拉伸强度应达到规定值的 80%。防水卷材宜采用冷粘法施工，胶粘剂应与卷材的特性相匹配，且与基层黏结可靠，室内空间狭小时不宜采用热熔法施工。防水卷材胶粘剂应具有良好的耐水性、耐腐蚀性和耐霉变性，其有害物质含量应符合表 12-3-12 的要求，表中的指标源于现行《室内装饰装修材料　胶粘剂中有害物质限量》（GB 18583）对水基型胶粘剂的要求。卷材防水层的厚度应符合表 12-3-13 的要求。

表 12-3-8　自粘聚合物改性沥青防水卷材 N 类（无胎）

项 目		技术要求	
		PE 类	PET 类
拉伸性能	拉力（N/50mm）	≥150	
	最大拉力时延伸率（%）	≥200	≥30
耐热性		70℃滑动不超过 2mm	
不透水性		0.2MPa，120min，不透水	

续表

项　目		技术要求	
		PE 类	PET 类
剥离强度（N/mm）	卷材与卷材	≥1.0	
	卷材与铝板	≥1.5	
热老化*	拉力保持率（%）	≥80	—
	最大拉力时延伸率（%）	≥200	≥30

注：* 地板辐射采暖应加做此项目。

表 12-3-9　自粘聚合物改性沥青防水卷材 PY 类

项　目			技术要求
可溶物含量（g/m²）	2.0mm		≥1300
	3.0mm		≥2100
拉伸性能	拉力（N/50mm）	2.0mm	≥350
		3.0mm	≥450
	最大拉力时延伸率（%）		≥30
耐热性			70℃滑动不超过 2mm
不透水性			0.2MPa，120min，不透水
剥离强度（N/mm）	卷材与卷材		≥1.0
	卷材与铝板		≥1.5
热老化*	最大拉力时延伸率（%）		≥30

注：* 地板辐射采暖应加做此项目。

表 12-3-10　聚乙烯丙纶复合防水卷材

项　目		技术要求
断裂拉伸强度（常温）（N/cm）		≥60
扯断伸长率（常温）（%）		≥400
热空气老化（80℃，168h）*	断裂拉伸强度保持率（%）	≥80
	扯断伸长率保持率（%）	≥70
不透水性（0.3MPa，30min）		不透水
撕裂强度（N）		≥20

注：* 地板辐射采暖应加做此项目。

表 12-3-11　聚合物水泥防水胶结料

剪切状态下的黏合性（卷材-卷材，标准试验条件）（N/mm，≥）	2.0
剪切状态下的黏合性（卷材-基地，标准试验条件）（N/mm，≥）	1.8

表 12-3-12　防水卷材胶粘剂的有害物质限量值

项目	总挥发性有机物（g/L）	甲苯和二甲苯（g/kg）	苯（g/kg）	游离甲醛（g/kg）
指标	≤50	≤10	≤0.2	≤1.0

表 12-3-13　卷材防水层的厚度

防水卷材	厚度（mm）	
自粘聚合物改性沥青防水卷材	无胎基≥1.5	聚酯胎基≥2.0
聚乙烯丙纶复合防水卷材	卷材≥0.7，胶结料≥1.3	
其他合成高分子防水卷材	≥1.2	

4. 防水砂浆

防水砂浆应使用由专业厂家生产的干混砂浆。防水砂浆按包装形式可分为单组分干混砂浆和双组分干混砂浆；按配制原理可分为掺防水剂的防水砂浆和掺聚合物的防水砂浆；按施工方法可分为抹压型干混砂浆和涂刷型干混砂浆。掺防水剂的防水砂浆的性能应符合表 12-3-14 的要求。掺聚合物的抹压型防水砂浆的性能应符合表 12-3-15 的要求。掺聚合物的涂刷型防水砂浆的性能应符合表 12-3-16 的要求。聚合物水泥防水浆料中的 Ⅰ 型产品的性能主要表现为刚性材料的特点，故将其列入防水砂浆的范围。防水砂浆的厚度应符合表 12-3-17 的要求。

表 12-3-14　掺防水剂的防水砂浆的性能

项目		技术要求
净浆安定性		合格
凝结时间	初凝（min）	≥45
	终凝（h）	≤10
抗压强度比	7d（%）	≥95
	28d（%）	≥85
渗水压力比（%）		≥200
48h 吸水量比（%）		≤75

表 12-3-15　掺聚合物的抹压型防水砂浆的性能

项目		技术要求	
		干粉类（Ⅰ类）	乳液类（Ⅱ类）
凝结时间	初凝（min）	≥45	≥45
	终凝（h）	≤12	≤24
抗渗压力（MPa）	7d	≥1.0	
	28d	≥1.5	
抗压强度（MPa）	28d	≥24.0	
抗折强度（MPa）	28d	≥8.0	

续表

项 目		技术要求	
		干粉类（Ⅰ类）	乳液类（Ⅱ类）
压折比		≤3.0	
黏结强度（MPa）	7d	≥1.0	
	28d	≥1.2	
耐碱性［饱和 Ca（OH）$_2$ 溶液，168h］		无开裂，无剥落	
耐热性（100℃水，5h）*		无开裂，无剥落	

注：* 地板辐射采暖应加做此项目。

表 12-3-16 掺聚合物的涂刷型防水砂浆的性能

项 目		技术要求
干燥时间（h）*	表干时间	≤4
	实干时间	≤8
抗渗压力（MPa）		≥0.5
横向变形能力（mm）		≥2.0
黏结强度（MPa）	无处理	≥0.7
	潮湿基层	≥0.7
	碱处理	≥0.7
	浸水处理	≥0.7
抗压强度（MPa）		≥12.0
耐碱性		无开裂，无剥落
耐热性**		无开裂，无剥落

注：* 地板辐射采暖应加做此项目；

　　** 干燥时间项目可根据用户需要及季节变化进行调整。

表 12-3-17 防水砂浆的厚度

防水砂浆		厚度（mm）
掺防水剂的防水砂浆		≥20
掺聚合物的防水砂浆	抹压型	≥15
	涂刷型	≥2.0

5. 密封材料

密封材料应具有良好的耐水性、耐腐蚀性和耐霉变性。密封材料应与水泥、混凝土、金属、塑料、陶瓷等材料具有良好的黏结性能。用于热水管根部、套管与穿墙管间隙嵌填的密封材料还应具有良好的耐热老化性能。

12.4 建筑外墙防水防护对防水材料的基本要求

建筑外墙防水防护（Waterproof and Protection of Exterior Wall）是指具有阻止建筑外墙水分渗透、提高墙体耐久性的构造及措施。

建筑外墙防水防护工程所用材料应符合现行有关标准的要求。防水材料的性能指标应满足建筑外墙防水设计的要求。饰面材料兼作防水层时，应满足防水功能及耐老化性能要求。

1. 防水材料

普通防水砂浆、聚合物水泥防水砂浆、聚合物水泥防水涂料、聚合物乳液防水涂料、聚氨酯防水涂料、防水透气膜的性能应分别符合表12-4-1～表12-4-6的规定，试验检验应按相关规范进行。

表 12-4-1 普通防水砂浆的性能指标

项　目		指　标
凝结时间	初凝（min）	≥45
	终凝（h）	≤24
抗渗压力（MPa）	7d	≥0.6
黏结强度（MPa）	7d	≥0.5
收缩率（%）	28d	≤0.50

表 12-4-2 聚合物水泥防水砂浆的性能指标

项　目		指　标
凝结时间	初凝（min）	≥45
	终凝（h）	≤24
抗渗压力（MPa）	7d	≥1.0
黏结强度（MPa）	7d	≥1.0
收缩率（%）	28d	≤0.15

表 12-4-3 聚合物水泥防水涂料的性能指标

项　目	指　标
	I 类
固体含量（%）	≥70
拉伸强度（无处理）（MPa）	≥1.2
断裂伸长率（无处理）（%）	≥200
低温柔性（绕 φ10mm 棒）	−10℃，无裂纹
黏结强度（无处理）（MPa）	≥0.5
不透水性（0.3MPa，30min）	不透水
抗渗性（砂浆背水面）（MPa）	—

表 12-4-4　聚合物乳液防水涂料的性能指标

试验项目		指　标	
		Ⅰ类	Ⅱ类
拉伸强度（MPa）		≥1.0	≥1.5
断裂延伸率（％）		≥300	
低温柔性（绕 φ10mm 棒，棒弯 180°）		−10℃，无裂纹	−20℃，无裂纹
不透水性（0.3MPa，0.5h）		不透水	
固体含量（％）		≥65	
干燥时间（h）	表干时间	≤4	
	实干时间	≤8	

表 12-4-5　聚氨酯防水涂料的性能指标

项目		指　标	
		Ⅰ类	Ⅱ类
拉伸强度（MPa）		≥1.90	≥2.45
断裂延伸率（％）		≥550（单组分）	≥450
		≥450（双组分）	
低温弯折性（℃）		≤−40（单组分）	
		≤−35（双组分）	
不透水性（0.3MPa，30min）		不透水	
固体含量（％）		≥80（单组分）	
		≥92（双组分）	
干燥时间（h）	表干时间	≤12（单组分）	
		≤8（双组分）	
	实干时间	≤24	

表 12-4-6　防水透气膜的性能指标

项目	水蒸气透过量（g/m², 24h）	不透水性（mm，2h）	最大拉力（N/50mm）	断裂延伸率（％）	撕裂性能（N）
指标	≥1000	≥1000	≥100	≥35	≥35

2. 密封材料

硅酮建筑密封胶、聚氨酯建筑密封胶、聚硫建筑密封胶、丙烯酸酯建筑密封胶的性能应分别符合表 12-4-7～表 12-4-10 的规定，试验检验应按相关规范进行。

表 12-4-7　硅酮建筑密封胶的性能指标

项　目		指　标			
		25HM	20HM	25LM	20LM
下垂度（mm）	垂直	≤3			
	水平	无变形			
表干时间（h）		≤3a			
挤出性（mL/min）		≥80			
拉伸模量（MPa）	23℃	＞0.4		≤0.4	
	—20℃	＞0.6		≤0.6	
定伸黏结性		无破坏			

表 12-4-8　聚氨酯建筑密封胶的性能指标

项　目		指　标			
		25HM	20HM	25LM	20LM
流动性	下垂度（N 型）（mm）	≤3			
	流平性（L 型）	光滑平整			
表干时间（h）		≤24			
挤出性（mL/min）*		≥80			
适用期（h）**		≥1			
拉伸模量（MPa）	23℃	＞0.4		≤0.4	
	—20℃	＞0.6		≤0.6	
定伸黏结性		无破坏			

注：* 此项仅适用于单组分产品；
　　** 此项仅适用于多组分产品。

表 12-4-9　聚硫建筑密封胶的性能指标

项　目		指　标		
		20HM	25LM	20LM
流动性	下垂度（N 型）（mm）	≤3		
	流平性（L 型）	光滑平整		
表干时间（h）		≤24		
拉伸模量（MPa）	23℃	＞0.4	≤0.4	
	—20℃	＞0.6	≤0.6	
适用期（h）		≥2		
弹性恢复率（%）		≥70		
定伸黏结性		无破坏		

注：适用期允许采用供需双方商定的其他指标值。

表 12-4-10　丙烯酸酯建筑密封胶的性能指标

项　目	指　标		
	12.5E	12.5P	7.5P
下垂度（mm）	≤3		
表干时间（h）	≤1		
挤出性（mL/min）	≥100		
弹性恢复率（%）	≥40	—	
定伸黏结性	无破坏		
断裂伸长率（%）	—	≥100	
低温柔性（℃）	—20	—5	

12.5　防水材料进场验收的基本要求

（1）防水材料的进场验收。防水材料的进场验收应符合以下 3 条规定。

① 对材料的品种、规格、包装、外观和尺寸等进行检查验收，并经监理工程师（建设单位代表）确认，形成相应验收记录。

② 对材料的质量证明文件进行检查，并应经监理工程师（建设单位代表）确认，纳入工程技术档案。

③ 对材料应按有关规定抽样检验，检验应执行见证取样检测制度，并提出检验报告。检验项目中全部指标达到标准规定时即为合格；若有一项指标不合格，应在受检产品中加倍取样复检。复检结果如仍不合格，则判定该产品为不合格。不合格的材料不得在工程中使用。防水材料进场检验项目和主要物理性能要求应符合相关规范的规定。

（2）地下防水工程的施工。地下防水工程使用的材料应符合国家现行有关标准对材料有害物质限量的规定，不得对周围环境造成污染。地下防水工程所用材料的材性应彼此相容且不得相互腐蚀，防水材料黏结质量实体检验应按相关规范进行。地下防水工程的施工应建立各道工序的自检、交接检和专职人员检查的"三检"制度，并有完整的检查记录。未经监理（建设）单位对上道工序的检查确认，不得进行下道工序的施工。地下防水工程施工期间，明挖法的基坑以及暗挖法的竖井、洞口必须保持地下水位稳定在基底 500mm以下，必要时应采取降水措施。地下防水工程的防水层严禁在雨天、雪天和刮五级以上（含五级）风时施工，防水层施工环境的气温条件宜符合表 12-5-1 的规定。地下防水工程是子分部工程，其分项工程划分应符合表 12-5-2 的要求。

表 12-5-1　防水层施工环境的气温条件

防水层材料	施工环境气温
高聚物改性沥青防水卷材	冷粘法、自粘法不低于 5℃；热熔法不低于 —10℃
合成高分子防水卷材	冷粘法、自粘法不低于 5℃；焊接法不低于 —10℃

防水层材料	施工环境气温
有机防水涂料	溶剂型-5~35℃；水乳型 5~35℃
无机防水涂料	5~35℃
防水混凝土、水泥砂浆防水层	5~35℃
膨润土防水材料	不低于-20℃

表 12-5-2　地下防水工程分项工程的划分

子分部工程	分项工程
地下防水工程	地下建筑防水工程：防水混凝土，水泥砂浆防水层，卷材防水层，涂料防水层，塑料防水板防水层，金属板防水层，膨润土防水材料防水层，细部构造
	特殊施工法防水工程：锚喷支护，地下连续墙，盾构隧道，沉井，逆筑结构
	排水工程：渗排水、盲沟排水、隧道、坑道排水、塑料排水板排水
	注浆工程：预注浆、后注浆、衬砌裂缝注浆

分项工程的检验批划分应符合以下 3 条规定。

① 地下建筑防水工程应按建筑层、变形缝等施工段为一个检验批；

② 特殊施工法防水工程应按隧道区间、变形缝等施工段为一个检验批；

③ 排水工程和注浆工程应各为一个检验批。

地下防水工程应按工程设计的防水等级相应的防水标准进行验收，地下防水工程渗漏水调查与测量方法应按相关规范执行。

12.6　喷涂聚脲防水工程对防水材料的基本要求

喷涂聚脲防水涂料应符合国家现行标准的要求，现场抽检复验性能应符合表 12-6-1 的要求。聚脲涂层有耐候、阻燃、耐磨、耐腐蚀等特殊要求时，应根据工程实际情况检测涂料相应的技术指标。基层处理剂、涂层修补材料、层间黏合剂的性能应分别符合表 12-6-2~表 12-6-4 的要求。

表 12-6-1　喷涂聚脲防水涂料的性能要求

项　目	性能要求	
	Ⅰ型	Ⅱ型
表干时间（s）	≤60	
拉伸强度（MPa）	≥10	≥16
断裂伸长率（%）	≥300	≥450
黏结强度（MPa）	≥2.0	≥2.5

表 12-6-2 基层处理剂的性能要求

项　　目		性能要求
表干时间（h）		≤6
黏结强度（MPa）	潮湿基层用	≥2.0
	干燥基层用	≥2.5

表 12-6-3 涂层修补材料的性能要求

项　　目	表干时间（h）	拉伸强度（MPa）	断裂伸长率（%）	黏结强度（MPa）
性能要求	≤2	≥10	≥300	≥2.0

表 12-6-4 层间黏合剂的性能要求

项　　目	表干时间（h）	涂层间黏结强度（MPa）
性能要求	≤2	≥2.5

（1）喷涂聚脲防水涂料的进场抽检和复验。喷涂聚脲防水涂料的进场抽检和复验应按现行标准的规定进行。喷涂聚脲防水工程用基层处理剂、涂层修补材料及层间黏合剂等配套材料的进场抽检和复验应遵守以下 3 条规定。

① 同一规格、品种的配套材料每 5t 为一批，不足 5t 者按一批进行抽样。

② 每一批产品按现行标准《色漆、清漆和色漆与清漆用原材料取样》（GB/T 3186）规定取样，按配比总共取 10kg 样品，分为两组，放入不与材料发生反应的干燥密闭容器中密封贮存。

③ 配套材料的物理性能检验全部达到规范规定时为合格；若其中有一项指标达不到要求，允许在受检产品中加倍取样进行复验。复验结果如仍不合格，则判定该产品为不合格。

（2）喷涂聚脲防水涂料的运输和贮存。喷涂聚脲防水涂料的运输和贮存按现行相关规范的规定进行。喷涂聚脲防水工程用基层处理剂、涂层修补材料及层间黏合剂等配套材料的运输和贮存应符合以下两条规定。

① 包装容器必须密封，容器表面应标明材料名称、生产厂名、生产日期和产品有效期，并分类存放。

② 产品运输和存放温度不宜低于 10℃，存放环境应干燥、通风，并远离火源，仓库储存、车辆运输、存放现场应配置消防设施。

12.7 硅改性丙烯酸渗透型防水涂料的特点与基本要求

渗透型防水涂料（Permeable Waterproofing Coatings）是指涂刷于混凝土或水泥砂浆等表面，能够渗透到基层内部，并在表面形成涂膜，具有防水功能的涂料。硅改性丙烯酸渗透型防水涂料是指以硅改性丙烯酸聚合物乳液和水泥为主要原料，加入活性化学物质和其他添加剂制得的双组分渗透型防水涂料。硅改性丙烯酸渗透型防水涂料应符合表 12-7-1

的技术要求。

表 12-7-1　硅改性丙烯酸渗透型防水涂料的技术要求

序号	项　目		指　标
1	外观		液体组分为无杂质、无凝胶的均匀乳液；固体组分为无杂质、无结块的粉末
2	干燥时间（h）	表干时间	≤4
		实干时间	≤8
3	拉伸强度	无处理（MPa）	≥1.2
		加热处理后保持率（%）	≥80
		碱处理后保持率（%）	≥70
4	断裂伸长率	无处理（%）	≥200
		加热处理（%）	≥150
		碱处理（%）	≥140
5	低温柔性（绕 φ10mm 棒）		−10℃，无裂纹
6	潮湿基面黏结强度（MPa）		≥1.0
7	渗透深度（mm）		≥1.0
8	透水压力比（%）		≥300

硅改性丙烯酸渗透型防水涂料的试验方法应遵守相关规范规定，产品应按现行 GB/T 3186 的规定进行取样，取样量应根据检验需要确定。试验环境应符合要求，实验室标准条件为温度（23±2）℃、相对湿度 45%～70%。外观应借助玻璃棒将液体组分和固体组分分别搅拌后目测。干燥时间、拉伸强度、断裂伸长率、低温柔性、潮湿基面黏结强度、渗透深度等均应按现行《建筑防水涂料试验方法》（GB/T 16777）中的规定进行，试样涂膜厚度为（1±0.1）mm。

取 3 个 100mm×100mm×100mm 的加气混凝土试块（密度 600kg/m³ 左右），将试块一面分 3 次喷或刷涂料至饱和，涂膜厚度为（1±0.1）mm。在实验室条件下放置 6h，分别把 3 个试件从受检面拆开，测量中间部位的渗透深度，精确到 0.1mm。以 3 个试件渗透深度的平均值作为最终结果。

透水压力比测定时，应按现行 JC/T 474 中的规定制备基准砂浆，在基准砂浆的迎水面分 3 次喷或刷涂料至饱和，涂膜厚度为（1±0.1）mm，制得受检试样。

产品检验分出厂检验和型式检验。出厂检验项目包括外观、干燥时间、渗透深度；型式检验项目包括相关规范规定的全部技术要求。正常生产情况下，型式检验项目一年检验一次。在现行《涂料产品检验、运输和贮存通则》（HG/T 2458）中规定的其他情况下也应进行型式检验。

检验结果的判定应遵守相关规定。单项检验结果的判定按现行《数值修约规则与极限数值的表示和判定》（GB/T 8170）中修约值比较法进行。产品检验结果的判定按现行 HG/T 2458 中的规定进行。

标志按现行《涂料产品包装标志》（GB/T 9750）的规定执行。产品的液体组分应用密闭容器包装，产品的固体组分包装应密封防潮。产品应贮存在干燥、通风、阴凉的场所，液体组分贮存温度不应低于5℃。

12.8　桥面防水体系对防水材料的基本要求

当桥面铺装面层材料为沥青混凝土时，如果选用沥青类以外的密封材料，必须满足与防水材料的相容性。对桥面防水体系中所使用材料的相容性提出要求是为了保证体系的防水效果和满足使用功能要求。

防水卷材的厚度要求应遵守现行《道桥用改性沥青防水卷材》（JC/T 974）中的规定，热熔胶型防水卷材施工时要与热熔沥青胶配合使用，通常热熔沥青胶的厚度都≥1mm，因此在同样条件下，其厚度要小于热熔型卷材的厚度。热熔型卷材为了热熔施工时火焰不损伤胎基，卷材的厚度就不能太薄，同时卷材下涂盖层的厚度要比上涂盖层厚。自粘型防水卷材太厚时，搭接密封效果不好，因此，厚度采用2.5mm。在其他条件相同的情况下，防水卷材越厚，防水效果越好，因此I级防水要求的防水卷材比II级防水要求的防水卷材厚。在选择材料时还需要注意，随着防水卷材厚度的增加，防水效果会提高，但材料的剪切强度会下降，因此，材料选择必须既达到规定的厚度，又满足剪切强度的综合要求。

防水涂料的厚度在现行《道桥用防水涂料》（JC/T 975）中没有明确规定。防水涂料越厚，防水效果越好，但同时必须满足剪切性能的需要。根据试验和工程应用，聚合物改性沥青防水涂料、聚合物水泥防水涂料必须采用增强材料，否则材料在高温碾压后的抗渗性都不能满足要求，起不到规定的防水效果。聚氨酯防水涂料（通常是聚脲聚氨酯防水涂料）具有较高的强度，但在使用时应考虑其与沥青混凝土的相容性，同时需要设置过渡界面层，以解决其与沥青混凝土间的黏结效果。

渗透结晶型防水涂料将防水剂渗透混凝土内部，使混凝土致密防水，实属刚性防水。上述防水涂料的厚度数据是最小值，防水设计时作为初选值采用，最终应依据现行 JC/T 975 中的相应试验结果确定。

思考题与习题

1. 简述常见的建筑防水制品的类型、特点、应用范围。
2. 简述单层防水卷材屋面对防水材料的基本要求。
3. 简述住宅室内防水工程对防水材料的基本要求。
4. 简述建筑外墙防水对防水材料的基本要求。

第13章　土木结构物理环境处置材料

13.1　绝热材料

绝热材料是指导热系数低于 0.175W/ (m·K) 的材料。绝热材料具有保温、隔热性能。绝热材料的一般特点是表观密度小、导热性低。建筑工程上使用绝热材料时，一般要求其热导率不大于 0.15W/ (m·K)、表观密度在 600kg/m³ 以下、抗压强度不小于 0.3MPa。热导率是衡量绝热材料性能优劣的主要指标，热导率越小，通过材料传送的热量就越少，其绝热性能也越好。材料的热导率决定于材料的组分、内部结构、表观密度，也决定于传热时的环境温度以及材料的含水量。通常情况下，表观密度小的材料，其孔隙率大、热导率小，孔隙率相同时，孔隙尺寸大，热导率就大。孔隙相互连通时的热导率比不相互连通（封闭）时的热导率大。绝热材料受潮后，其热导率会增加，因为水的热导率 [0.58W/ (m·K)] 远大于密闭空气的热导率 [0.023W/ (m·K)]。受潮的绝热材料受到冰冻时，其热导率会进一步增加，因为冰的热导率 [2.33W/ (m·K)] 比水大。因此，绝热材料应特别注意防潮。

绝热材料按成分的不同可分为无机绝热材料和有机绝热材料两大类，常用材料见图 13-1-1。无机绝热材料是用矿物质原料做成的呈松散状、纤维状或多孔状的材料，可加工成板、卷材或套管等型式的制品；有机保温材料是用各种树脂、软木、木丝、刨花等有机原料制成的。有机绝热材料的密度一般小于无机绝热材料。

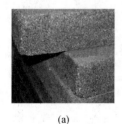  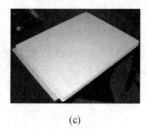 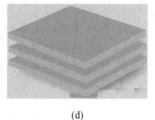

(a)　　　　　　　　(b)　　　　　　　　(c)　　　　　　　　(d)

图 13-1-1　常用绝热材料

(a) 膨胀蛭石板材；(b) 膨胀珍珠岩板材；(c) 微孔高温绝热材料；(d) 苯乙烯保温绝热材料

1. 无机绝热材料

目前常用的无机绝热材料主要有玻璃棉及其制品、矿棉及其制品、膨胀蛭石及其制品、膨胀珍珠岩及其制品、加气混凝土等。

（1）玻璃棉及其制品。玻璃棉是用玻璃原料或碎玻璃经熔融后制成的一种纤维状材料。其常规表观密度为 $40\sim150kg/m^3$，热导率小，价格与矿棉制品相近。玻璃棉可制成沥青玻璃棉毡、板及酚醛玻璃棉毡、板，因使用方便而被广泛用于温度较低的热力设备和房屋建筑中的保温绝热材料。另外，玻璃棉还是优质的吸声材料。

（2）矿棉及其制品。矿棉通常有矿渣棉和岩石棉两种主要类型。矿渣棉所用原料主要有高炉硬矿渣、铜矿渣和其他矿渣等，另外，还要加一些调整原料（如氧化钙、氧化硅的原料）。岩石棉主要由天然岩石经熔融后吹制而成。矿棉具有质轻、不燃、绝热和电绝缘性好等特点。矿棉原料来源丰富、成本较低，可容易地制作成矿棉板、矿棉防水毡及管套等形式，从而可用作建筑物的墙壁、屋顶、顶棚等处的保温隔热和吸声材料。

（3）膨胀蛭石及其制品。蛭石经晾干、破碎、筛选、焙烧膨胀后，会形成松散颗粒状材料，从而具有保温隔热和吸声能力。膨胀蛭石制品主要有水泥膨胀蛭石制品、水玻璃膨胀蛭石制品等。

（4）膨胀珍珠岩及其制品。膨胀珍珠岩是指珍珠岩、黑曜岩或松脂岩矿石经破碎、筛分、预热，然后在高温下悬浮瞬间焙烧，体积骤然膨胀而成的一种白色或灰白色的松散颗粒状材料。膨胀珍珠岩具有轻质、绝热、吸声、无毒、不燃烧、无臭味等特点，是良好的保温隔热和吸声材料。

（5）加气混凝土。加气混凝土是以钙质材料（如水泥、石灰等）、硅质材料（如砂、粉煤灰、粒化高炉矿渣等）、发气剂（如铝粉等）以及其他辅助材料生产的多孔材料。加气混凝土的表观密度一般为 $300\sim1000kg/m^3$，保温性好，适用于大多数情况下的保温工程，且加工方便，可锯、可钉、可刨。此外，加气混凝土的原料来源广泛、成本低，因此在建筑物墙体和屋面工程中广泛应用。建筑工程中生产的加气混凝土产品有砌块、墙板、屋面板等，主要用于砌筑有保温性要求的墙体和墙体保温填充或粘贴，也可用作屋面保温板或屋面保温块等。

2. 有机绝热材料

目前常用的有机绝热材料主要有泡沫塑料、植物纤维类绝热板、窗用绝热薄膜（又称新型防热片）等。

（1）泡沫塑料。泡沫塑料是以各种树脂为基料，加入一定剂量的发泡剂、催化剂、稳定剂等辅助材料，经加热发泡而制成的一种轻质、保温、隔热、吸声、防震材料，常用于屋面、墙面绝热以及冷库隔热。

（2）植物纤维类绝热板。植物纤维类绝热板可以稻草、木质纤维、麦秸、甘蔗渣等为原料加工制成。其表观密度约为 $200\sim1200kg/m^3$，热导率为 $0.058\sim0.307W/（m\cdot K）$，可用于墙体、地板、顶棚等的保温隔热，也可用于冷藏库、包装箱等的保温隔热。

（3）窗用绝热薄膜。窗用绝热薄膜厚度约 $12\sim50\mu m$，主要用于建筑物窗户的绝热，可以遮蔽阳光、防止室内陈设物褪色、减少冬季热量损失、节约能源、增加美感。使用时将特制的防热片（薄膜）贴在玻璃上即可，其功能是将透过玻璃的大部分阳光反射出去，反射率可高达 80% 以上。防热片能减少紫外线的透过率，减轻紫外线对室内家具和织物的有害作用，减小室内的温度变化幅度，还可避免玻璃破碎后碎片伤人。

13.2 吸声材料与隔声材料

1. 吸声材料

物体振动时，会迫使邻近空气随着振动而形成声波。声波接触到材料表面时，一部分会被反射，另一部分会穿透材料，剩余部分则会在材料内部的孔隙中引起空气分子与孔壁的摩擦和黏滞阻力，并使相当一部分声能转化为热能而被吸收。材料吸声性能的好坏用吸声系数 α 表示。

$$\alpha = (E_x + E_t) / E_0$$

式中，E_x 为吸收的声能（J）；E_t 为透过的声能（J）；E_0 为总声能（J）。

（1）吸声材料的构造特性。吸声材料的构造特性可概括为以下 4 点。

① 材料的孔隙率高，一般在 70% 以上，多数应达 90% 左右；

② 孔隙应尽可能细小，且分布均匀；

③ 微孔应相互贯通而不封闭；

④ 微孔要向外敞开，以使声波易于进入微孔内部。

（2）影响材料吸声的因素。影响材料吸声的因素主要有以下 6 个。

① 材料的空气流阻；

② 材料的密度或孔隙率；

③ 材料的厚度；

④ 材料后空气层的性质；

⑤ 材料装饰面的特征；

⑥ 温度与湿度。

常用吸声材料的使用情况见表 13-2-1。

表 13-2-1 常用吸声材料的使用情况

主要种类		常用材料实例	使用情况
纤维材料	有机纤维材料	动物纤维：毛毡	价格昂贵，使用较少
		植物纤维：麻绒、海草、椰子丝	防火、防潮性能差，原料来源广，便宜
	无机纤维材料	玻璃纤维：中粗棉、超细棉、玻璃棉毡	吸声性能好，保温隔热，耐潮，但松散，纤维易污染环境或难以加工成制品
		矿渣棉：散棉、矿棉毡	吸声性能好，不燃，耐腐蚀，易断成碎末，污染环境，施工扎手
	纤维材料制品	软质木纤维板、矿棉吸声砖、岩棉吸声板、玻璃吸声板、木丝板、甘蔗板等	装配式加工，多用于室内吸声
颗粒材料	砌块	矿渣吸声砖、膨胀珍珠岩吸声砖、陶土吸声砖	多用于砌筑界面较大的消声装置
	板材	珍珠岩吸声装饰板	质轻、不燃、保温、隔热
泡沫材料	泡沫塑料	聚氨酯泡沫塑料、尿醛泡沫塑料	吸声性能不稳定，吸声系使用前需实测
	其他	吸声型泡沫玻璃	强度高、防水、不燃、耐腐蚀
		加气混凝土	微孔不贯通，使用少

材料的吸声性能除与材料本身的结构、厚度及表面特征有关外，还与声音的入射方向和频率有关。通常使用的吸声材料为多孔材料。多孔材料具有大量内外连通的微小孔隙，当声波沿着微孔进入材料内部时，会引起孔隙中空气的振动。由于摩擦和空气阻滞力，一部分声能被转化成热能，另外，孔隙中的空气由于压缩放热、膨胀吸热，会与纤维、孔壁之间进行热交换，从而使部分声能被吸收。典型的吸声材料见图 13-2-1。

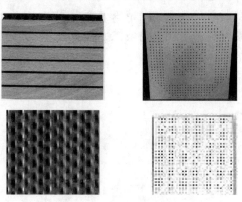

图 13-2-1　典型的吸声材料

（3）吸声材料的基本要求。土木工程领域对吸声材料的基本要求主要包括以下 4 个方面。

① 材料必须多孔，且相互连通的气孔要多；

② 吸声材料应不易虫蛀、腐朽，且不易燃烧；

③ 吸声材料强度一般较低而应设置在墙裙以上，以免被碰撞破坏；

④ 吸声材料应均匀分布在室内各个表面上，而不应只集中在天花板或墙壁的局部。

2. 隔声材料

能减弱或隔断声波传递的材料称为隔声材料。人们要隔绝的声音按传播途径的不同可分为空气声和固体声两种，两者的隔声原理明显不同。空气声是指通过空气传播的声音；固体声是指通过固体的撞击或振动传播的声音。对空气声的隔绝主要依据的是声学中的"质量定律"，即材料密度越大，越不易受声波作用而产生振动，因此，声波通过密度大的材料时，其传递速度会迅速减弱，故密度越大的材料，隔声效果越好。所以，应选用密度大的材料作为隔绝空气声的材料。对固体声隔绝的最有效措施是断绝其声波继续传递的途径，即在产生和传递固体声波的结构层中（如梁、框架与楼板、隔墙以及它们的交接处等）加入具有一定弹性的衬垫材料，或设置空气隔离层等，以阻止或减弱固体声波的继续传播。常用衬垫材料有软木、橡胶、毛毡、毛毯等。

表示材料隔声性能的量主要有 4 个，即透声系数 τ、隔声量 T_L、隔声指数 I_a、插入损失 I_L。透声系数是指材料透射的声能与入射到材料上的总声能的比值。不同的材料具有不同的透声系数。材料的隔声量也称透射损失、传声损失。土木工程中常见的隔声结构主要有隔声墙、隔声罩、隔声间、隔声屏障等四大类型。隔声罩的主要结构形式包括活动密封型、固定密封型、局部开敞型、通风散热型等。典型的隔声结构主要有单层匀质隔声墙、双层隔声墙、复合隔声结构等。隔声材料和隔声结构应根据不同的声音类型选择。

思考题与习题

1. 简述绝热材料、吸声材料、隔声材料的特征。
2. 简述常见无机绝热材料的类型、特点及应用范围。
3. 简述常见有机绝热材料的类型、特点及应用范围。
4. 声音是如何传播的？

第 14 章　土木结构装饰材料

国民经济的飞速发展和人民生活水平的不断提高使建筑装饰作为一个新兴行业得以迅猛发展，各种新材料、新工艺和新的设计理念应运而生。建筑装饰材料是装饰工程建设顺利进行的物质基础，合理选择和正确使用装饰材料是确保建筑装饰工程质量、降低装饰工程造价的重要环节。

14.1　建筑装饰用基本材料

建筑装饰用基本材料主要包括无机胶凝材料、水泥混凝土、装饰砂浆、装饰用墙体材料、装饰绝热材料、装饰用骨架材料等。无机胶凝材料可分为气硬性胶凝材料（如石灰）和水硬性胶凝材料（如水泥）两大类型。常见的无机胶凝材料为建筑石膏及其装饰制品。

1. 建筑石膏及其装饰制品的特点

无机胶凝材料中的建筑石膏是一种重要的装饰材料，可用于室内抹灰与粉刷、制作石膏板等。石膏类板材具有质量轻、保温、隔热、吸声、防火、调湿、尺寸稳定、可加工性好、成本低等优良性能，是一种很有发展前途的新型板材，也是良好的室内装饰材料。石膏板在内墙板中占有较大的比例。常用的石膏板有纸面石膏板、装饰石膏板、纤维石膏板、石膏空心板、石膏浮雕装饰件等。

（1）纸面石膏板。纸面石膏板是以建筑石膏为主要原料，加入适量纤维和外加剂构成芯板，再与两面特制的护面纸牢固结合在一起的建筑板材。护面纸主要起提高板材抗弯、抗冲击的作用。纸面石膏板按用途不同可分为普通纸面石膏板（代号P）、耐火纸面石膏板（代号H）、耐水纸面石膏板（代号S）3 种。

纸面石膏板常用的平面规格为长度 1800mm、2100mm、2400mm、2700mm、3000mm、3300mm；宽度 900mm、1200mm。普通纸面石膏板的厚度为 9mm、12mm、15mm、18mm；耐火纸面石膏板的厚度为 9mm、12mm、15mm；耐水纸面石膏板的厚度为 9mm、12mm、15mm、18mm、21mm、25mm。纸面石膏板的表观密度为 800～1000kg/m³，导热系数为 0.19～0.21W/（m·K），隔声指数为 35～45dB。纸面石膏板表面平整、尺寸稳定、重量轻、隔热、隔声、防火、易加工，并且施工简便，劳动强度低。但由于用纸量大，因此纸面石膏板的成本较高。

普通纸面石膏板主要适用于干燥环境中的室内隔墙、天花板、复合外墙板的内壁板等，不宜用于厨房、卫生间以及空气相对湿度经常大于 70% 的场所；耐火纸面石膏板主要用于对防火要求较高的建筑工程中；耐水纸面石膏板主要用于厨房、卫生间等空气相对湿度较大的环境。

（2）装饰石膏板。装饰石膏板是以建筑石膏为胶凝材料，加入适量的增强纤维、胶粘剂等辅料与水拌合，经成型、干燥而成的不带护面纸的建筑装饰板材。装饰石膏板分为普通板和防潮板两大类。

装饰石膏板为正方形，板材的规格为 500mm×500mm×9mm、600mm×600mm×11mm。装饰石膏板的表面洁白光滑，色彩、花纹图案丰富，质地细腻，给人以清新柔和之感。

装饰石膏板广泛应用于各类建筑物的室内顶棚、内墙的装饰，对湿度较大的环境应采用防潮板。

（3）纤维石膏板。纤维石膏板是以建筑石膏为主要原料，以玻璃纤维或纸筋等为增强材料，经铺浆、脱水、成型、烘干等工序加工而成的。纤维石膏板的规格尺寸为长度 2700～3000mm、宽度 800mm、厚度 12mm。纤维石膏板的表观密度为 1100～1230kg/m³，导热系数为 0.18～0.19W/（m·K），隔声指数为 36～40dB。纤维石膏板的抗弯强度和弹性模量均高于纸面石膏板，主要用于非承重内隔墙、天花板、内墙贴面等。

（4）石膏空心板。石膏空心板是以石膏为胶凝材料，加入适量轻质材料（如膨胀珍珠岩等）和改性材料（如水泥、石灰、粉煤灰、外加剂等），经搅拌、成型、抽芯、干燥等工序制成的。石膏空心板的尺寸规格为长度 2500～3000mm、宽度 500～600mm、厚度 60～90mm。石膏空心板的表观密度为 600～900kg/m³，导热系数为 0.22W/（m·K），隔声指数大于 30dB，抗折强度为 2～30MPa，耐火极限为 1～2.5h。石膏空心板加工性好、质量轻、颜色洁白、表面平整光滑，主要用于非承重内隔墙，但用于较潮湿环境中，表面须作防水处理。

（5）石膏浮雕装饰件。石膏浮雕装饰件包括装饰石膏线脚、花饰系列、艺术顶棚、灯圈、艺术柱廊、浮雕壁画等。石膏装饰线脚为长条状装饰构件，多用高强石膏或加筋建筑石膏制作，表面呈雕花形或弧形，线脚的宽度一般为 45～300mm，长度一般为 1800～2300mm，主要用于建筑物室内装饰。石膏艺术柱廊仿造欧洲建筑流派风格造型，多用于营业门面、厅堂及门窗洞口处。

2. 石灰在装饰中的作用

石灰是一种传统的建筑材料。由于生产石灰的原材料广泛，生产工艺简单，成本低，使用方便，故石灰在建筑工程中一直得到广泛应用。用消石灰粉或熟化好的石灰膏加水稀释成为石灰乳涂料，可用于内墙和天棚粉刷。用石灰膏或生石灰粉配制的石灰砂浆或水泥石灰混合砂浆可用于砌筑墙体，也可用于墙面、柱面、顶棚等的抹灰。消石灰粉和黏土按一定比例配合称为灰土，再加入炉渣、砂、石等填料，即成三合土。灰土和三合土经夯实后强度高、耐水性好，且操作简单、价格低廉，广泛应用于建筑物、道路等的垫层和基础。石灰土和三合土的强度形成是由于石灰改善了黏土的和易性，在强力夯打之下，大大提高了紧密度。而且，黏土颗粒表面的少量活性氧化硅和氧化铝与氢氧化钙起化学反应，生成了不溶性的水化硅酸钙和水化铝酸钙，将黏土颗粒黏结起来，从而提高了黏土的强度和耐水性。将磨细生石灰或消石灰粉与硅质材料（如粉煤灰、火山灰、炉渣等）按一定比例配合，经成型、养护等工序制造的人造材料称为硅酸盐制品。常用的硅酸盐制品有粉煤灰砖、粉煤灰砌块、灰砂砖、加气混凝土砌块等。生石灰不宜与易燃、易爆品装运和存放在一起，因为储运中的生石灰受潮熟化要放出大量的热，且体积膨胀会导致易燃、易爆品燃烧和爆炸。

3. 水泥在装饰中的作用

常用的装饰水泥有白色硅酸盐水泥和彩色硅酸盐水泥。

（1）白色硅酸盐水泥。白色硅酸盐水泥具有洁白的外观和硅酸盐水泥的特点，在建筑装饰工程中已得到广泛应用。白色硅酸盐水泥主要用于以下 4 个方面。

① 镶贴浅色陶瓷面砖、白色饰面石材和卫生洁具安装时的嵌缝等局部处理；

② 建筑物室内外表面腻子或刷浆，进行白色表面处理；

③ 制作白色仿石装饰构件，如白色栏杆、柱、雕塑等；

④ 制作彩色硅酸盐水泥、彩色水磨石、人造大理石、彩色混凝土以及硅酸盐装饰制品等。

（2）彩色硅酸盐水泥。彩色硅酸盐水泥简称彩色水泥，是除了白色和灰色以外的其他颜色水泥。常用彩色硅酸盐水泥的颜色有红、黄、蓝、绿、紫、黑等。彩色硅酸盐水泥的着色方法有染色法和直接烧成法。

① 染色法。染色法的特点是利用白色硅酸盐水泥熟料或普通硅酸盐水泥熟料为原料，加入适量的石膏和无机矿物颜料混合在一起，共同磨细制成彩色硅酸盐水泥，有时也可直接利用白色硅酸盐水泥与颜料配制而成。用染色法制作水泥时，必须注意水泥颜色的均匀性，应对其进行充分混合，通常还加入分散剂，以提高水泥颜色的均匀程度。

② 直接烧成法。直接烧成法是在白色硅酸盐水泥生料中加入少量金属氧化物，直接烧成彩色硅酸盐水泥熟料，然后再加入适量石膏，磨细制成水泥的。这种水泥的颜色具有均匀耐久的特点，是建筑装饰中可靠的彩色装饰材料。

彩色硅酸盐水泥主要用于制作彩色水泥浆、彩色砂浆和彩色混凝土，用于建筑物的内外粉刷、抹灰、面层处理等，也可用来生产人造大理石、水磨石、花岗岩、装饰砌块等。在配制彩色砂浆和彩色混凝土时，应注意颜料对水泥强度和耐久性的影响、集料对颜色的影响等，初次使用前最好进行必要的小样试验，以防止在工程中出现质量问题。

4. 水泥混凝土在装饰中的作用

水泥混凝土是由胶凝材料（水泥）、水和粗、细集料按适当比例配合，拌制成拌合物，经一定时间硬化而成的人造石材，也可根据工程需要加入外加剂和掺合料。水泥混凝土具有抗压强度高、可塑性好、耐久性好、原材料丰富、价格低廉、可用钢筋来加强等优点，广泛应用于建筑工程、水利工程、道路、地下工程、国防工程等，是当代最重要的建筑材料之一，也是世界上用量最大的人工建筑材料。

水泥混凝土按表观密度大小可分为重混凝土、普通混凝土和轻混凝土。重混凝土是指干表观密度大于 $2800kg/m^3$ 的混凝土，常用重晶石、铁矿石、铁屑等作集料，主要用作防辐射的屏蔽材料；普通混凝土主要用于结构施工；轻混凝土是指干表观密度小于 $2000kg/m^3$ 的混凝土，主要用于承重、保温和轻质结构。

5. 装饰混凝土

装饰混凝土充分利用混凝土塑性成型和材料构成的特点，根据设计要求采取适当的装饰手段，获得别具一格的装饰效果。装饰混凝土是一种新兴的装饰方法，它集结构与装饰于一体，将构件的制作和装饰处理同时进行，可简化施工工序，缩短施工周期，具有良好的经济效果。

（1）清水装饰混凝土。清水装饰混凝土的基层和装饰面层使用相同材料，一次加工成型。它是靠成型时利用模板等在构件表面做出各种线形、图案、凹凸层次等，使立面质感更加丰富而获得装饰效果的。清水装饰混凝土的成型工艺有正打成形工艺、反打成形工艺、立模工艺等3种。

正打成形工艺多用于大板建筑的墙板预制，它是在混凝土墙板浇筑完毕，水泥初凝前后在混凝土表面进行压印，使之形成各种线条和花饰的。正打成形工艺根据表面加工方法不同可分为压印和挠刮两种。压印工艺有凸纹和凹纹两种做法。凸纹是用刻有漏花图案的模具，在刚浇筑成型的壁板表面（也可在板上铺一层水泥砂浆）压印的。板面凸起的图形高度一般不超过10mm。凹纹是用直径为5～10mm的光圆钢筋焊接成设计图形，在新浇混凝土壁板表面压印而成的。挠刮工艺是在新浇的混凝土壁板上、用硬毛刷等工具挠刮形成一定的毛面质感的。正打成形工艺制作简单、施工方便，但壁面形成的凹凸程度小、层次少、质感不够丰富。

反打成形工艺是在浇筑混凝土的底面模板上做出凹槽，或在底模上加垫具有一定花纹、图案的衬模，拆模后使混凝土表面具有装饰线形或图案的。衬模材料有硬木、钢材、玻璃钢、硬塑料、橡胶等。反打成形工艺的优点是凹凸程度可大可小、层次多、成型质量好、花纹图案丰富，但模具成本较高。

正打、反打成型工艺均为预制条件下的成型工艺，而立模工艺则是在现浇混凝土墙面时作饰面处理，利用墙板升模工艺在外模内侧安装衬模，脱模时使模板先平移，离开新浇筑混凝土墙面再提升，随模板爬升形成具有条形纹理的装饰混凝土，装饰效果别具一格。

（2）彩色混凝土。彩色混凝土是通过使用彩色硅酸盐水泥或白色硅酸盐水泥，或掺加颜料，或选用彩色集料，在一定的工艺条件下制得的混凝土。彩色混凝土不仅装饰效果自然、庄重，而且色彩耐久性好，能抵抗大气环境的各种腐蚀作用。彩色混凝土可分为整体着色混凝土和表面着色混凝土。整体着色混凝土是用无机颜料混入拌合物中，使水泥、集料全部着色的混凝土；表面着色混凝土是在普通混凝土基材表面加做彩色饰面层制成的混凝土。整体着色混凝土应用较少，通常是在混凝土表面做彩色面层。

彩色混凝土常用来制作路面砖、花格砖、砌块、板材等预制构件制品，也可现浇成墙面、地面等，还可制作白色混凝土墙面、栏杆、雕塑等。彩色混凝土路面砖有多种色彩、线条和图案，可根据周围环境选择色彩组成最适合的图案，且原材料广泛、铺设简单、防滑性好，有普通路面砖、透水性路面砖、防滑性路面砖、导盲块、植草性路面砖、路沿石等多种类型，广泛应用于城市的人行道、广场等，可美化和改善城市环境。

（3）露集料混凝土。露集料混凝土是在混凝土硬化前或硬化后通过一定工艺手段使混凝土集料适当外露，以集料的天然色泽和不同排列组合造型，达到自然、古朴的装饰效果的。露集料混凝土常用的制作方法有水洗法、酸洗法、缓凝剂法、水磨法、抛丸法、斧剁法等。

6. 装饰砂浆

装饰砂浆是指涂抹在建筑物室内、外表面，主要起装饰作用的砂浆。装饰砂浆的胶凝材料通常为普通水泥、白色硅酸盐水泥、彩色硅酸盐水泥、石灰、石膏等，集料可采用普通砂、石英砂、彩釉砂、彩色瓷粒、玻璃珠以及大理石或花岗岩破碎成的石渣等，也可根据装饰需要加入一些矿物颜料。装饰砂浆分为灰浆类装饰砂浆、石碴类装饰砂浆和防水砂浆三种。

（1）灰浆类装饰砂浆。灰浆类装饰砂浆是通过砂浆的着色或水泥砂浆表面形态的艺术加工，获得一定线条、色彩和纹理质感，从而起到装饰作用的装饰砂浆。这种装饰砂浆的特点是材料来源广、施工操作方便、价格低廉，可通过不同的施工工艺方法，获得不同的装饰效果。灰浆类装饰砂浆可用于拉毛灰、甩毛灰、搓毛灰、扫毛灰、弹涂、拉条、外墙喷涂、外墙滚涂、假大理石、假面砖等装饰工艺。

① 拉毛灰。拉毛灰是用铁抹子或木蟹将面层砂浆轻压后顺势用力拉去，形成一种凹凸质感较强的饰面层的装饰工艺。拉毛灰要求表面拉毛花纹、斑点分布均匀，颜色一致，同一平面上不显接茬。拉毛灰不仅具有装饰作用，还具有吸声作用，一般用于建筑物的外墙面、影剧院等有吸声要求的墙面和顶棚。

② 甩毛灰。甩毛灰是用竹丝、刷等工具将罩面灰浆甩洒在墙面上，形成大小不一、但又很有规律的云朵状毛面的装饰工艺。这种装饰工艺要求甩出的云朵大小相称、纵横相间，既不能杂乱无章，也不能像列队一样整齐，以免显得呆板。不同色彩的灰浆可使甩毛灰更富生气。

③ 搓毛灰。搓毛灰是在罩面灰浆初凝时，用硬木抹子由上而下搓出一条细而直的纹路，或在水平方向搓出一条细形纹路的装饰工艺。这种装饰工艺简单、造价低、效果朴实大方，有粗面石材的效果。

④ 扫毛灰。扫毛灰是在罩面灰浆初凝时，用竹丝扫帚按设计分格的面层砂浆，扫出不同方向的条纹，或做成仿岩石的装饰抹灰的装饰工艺。扫毛灰做成假石可以代替天然石材饰面、施工方便、造价低，适用于影剧院、宾馆等的内墙和外墙饰面。

⑤ 弹涂。弹涂是用弹力器将水泥浆分次弹到基面上，形成 1～3mm 大小的近似圆状色浆斑点的装饰工艺。弹涂饰面主要采用白色硅酸盐水泥和彩色硅酸盐水泥，常加入 107 胶改善其性能，表面刷树脂面层起防护作用。弹涂主要用于建筑物内、外墙面和顶棚。

⑥ 拉条。拉条是用专用模具把面层砂浆做出竖向线条的装饰工艺。拉条抹灰有细条形、粗条形、半圆形、梯形及方形等多种形式，立体感强，主要用于公共建筑门厅、会议室、影剧院等空间比较大的内墙面装饰。

⑦ 外墙喷涂。外墙喷涂是用灰浆泵将聚合物水泥砂浆抹在墙体基层上，形成装饰面层的装饰工艺。外墙喷涂根据涂层质感可分为波面喷涂、颗粒喷涂和花点喷涂。在装饰面层表面通常再喷一层甲基硅酸钠或甲基硅树脂疏水剂，以提高涂层的耐污染性和耐久性。

⑧ 外墙滚涂。外墙滚涂是将聚合物水泥砂浆抹在墙体表面上，用辊子滚出花纹，再喷罩甲基硅酸钠或甲基硅树脂疏水剂，形成饰面层的装饰工艺。这种工艺具有施工简单、工效高、装饰效果好等特点，同时施工时不易污染其他墙面及门窗，对局部施工尤为适用。

⑨ 假大理石。假大理石是用掺适当颜料的石膏色浆和素石膏浆按 1∶10 比例配合，通过手工操作，做成具有大理石表面特征的装饰抹灰的装饰工艺。这种工艺对操作技术要求较高，适用于高级装饰工程中的室内墙面抹灰。

⑩ 假面砖。假面砖是用掺氧化铁系颜料的水泥砂浆，通过手工操作达到模拟面砖装饰效果的饰面做法，主要适用于建筑物的外墙饰面抹灰。

（2）石碴类装饰砂浆。石碴类装饰砂浆是在水泥砂浆中掺入各种彩色石碴集料，抹于墙体基层表面，然后用水磨、水洗、斧剁等手段去除表面水泥浆皮，露出石碴的颜色、质感的饰面做法。石碴类装饰砂浆可用于水磨石、水刷石、干粘石、斩假石、拉假石等装饰工艺。

① 水磨石。水磨石是由水泥、白色或彩色大理石碴、水按适当比例配合，需要时可掺入适量颜料，经拌匀、浇筑捣实、养护、研磨、抛光等工序制作而成的。水磨石可现场浇筑，也可在工厂预制，广泛应用于建筑物的地面、墙面、台面、墙裙等。现场制作水磨石饰面可分为五道工序，即打底子、镶分格条、罩面、水磨、洗草酸及打蜡。分格条应用素水泥浆固定就位。分格条有玻璃条、铜条、不锈钢条、塑料条、铝条等，其中铜条的装饰效果最好，有豪华感。

② 水刷石。水刷石是将水泥石碴浆直接涂抹在建筑物表面，待水泥初凝后，用毛刷蘸水刷洗或用喷枪喷水冲洗，冲刷掉石碴浆表层的水泥浆，使石碴半露出来，获得彩色石子装饰效果的装饰工艺。水刷石主要用于建筑物的外墙面装饰。水刷石饰面的特点是具有石料饰面的朴实的质感效果，再结合适当的艺术处理，如分格、分色、凹凸线条等，可使饰面获得自然美观、明快庄重的艺术效果。但水刷石的操作技术要求较高，费工费料，湿作业量大，劳动条件较差，其应用有日趋减少的倾向。

③ 干粘石。干粘石是在素水泥浆或水泥砂浆黏结层上，在水泥浆凝结之前将彩色石碴粘到其表面，经拍平压实、硬化而成的。干粘石的操作方法有手工甩粘和机械甩喷两种。干粘石中的石碴要求黏结牢固、不掉碴、不露浆，石碴的 2/3 应压入水泥浆内。干粘石的装饰效果、用途与水刷石基本相同，但减少了湿作业，操作简单、造价较低，故应用广泛。

④ 斩假石。斩假石又称剁斧石，它是以水泥石碴浆或水泥石屑浆作面层抹灰，待其硬化到一定程度时，用钝斧、凿子等工具剁斩出具有天然石材表面纹理效果的饰面方法。斩假石饰面所用的材料与水刷石基本相同，不同之处在于集料的粒径较小，一般为 0.5～1.5mm。斩假石饰面多用于室外局部小面积装饰，如柱面、勒角、台阶、扶手等处。

⑤ 拉假石。拉假石是在罩面水泥石碴浆达到一定强度后，用废锯条或 5～6mm 厚的铁皮加工成锯齿形，钉于木板上形成抓耙，用抓耙搅刮，去除表层水泥浆皮，露出石碴，形成条纹效果的饰面做法。拉假石实质上是斩假石工艺的演变，与斩假石相比，其施工速度快、劳动强度低，装饰效果类似于斩假石，可大面积使用。

（3）防水砂浆。防水砂浆是指用于防水层的砂浆。防水砂浆层又称刚性防水层，适用于不受振动和具有一定刚度的混凝土或砖石砌体表面。防水砂浆可用普通水泥砂浆制作，也可在水泥砂浆中掺入适量防水剂制成。目前应用最广泛的是在水泥砂浆中掺入适量防水剂制成的防水砂浆。防水剂的掺量一般为水泥质量的 3％～5％。常用的防水剂有硅酸钠类、金属皂类、有机硅类等。

7. 装饰用墙体材料

墙体是房屋建筑的重要组成部分，在建筑物中主要起承重、围护和分隔空间的作用。常用的墙体形式有砌体结构墙体和墙板结构墙体，其中构成砌体结构墙体所用的块状材料主要有砖和砌块，构成墙板结构墙体的主要是各类板材。随着建筑工业化和建筑结构体系的发展，各种轻质墙板、复合板材也迅速兴起。以板材作为围护墙体的建筑体系具有节能、质轻、开间布置灵活、使用面积大、施工方便快捷等特点，具有广阔的发展前景。装饰类墙体材料主要有水泥类墙用板材、复合墙板等型式。

（1）水泥类墙用板材。水泥类墙用板材具有较好的力学性能和耐久性，主要用于承重墙、外墙和复合外墙的外层面，但其表观密度大，且体型较大，在施工中易受损。根据使用功能要求，生产时可制成空心板材，以减轻自重和改善隔热隔声性能，也可加入一些纤维材料，制成增强型板材，还可在水泥板材上制作具有装饰效果的表面层。常用的水泥类墙用板材有预应力混凝土空心墙板、蒸压加气混凝土板、GRC空心轻质墙板等。

预应力混凝土空心墙板是以高强度的预应力钢铰线用先张法制成的混凝土墙板。该墙板可根据需要增设保温层、防水层、外饰面层等，取消了湿作业。预应力混凝土空心墙板的规格尺寸为长度 1000～1900mm、宽度 600～1200mm、总厚度 200～480mm。预应力混凝土空心墙板可用于承重或非承重的内外墙板、楼面板、屋面板、阳台板、雨篷等。

蒸压加气混凝土板是以钙质材料（如水泥、石灰等）、硅质材料（如砂、粉煤灰、粒化高炉矿渣等）和水按一定比例配合，加入少量发气剂（铝粉）和外加剂，经搅拌、浇筑、成型、蒸压养护等工序制成的一种轻质板材。蒸压加气混凝土板根据使用部位不同可分为屋面板、隔墙板、外墙板 3 种。蒸压加气混凝土板可用于一般建筑物的内外墙和屋面。

GRC 空心轻质墙板是以低碱性水泥为胶结材料，膨胀珍珠岩、炉渣等为集料，抗碱玻璃纤维为增强材料，再加入适量发泡剂和防水剂，经搅拌、成型、脱水、养护制成的一种轻质墙板。其平面规格尺寸为长度 3000mm，宽度 600mm，厚度为 60mm、90mm 或 120mm。GRC 空心轻质墙板具有质量轻、强度高、隔热、隔声、不燃、加工方便等优点，可用于一般建筑物的内隔墙和复合墙体的外墙面。

（2）复合墙板。复合墙板是由两种以上不同材料结合在一起的墙板。复合墙板可以根据功能要求组合各个层次，如结构层、保温层、饰面层等，它能使各类材料的功能都得到合理利用。目前，建筑工程中已大量使用各种复合墙板，并取得了良好效果。常用的复合墙板有混凝土夹芯板、钢丝网水泥夹芯复合墙板、彩钢夹芯墙板等。

混凝土夹芯板的内外表面用岩棉，20～30mm 厚的钢筋混凝土中间填以矿渣棉、岩棉、泡沫混凝土等保温材料，筋内外两层面板用钢筋连结。混凝土夹芯板可用于建筑物的内外墙，其构造层厚度应根据热工计算确定。

钢丝网水泥夹芯复合墙板是将泡沫塑料、岩棉、玻璃棉等轻质芯材夹在中间，两片钢丝网之间用"之"字形钢丝相互连接，形成稳定的三维网架结构，然后用水泥砂浆在两侧抹面，或进行其他饰面装饰的。钢丝网水泥夹芯复合墙板自重轻，约为 90kg/m²；热阻约为 240mm 厚普通砖墙的 2 倍，具有良好的保温隔热性；另外，其隔声性好、抗冻性好、抗震能力强，适当加钢筋后具有一定的承载能力，在建筑物中可用作墙板、屋面板和保温板。

彩钢夹芯墙板是以硬质泡沫塑料或结构岩棉、玻璃棉为芯材，在两侧粘上彩色压型（或平面）镀锌钢板而制成的复合墙板。外露的彩色钢板表面一般涂以高级彩色塑料涂层，使其具有良好的抗腐蚀能力和耐候性。彩钢夹芯墙板重量轻，约为 15～25kg/m²；导热系数低，约为 0.01～0.30W/（m·K）；具有良好的保温隔热性、密封性和隔声效果，良好的防水、防潮、防结露和装饰效果，且安装、移动容易，可多次重复使用。彩钢夹芯墙板适用于各类建筑物的墙体、天棚和屋面等。

8. 装饰用绝热材料

在建筑工程中，习惯上把用于控制室内热量外流的材料称为保温材料；把防止室外热量进入室内的材料称为隔热材料。保温材料和隔热材料的本质是一样的，它们统称为绝热材料。建筑工程中常用的绝热材料主要有膨胀珍珠岩及其制品、膨胀蛭石及其制品、矿棉及其制品、玻璃棉及其制品、加气混凝土、泡沫塑料及其制品等。

9. 装饰用骨架材料

在建筑装饰工程中用来承受墙面、柱面、地面、门窗、顶棚等饰面材料的受力架称为骨架，又称为龙骨。龙骨主要起固定、支撑和承重的作用，常见的是隔墙龙骨和吊顶龙骨。骨架材料一般有木骨架材料、轻钢龙骨材料和铝合金龙骨材料等。

（1）木骨架材料。木骨架分为内木骨架和外木骨架两种。内木骨架是指用于顶棚、隔墙、木地板格栅等的骨架，多选用材质松软、干缩小、不易开裂、不易变形的树种；外木骨架是指用于高级门窗、扶手、栏杆、踢脚板等的外露式栅架，多选用木质较软、纹理清晰美观的树种。

吊顶木骨架也叫吊顶木龙骨，分为主龙骨和次龙骨。主龙骨的间距一般为 1.2～1.5m，断面尺寸一般为 50mm×（60～80mm），大断面为 80mm×100mm；次龙骨的间距一般为 0.4～0.6m，断面尺寸为 40mm×40mm 或 50mm×50mm。主、次龙骨间用边长为 30mm 的小木方和铁钉连接。主、次龙骨一般组成方格。

隔墙木骨架有单层隔墙木骨架和双层隔墙木骨架两种结构形式。单层隔墙木骨架以单层木方为骨架，其墙厚一般小于 100mm；双层隔墙木骨架以两层木方组合成骨架，骨架之间用横杆连接，其墙厚一般在 120～150mm 左右。隔墙木骨架的结构通常采用方格结构。方格结构的尺寸根据斜支撑横杆面层材料的规格确定，通常木骨架方格结构的尺寸为 300mm×300mm 和 400mm×400mm 两种。单层隔墙木骨架常用的断面尺寸有 30mm×45mm 和 40mm×55mm 两种；双层隔墙木骨架常用的断面尺寸为 25mm×35mm。

在建筑内墙面做木护壁板、安装玻璃等装饰时，通常需要先在墙面上做木骨架，以适应调整墙面平整度、做防潮层等的要求。墙面木骨架常用的结构形式有方格结构和长方结构。方格结构的尺寸一般为 300mm×300mm；长方结构的尺寸一般为 300mm×400mm。墙面木骨架的断面尺寸一般为 25mm×30mm、25mm×40mm、25mm×50mm 和 30mm×40mm 等。

其他木骨架包括门窗框料、楼梯木扶手等，均应根据设计要求确定其截面尺寸。通常门窗框料的断面尺寸为 75mm×100mm、100mm×150mm。木地面装饰中，木地板面层下通常做木格栅。木格栅的间距一般为 400mm×400mm 左右，格栅的常用尺寸有 50mm×50mm、50mm×70mm 和 70mm×70mm 等。实际应用中木骨架材料具有使用方便、造型丰富、造价低廉的特点，但木材易干缩，易出现裂缝，防火、防腐性差，必须进行防火、防腐处理。在现代装饰工程中，吊顶和隔墙的木龙骨已逐渐被轻钢龙骨所代替。

（2）轻钢龙骨材料。轻钢龙骨是用镀锌钢板和薄钢板由特制轧机以多道工艺轧制而成的。轻钢龙骨具有自重轻、刚度大、防火性好、抗震性和抗冲击性好、加工和安装方便等特点，可装配各种类型的石膏板、吸声板等，广泛应用于建筑物的顶棚和隔墙骨架。

隔墙轻钢龙骨代号为 Q，按用途可分为沿顶龙骨、沿地龙骨、竖向龙骨、加强龙骨、通贯横撑龙骨；按形状可分为 U 形龙骨和 C 形龙骨两种。现行《建筑用轻钢龙骨》（GB/T 11981）中，隔墙轻钢龙骨主要有 Q50、Q75、Q100、Q150 系列。Q50 系列主要用于层高小于 3.5m 的隔墙；Q75 系列主要用于层高为 3.5～6.0m 的隔墙；Q100 以上系列主要用于层高在 6.0m 以上的墙体。

吊顶轻钢龙骨代号为 D，按用途可分为主龙骨（大龙骨，又称承载龙骨）、次龙骨（中、小龙骨，又称覆面龙骨）；按型材断面可分为 U 形龙骨、C 形龙骨和 L 形龙骨。现行 GB/T 11981 中，吊顶轻钢龙骨主要有 D38、D45、D50、D60 系列。龙骨必须有配件或连接件。

（3）铝合金龙骨材料。铝合金龙骨材料具有质轻、不锈、防火、抗震、安装方便等特点，特别适用于室内吊顶装饰。铝合金吊顶龙骨有主龙骨（大龙骨）、次龙骨（中、小龙骨）、边龙骨及吊挂件。主、次龙骨与板材组成 450mm×450mm、500mm×500mm 和 600mm×600mm 的方格。铝合金吊顶龙骨不需要大尺寸的吊顶板材，可灵活选用小规格材料。铝合金材料经过电氧化处理后具有光亮、不锈、色调柔和的特点。铝合金吊顶龙骨通常外露而做成明龙骨吊顶，美观大方。

14.2 建筑装饰石材

建筑装饰石材是指在建筑上作为饰面材料的石材，包括天然装饰石材和人造装饰石材两大类。天然装饰石材不仅具有较高的强度、耐磨性、耐久性等，而且通过表面处理可获得优良的装饰效果。天然装饰石材的主要品种有天然大理石、天然花岗岩和石灰岩。人造装饰石材是近年来发展起来的新型建筑装饰材料，主要有水磨石、人造大理石、人造花岗岩等。人造装饰石材主要用于建筑室内装饰。

14.2.1 天然装饰石材的类型及成因

天然装饰石材是从天然岩石中开采出来的，而岩石是由造岩矿物组成的。建筑工程中常用岩石的造岩矿物有石英、长石、云母、方解石和白云石等，每种造岩矿物具有不同的颜色和特性。绝大多数岩石是由多种造岩矿物组成的，如花岗岩是由长石、石英、云母及某些暗色矿物组成的，因此颜色多样；白色大理石是由方解石或白云石组成的，通常呈白色。由此可见，作为矿物集合体的岩石并没有确定的化学成分和物理性质。即使同种岩石，由于产地不同，其矿物组成和结构均会有差异，因而岩石的颜色、强度等性能也会有差异。由于不同地质条件的作用，各种造岩矿物在不同的地质条件下形成不同类型的岩石，通常可分为岩浆岩、沉积岩和变质岩三大类型。

（1）岩浆岩。岩浆岩又称火成岩，它是因地壳变动，熔融的岩浆在地壳内部上升后冷却而形成的。岩浆岩是组成地壳的主要岩石，占地壳总质量的 98%。岩浆岩根据冷却条件的不同，又分为深成岩、喷出岩和火山岩 3 种。

① 深成岩。深成岩是地壳深处的岩浆在很大的覆盖压力下缓慢冷却形成的岩石。深成岩构造致密，表观密度大，抗压强度高，耐磨性好，吸水率小，抗冻性、耐水性和耐久性好。天然装饰石材中的花岗岩属于典型的深成岩。

② 喷出岩。喷出岩是熔融的岩浆喷出地表后，在压力降低并迅速冷却的条件下形成的岩石。当喷出岩形成较厚的岩层时，其性质类似深成岩；当喷出岩形成的岩层较薄时，则形成的岩石常呈多孔结构，性质近似于火山岩。建筑上常用的喷出岩有玄武岩、安山岩等。

③ 火山岩。火山岩又称火山碎屑岩，它是火山爆发时的岩浆被喷到空中，经急速冷却后落下而形成的碎屑岩石，如火山灰、浮石等。火山岩都是轻质多孔结构的材料，其中火山灰被大量用作水泥的混合料，而浮石可用作轻质集料来配制轻集料混凝土。

（2）沉积岩。沉积岩又叫水成岩，它是由露出地表的岩石（母岩）风化后，经过风力搬迁、流水冲移而沉淀堆积，在离地表不太深处形成的岩石。沉积岩为层状结构，各层的成分、结构、颜色、层厚等均不相同。与岩浆岩相比，沉积岩结构密实性较差、孔隙率大、表观密度小、吸水率大、抗压强度较低，耐久性也较差。沉积岩虽然只占地壳总质量的 5%，但在地球上分布极其广泛，约占地壳表面积的 75%。沉积岩一般藏在地表不太深处，易于开采。沉积岩在建筑工程中用途广泛，最重要的是石灰岩。石灰岩是烧制石灰和水泥的主要原料，更是配制普通水泥混凝土的重要组成材料。石灰岩还可用来修筑堤坝、铺筑道路，结构致密的石灰岩经切割、打磨抛光后，还可代替大理石板材使用。

（3）变质岩。变质岩是由原生的岩浆岩或沉积岩经过地壳内部的高温、高压作用而形成的岩石。通常沉积岩变质后，性能变好，结构变得致密、耐用，如沉积岩中石灰岩变质为大理石；而岩浆岩变质后，性能反而变差，如花岗岩（深成岩）变质为片麻岩，易产生分层剥落，耐久性差。

14.2.2　天然装饰石材的主要技术性能

天然装饰石材的主要技术性能包括表观密度、抗压强度、抗冻性、耐水性、耐风化作用、硬度和耐磨性等。

（1）表观密度。天然装饰石材按表观密度可分为重石和轻石两类。表观密度大于 1800kg/m³ 的称为重石，主要用于建筑物的基础、墙体、地面、路面、桥梁以及水上建筑物等；表观密度小于 1800kg/m³ 的称为轻石，可用于砌筑保暖房屋的墙体。天然装饰石材的表观密度与其矿物组成、孔隙率、含水率等有关。花岗岩、大理石等致密石材的表观密度接近其密度，约为 2500～3100kg/m³；而孔隙率大的火山灰、浮石等的表观密度约为 500～1700kg/m³。天然装饰石材的表观密度越大，结构越致密、抗压强度越高、吸水率越小、耐久性和导热性越好。

（2）抗压强度。天然装饰石材的抗压强度是以 70mm×70mm×70mm 的立方体试件用标准试验方法测得的，以 MPa 表示。天然装饰石材的抗压强度是划分其强度等级的依据。现行 GB 50003 将天然装饰石材按抗压强度分为 MU100、MU80、MU60、MU50、MU40、MU30、MU20 七个强度等级。MU60 表示天然装饰石材的抗压强度为 60MPa。天然装饰石材的抗压强度大小取决于岩石的矿物组成、结构特征、胶结物质的种类以及均匀性等因素。此外，试验方法对测定出的抗压强度大小也有影响。

（3）抗冻性。石材的抗冻性用冻融循环次数表示。石材在吸水饱和状态下经过规定次数的反复冻融循环，若无贯穿裂纹，且质量损失不超过 5%、强度损失不大于 25%，则为抗冻性合格。根据能经受的冻融循环次数可将石材分为 5、10、15、25、50、100 及 200

等标号。吸水率低于 0.5% 的石材抗冻性较高，无需进行抗冻性试验。

（4）耐水性。石材的耐水性用软化系数 K 表示。软化系数是指石材在吸水饱和条件下的抗压强度与干燥条件下的抗压强度之比，反映了石材的耐水性能。石材的耐水性分为高、中、低三等。$K>0.90$ 的石材称为高耐水性石材；$K=0.70\sim0.90$ 的石材称为耐水性石材；$K=0.60\sim0.70$ 的石材称为低耐水性石材。一般 $K<0.80$ 的石材不允许用于重要建筑中。

（5）耐风化作用。天然装饰石材在使用环境中会受到雨水、环境水、温度和湿度变化、阳光、冻融循环、外力等一系列作用，还会受到空气中的二氧化碳、二氧化硫、三氧化硫的侵蚀及其形成的酸雨的侵蚀作用等，这些作用会使石材发生断裂、破碎、剥蚀、粉化等破坏，这种破坏称为岩石的风化作用。风化后形成的沙砾若被风卷起，则会对石材建筑形成更为猛烈的侵蚀和破坏。石材风化破坏的速度主要取决于石材的种类，所以，合理选择石材品种是防止石材风化的主要措施。同时，在石材表面涂刷合理的憎水性保护剂，形成防水防侵蚀保护膜，也可起到防风化作用。

（6）硬度和耐磨性。天然装饰石材的硬度以莫氏硬度或肖氏硬度表示，其大小取决于天然装饰石材组成矿物的硬度与构造。凡由致密、坚硬的矿物组成的石材，其硬度就高。天然装饰石材的硬度与抗压强度有很好的相关性，一般抗压强度高的天然装饰石材硬度也大。天然装饰石材硬度越大，其耐磨性和抗刻划性越好、表面加工越困难。耐磨性是指石材在使用过程中抵抗磨擦、边缘剪切以及冲击等复杂作用的性质。石材的耐磨性以单位面积磨耗量表示。石材的耐磨性与其组成矿物的硬度、结构、构造特征以及石材的抗压强度和冲击韧性等有关。作为建筑物铺地饰面的石材，其耐磨性要好。

14.2.3 常用天然装饰石材

我国建筑装饰用的天然装饰石材资源丰富，主要为大理石、花岗岩和石灰岩，其中大理石有 300 多个品种，天然花岗岩有 150 多个品种。

1. 大理石

大理石是石灰岩或白云石经过地壳高温、高压作用形成的一种变质岩，通常为层状结构，具有明显的结晶和纹理，主要矿物成分为方解石和白云石，属中硬石材。从大理石矿体开采出来的块状石料称为大理石荒料。大理石荒料经锯切、磨光等加工后就成为大理石装饰板材。

2. 花岗岩

花岗岩是典型的深成岩，主要成分是石英、长石及少量云母和暗色矿物（如橄榄石类、辉石类、角闪石类及黑云母等），属于硬石材。花岗岩构造密实，呈整体均匀粒状结构，花纹特征是晶粒细小，并分布着繁星般的云母黑点和闪闪发光的石英结晶。

3. 石灰岩

石灰岩俗称"青石"或"灰岩"，属于沉积岩，是露出地表的各种岩石在外力和地质作用下，在地表或地下不太深的地方形成的岩石。石灰岩的矿物组成以方解石为主，化学成分主要是碳酸钙，通常为灰白色、浅灰色，有时因含有杂质而呈灰黑、深灰、浅红、浅黄等颜色。

4. 进口天然石材

不同的地域和地质条件会形成不同质地的岩石。进口天然石材因其特殊的地理形成条件，在天然纹路、质地和色泽上都与国产石材有明显区别，再加上国外先进的加工技术，使得进口天然石材从整体外观与性能上都优于国产石材。进口天然石材多为浅色系列。

5. 天然装饰石材的选用原则

天然装饰石材具有良好的技术性和装饰性，尤其是耐久性方面是其他装饰材料所难以比拟的，因此，在永久性建筑和高档建筑装修时，经常采用天然装饰石材作为装饰材料。但天然装饰石材也存在成本高、自重大、运输不方便、部分使用性能较差等方面的缺陷。为确保装饰工程的装饰效果和经济性，在选用天然装饰石材时，应对经济性、强度与耐久性、装饰性进行综合考虑与权衡。工程中使用天然装饰石材时，应注意其吸水率、自重、厚度等方面对施工质量的影响。天然装饰石材吸水率很低、自重大，在墙面装饰中难以直接粘接定位而常采用湿挂法或干挂法铺贴，因此，要求石材必须达到一定厚度才能方便打孔。

14.2.4　人造装饰石材的主要类型及特点

人造装饰石材是以水泥或不饱和聚酯、树脂为黏结剂，以天然大理石、花岗岩碎料或方解石、白云石、石英砂、玻璃粉等无机矿物为集料，加入适量的阻燃剂、稳定剂、颜料等，经过拌合、浇注、加压成型、打磨抛光以及切割等工序制成的板材。

人造装饰石材的花纹图案可人为控制，胜过天然装饰石材，而且具有质量小、强度高、色泽均匀、耐腐蚀、耐污染、施工方便、品种多样、装饰性能好等许多优点，是一种具有良好发展前景的装饰材料。人造装饰石材主要应用于各种室内装饰、卫生洁具等，还可加工成浮雕、艺术品、美术装潢品和陈列品等。人造装饰石材根据生产所用材料的不同可分为树脂型、水泥型、复合型、烧结型等四大类型。

（1）树脂型人造石材。树脂型人造石材是以不饱和聚酯、树脂为黏结剂，将天然大理石、花岗岩、方解石及其他无机填料按一定的比例配合，再加入固化剂、催化剂、颜料等，经搅拌、成型、抛光等工序加工而成的。树脂型人造石材光泽好、色彩鲜艳丰富、可加工性强、装饰效果好，是目前国内、外主要使用的人造装饰石材。人造大理石、人造花岗岩、微晶玻璃均属于此类石材。

（2）水泥型人造石材。水泥型人造石材是以各类水泥为胶结材料，天然大理石、花岗岩碎料等为粗集料，砂为细集料，经搅拌、成型、养护、打磨抛光等工序制成的。若在配制过程中加入色料，便可制成彩色水泥石。水泥型人造石材取材方便、价格低廉，但装饰性较差。水磨石和花阶砖均属于此类石材。

（3）复合型人造石材。复合型人造石材是指采用的胶结材料中，既有无机胶凝材料（如水泥），又有有机高分子材料（如树脂）的人造装饰石材。它是先用无机胶凝材料将碎石、石粉等基料胶结成型并硬化后，再将硬化体浸渍在有机单体中，使其在一定条件下聚合而成的。对于板材，底层可采用性能稳定而价格低廉的无机材料制成，面层采用聚酯和大理石粉制作。复合型人造石材造价较低、装饰效果好，但受温差影响后，聚酯面容易产生剥落和开裂现象。

（4）烧结型人造石材。烧结型人造石材是以长石、石英石、方解石粉和赤铁粉及部分高岭土混合，用泥浆法制坯，半压干法成型后，在窑炉中高温焙烧而成的。烧结型人造石材装饰性好、性能稳定，但经高温焙烧能耗大，产品破碎率高，因而造价高。

人造装饰石材在建筑装饰工程中应用广泛，常见的有聚酯型人造大理石、人造花岗岩、微晶玻璃装饰板和水磨石板材。

14.3 建筑装饰用金属材料

金属材料是指由金属元素组成，或金属元素与非金属元素组成的合金材料的总称。金属材料通常分为黑色金属和有色金属两大类。黑色金属的基本成分为铁及其合金，如钢和铁；有色金属是除铁以外的其他金属及其合金的总称，如铝、铜、铅、锌、锡等及其合金。金属材料具有较高的强度，承受较大的变形，制成各种形状的制品和型材，具有独特的光泽和颜色，庄重华贵，经久耐用，广泛应用于建筑装饰工程中。在现代建筑中，从铝合金门窗到墙面、柱面、入口、栅栏、阳台等，金属材料无所不在。

建筑装饰用金属材料包括建筑装饰用钢材及其制品、建筑装饰用铝材及其制品、铜材及其制品。其中常用的钢材及其制品有不锈钢及其制品、彩色涂层钢板、压型钢板、彩色复合钢板和轻钢龙骨等。

14.3.1 建筑装饰用钢材及其制品

1. 不锈钢及其制品

不锈钢是指在钢中加入以铬（Cr）元素为主加元素的合金钢。不锈钢按化学成分不同可分为铬不锈钢、铬镍不锈钢、高锰低铬不锈钢等；按耐腐蚀的特点不同可分为普通不锈钢（耐大气和水蒸气侵蚀）和耐酸钢（除对大气和水有抗蚀性外，还对某些化学介质，如酸、碱、盐具有良好的抗蚀性）两类；按光泽度不同可分为亚光不锈钢和镜面不锈钢。建筑装饰工程中常用的不锈钢有 1Cr17、0Cr18Ni8、0Cr17Ti、1Cr17Ni8、1Cr17Ni9、1Cr17Mn 等。其中不锈钢前面的数字表示平均含碳量的千分之几，当平均含碳量小于 0.03% 和 0.08% 时，钢号前面分别冠以"00"或"0"，合金元素的含量仍以百分数表示，具体数字在元素符号的后面。不锈钢除了具有普通钢材的性质外，还具有极好的抗腐蚀性和表面光泽度。不锈钢表面经加工后，可获得镜面般光亮平滑的效果，光反射比可达 90% 以上，具有良好的装饰性，是极富现代气息的装饰材料。

不锈钢可制成板材、型材和管材等。其中在装饰工程中应用最多的为板材，一般均为薄板，厚度不超过 2mm。不锈钢板材可用于建筑物的墙柱面装饰、电梯门及门贴脸、装饰压条、隔墙、幕墙、屋面等；不锈钢型材可用于制作柜台、压边等；不锈钢管材可制成栏杆、扶手、隔离栅栏和旗杆等。不锈钢龙骨光洁、明亮，具有较强的抗风压能力和安全性，主要用于高层建筑的玻璃幕墙中。

目前，不锈钢包柱被广泛应用于大型商场、宾馆、餐厅等的大厅、入口、门厅、中庭等处。这是由于不锈钢包柱不仅是一种新颖的、具有很高观赏价值的装饰手法，而且由于镜面反射作用，可取得与周围环境中的色彩、景物交相辉映的效果。同时，在灯光的配合下，不锈钢包柱还可形成晶莹明亮的高光部分，形成空间环境中的兴趣中心，对空间环境的效果起到强化、点缀和烘托的作用。

彩色不锈钢板是在不锈钢板上用化学镀膜的方法进行着色处理，使其表面具有各种绚丽色彩的不锈钢装饰板。彩色不锈钢板的颜色有蓝、灰、紫、红、青、绿、金黄、橙、茶色等多种。彩色不锈钢板抗腐蚀性强，彩色面层经久不褪色，光泽度高，且色泽随光照角度的改变会产生色调变换。彩色面层能耐200℃的高温，弯曲180°彩色面层不会损坏，耐盐雾腐蚀性超过一般不锈钢，耐磨性和耐刻划性能相当于箔层镀金的性能。彩色不锈钢板可用作高级建筑物的厅堂墙板、天花板、电梯厢板、车厢板、自动门、招牌和建筑装潢等。采用彩色不锈钢板装饰墙面不仅坚固耐用、美观新颖，而且具有强烈的时代感。

2. 彩色涂层钢板

彩色涂层钢板又称彩色钢板，是以冷轧钢板或镀锌钢板为基板，通过在基板表面进行化学预处理和涂漆等工艺处理后，使基层表面覆盖一层或多层高性能的涂层而制得的。彩色涂层钢板的涂层一般分为有机涂层、无机涂层和复合涂层3类，其中有机涂层钢板用得最多，发展最快。常用的有机涂层有聚氯乙烯、聚丙烯酸酯、环氧树脂等。有机涂层可以配制成不同色彩和花纹，故称为彩色涂层钢板。

彩色涂层钢板的长度一般为1800mm、2000mm，宽度为450mm、500mm、1000mm，厚度有0.35mm、0.4mm、0.5mm、0.6mm、0.7mm、0.8mm、1.0mm、1.5mm等多种。彩色涂层钢板兼具钢板和表面涂层二者的性能，在保持钢板强度和刚度的基础上，增加了钢板的防锈蚀性能。彩色涂层钢板具有良好的耐锈蚀性和装饰性，涂层附着力强，可长期保持新鲜的颜色，具有良好的耐污染性、耐高低温性、耐沸水浸泡性、绝缘性好、加工性能好，可切割、弯曲、钻孔、铆接、卷边等。

彩色涂层钢板可用作建筑物内外墙板、吊顶、屋面板、护壁板、门面招牌的底板等，还可用作防水渗透板、排气管、通风管、耐腐蚀管道、电器设备罩、汽车外壳等。彩色涂层钢板在用作建筑物的围护结构（如外墙板和屋面板等）时，往往与岩棉板、聚苯乙烯泡沫板等保温隔热材料制成复合板材，从而达到保温隔热的要求和良好的装饰效果，其保温隔热性能要优于普通砖墙。中国南极长城站就是使用这类隔热夹芯板材进行建筑和装饰的。

3. 压型钢板

压型钢板是使用冷轧板、镀锌板、彩色涂层板等不同类型的薄钢板，经辊压、冷弯而成的。压型钢板的截面可呈V形、U形、梯形或类似于这几种形状的波形。压型钢板共有27种不同的型号。常用压型钢板的板厚为0.5mm、0.6mm。压型钢板波距的模数为50mm、100mm、150mm、200mm、250mm、300mm（但也有例外）；波高为21mm、28mm、35mm、38mm、51mm、70mm、75mm、130mm、173mm；有效覆盖宽度的尺寸系列为300mm、450mm、600mm、750mm、900mm、1000mm（但也有例外）。压型钢板（YX）的型号以波高、波距、有效覆盖宽度表示，如"YX35-200-750"表示波高35mm、波距200mm、有效覆盖宽度750mm的压型钢板。

现行《建筑用压型钢板》（GB/T 12755）规定，压型钢板表面不允许有10倍放大镜所观察到的裂纹存在。对用镀锌钢板及彩色涂层钢板制成的压型钢板，不得有镀层、涂层脱落，以及影响使用性能的擦伤。压型钢板具有质量轻、波纹平直坚挺、色彩丰富多样、造型美观大方、耐久性好、抗震性及抗变形性好、加工简单和施工方便等特点，广泛应用于各类建筑物的内外墙面、屋面、吊顶等的装饰，以及轻质夹芯板材的面板等。

4. 彩色复合钢板

彩色复合钢板是以彩色压型钢板为面层，以结构岩棉或玻璃棉、聚苯乙烯等为芯材，用特种黏结剂黏结复合的一种既保温隔热又防水的板材。彩色复合钢板主要有彩钢岩棉（玻璃棉）复合板和彩钢聚苯复合板。彩色复合钢板的长度一般小于 10m，宽度为900mm，厚度为 50mm、80mm、100mm、120mm、150mm、200mm 等。彩色复合钢板适用于钢筋混凝土或钢结构框架体系建筑的外围护墙、屋面及房屋夹层等。

14.3.2　建筑装饰用铝材及其制品

铝及铝合金以其特有的结构和独特的建筑装饰效果广泛应用于建筑结构及装饰工程中，是其他装饰材料无法取代的。建筑上常用的铝合金制品有铝合金装饰板、铝合金门窗、铝合金型材、铝箔与铝粉以及其他饰品等。

1. 铝合金装饰板

（1）铝合金花纹板。铝合金花纹板是采用防锈铝合金坯料，用具有一定花纹的轧辊轧制而成的一种铝合金装饰板。铝合金花纹板具有花纹美观大方，筋高适中，防滑、防腐蚀性能好，不易磨损，便于清洗等特点，且板材平整、裁剪尺寸精确、便于安装，广泛应用于现代建筑的墙面装饰以及楼梯踏步等处。另外，铝合金浅花纹板也是优良的建筑装饰材料之一，它对白光的反射率达 75%～90%，热反射率达 85%～95%，除具有普通铝合金共有的优点外，刚度提高 20%，抗污垢、抗划伤能力均有所提高。铝合金浅花纹板色泽丰富、花纹精致，是我国特有的建筑装饰产品。现行《铝及铝合金花纹板》（GB/T 3618）对花纹板的代号、合金牌号、状态及规格作了详细的规定。

（2）铝合金波纹板。铝合金波纹板是用机械轧辊将板材轧成一定的波形后制成的。铝合金波纹板自重轻，有银白色等多种颜色，既有一定的装饰效果，也有很强的反射阳光的能力。它能防火、防潮、耐腐蚀，在大气中可使用 20 年以上，搬迁拆卸下来的波纹板仍可重复使用。波纹板适用于建筑物墙面和屋面的装饰。屋面装饰一般用强度高、耐腐蚀性好的防锈铝（LF21）制成；墙面板材可用防锈铝或纯铝制作。现行《铝及铝合金波纹板》（GB/T 4438）对其牌号、状态及规格作了详细的规定。

（3）铝合金压型板。铝合金压型板质量小，外形美观，耐腐蚀性、耐久性好，安装容易，施工简单，经表面处理可得到多种颜色，是目前广泛应用的一种新型建筑装饰材料，主要用于墙面和屋面。

（4）铝合金穿孔板。铝合金穿孔板是用各种铝合金平板经机械穿孔而成的。其孔径为6mm，孔距为 10～14mm，孔型根据需要可做成圆孔、方孔、长圆孔、长方孔、三角孔、大小组合孔等。铝合金穿孔板既突出了板材质轻、耐高温、耐腐蚀、防火、防潮、防震、化学稳定性好等特点，又可以将孔型处理成一定图案，立体感强、装饰效果好。同时，内部放置吸声材料后可以解决建筑中吸声的问题，是一种兼具降噪、装饰双重功能的理想材料。铝合金穿孔板可用于宾馆、饭店、影剧院、播音室等公共建筑和高级民用建筑中，以改善音质条件，也可用于各类噪声大的车间、厂房和计算机房等的天棚或墙壁作为降噪材料。

（5）铝塑板。铝塑板是一种复合材料，它是将氯化乙烯处理过的铝片用黏结剂覆贴到聚乙烯板上制成的。按铝片覆贴位置不同，铝塑板有单层板和双层板之分。铝塑板的耐腐蚀性、耐污染性和耐候性较好，可制成多种颜色，装饰效果好，施工时可弯折、截割，加工灵活方便。与铝合金板材相比，铝塑板具有质量小、造价低、施工简便等优点。铝塑板可用作建筑物的幕墙饰面、门面及广告牌等处的装饰。

2. 铝合金门窗

铝合金门窗是将表面处理过的铝合金型材，经下料、打孔、铣槽、攻丝、制作等加工工艺制成的门窗框料构件，再用连接件、密封材料和开闭五金配件一起组合装配而成的。铝合金门窗虽然价格较贵，但它的性能好，长期维修费用低，且具有美观、节约能源等优点，在国内外得到广泛应用。另外，高强度铝花格还可用于制成装饰性极好的高档防盗铝合金门窗。

铝合金门窗按结构与开启方式不同可分为推拉门窗、平开门窗、固定窗、悬挂窗、百叶窗、纱窗等，其中推拉门窗和平开门窗用得最多。铝合金门窗按门窗框的宽度分为 46 系列、50 系列、65 系列、70 系列和 90 系列推拉窗，70 系列、90 系列推拉门，38 系列、50 系列平开窗，70 系列、100 系列平开门等。

与普通门窗相比，铝合金门窗具有 6 方面主要特点，即质量小，密封性能好（气密性、水密性、隔声性、保温隔热性好），色泽美观（有银白色、古铜色、暗红色、暗灰色、黑色等多种颜色或带色的花纹，还可涂聚丙烯酸树脂装饰膜，使表面光亮），耐腐蚀、使用维修方便，强度高、刚度好、坚固耐用，加工方便。

铝合金门窗要达到规定的性能指标后才能出厂安装使用。铝合金门窗通常要进行强度、气密性、水密性、开闭力、隔热性、隔声性等主要性能的检验。铝合金门窗按抗压强度、空气渗透和雨水渗透性分为 A、B、C 三类，分别表示高性能铝合金门窗、中性能铝合金门窗和低性能铝合金门窗。每一类又按抗风压强度、空气渗透和雨水渗透分为优等品、一等品和合格品。

铝合金门窗的表示方法是：门（窗）代号、门（窗）厚度、洞口尺寸、风压强度、空气渗透量、雨水渗透值、隔声值、热对流阻抗值、型材表面处理级别，如"TLC70-2118-2500 2.50 300 25 0.33 Ⅲ"中的"TLC"为推拉铝合金窗代号；"70"指窗框厚度为 70mm；"2118"指窗洞宽度为 2100mm、高度为 1800mm；"2500"指风压强度为 2500Pa；"2.50"指空气渗透量为 $2.50m^3 / (m^2 \cdot h)$；"300"指雨水渗透值为 300Pa；"25"指隔声值为 25dB；"0.33"指热对流阻抗值为 $0.33m^2 \cdot h \cdot ℃/kJ$；"Ⅲ"指阳极氧化膜厚度为Ⅲ级。

3. 铝合金型材

将铝合金锭坯按需要的长度锯成坯段，加热到 $400 \sim 450℃$，送入专门的挤压机中，连续挤出型材。挤出的型材冷却到常温后，切去两端斜头，在时效处理炉内进行人工时效处理，消除内应力，经检验合格后再进行表面氧化和着色处理，最后形成铝合金型材。在装饰工程中，常用的铝合金型材有窗用型材（如 46 系列、50 系列、65 系列、70 系列和 90 系列推拉窗型材，38 系列、50 系列平开窗型材，其他系列窗用型材等）、门用型材（如推拉门型材、地弹门型材等）、柜台型材、幕墙型材（如 120 系列、140 系列、150 系列、180 系列隐框或明框龙骨型材）、通用型材等。铝合金型材的断面形状及尺寸是根据型材的使用特点、用途、构造及受力等因素决定的。用户应根据装饰工程的具体情况进行选用，对结构用铝合金型材一定要经力学计算后才能选用。

4. 铝箔与铝粉

铝箔是用纯铝或铝合金加工成的 6.3～20.0mm 薄片制品。铝箔具有良好的防潮、绝热性能，在建筑及装饰工程中可作为多功能保温隔热材料和防潮材料使用。常用的铝箔制品有铝箔波形板、铝箔泡沫塑料板、铝箔牛皮纸、铝箔布等。

铝粉（俗称"银粉"）是以纯铝箔加入少量润滑剂，经捣击压碎成为极细的鳞状粉末，再经抛光而成的。铝粉质轻、漂浮力强、遮盖力强，对光和热的反射性能均很高，经适当处理后，也可变成不浮性铝粉。铝粉主要用于油漆和油墨工业。在建筑工程中，铝粉常用于制备各种装饰涂料和金属防锈涂料，也可用于土方工程中的发热剂和加气混凝土中的发气剂。

5. 其他饰品

铝合金还可压制成五金零件（如把手、铰锁等）、标志、商标、提把、嵌条、包角等装饰制品，既美观、金属感强，又耐久不易腐蚀。

14.3.3 建筑装饰用铜材及其制品

铜是最先冶炼出的金属，也是我国历史上应用较早、用途较广的一种有色金属。铜是一种容易精炼的金属材料，在现代建筑中被广泛应用于建筑装饰及各种零部件。

1. 铜的特性与应用

铜属于有色重金属，密度为 8.92g/cm³。纯铜由于表面氧化生成的氧化铜薄膜呈紫红色，故常称紫铜。纯铜具有较高的导电性、导热性、耐腐蚀性以及良好的延展性、塑性和易加工性，可碾压成极薄的板（紫铜片），拉成很细的丝（铜线材），既是古老的建筑材料，又是良好的导电材料。但纯铜强度低，不宜直接作为结构材料。我国纯铜产品分为两类，一类属于冶炼产品，包括铜锭、铜线锭和电解铜；另一类属于加工产品，是指铜锭经过加工变形后获得的各种形状的纯铜材。

2. 铜合金的特性与应用

由于纯铜强度不高且价格较贵，因此在建筑工程中更广泛使用的是在铜中掺入锌、锡等元素形成的铜合金。铜合金既保持了铜的良好塑性和高抗腐蚀性，又改善了纯铜的强度、硬度等力学性能。建筑工程常用的铜合金有黄铜（铜锌合金）和青铜（铜锡合金）。

（1）黄铜。以铜、锌为主要合金元素的铜合金称为黄铜。黄铜分为普通黄铜和特殊黄铜。铜中只加入锌元素时，称为普通黄铜。普通黄铜不仅具有良好的力学性能、耐腐蚀性和延展性，易于加工成各种建筑五金、装饰制品、水暖器材等，而且价格比纯铜便宜。为了进一步改善普通黄铜的力学性能，提高耐腐蚀性能，可再加入铅、锰、铝、锡等合金元素，制成特殊黄铜。如加入铅可改善普通黄铜的切削加工性，提高耐磨性；加入铝可提高强度、硬度、耐腐蚀性能等。特殊黄铜可用于要求高强度和耐腐蚀性的部位、铸件和锻件，也可用于制造涡轮机叶片和船舶、矿山机械及设备。

普通黄铜的牌号用"H"加数字来表示，数字代表平均含铜量的百分数，含锌量不标出，如"H62"表示普通黄铜的含铜量为 62%。特殊黄铜则在"H"之后标注主加元素的化学符号，并在其后标明铜及合金元素含量的百分数，如"HPb59～1"表示特殊黄铜的含铜量为 59%，含铅量为 1%。如果是铸造黄铜，牌号中还应加"Z"，如"ZHAl67～

2.5"。

（2）青铜。以铜、锡为主要合金元素的铜合金称为青铜。青铜有锡青铜和铝青铜两种。锡青铜中锡的质量百分数在 30％以下，它的抗拉强度以锡的质量百分数在 15％～20％之间为最大，而伸长率以锡的质量百分数在 10％以内比较大，超过这个限度，就会急剧变小。铝青铜中铝的质量百分数在 15％以下，往往还添加了少量的铁和锰，以改善其力学性能。铝青铜耐腐蚀性好，经过加工的材料，强度接近于一般碳素钢，在大气中不变色，即使加热到高温也不会氧化，这是由于合金中的铝经氧化会形成致密的薄膜。铝青铜可用于制造铜丝、铜棒、铜管、弹簧和螺栓等。青铜的牌号用字母"Q"表示，后面是主加元素符号和除了铜以外的各元素的百分量，如"QSn4-3"。如果是铸造的青铜，牌号中还应加"Z"，如"ZQAl19-4"。

3. 铜合金装饰制品

铜合金经挤压或压制可形成不同横断面形状的型材，有空心型材和实心型材，可用来制造管材、板材、线材、固定件及各种机器零件等。铜合金型材也具有类似铝合金型材的特点，可用于门窗的制作，也可作为骨架材料装配幕墙。

由于铜制品的表面易受空气中的有害物质腐蚀，为提高其抗腐蚀能力和耐久性，可在铜制品的表面用镀钛合金等方法进行处理，从而极大地提高光泽度，延长使用寿命。

14.4　建筑装饰陶瓷

14.4.1　陶瓷的分类

陶瓷是陶器、瓷器和炻器的总称。炻器是介于陶器与瓷器之间的一类产品，也称为半瓷、石胎瓷等。3 类陶瓷的原料和制品性能的变化是连续和相互交错的，很难有明确的区分界限。从陶器、炻器到瓷器，原料由粗到精，烧成温度由低到高，坯体结构由多孔到致密。

（1）陶器。陶器通常有一定的吸水率，为多孔结构，通常吸水率较大，断面粗糙无光，不透明，敲之声音暗哑，有的无釉，有的施釉。陶器主要以陶土、沙土为原料，配以少量的瓷土或熟料等，经 1000℃左右的温度烧制而成。陶器可分为粗陶和精陶两种。粗陶坯料一般由一种或多种含杂质较多的黏土组成，有时还需要掺瘠性原料或熟料，以减少收缩。建筑上使用的砖、瓦、陶管、盆、罐等都属于此类。精陶是指坯体呈白色或象牙色的多孔性陶制品，其制品的选料要比粗陶精细，多以可塑性黏土、高岭土、长石、石英为原料。精陶的外表大多数都施釉。釉通常要经过素烧和釉烧两次烧成，其中素烧的温度为1250℃～1280℃。精陶的吸水率一般为 9％～12％，最大不应超过 17％。通常建筑上所用的各种釉面内墙砖均属于此类。

（2）瓷器。瓷器是以粉碎的岩石粉（如瓷土粉、长石粉、石英粉等）为主要原料，经1300℃～1400℃高温烧制而成的。其结构致密、吸水率极小、色彩洁白、具有一定的半透明性，表面施有釉层。瓷器按原料的化学成分与加工工艺的不同可分为粗瓷和细瓷两种。

（3）炻器。炻器结构比陶器致密、略低于瓷器，一般吸水率较小，其坯体多数带有

颜色，而且呈半透明性。炻器按坯体的致密性、均匀性以及粗糙程度可分为粗炻器和
细炻器两大类。建筑装饰上用的外墙砖、地砖以及耐酸化工陶瓷均属于粗炻器。日用
炻器和工艺陈设品属于细炻器。中国的细炻器中不乏名品，享誉世界的江苏宜兴紫砂
陶就是一种不施釉的有色细炻器。细炻质制品与陶器、瓷器相比，在一些性能上具有
一定的优势。它比陶器强度高、吸水率低，比瓷器热稳定性好、成本低。此外，炻器
的生产原料较广泛，对原料杂质的控制不需要像瓷器那样严格，因此在建筑工程中得
以广泛应用。

14.4.2　陶瓷的主要生产原料

陶瓷坯体的主要原料有可塑性原料、瘠性原料、熔剂原料三大类。

可塑性原料即黏土原料，它是陶瓷坯体的主体。黏土的工艺特性是可塑性、收缩性、
烧结性。

瘠性原料可降低黏土的塑性，减少坯体的收缩，防止高温烧成时坯体变形。瘠性原料
主要包括石英、熟料和废砖粉。石英是自然界分布很广的矿物，其主要成分是 SiO_2。一
般用作瘠性原料的有脉石英、石英岩、石英砂岩、硅砂等 4 种。石英在煅烧过程中会发生
多次晶型转变，随着晶型转变，其体积会发生很大变化，因此在生产工艺上必须加以控
制。一般来说，温度升高时，SiO_2 密度会变小，结构变松散，体积膨胀；温度降低时，密
度增大，体积收缩。晶型转变时的体积变化能形成相当大的应力，这种应力往往是陶瓷产
品开裂的原因。在陶瓷加工原料内加入熟料和废砖粉的目的是减少坯体的收缩和烧成收
缩。因此在陶瓷产品烧成制度规范中，往往要求在石英晶型转变的温度范围内采用慢速升
温，以避免产品发生过大的体积变化以致开裂。

熔剂原料能够降低烧成温度，有些石英颗粒及高岭土的分解产物能被其熔解。常用的
熔剂原料有长石、滑石、硅灰石等。硅灰石是硅酸钙类矿物，它的化学通式为
$CaO \cdot SiO_2$。硅灰石作为陶瓷墙地砖坯料，除降低烧成温度外，还具有减少收缩、容易压
制成型、热稳定性好、烧成时间短、吸水膨胀率小等特点。

14.4.3　陶瓷的表面装饰

陶瓷制品越来越向装饰材料方向发展，其表面装饰效果的好坏直接影响到产品的使用
价值。陶瓷的表面装饰能够大大提高制品的外观效果，同时很多装饰手段对制品也有保护
的作用，从而有效地把产品的实用性和艺术性有机地结合起来，使之成为一种能够广泛应
用的优良陶瓷产品。陶瓷制品的装饰方法有很多种，较为常见的是施釉、彩绘和贵金属
装饰。

1. 施釉

施釉是对陶瓷制品进行表面装饰的主要方法之一，也是最常用的方法。烧结的坯体表
面一般粗糙无光，多孔结构的陶坯更是如此，这不仅影响产品的装饰性能和力学性能，也
不耐脏，易被吸湿。对坯体表面采用施釉工艺之后，其产品表面会变得平滑光亮、不吸
水、不透气，并能够大大地提高产品的机械强度和装饰效果。陶瓷制品的表面釉层又称瓷
釉，是指附着于陶瓷坯体表面的连续的玻璃质层。它是将釉料喷涂于坯体表面，经高温焙
烧后产生的。在高温焙烧时，釉料能与坯体表面之间发生相互反应，熔融后形成玻璃质

层。使用不同的釉料，会产生不同颜色和装饰效果的画面。

2. 彩绘

陶瓷彩绘可分为釉下彩绘和釉上彩绘两种。

（1）釉下彩绘。釉下彩绘是在生坯上进行彩绘，然后喷涂一层透明釉料，再经釉烧而成的。釉下彩绘的特征是彩绘画面在釉层以下，受到釉层的保护，从而不易被磨损，使得画面效果能得到较长时间的保持。

（2）釉上彩绘。釉上彩绘是在已经釉烧的陶瓷釉面上，使用低温彩料进行彩绘，再在 $600\sim900℃$ 的温度下经彩烧而成的。

目前广泛采用釉上贴花、刷花、喷花和堆金等"新彩"方法，其中"贴花"是釉上彩绘中应用最广泛的一种方法。使用先进的贴花技术，采用塑料薄膜贴花纸，用清水就可以把彩料转移到陶瓷制品的釉面上，操作十分简单。

3. 贵金属装饰

高级贵重的陶瓷制品常常采用金、铂、钯、银等贵金属进行装饰加工，这种陶瓷表面装饰方法称为贵金属装饰。其中最常见的是以黄金为原料进行表面装饰，如金边、图画描金装饰方法等。

14.4.4　常用建筑装饰陶瓷制品

常用的建筑装饰陶瓷制品有釉面内墙砖、陶瓷墙地砖、陶瓷锦砖和建筑琉璃制品。

1. 釉面内墙砖

釉面内墙砖是指用磨细的泥浆脱水干燥，并进行半干法压型素烧后，施釉入窑釉烧而成的，或生料坯施釉一次烧成的，用于内墙保护和装饰的有釉精陶质板状建筑材料。釉面内墙砖按釉面颜色不同可分为单色（含白色）砖、花色砖和图案砖；按形状不同可分为正方形砖、矩形砖和异形配件砖。异形配件砖有阴角、阳角、压顶条、腰线砖、阴三角、阳三角、阴角座、阳角座等类型，可配合建筑物内墙阴、阳角等处镶贴釉面砖。根据外观质量的优劣，釉面内墙砖可分为优等品、一级品和合格品 3 个等级。

釉面内墙砖的物理力学性质包括吸水率、釉面抗化学腐蚀性能、弯曲强度、抗龟裂性能、耐急冷急热性能等。釉面内墙砖的吸水率较大，但不应大于 21%。

釉面内墙砖花色品种多、耐污性好、便于清洗、外形美观、装饰性好、耐久性好，因此除了常用于对卫生要求较高的室内环境（如厨房、卫生间、浴室、实验室、精密仪器车间及医院等处外，还可用于室内台面、墙面的装饰）。

釉面内墙砖为多孔坯体，吸水率较大，会产生湿胀现象，而其表面釉层的吸水率和湿胀性又很小，再加上冻胀现象的影响，会在坯体和釉层之间产生应力。当坯体内产生的胀应力超过釉层本身的抗拉强度时，就会导致釉层开裂或脱落，并严重影响饰面效果。因此釉面内墙砖不能用于室外。

2. 陶瓷墙地砖

陶瓷墙地砖是外墙面砖和地面砖的统称。陶瓷墙地砖属于炻质或瓷质陶瓷制品，是以优质陶土为主要原料，加入其他辅助材料配成生料，经半干压后在 1100℃ 左右的温度环境中焙烧而成的。

陶瓷墙地砖主要呈正方形或长方形，其厚度以满足使用强度要求为原则，由生产商自定（通常为 8～10mm）。通常情况下，地面砖的规格比外墙面砖大。

3. 陶瓷锦砖

陶瓷锦砖俗称"马赛克"，是以优质瓷土烧制成的、长边小于 50mm 的小块瓷砖。陶瓷锦砖有挂釉和不挂釉两种，现在的产品大部分不挂釉。

4. 建筑琉璃制品

建筑琉璃制品是以难熔黏土作原料，经配料、成型、干燥、素烧，表面涂上琉璃釉料后，再经烧制而成的。建筑琉璃制品属于精陶瓷制品，颜色有金、黄、绿、蓝、青等。品种分 3 类，即瓦类（如板瓦、筒瓦、沟头等）、脊类和饰件类（如物、博古、兽等）。建筑琉璃制品表面光滑、色彩绚丽、造型古朴、坚实耐用，富有民族特色。其彩釉不易剥落，装饰耐久性好，比瓷质饰面材料容易加工，且花色品种很多。

14.4.5 新型建筑装饰陶瓷制品

（1）劈离砖。劈离砖是一种炻质墙地通用饰面砖，又称劈裂砖、劈开砖等。它是将一定配比的原料经粉碎、炼泥、真空挤压成型、干燥、高温煅烧而成的。由于成形时为双砖背连坯体，烧成后再劈裂成两块砖，故称其为劈离砖。劈离砖烧成阶段的坯体总表面积仅为成品坯体总表面积的一半，大大节约了窑内放置坯体的面积，提高了生产效率。与传统方法生产的墙地砖相比，它具有强度高、耐酸碱性强等优点。劈离砖的生产工艺简单、效率高、原料广泛、节能经济，且装饰效果优良，因此得到广泛应用。

（2）玻化砖。玻化砖也称瓷质玻化砖、瓷质彩胎砖，是坯料在 1230℃以上的高温下，使砖中的熔融成分呈玻璃态，具有玻璃般亮丽质感的一种新型高级铺地砖。玻化砖的表面有平面、浮雕两种，又有无光与磨光、抛光之分。

（3）陶瓷麻面砖。陶瓷麻面砖的表面粗糙，酷似人工修凿过的天然岩石，纹理质朴自然，有白、黄等多种颜色。陶瓷麻面砖的抗折强度大于 20MPa，抗压强度大于 250MPa，吸水率小于 1％，防滑性能良好，坚硬耐磨。

（4）陶瓷壁画、壁雕砖。陶瓷壁画、壁雕砖是以凹凸的粗细线条、变幻的造型、丰富的色调表现出浮雕式样的瓷砖。陶瓷壁画、壁雕砖可用于宾馆、会议厅等公共场合的墙壁，也可用于公园、广场、庭院等室外环境的墙壁。

（5）金属釉面砖。金属釉面砖是运用金属釉料等特种原料烧制而成的，是当今国内市场的领先产品。金属釉面砖具有光泽耐久、质地坚韧、网纹淳朴等优点，赋予墙面装饰动态美，还具有良好的热稳定性、耐酸碱性，易于清洁，装饰效果好。

（6）黑瓷钒钛装饰板。黑瓷钒钛装饰板是以稀土矿物为原料研制成功的一种高档墙地饰面板材。黑瓷钒钛装饰板是一种仿黑色花岗岩板材，具有比黑色花岗岩更黑、更硬、更亮的特点，其硬度、抗压强度、抗弯强度、吸水率均优于天然花岗岩，同时又弥补了天然花岗岩由于黑云母脱落造成的表面凹坑的缺陷。

14.5 建筑装饰玻璃

玻璃产品的种类很多，作为一种工业产品，它随着材料科学的进步而迅猛发展。玻璃分类的方法也有多种，由于决定产品性质的主要因素是化学组成，因此通常按化学组成分为钠玻璃、钾玻璃、铝镁玻璃、铅玻璃、硼硅玻璃、石英玻璃等类型。

（1）钠玻璃。钠玻璃即普通玻璃，又名钠钙玻璃，主要由硫酸钠和纯碱组成。虽然钠玻璃的紫外线通过率低，力学性质、热工性质、光学性质和化学稳定性等均较差，但软化点较低、易于熔制、成本低廉，因此一直都是使用量最大的玻璃品种。由于杂质含量多，产品性能一般，又没有特别的性质和功能，钠玻璃一般用于制造普通建筑玻璃和日用玻璃制品。

（2）钾玻璃。钾玻璃又称硬玻璃，是以 K_2O 代替钠玻璃中的部分 Na_2O，同时提高 SiO_2 的含量而制成的。钾玻璃在力学性质等很多性能方面都比钠玻璃好，它坚硬而有光泽，被广泛用于制造化学仪器、用具以及高级玻璃制品等。

（3）铝镁玻璃。铝镁玻璃也是在钠玻璃的基础上加工制作的。它是在降低钠玻璃中碱金属和碱土金属氧化物含量的基础上加入 MgO，并以 Al_2O_3 代替部分 SiO_2 而制成的，具有软化点低，析晶倾向弱，力学、化学稳定性高等特点。铝镁玻璃的光学性质较为突出，是一种高级建筑装饰玻璃。

（4）铅玻璃。铅玻璃又称铅钾玻璃、重玻璃或晶质玻璃，由 PbO、K_2O 和少量的 SiO_2 组成。铅玻璃的主要特点是质地较软、易于加工、光泽透明、化学稳定性高。铅玻璃最大的特点是光的折射和反射性能优秀，因此常用于制造光学仪器和装饰品。

（5）硼硅玻璃。硼硅玻璃由于耐热性能优异而被称为耐热玻璃，它是由 B_2O_5、SiO_2 及少量 MgO 组成的，由于成分独特，因此价格较昂贵。硼硅玻璃具有较强的力学性能，较好的光泽、透明度，优良的耐热性、绝缘性和化学稳定性，用于制造高级化学仪器和绝缘材料。

（6）石英玻璃。石英玻璃是以纯 SiO_2 为原料制成的，具有良好的力学性质、热工性质以及优良的光学性质、化学稳定性，并能透过紫外线，可用于制造耐高温仪器等特殊用途的设备。

14.5.1 玻璃的组成及基本性质

1. 玻璃的组成

玻璃的化学组成十分复杂，主要是以石英砂、纯碱、长石、石灰石等为原料，在 1550℃ 左右的高温下熔融、成型，并经急速冷却而制成的固体建筑装饰材料。通过特殊的工艺，可获得具有更好的光学性能、力学性能、热工学性能的玻璃，其中一种比较简单的办法就是在玻璃原料中加入一些特殊的辅助性原料。

玻璃的主要辅助原料有乳浊剂（包括冰晶石、氟硅酸钠、磷酸三钙、氧化锡等，作用是使玻璃呈乳白色和半透明体）、着色剂（包括氧化铁、氧化钴、氧化锰、氧化镍、氧化铜、氧化铬等，作用是赋予玻璃一定颜色，如氧化铁能使玻璃呈黄色或绿色，氧化钴能使玻璃呈蓝色等）、助熔剂（包括萤石、硼砂、硝酸钠、纯碱等，作用是缩短玻璃熔制时间，其中萤石与玻璃液中的杂质氧化亚铁作用后，可增加玻璃的透明度）、脱色剂（包括硒、硒酸钠、氧化钴、氧化镍等，作用是在玻璃中呈现为原来颜色的补色，使玻璃达到无色的效果）、澄清剂（包括白砒、硫酸钠、铵盐、硝酸钠、二氧化锰等，作用是降低玻璃液的黏度，有利于消除玻璃液中的气泡）。

2. 玻璃的基本性质

玻璃的基本性质包括热物理性质、化学性质和力学性质等。

玻璃的物理及力学性能表现为均质的各向同性，这是由于玻璃在凝固过程中黏度急剧增加，分子来不及按一定的晶格有序地排列而形成无定型非结晶体。由于玻璃是无定型非结晶体的均质同向性材料，因此它是一种透明的材料。玻璃的这种透明特性是其他材料无法比拟的。玻璃的化学成分很复杂，主要为 72％左右的 SiO_2、15％左右的 Na_2O、9％左右的 CaO，另外，还有少量的 Al_2O_3、MgO 等。这些氧化物在玻璃中起着非常重要的作用，对玻璃的各种基本性能影响很大。

普通玻璃的密度为 $2450\sim2550kg/m^3$，孔隙率 $P\approx0$，可以认为玻璃是绝对密实的材料。玻璃的密度与其化学组成有关，不同种类的玻璃密度差别很大。温度对玻璃密度的影响也比较大，密度会随温度的变化而改变。

玻璃具有特别优秀的光学性质，它既能通过光线，还能反射光线和吸收光线。但玻璃的厚度过大或将多层玻璃重叠在一起时，则是不易透光的。玻璃广泛用于建筑采光和装饰，也用于光学仪器和日用器皿等。光线入射玻璃，表现出透射、反射、折射和吸收的性质。光线能透过玻璃的性质称为透射。光线被玻璃阻挡，按一定角度折回的性质称为反射或折射。光线通过玻璃后，一部分会损失掉，这种现象称为吸收。一些具有特殊功能的新型玻璃（如吸热玻璃、热反射玻璃、光致变色玻璃等）就是在充分利用玻璃的这些特殊光学性质的基础上研制的。

反射系数是玻璃的反射光能与入射光能之比，是评价热反射玻璃的一项重要指标。反射系数的大小决定于反射面的光滑程度及入射光线入射角的大小。透过玻璃的光能与入射光能之比称为透过率（或透光率）。透光率是玻璃的重要属性，一般清洁的普通玻璃透光率达 85％～90％。光线通过玻璃将发生衰减，并影响光线的透过率。衰减是光反射和吸收两个因素的综合表现。玻璃透光率随厚度的增加而减小。玻璃的颜色同样影响透光率，深色玻璃的透光率明显低于无色和浅色玻璃的透光率。由于玻璃中的杂质会使玻璃着色，因此杂质的存在会明显降低采光效果，降低玻璃的品质。玻璃吸收光能与入射光能的比值称为吸收率。吸收率是评价吸热玻璃的一项重要指标。玻璃对光线的吸收能力随着化学组成和颜色而变化。无色玻璃可透过各种颜色的光线，但吸收红外线和紫外线。各种颜色玻璃能透过同色光线而吸收其他颜色的光线。

玻璃的化学成分、产品形态、表面形状和制造工艺在很大程度上决定了它的力学性质。此外，玻璃制品中如含有未溶杂物、结石、节瘤等瑕疵，或具有细微裂纹，都会造成应力集中，从而大大降低机械强度。玻璃的抗压强度较高，随着化学组成的不同而有很大变化（600～1600MPa）。抗压强度受载荷的时间长短影响很小，但受高温影响很大。二氧化硅含量高的玻璃具有较高的抗压强度，而钙、钠、钾等氧化物的含量的增加是降低抗压强度的重要因素之一。玻璃承受荷载后，表面可能发生很细微的裂痕，裂痕随着载荷的次数增加而逐渐明显和加深，因此长期使用的玻璃需要注意用氢氟酸进行处理，以保证玻璃具有适当的强度。抗拉强度是决定玻璃品质的主要指标。玻璃的抗拉强度很小，一般为抗压强度的 1/15～1/14，约为 40～120MPa。因此，玻璃在冲击力的作用下极易破碎，是非常典型的脆性材料。

玻璃具有较高的化学稳定性，这是由玻璃组成物质的性质所决定的。但如果玻璃组成成分中含有较多的易蚀物质，在长期受到侵蚀的情况下，化学稳定性也会变差，导致玻璃腐蚀。在通常情况下，玻璃对酸、碱、化学试剂或气体都具有较强的抵抗能力，能抵抗除氢氟酸以外的各种酸类的侵蚀。硅酸盐类玻璃在水汽的作用下会出现风化。随着风化程度的加深，风化所形成的硅酸被玻璃表面吸附，形成薄膜。薄膜能阻止风化的继续进行，也就强化了玻璃的化学稳定性。铝酸盐和硼酸盐类玻璃的化学稳定性最好。

玻璃的导热性很差，在常温时其导热系数仅为铜的 1/400。玻璃的导热性受颜色和化学成分的影响，并随着温度的升高而增大，尤其在 700℃ 以上时上升十分显著。玻璃的热膨胀性能比较明显，热膨胀系数的大小取决于组成玻璃的化学成分和纯度。玻璃的纯度越高，热膨胀系数越小。玻璃的热稳定性决定了在温度急剧变化时玻璃抵抗破坏的能力。由于玻璃的导热性能差，当部分玻璃受热时，热量不能被迅速传递到其他部分，导致玻璃受热部位产生膨胀，内部产生应力，很容易造成破裂。玻璃的破裂主要是由拉应力的作用造成的。玻璃具有热胀冷缩性，急热时受热部位膨胀，使表面产生压应力，而急冷时收缩，产生拉应力。由于玻璃的抗压强度远大于抗拉强度，所以玻璃对急冷的稳定性比对急热的稳定性差很多。

玻璃是一种最常用的装饰材料，为了提高装饰效果，经常需要对其表面进行处理。如何更好地对玻璃进行装饰化改造，是玻璃深加工的重要课题之一。玻璃的表面处理主要分为化学蚀刻、化学抛光和表面着色处理 3 种形式。

化学蚀刻是用氢氟酸溶解玻璃表层的硅氧，根据残留盐类溶解度的不同，而得到有光泽的或无光泽的面层的过程。生产中采用的蚀刻剂有蚀刻液和蚀刻膏两种。蚀刻液可由氢氟酸加入氟化铵，与水配成；蚀刻膏由氟化铵、盐酸、水加入淀粉或粉状冰晶石粉配成。制品上不需要腐蚀的部位可涂上保护漆或石蜡。

化学抛光的原理与化学蚀刻一样，是利用氢氟酸破坏玻璃表面原有的硅氧膜而生成一层新的硅氧膜，提高玻璃的光洁度与透光率。化学抛光有两种方式，一种是单纯的化学侵蚀作用，另一种是化学侵蚀和机械研磨相结合。前者多用于玻璃器皿，后者称为化学研磨法，一般用于平板玻璃。

玻璃表面着色处理就是在高温下用着色离子的金属、熔盐、盐类的糊膏涂抹于玻璃表面，使着色离子与玻璃中的离子进行交换，扩散到玻璃表层中使其表面着色。在玻璃表面镀上一层很薄的金属薄膜，是一种常见的玻璃表面着色处理，广泛用于热反射玻璃、玻璃装饰器具和玻璃装饰品等方面。玻璃表面镀金属薄膜的方法有化学法和真空沉积法。化学法可分为还原法、水解法（又称液相沉积法）等；真空沉积法可分为真空蒸发镀膜法、阴极溅射法、真空电子枪蒸镀法。

14.5.2 平板玻璃

平板玻璃是进行玻璃深加工的基础材料，一般泛指普通平板玻璃，又称白片玻璃、原片玻璃或净片玻璃，是玻璃中生产量最大、使用最多的一种。平板玻璃具有一定的机械强度，但质脆、紫外线通过率低。

平板玻璃的主要技术性能包括透光率、机械性能、热工性能。平板玻璃的透光率是衡量玻璃的透光能力的重要指标，它是光线透过玻璃后的光通量占透过前光通量的百分比。

平板玻璃一般以"重量箱"或"实际箱"来计量，它是计算平板玻璃用料及成本的计量单位。一个重量箱等于一块 $10m^2$ 大、2mm 厚的平板玻璃的重量（约重 50kg）。实际箱又称包装箱，分木箱和集装架两种，即用一个木箱或一个集装架包装的玻璃叫作一实际箱或一包装箱。

普通平板玻璃因其透光度高、价格低、易切割等优点，主要用于建筑物的门窗、室内隔断、橱窗、柜台、展台、玻璃搁架及家具玻璃门等，也可作为钢化玻璃、夹丝玻璃、中空玻璃、热反射玻璃、磨光玻璃等的原片玻璃。浮法玻璃具有比钢化玻璃更优良的性能，因此，凡是用普通平板玻璃的地方均可使用浮法玻璃，特别是高级宾馆、写字楼、豪华商场等建筑的门窗、橱窗等。浮法玻璃也可作为有机玻璃的模具，以及汽车、火车、船舶的风窗玻璃等，还可作为夹层玻璃、钢化玻璃、中空玻璃、热反射玻璃、磨光玻璃等的原片玻璃。

14.5.3 特种平板玻璃

（1）磨光玻璃。磨光玻璃又称镜面玻璃，是用普通平板玻璃经过机械磨光、抛光而成的透明玻璃。磨光玻璃分单面磨光玻璃和双面磨光玻璃两种。

（2）磨砂玻璃。磨砂玻璃又称毛玻璃。普通平板玻璃经研磨、喷砂或氢氟酸溶蚀等工艺加工之后，就会形成均匀粗糙表面，只有透光性而没有透视性，这种平板玻璃称为磨砂玻璃。

（3）玻璃镜。玻璃镜是以高质量平板玻璃、磨光玻璃或茶色平板玻璃等为基本的加工材料，采用镀银工艺，在玻璃的一面先均匀地覆盖一层镀银，然后再覆盖一层涂底漆，最后涂上保护面漆制成的。玻璃镜只有光反射性而没有光透射性，被广泛用于商场、发廊等环境的室内装饰

（4）彩色玻璃。彩色玻璃分透明彩色玻璃和不透明彩色玻璃两种。透明彩色玻璃是在玻璃原料中加入一定的金属氧化物，使玻璃具有特定色彩的。不透明彩色玻璃也称饰面玻璃，是用 4~6mm 厚的平板玻璃按照要求的尺寸切割成型，然后经过清洗、喷釉、烘烤、退火而制成的。不透明彩色玻璃也可选用有机高分子涂料制成具有独特装饰效果的饰面玻璃。

（5）花纹玻璃。花纹玻璃是一种装饰性很强的玻璃产品，装饰功能的好坏是评价其质量的主要标准。它是将玻璃按照预先设计好的图形运用雕刻、印刻或喷砂等无彩处理方法在玻璃表面获得丰富的美丽图形而制成的。依照加工方法的不同，花纹玻璃可分为压花玻璃、喷花玻璃、刻花玻璃 3 种。

① 压花玻璃。压花玻璃又称滚花玻璃，透光率一般为 60%~70%，规格一般为 900~1600mm。它是在熔融玻璃冷却硬化前，以刻有花纹的滚筒对辊压延，在玻璃单面或两面压出深浅不同的花纹图案而制成的。

② 喷花玻璃。喷花玻璃又称胶花玻璃，是以优质的平板玻璃为基础材料，在表面铺贴花纹图案，并有选择地涂抹面层，经喷砂处理而制成的。

③ 刻花玻璃。刻花玻璃是由平板玻璃经涂漆、雕刻、围蜡、酸蚀、研磨等制作而成的。

（6）光致变色玻璃。光致变色玻璃是在普通玻璃中加入适量的卤化银，或直接在玻璃

中加入钼和钨等感光化合物获得的，由于生产过程中需要消耗大量的银，因此造价很高。

（7）釉面玻璃。釉面玻璃又称不透明饰面玻璃，是在一定尺寸的玻璃基体上涂覆一层彩色易熔的釉料，然后加热到彩釉的熔融温度，经退火或钢化热处理，使釉层与玻璃牢固结合而制成的具有美丽色彩或图案的玻璃制品，其玻璃基片可用普通平板玻璃、钢化玻璃、磨光玻璃等。

14.5.4　安全玻璃

普通平板玻璃的最大弱点是易碎，玻璃破碎后具有尖锐的棱角，很容易对人体造成意外伤害。因此，开发出相对安全的玻璃就显得十分必要。通过特殊的加工工艺，对玻璃的性能加以改进，就能生产出满足这种需求的产品。钢化玻璃就是应用最广泛的安全玻璃之一。为减小玻璃的脆性、提高使用强度，通常可采用的方法有用退火法消除玻璃的内应力、消除平板玻璃的表面缺陷、通过物理钢化（淬火）和化学钢化在玻璃中形成可缓解外力作用的均匀预应力、采用夹层处理等。采用上述方法进行安全处理后的玻璃统称为安全玻璃。

（1）钢化玻璃。钢化玻璃又称强化玻璃，具有良好的机械性能和耐热抗震性能。钢化玻璃是普通平板玻璃通过物理钢化（淬火）和化学钢化处理的方法得到的。物理钢化（淬火）和化学钢化处理的目的是提高玻璃强度。钢化玻璃有物理钢化玻璃和化学钢化玻璃两大类型。化学钢化玻璃破碎后仍然会形成尖锐的碎片，一般不作为安全玻璃使用，但可以进行任意切割，因此，"钢化玻璃"通常指物理钢化玻璃。

钢化玻璃除可采用普通平板玻璃、浮法玻璃作为原片外，也可使用吸热玻璃、压花玻璃、釉面玻璃等作为原片，后者分别称为吸热钢化玻璃、压花钢化玻璃、钢化釉面玻璃。吸热钢化玻璃主要用于既有吸热要求又有安全要求的玻璃门窗等；压花钢化玻璃主要用于有半透视要求的隔断等；钢化釉面玻璃主要用于玻璃幕墙的拱肩部位及其他室内装饰。

钢化玻璃的特性是安全性好、弹性好、热稳定性好、机械强度高。钢化玻璃的抗折强度、抗冲击强度都较高，为普通玻璃的4～5倍。钢化玻璃的缺点是不能任意切割、磨削，这使它的使用方便性大大降低。在使用时，必须使用现有规格的产品，或在生产前指定产品型号。

钢化玻璃主要用于建筑物的门窗、幕墙、隔断、护栏（如护板、楼梯扶手等）、家具，以及电话厅、车、船等的门窗、采光天棚等；可做成无框玻璃门；用于玻璃幕墙可大大提高抗风压能力，防止热炸裂，增大单块玻璃的面积，减少支撑结构。钢化玻璃不宜用于有防火要求的门窗和可能受到吊车、汽车多次直接碰撞的部位。

（2）夹丝玻璃。夹丝玻璃是安全玻璃的一种，也称防碎玻璃或钢丝玻璃。它是将预先编织好的、直径一般为0.4mm左右的、经过热处理的钢丝网或铁丝压入已加热到红热软化状态的玻璃之中制成的。夹丝玻璃按厚度分为6mm、7mm、10mm三种。产品尺寸一般不小于600mm×400mm，不大于2000mm×1200mm。

与普通平板玻璃相比，夹丝玻璃具有优良的耐冲击性和耐热性。如遇外力破坏，即使玻璃无法抵抗冲击造成开裂，但由于钢丝网与玻璃黏结成一体，其碎片仍附着在钢丝网上，避免了碎片飞溅伤人。夹丝玻璃还称为防火玻璃，因为当遇到火灾时，夹丝玻璃具有破而不缺、裂而不散的特性，能有效地隔绝火焰，起到防火的作用。

（3）夹层玻璃。夹层玻璃是在两片或多片平板玻璃之间嵌夹透明、有弹性、黏结力强、耐穿透性好的透明塑料薄片，在一定温度、压力下胶合成整体平面或曲面的复合玻璃制品，是一种常用的安全玻璃。夹层玻璃的原片可以是普通平板玻璃、浮法玻璃、钢化玻璃、彩色玻璃、吸热玻璃或热反射玻璃等，常用的塑料薄片为聚乙烯醇缩丁醛（PVB），厚度为 0.2~0.8mm。夹层玻璃的原片层数有 2、3、5、7、9 层，建筑上常用的为 2~3 层。夹层玻璃的特点是抗冲击能力很强，节能，防紫外线，耐热性、耐寒性、耐湿性、隔声性、保温性、安全性好，长期使用不会变色和老化。

夹层玻璃的常见品种有减薄夹层玻璃、防弹夹层玻璃和报警夹层玻璃。减薄夹层玻璃是采用厚度为 1~2mm 的薄玻璃和弹性胶片加工制成的，具有重量轻、机械强度高、安全性好和能见度高的特点。

14.5.5 节能玻璃

（1）吸热玻璃。吸热玻璃是在普通钠-钙硅酸盐玻璃中加入着色氧化物，如氧化铁、氧化镍、氧化钴及硒等，使玻璃带色并具有较高的吸热性能，也可在玻璃表面喷涂氧化锡、氧化镁、氧化钴等有色氧化物薄膜而制成的。吸热玻璃是一种能控制阳光中热量透过的玻璃，它可以全部或部分吸收携带大量热量的红外线，从而降低通过玻璃的日照热量，又可以保持良好的透明度。吸热玻璃可产生冷房效应，大大节约冷气能耗。

由于吸收了大量太阳热辐射，吸热玻璃的温度会升高，玻璃容易产生不均匀的热膨胀而导致"热炸裂"现象。因此，在吸热玻璃使用的过程中，应注意采取构造性措施，减小不均匀热膨胀，以避免玻璃破坏。具体办法为加强玻璃与窗框等衔接处的隔热、创造利于整体降温的环境、避免在吸热玻璃上出现形状复杂的阴影。

（2）热反射玻璃。热反射玻璃又称镀膜玻璃，是在玻璃表面涂以银、铜、铝、镍等金属及其氧化物的薄膜，或粘贴有机薄膜，采用电浮法等离子交换法，向玻璃表层渗入金属离子，以置换玻璃表层原有离子而形成的具有高热反射能力和良好透光性的玻璃。热反射玻璃有灰色、茶色、金色、浅蓝色、古铜色等颜色，常用厚度为 6mm，规格尺寸有 1600mm×2100mm、1800mm×2000mm 和 2100mm×3600mm 等。

热反射玻璃的主要技术性能是遮蔽系数小、对太阳能的热反射率高、对太阳辐射热的透过率小、对可见光的透过率小。在同样条件下得出太阳光通过不同玻璃射入室内的相对光量叫玻璃的遮蔽系数。遮蔽系数越小，说明通过玻璃射入室内的光能越少，冷房效果越好。

（3）中空玻璃。中空玻璃又称隔热玻璃，由两层或两层以上的平板玻璃组合在一起，四周以高强度、高气密性复合胶粘剂将两块以上的玻璃铝合金框架、橡胶条、玻璃条黏结密封，同时在中间填充干燥的空气或惰性气体。制作中空玻璃的玻璃原片大部分是普通平板玻璃，也可选用钢化玻璃、吸热玻璃、镀膜反射玻璃、压花玻璃以及彩色玻璃等。中空玻璃中的玻璃与玻璃之间留有一定的空气层，其一般厚度约为 6~12mm。空气层的存在使玻璃具有较高的保温、隔热、隔声等功能。

中空玻璃按制造方法可分为制造中空玻璃、焊接中空玻璃和熔接中空玻璃 3 种；按玻璃层数可分为两层中空玻璃、三层中空玻璃和四层中空玻璃 3 种；按用途可分为普通中空玻璃和特种中空玻璃。

中空玻璃的性能包括热工性能、光学性能、装饰性能、隔声性能等。两层中空玻璃的热传导系数由普通玻璃的 6.8W/（m²·℃）左右降到 3.17W/（m²·℃）左右；三层中空玻璃的热传导系数则更低，在某些条件下，其绝热性甚至会优于混凝土墙。中空玻璃的防结露能力很强。根据所选用玻璃原片不同，中空玻璃可以具有不同的光学效果和装饰效果，起到调节室内光线、防眩等作用。玻璃窗结露、结霜之后，会严重影响玻璃的透视性能等多种光学性能。中空玻璃具有很好的隔声性能，一般情况下可以降低噪声 30～40dB，使建筑达到所需要的安静程度。

　　中空玻璃主要用于需要采光，但又要求保温隔热、隔声、无结露的门窗、幕墙、采光顶棚等，还可用于花棚温室、冰柜门、细菌培养箱、防辐射透视窗及车船的挡风玻璃等。

14.5.6　其他类型玻璃制品

　　（1）玻璃砖。玻璃砖又称特厚玻璃，分为实心玻璃砖和空心玻璃砖两种。实心玻璃砖是采用机械压制方法制成的；空心玻璃砖是采用模具压制而成的，它由两块玻璃加热熔结成整体的玻璃空心砖，中间充以干燥空气，经退火，最后涂饰而成。空心玻璃砖的应用比实心玻璃砖广泛。

　　空心玻璃砖按形状分有正方形、矩形和异型产品。外观尺寸一般为厚度 80～100mm，长、宽边长各有 115mm、190mm、240mm、300mm 等规格。空心玻璃砖按空腔的不同可分为单腔空心玻璃砖和双腔空心玻璃砖两种。双腔是在两个凹型砖坯之间再夹一层玻璃纤维网膜，从而形成两个空腔的。因此，双腔空心玻璃砖具有更高的热绝缘性能。

　　空心玻璃砖属于不燃烧体，能有效地阻止火势蔓延。空心玻璃砖的隔热性能良好，导热系数为 2.9～3.2W/（m·K）。因此，玻璃砖砌筑的外墙具有很好的隔热作用，在节约能源的同时，具有冬暖夏凉的效果。空心玻璃砖具有优良的隔绝噪声的作用，隔声量为 50dB。空心玻璃砖具有独特的透光性能，可砌筑成大面积的透光墙体，并且能隔绝视线通过，从外部观察不到内部的景物。

　　玻璃砖具有抗压强度高、耐急热急冷性能好、采光性好、耐磨、耐热、隔声、隔热、防火、耐水及耐酸碱腐蚀等多种优良性能，是一种理想的装饰材料，适用于宾馆、商店、饭店、体育馆、图书馆等建筑物的墙体、隔断、门厅、通道等处装饰。

　　（2）泡沫玻璃。泡沫玻璃是以玻璃碎屑为基料，加入少量发气剂，按比例混合粉磨，磨好的粉料装入模内并送入发泡炉内发泡，然后脱模退火制成的一种多孔轻质玻璃制品，孔隙率可达 80%～90%。泡沫玻璃表观密度小、导热系数小、吸声系数为 0.3、抗压强度为 0.4～8MPa、使用温度为 240～420℃，具有良好的物理性能和化学性能，不透气、不透水、抗冻、防火，有多种颜色可以选择。同时它还具有很好的可加工性，可锯、钉、钻等。

　　（3）玻璃锦砖。玻璃锦砖又称玻璃马赛克，是一种小规格的用于外墙和地面贴面的彩色饰面玻璃。玻璃锦砖在外形和使用方法等方面都与陶瓷锦砖有相似之处。玻璃锦砖的单体规格一般为边长 20～50mm、厚度 4～6mm，四周侧边呈斜面、上表面光滑、下表面带有槽纹，以利粘贴。玻璃锦砖具有很多优良的特性，如色彩丰富、典雅美观、价格较低、质地坚硬、性能稳定、耐脏、无雨自涤、永不褪色、施工方便、可减少湿作业与材料堆放地等。玻璃锦砖能制成红、黄、蓝、白、黑等几十种颜色，且颜色是加入玻璃材质中的，所以具有很高的色泽稳定性。

（4）玻璃幕墙。玻璃幕墙是以铝合金为边框，玻璃为外敷面，内衬以绝热材料的复合墙体。玻璃幕墙是现代建筑极为重要的装饰材料之一，是现代主义设计风格的标志性材料之一。它具有自重轻、保温隔热、隔声、可光控、装饰效果良好等特点。

14.6　木质装饰材料

尽管市面上各种新型装饰材料层出不穷，但木材特有的质感、光泽、色彩、纹理等是其他装饰材料无法比拟的，木质装饰材料在建筑装饰领域始终保持着重要的地位。木材历来广泛应用于建筑物的室内装修与装饰，如门窗、栏杆、扶手、木地板、踢脚、挂镜线以及制作各类人造板材、装饰线条等。木材天然生长具有的自然纹理使木材的装饰效果典雅、亲切、温和、自然，能很好地促进人与空间的融合和情感交流，从而创造出良好的室内氛围。建筑装饰中常用的木质装饰材料有木地板、木质人造板材、木装饰线条、旋切微薄木、木花格以及其他木质装饰材料等。

1. 木地板

木地板是由软木材料（如松、杉等）或硬木材料（如水曲柳、柞木、榆木、樱桃木及柚木等）经加工处理而成的木板面层。木地板是高级的室内地面装饰材料，具有自重轻、弹性好、脚感舒适、导热性小、冬暖夏凉等特性。目前，常用的木地板主要有实木地板、复合木地板和软木地板。

（1）实木地板。实木地板是用天然木材不经过任何黏结处理，用机械设备加工而成的。该地板的特点是保持了天然材料——木材的性能。常用的实木地板有拼花木地板和条木地板。

拼花木地板是用阔叶树种的硬木材，经干燥处理并加工成一定几何尺寸的木块，再拼成一定图案而成的地板材料。拼花木地板的木块尺寸一般为长度250～300mm、宽度40～60mm（最宽可达90mm）、厚度20～25mm。拼花木地板有平口接缝地板和企口拼接地板两种。拼花木地板的铺装分双层和单层两种。拼花木地板坚硬而富有弹性、耐磨、耐腐蚀、质感和光泽好、纹理美观，一般均经过远红外线干燥，含水率恒定，因而外形稳定，易保持地面平整而不变形。拼花木地板适用于高级宾馆、饭店、别墅、会议室、展览室、体育馆、影剧院及住宅等的地面装饰。

条木地板的用法与拼花木地板相似，在使用中应注意防腐问题。

（2）复合木地板。随着木材加工技术和高分子材料应用的快速发展，复合木地板作为一种新型的地面装饰材料得到了广泛的开发和应用。在我国木材资源（尤其是珍贵木材资源）相对匮乏的情况下，采用复合木地板代替实木地板不失为节约天然资源的好办法。复合木地板分为实木复合地板和强化复合木地板两类。

实木复合地板分为三层实木复合地板和多层实木复合地板。三层实木复合地板是由三层实木板相互垂直层压、胶合而成的；多层实木复合地板是以多层实木胶合板为基材，在基材上覆贴一定厚度的珍贵木材薄片或刨切单板为面板，通过合成树脂胶热压而成的。

强化复合木地板的用法与实木复合地板相似。

（3）软木地板。软木实际上并非木材，它是由阔叶树种栓皮栎（属栎木类）的树皮上采割而获得的"栓皮"。该类树皮不同于一般树皮，其栓皮层极其发达、质地柔软、皮很厚、纤维细、呈片状剥落。软木作为天然材料，弹性、柔韧性好，保温隔热性好。此外，软木还是一种吸声性和耐久性均极佳的材料，吸水率接近于零，这是由于软木的细胞结构呈蜂窝状，中间密封空气占70%。

软木地板是天然木质产品，应放置于干燥、通风的场所。若长期存放于湿度大于65%的场所，其尺寸和形状将会发生变化。此外，安装时应注意选用与软木地板相配套的胶粘剂。

软木地板经过特殊处理后，既保持了原木天然的色泽纹理，又具有软木特有的弹性和柔韧性，看似木板，踏如地毯。由于软木具有特殊细胞结构，因而软木地板具有弹性好、吸声减震、保温隔热、防水、防火、阻燃、抗静电、耐磨、不变形、不扭曲、不开裂等优点，被誉为"环保性高档装饰材料"，可取代地毯。软木地板适用于高级宾馆、计算机房、播音室、幼儿园及住宅等的地面装饰。

2. 木质人造板材

凡以木材或木质碎料等为原料，进行各种加工处理而制成的板材统称为木质人造板材。木质人造板材可科学合理地利用木材，提高木材的利用率，是对木材进行综合利用的主要途径。

木质人造板材与天然木板材相比，具有幅面大、质地均匀、变形小、强度大等优点，在现代建筑装饰装修、家具制造等方面被广泛应用。值得注意的是，木质人造板材所采用的胶粘剂中含有一定量的甲醛，污染环境并对人体有害，选用时要注意甲醛释放量应符合规定。建筑装饰工程中常用的木质人造板材有胶合板、纤维板、刨花板、细木工板等。

（1）胶合板。胶合板是将原木软化处理后旋切成单板（薄板），按奇数层数并使相邻单板的纤维方向相互垂直，再用胶粘剂黏合热压而制成的木质人造板材。胶合板的层数有3层、5层、7层、9层和11层，常用的为3层和5层，俗称三合板、五合板。通常胶合板的面层选用光滑平整且纹理美观的单板，也可用各类装饰板等材料制成贴面胶合板，以提高胶合板的装饰性能。胶合板按照有关国家标准分为特等、一等、二等、三等4个等级。

（2）纤维板。纤维板是以植物纤维为主要原料，经破碎浸泡、纤维分离、板坯成型和热压作用而制成的一种木质人造板材。纤维板的原料非常丰富，如木材采伐加工剩余物（树皮、刨花、树枝等）、稻草、麦秸、玉米秆、竹材等。纤维板按表观密度可分为3类，即硬质纤维板（表观密度>800kg/m³）、半硬质纤维板（表观密度为400~800kg/m³）和软质纤维板（表观密度<400kg/m³）。硬质纤维板的强度高、结构均匀、耐磨、易弯曲和打孔，可代替薄木板用于室内墙面、天花板、地面和家具制造等；半硬质纤维板表面光滑、材质细密、结构均匀、加工性能好，且与其他材料的黏结力强，是制作家具的良好材料，主要用于家具、隔断、隔墙、地面等；软质纤维板的结构松软，故强度低，但吸声性和保温性好，是一种良好的保温隔热材料，主要用于吊顶等。

（3）刨花板。刨花板是将木材加工剩余物、采伐剩余物、小径木或非木材植物纤维原料加工成刨花，再与胶粘剂混合，经过热压制成的一种木质人造板材。刨花板具有质量小、幅面大、板面严整挺实、加工性能好等优点，缺点是握钉力差、强度较低，主要用作绝热和吸声材料。对刨花板进行二次加工，进行贴面处理可制成装饰板，这样既增强了板材的表面硬度和强度，又使板材具有装饰性，可用作吊顶、隔墙、家具等材料。刨花板的厚度一般为 13～20mm，幅面尺寸为 915m×1830mm、1000mm×2000mm、1220mm×1220mm、1220mm×2440mm。刨花板分为 A 类和 B 类，A 类又分为优等品、一等品和二等品。

（4）细木工板。细木工板又称大芯板、木芯板，它是由木条或木块组成板芯，两面粘贴单板或胶合板的一种木质人造板材。细木工板质量小、板幅宽、耐久、吸声、隔热、易加工、胀缩小、具有一定的强度和硬度，是木装修做基底的主要材料之一，主要用于建筑装饰和家具制造等行业。细木工板按照板芯结构可分为实心细木工板和空心细木工板；按胶粘剂的性能可分为室外用细木工板和室内用细木工板；按面板的材质和加工工艺质量可分为优等品、一等品和合格品 3 个等级。常用细木工板的板厚为 12mm、14mm、16mm、19mm、22mm、25mm；幅面尺寸为 915mm×915mm、915mm×1830mm、915mm×2135mm、1220mm×1220mm、1220mm×1830mm、1220mm×2440mm。

木质人造板材用于建筑物室内装饰时，其表面一般要做饰面层。饰面层不仅增加了装饰效果，而且有利于改善木质人造板材的物理力学性能。不同的饰面层会产生不同的装饰效果，设计时应根据建筑物整体的风格、室内要求的气氛、环境的协调等因素来综合考虑。用作饰面层的涂料很多，一般有透明涂饰、不透明涂饰和直接印刷涂饰。人造板材表面装饰的方法很多，常用的饰面方法主要有贴面装饰、涂料装饰、表面加工装饰、特殊装饰等。用于贴面装饰的材料很多，通常有薄木贴面、装饰纸贴面、塑料贴面、纺织品贴面、金属贴面、无纺布贴面等。人造板可通过表面加工进行处理，常用方法有烙印装饰、压花纹装饰、雕塑装饰、开槽装饰等。人造板进行特殊装饰的方法有夜光装饰、电化铝烫印装饰、静电植绒装饰等。

3. 木装饰线条

木装饰线条是选用硬质、纹理细腻、木质较好的木材，经干燥处理后，用机械加工或手工加工制成的。木装饰线条在室内装饰中起到固定、连接、加强饰面装饰效果的作用，可作为装饰工程中各平面相接处，分界面、层次面、对接面的衔接口、交接条等的收边封口材料。木装饰线条的品种规格繁多，从材质上分，有硬质杂木线、水曲柳木线、核桃木线等；从功能上分，有压边线、墙腰线、天花角线、弯线、挂镜线、楼梯扶手等；从款式上分，有外凸式、内凹式、凹凸结合式、嵌槽式等。

木装饰线条具有材质硬、木质细、耐磨、耐腐蚀、不劈裂、切面光滑、加工性能好、黏结性好等优点。此外，木装饰线条涂饰性好，可油漆成各种色彩或木纹本色，又可进行对接、拼接，还可弯曲成各种弧线。木装饰线条主要用作建筑物室内墙面的墙腰饰线、墙面洞口装饰线、护壁板和勒脚的压条装饰线、门框装饰线、顶棚装饰角线、门窗及家具的镶边线等。建筑物室内采用木装饰线条，可增添古朴、高雅、亲切的美感。

4. 旋切微薄木

旋切微薄木是以色木、桦木或多瘤的树根为原料，经水煮软化后，旋切成厚 0.1mm左右的薄片，再用胶粘剂粘贴在坚韧的纸上制成卷材的；或者采用水曲柳、柳桉等树材，旋切成厚 0.2～0.5mm 的微薄木，再采用先进的胶粘工艺，将微薄木粘贴在胶合板基层上，制成微薄木贴面板。

5. 木花格

木花格是用木板和枋木制作的若干个分格的木架。这些分格的尺寸或形状一般都各不相同，造型丰富多样。木花格宜选用硬木或杉木树材制作，要求材质木节少、木色好、无虫蛀和腐朽等缺陷。

6. 其他木质装饰材料

除了上述木质装饰材料外，建筑物室内还有许多小部件的装饰，也是采用木材制作的，如窗台板、窗帘盒、踢脚板等。

14.7 竹质装饰材料

竹材作为天然生长的材料，与木材的性质和外观类似。竹材的生长周期短，有很高的力学强度，不易折断，且富有弹性和韧性，装饰效果好，是理想的节木、代木材料。近几年，竹材在装饰领域崭露头角。目前，竹质装饰材料主要有竹木胶合板、竹地板等。

（1）竹木胶合板。竹木胶合板是将竹篾、竹材单板或小竹条用胶粘剂粘贴在木质胶合板上制成的一种装饰板材。竹木胶合板有 2 层、3 层、4 层、5 层和 7 层等几种，厚度为 2.5～13mm，幅面规格有 960mm×1800mm、750mm×1850mm、915mm×1830mm、1000mm×2000mm、1220mm×2440mm、3000mm×1500mm。

（2）竹地板。竹地板是采用中上等竹材，经严格选材、漂白、脱水、防虫和防腐等工序加工处理后，再经高温、高压下的热固胶合而成的。竹地板按外观形状可分为条形竹地板和方形竹地板；按涂料不同可分为原色地板和上色地板。

14.8 建筑装饰塑料

塑料是以合成树脂为主要成分，加入各种填充料和添加剂，在一定的温度、压力条件下塑制而成的材料。塑料与合成橡胶、合成纤维并称为三大合成高分子材料，均属于有机材料。建筑塑料在一定的温度和压力下具有较大的塑性，容易做成各种形状、尺寸的制品，成型后，在常温下又能保持既有的形状和必需的强度。一般习惯将用于建筑及装饰工程中的塑料及制品称为建筑装饰塑料。

目前，塑料成为继金属材料、木材等之后的重要建筑装饰材料，广泛应用于建筑与装饰工程中，有着非常广阔的发展前景。塑料可用作装修装饰材料制成塑料门窗、塑料装饰板、塑料地板等；可制成塑料管道、卫生设备以及绝热、隔声材料，如聚苯乙烯泡沫塑料等；可制成涂料，如过氯乙烯溶液涂料、增强涂料等；也可作为防水材料，如塑料防潮膜、嵌缝材料和止水带等；还可制成黏合剂、绝缘材料，用于建筑及装饰工程中。用于建筑及装饰的塑料制品很多，几乎遍及建筑物的各个部位，常用的有塑料地板、塑料壁纸、塑料装饰板、塑钢门窗、塑料管材及其配件等。

1. 塑料地板

一般将用于地面装饰的各种塑料块板和铺地卷材统称为塑料地板。目前常用的塑料地板主要是聚氯乙烯（PVC）塑料地板。PVC塑料地板具有较好的耐燃性和自熄性、色彩丰富、装饰效果好、脚感舒适、弹性好、耐磨、易清洁、尺寸稳定、施工方便、价格较低，是发展最早、最快的建筑装饰塑料制品，广泛应用于各类建筑的地面装饰。PVC塑料地板中除含有PVC树脂外，还含有填充料、稳定剂、增强剂、润滑剂、颜料等，它们对PVC塑料地板的性能具有很大的影响。

PVC塑料地板按材质不同可分为硬质块材、半硬质块材和软质卷材；按组成和结构不同可分为半硬质单色PVC地砖、印花PVC地砖、软质单色PVC卷材地板、印花不发泡PVC卷材地板、印花发泡PVC卷材地板。

除以上介绍的PVC塑料地板外，还有抗静电PVC塑料地板、防尘PVC塑料地板等。抗静电PVC塑料地板主要用于计算机房、实验室、精密仪表控制车间等的地面铺设。防尘PVC塑料地板具有防尘作用，适用于纺织车间和要求空气净化的防尘仪表车间等。

PVC塑料地板每卷长度20m或30m，宽度1800mm或2000mm，总厚度为1.5mm（家用）或2.0mm（公共建筑用）。带基材的发泡聚氯乙烯卷材地板代号为FB；带基材的致密聚氯乙烯卷材地板代号为CB。PVC塑料地板的产品标记顺序为"产品名称—代号—总厚度—幅宽—采用标准号"。

对PVC塑料地板测试的项目主要有外观尺寸、抗拉强度、延伸率、耐烟头性、耐污染性、耐磨性、耐刻划性、耐凹陷性、阻燃性、硬度等。

2. 塑料壁纸

塑料壁纸是以纸或其他材料为基材，以聚氯乙烯塑料为面层，经压延、涂布以及印刷、压花、发泡等多种工艺制成的一种墙面装饰材料。由于目前塑料壁纸所用的树脂均为聚氯乙烯，所以也称聚氯乙烯壁纸。塑料壁纸的特点是装饰效果好、性能优越、粘贴方便（可用普通的107黏合剂或白乳胶粘贴）、易维修保养、使用寿命长。塑料壁纸大致可分为3类，即普通壁纸、发泡壁纸和特种壁纸。

（1）普通壁纸。普通壁纸是以 $80g/m^2$ 的纸作基材，涂以 $100g/m^2$ 左右的聚氯乙烯糊状树脂（PVC糊状树脂），经印花、压花等工序制成的。普通壁纸花色品种多，有单色印花、印花压花、有光印花和平光印花等，生产量大，经济便宜，是应用最为广泛的一种壁纸。

（2）发泡壁纸。发泡壁纸是以 $100g/m^2$ 的纸作基材，涂以 $300\sim400g/m^2$ 的PVC糊状树脂，经印花、发泡等工序制成的。发泡壁纸可分为低发泡印花壁纸、高发泡印花壁纸和低发泡印花压花壁纸。发泡壁纸色彩多样，具有富有弹性的凹凸花纹或图案，立体感强，浮雕艺术效果及柔光效果好，还有吸声作用。但发泡壁纸的图案易落灰烟尘土，易脏污陈旧，不宜用于烟尘较大的候车室等场所。

（3）特种壁纸。特种壁纸是指具有特殊功能的壁纸，又称专用壁纸。常见的特种壁纸有耐水壁纸、防火壁纸、特殊装饰壁纸等。耐水壁纸是以玻璃纤维毡作为基材，配以具有耐水性能的胶粘剂，以适应卫生间、浴室等墙面装饰要求的特种壁纸。它能洒水清洗，但使用时若接缝处渗水，会将胶粘剂溶解并导致壁纸脱落。防火壁纸是以 $100\sim200g/m^2$ 的石棉纸作为基材，同时面层的PVC中掺有阻燃剂的特种壁纸。防火壁纸具有很好的阻燃防火功能，燃烧时也不会放出浓烟或毒气，适用于防火要求很高的建筑室内装饰。特殊装饰壁纸的面层采用丝绸、金属彩砂、麻、毛及棉纤维等，可产生光泽、散射、珠光等艺术效果，使墙面四壁生辉，还可做成风景壁画型壁纸，即在壁纸的面层印刷风景名胜、艺术壁画，常由多幅拼接而成，适用于装饰厅、堂墙面。

目前塑料壁纸的规格有窄幅小卷（幅宽 530～600mm，长 10～12m，每卷 5～6m²）、中幅大卷（幅宽 760～900mm，长 25～50m，每卷 25～45m²）、宽幅大卷（幅宽 920～1200mm，长 50m，每卷 49～50m²）。窄幅小卷比较适合民用建筑，一般用户可自行粘贴；中幅大卷、宽幅大卷墙用壁纸粘贴时施工效率高、接缝少，适合公共建筑，一般要由专业人员粘贴。塑料壁纸的技术要求涉及外观、褪色性、耐摩擦性、湿强度、可擦性、施工性等指标。

3. 塑料装饰板

塑料装饰板是以树脂为基材或浸渍材料，采用一定的生产工艺制成的具有装饰功能的板材。塑料装饰板具有重量轻、装饰性好、生产工艺简单、施工方便、易于保养、便于和其他材料复合等特点，在装饰工程中的用途越来越广泛。塑料装饰板按原材料的不同可分为硬质 PVC 装饰板、塑料贴面装饰板、有机玻璃装饰板、玻璃钢装饰板、塑料复合夹层板等类型；按结构和断面形式可分为平板、波形板、异形板、格子板等类型。

（1）硬质 PVC 装饰板。硬质 PVC 装饰板有透明和不透明两种。硬质 PVC 装饰板表面光滑、易清洗、耐腐蚀、色泽鲜艳、不变形，同时具有良好的施工性，可锯、刨、钻、钉，常用于室内饰面、家具台面等的装饰。

（2）塑料贴面装饰板。塑料贴面装饰板中，最常见的是三聚氰胺层压板。它是以厚纸为骨架，浸渍酚醛树脂或三聚氰胺甲醛等热固性树脂，多层叠合经热压固化而成的可覆盖在各种基材上的薄性贴面材料。三聚氰胺甲醛树脂清澈透明、耐磨性优良，常用作表面的浸渍材料，故通常以此命名板材。

（3）有机玻璃装饰板。有机玻璃装饰板是以甲基丙烯酸甲酯为主要原料，加入引发剂、增塑剂等聚合而成的热塑性塑料。有机玻璃分为无色透明有机玻璃、有色有机玻璃和珠光玻璃等。

（4）玻璃钢装饰板。玻璃钢（简称 GRP）是以合成树脂为基体，以玻璃纤维或其制品为增强材料，经成型、固化而成的固体材料。目前，玻璃钢装饰材料采用的合成树脂多为不饱和聚酯，因为它工艺性能好，可制成透光制品，并可在室温常压下固化。玻璃钢除制作成装饰板外，还可用来制作玻璃钢波形瓦、玻璃钢采光罩、玻璃钢卫生洁具、玻璃钢盒子卫生间等。

（5）塑料复合夹层板。塑料复合夹层板是塑料与其他轻质材料复合制成的，因而具有装饰性和保温隔热、隔声等功能，是理想的轻板框架结构的墙体材料，在热带和寒冷地区使用均适宜。

4. 塑钢门窗

塑钢门窗是继木、钢、铝合金之后崛起的新一代建筑门窗。塑钢即塑料与钢材混合在一起，外观是塑料，里面是钢材加固。塑钢门窗是用塑钢型材通过切割、焊接的方式制成门窗框、扇，再装配上橡塑密封条、五金配件等附件制成的。为了提高门窗型材的刚性，在型材空腔内填加钢衬，所以称为塑钢门窗。塑钢门窗按构造分为单框单玻、单框双玻两种。目前，塑钢门窗有平开门、窗，推拉门、窗及地弹簧门五大类，此外，还有工业建筑用的防腐蚀门窗、中悬窗等。

塑钢门窗与普通木门窗、钢门窗相比，主要特点是密封性、装饰性、保温隔热性、耐候性、耐腐蚀性、防火性、刚度好，强度高，坚固耐用，使用维修方便。塑钢门窗除了自本身的优良性能外，无论是在节约能耗、使用能耗方面，还是在保护环境方面，都比木、钢、铝合金门窗具有更明显的优越性。

5. 塑料管材及其配件

塑料材料除用来生产以上塑料制品外，还被大量地用来生产各种塑料管材及配件，在建筑电气安装、水暖安装工程中广泛使用。塑料管材的优点是质量小、耐腐蚀性好、液体阻力小、安装方便（可采用溶剂粘接、承插连接、焊接等）、装饰效果好、维修费用低。塑料管材的缺点是耐热性较差、抗冲击性能差、冷热变形比较大。

目前，生产塑料管材的塑料材料主要有聚氯乙烯、聚乙烯、聚丙烯、酚醛树脂等，制成的管道可分为硬质、软质和半软质 3 种。在各种塑料管材中，聚氯乙烯管的产量最大（约占 80%），用途最广泛。此外，近年来在塑料管材的基础上，还发展了新型复合铝塑管。这种管材具有安装方便，防腐蚀、抗压强度高，可自由弯曲等特点，在室内装修工程中被广泛应用，可用于供暖管道和上、下水管道的安装。塑料管材及其配件可在电气安装工程中用于电线的敷设套管、电器配件（如开关、线盒、插座等）及电线的绝缘套等。在水暖安装工程中，上、下水管道的安装主要以硬质管材为主，其配件也为塑料制品；供暖管道的安装主要以新型复合铝塑管为主，多配以专用的金属配件（如不锈钢、铜等）。

14.9　建筑装饰涂料

建筑装饰涂料是指涂于物体表面能很好地黏结形成完整保护膜，同时具有防护、装饰、防锈、防腐、防水功能的物质。由于早期的涂料采用的主要原料是天然树脂和干性油、半干性油等，故称油漆。直至现在，习惯上仍把溶剂性涂料俗称"油漆"，而把乳液性涂料俗称"乳胶漆"。建筑装饰涂料的主要功能包括保护功能、装饰功能以及帮助实现建筑物特殊要求的使用功能。

14.9.1　建筑装饰涂料的组成

每种建筑装饰涂料的组成之间都存在着或多或少的差异，这是因为涂料是多种成分的混合物。按照涂料中各个组成部分所发挥的作用，通常可将建筑装饰涂料的组成分为主要成膜物质、次要成膜物质、溶剂和助剂 4 部分。

14.9.2　建筑装饰涂料的分类

建筑装饰涂料通常按主要成膜物质分类，或按涂料在建筑的使用部位和使用功能分类。按主要成膜物质的化学成分的不同，建筑装饰涂料可分为有机涂料、无机涂料、无机和有机复合涂料 3 类。

（1）有机涂料。常用的有机涂料有溶剂型涂料、水溶性涂料、乳胶涂料 3 种。

（2）无机涂料。无机涂料是历史最悠久的一类涂料，其最早的代表性产品是无机抹灰材料。硅溶胶、水玻璃的成功应用改变了无机涂料的面貌，使之成为品质良好、应用广泛的一种涂料。

（3）无机和有机复合涂料。有机涂料品种丰富、发展空间大，无机涂料对人体健康影响小、资源广泛，但它们都有各自的不足。无机涂料和有机涂料相结合的复合涂料恰恰结合了它们的特点，做到了取长补短、发挥优势。无机和有机复合涂料的研制，为涂料的开发与应用提供了全新的思路；为改善建筑装饰涂料的性能，降低成本，更好地适应建筑装饰工程的施工要求、装饰要求、环保要求等方面提供了一条更切实可行的途径，如聚乙烯醇水玻璃内墙涂料的耐水性比聚乙烯醇涂料高；硅溶胶、丙烯酸系列复合外墙涂料在涂膜的柔韧性及耐候性方面更能适应大气温度差的变化。

建筑涂料也可以按主要成膜物质分为丙烯酸涂料、聚乙烯醇涂料、氯化橡胶涂料、聚氨酯涂料和水玻璃及硅溶胶涂料等。除上述分类外，建筑装饰涂料还可按其他方式分类。按建筑物的使用部位不同，建筑装饰涂料可分为外墙涂料、内墙涂料、顶棚涂料、地面涂料和屋面防水涂料等。建筑的不同使用部位对建筑装饰涂料的要求是不同的，如外墙涂料要求防水性能好，而内墙涂料更注重装饰效果。按使用功能不同，建筑装饰涂料可分为装饰性涂料、防火涂料、保温涂料、防腐涂料、防水涂料等。按涂膜的状态特征不同，建筑装饰涂料可分为薄质涂料、厚质涂料、砂壁涂料及变形凹凸花纹涂料等。

14.9.3　建筑装饰涂料的命名及选用原则

建筑装饰涂料是以主要成膜物质作为命名的依据。涂料的颜色位于涂料名称的最前面，有时可用颜料的名称代替。一般建筑装饰涂料的命名方式为"颜色或颜料名称—成膜物质—基本名称"。现行《涂料产品分类和命名》（GB/T 2705）对涂料型号的命名方法有严格的规定，涂料的型号名称应包括 3 个部分，第 1 部分是以汉语拼音表示涂料的类别；第 2 部分是以两位数字表示的基本名称；第 3 部分是序号。

建筑装饰涂料的选用原则一般有 3 个，即建筑表面不同的使用功能是选择建筑装饰涂料的基本依据；选择的建筑装饰涂料类型应当与建筑物表面材质相匹配；根据建筑物表面装修的更新周期选用不同耐久性的建筑装饰涂料。

14.9.4　常见建筑装饰涂料的特点

1. 内墙涂料

内墙涂料通常也可用于顶棚，主要功能是装饰及保护内墙墙面及顶棚，使其达到良好的装饰效果和使用功能。由于应用环境的特殊性，内墙涂料具有 3 方面特点，即色彩丰富，耐碱性、耐水性、耐洗刷性好，无毒、环保。常用内墙涂料有合成树脂乳液内墙涂料、水溶性内墙涂料、多彩内墙涂料、多彩立体涂料、石膏涂料、其他内墙涂料等。

2. 外墙涂料

外墙涂料主要用于装饰和保护建筑物的外墙面，使建筑物美观整洁，从而达到美化城市环境的效果。外墙涂料还具有保护建筑物，延长建筑物使用寿命的作用。根据使用部位、环境和施工特点等，外墙涂料应具有自己的特点。建筑物的外墙面长期暴露在大气中，经常受雨水冲刷侵蚀，因此外墙涂料的耐水性应当较高。外墙涂料在风沙、冷热、日光、紫外线的辐射、酸雨侵蚀的环境中，要做到长期不发生开裂、剥落、脱粉、变色等现象，就必须具备优秀的耐候性和抗老化性。外墙的清洁工作难度较高，特别是高层建筑的外墙清洁工作，因此外墙涂料的耐污染性和易清洁性是很重要的。外墙涂料的施工及维修工作很多都是高空作业，具有较大的施工难度和风险，因此要求施工及维修较为方便。作为装饰材料，外墙涂料应当具有较好的装饰效果。

外墙涂料的种类很多，目前最常用的有过氯乙烯外墙涂料、BSA 丙烯酸外墙涂料、丙烯酸酯外墙涂料、聚氨酯丙烯酸外墙涂料、彩砂外墙涂料、氯化橡胶外墙涂料、JH80-1 无机外墙涂料、JH80-2 无机外墙涂料、KS-82 无机高分子外墙涂料等。

3. 地面涂料

地面涂料的主要功能是装饰与保护室内地面，使地面清洁美观，并与其他装饰要素共同作用，创造出和谐健康的生活环境。根据使用部位和使用要求的不同，地面涂料应具有以下特点，即良好的耐碱性、耐磨性、耐水性和耐擦洗性。常用地面涂料主要有过氯乙烯地面涂料、H80-环氧地面涂料、聚氨酯地面涂料等。

4. 油漆涂料

油漆是室内装饰中常用的一种涂料。油漆表面有亚光和光亮之分，消费者可根据需求选择。油漆对基材表面具有保护功能，使木制品的防蛀、防水、防腐性能大大提高。油漆的装饰作用十分明显，它表面光滑亮泽、经久耐用。油漆中含有对人体有害的物质，如甲苯、苯、挥发性有机化合物（VOC）等，因此，在施工时应注意通风，以防中毒。常见油漆涂料有天然漆、调和漆、树脂漆（又称清漆）、瓷漆等。

14.10　纤维装饰织物

纤维装饰织物有天然纤维、粘胶纤维、化学纤维、合成纤维和玻璃纤维等。这些纤维材料各具特点，均会直接影响到织物的质地、性能等。常用的天然纤维有羊毛纤维、棉纤维、麻纤维、丝纤维、其他纤维。常用的粘胶纤维有人造棉、人造毛、人造丝、人造纤维、铜氨纤维、富强纤维。常用的化学纤维有醋酸纤维素纤维（醋酯纤维）、聚酯纤维（涤纶）、聚酰胺纤维（锦纶）。常用的合成纤维有聚丙烯腈纤维（腈纶）、聚丙烯纤维（丙纶）、聚氯乙烯纤维（氯纶）、聚氨基甲酸酯纤维（氨纶）等。玻璃纤维是由熔融玻璃制成的一种纤维材料，直径从数微米至数十微米。玻璃纤维性脆、较易折断、不耐磨，但抗拉强度高、伸长率小、吸湿性小、不燃、耐高温、耐腐蚀、吸声性能好，可纺织加工成各种布料、带料等，或织成印花墙布。

常用的纤维装饰织物有地毯与挂毯、墙面装饰织物和其他织物制品。

1. 地毯与挂毯

地毯按材质不同可分为纯毛地毯、混纺地毯、化纤地毯、剑麻地毯、塑料地毯、橡胶地毯等；按加工工艺不同可分为手工类地毯和机制类地毯；按编织方法不同可分为手工打结地毯、簇绒地毯、无纺地毯；按图案类型的不同可分为北京式地毯（简称京式地毯）、美术式地毯、仿古式地毯、彩花式地毯、素凸式地毯等；按规格尺寸的不同可分为块状地毯、卷状地毯；按使用场所不同可分为轻度家用级、中度家用或轻度专业使用级、一般家用或中度专业使用级、重度家用或一般专业使用级、重度专业使用级、豪华级等六级。

地毯的命名由基础名称和附加名称构成。基础名称指构成毯面的加工工艺；附加名称指构成地毯的原材料名称和后整理过程名称。地毯原材料名称有羊毛、桑蚕丝、黄麻、人造丝、锦纶、腈纶、涤纶和丙纶等；地毯的后整理主要包括剪花、片凸、化学处理、仿古处理、防虫蛀整理、抗静电整理、阻燃整理、防尘整理、防污整理及背衬整理等。地毯的技术性能包括耐磨性、弹性、剥离强度、绒毛黏合力、抗静电性、抗老化性、耐燃性、抗菌性。地毯的技术性能要求是鉴别地毯质量的标准，也是用户挑选地毯时的依据。

2. 墙面装饰织物

墙面装饰织物是指以纺织物和编织物为面料制成的壁纸（或墙布），其原料可以是丝、羊毛、棉、麻或化纤等，也可以是草、树叶等天然材料。

目前，墙面装饰织物的主要品种有织物壁纸、玻璃纤维印花贴墙布、无纺贴墙布、化纤装饰墙布、棉纺装饰墙布、高级墙面装饰织物和窗帘帷幔等。

（1）织物壁纸。织物壁纸又称纺织纤维壁纸，可由棉、麻、丝和羊毛等天然纤维或化学纤维制成各种色泽、花式的粗细纱或织物，用不同的纺纱工艺和花色拈线加工方式，将纱线粘到基层纸上，从而制成花样繁多的纺织纤维壁纸；还可用扁草、竹丝或麻皮条等天然材料，经过漂白或染色，再与棉线交织后同基纸粘贴，制成植物纤维壁纸。织物壁纸现有纸基织物壁纸和麻草壁纸两种。纸基织物壁纸是由棉、麻、丝和羊毛等天然纤维或化学纤维制成各种色泽、花色的粗细纱或织物，再与纸基层黏合而成的；麻草壁纸是以纸为基底，以编织的麻草为面层，经复合加工而制成的室内装饰材料。

（2）玻璃纤维印花贴墙布。玻璃纤维印花贴墙布是以中碱玻璃纤维布为基材，表面涂以耐磨树脂，印上彩色图案制成的。

（3）无纺贴墙布。无纺贴墙布是采用棉、麻等天然纤维或涤纶 PE-TP、腈纶 PAN 等合成纤维，经无纺成型、涂布树脂、印刷彩色花纹等工序制成的一种新型贴墙面材料。

（4）化纤装饰墙布。化纤装饰墙布是以化学纤维织成的布（单纶或多纶）为基材，经一定处理后印花制成的。常用的化学纤维有粘胶纤维、醋酯纤维、丙纶、腈纶、锦纶和涤纶等。多纶是指用多种化纤与棉纱混纺制成的墙布。

（5）棉纺装饰墙布。棉纺装饰墙布是以纯棉平布为基材，经前处理、印花、涂布耐磨树脂等工序制成的。

（6）高级墙面装饰织物。高级墙面装饰织物是指锦缎、丝绒、呢料等织物。

（7）窗帘帷幔。随着现代建筑的发展，窗帘帷幔已成为室内装饰不可缺少的内容。

3. 其他织物制品

其他织物制品包括矿物棉装饰吸声板以及吸声用玻璃棉制品。

（1）矿物棉装饰吸声板。矿物棉属于轻质、保温、吸声的无机纤维材料，用于防火门、复合板的夹层及吸声墙体等。矿物棉装饰吸声板按原材料的不同可分为矿渣棉装饰吸声板和岩棉装饰吸声板。

（2）吸声用玻璃棉制品。吸声用玻璃棉制品是以玻璃为主要原料，熔融后以离心喷吹法、火焰喷吹法等制成的人造无机纤维。常用玻璃棉制品可分为吸声板和吸声毡，装饰工程中常用吸声板。

14.11 其他装饰材料

1. 胶粘剂

胶粘剂是指具有良好的粘接性能，把两物体紧密牢固地胶接起来的非金属物质。

2. 装饰腻子及修补材料

腻子在涂料工程中主要用以镶嵌填涂饰面基层的缝隙、孔眼和凹坑不平等缺陷，使基层表面平整，方便涂饰，并保证涂饰质量。在涂料工程中，腻子可以采用商品腻子，也可以自行配制。

腻子按干燥速度不同可分为快干型腻子和慢干型腻子；按黏结剂不同可分为水性腻子、油性腻子和挥发性腻子；按装饰效果不同可分为透明腻子和不透明腻子。对腻子的基本要求是应具有塑性和易涂性，干燥后应坚固，并应与底漆、面漆配套使用。

腻子一般由体质颜料、黏结剂、着色颜料、溶剂或水、催干剂等组成。常用的体质颜料有碳酸钙（大白粉）、硫酸钙（石膏粉）、硅酸钙（滑石粉）等；黏结剂常采用熟桐油、清漆、合成树脂溶液、乳液等。

在实际施工中，腻子应分次嵌填，并且必须等第一道腻子干燥、打磨平整后，再嵌填下一道腻子或涂刷底漆和面漆，否则会影响涂层的附着力。腻子嵌填的要点是实、平、光，使其与基层接触紧密、黏结牢固、表面平整光洁，从而减少打磨工序的工作量，节省涂料，确保涂饰质量。

满刮腻子多用于不透明涂饰中打底或基层满刮，如抹灰面或石膏板面刷涂料、木质基层刷混色油漆时，多采用满刮腻子的做法。当木质基层涂刷本色油漆时，可用虫胶漆或清漆加入适量体质颜料和着色颜料作为腻子满刮。

常见的装饰腻子及修补材料包括刷浆工程常用腻子、石材用修补材料（可采用水泥型修补法、树脂型修补法、专用理石胶修补法进行施工）等。

3. 装饰灯具和卫生洁具

（1）装饰灯具。灯具是光源、线罩及管架的总称。现代灯饰将照明工具艺术化，从而起到照明与装饰的双重效果。装饰灯具已成为室内装饰中的重要组成部分。装饰灯具按光源不同可分为日光灯、白炽灯和节能紧凑型荧光灯；按构造和材料不同可分为高级豪华水晶装饰灯、普通玻璃装饰灯、塑料装饰灯、金属装饰灯、木竹装饰灯等。

（2）卫生洁具。卫生洁具是现代建筑不可缺少的组成部分，近年来发展较快，尤其在节能、节水、消声、造型、色彩和配套水平等方面都获得了较大的发展。卫生洁具的材质也由过去的陶瓷、铸铁搪瓷制品和一般的金属配件，发展到玻璃钢、不锈钢、塑料、人造大理石等新型材料。目前，常用的卫生洁具主要有陶瓷卫生洁具、人造大理石卫生洁具、人造玛瑙石卫生洁具、塑料卫生洁具、玻璃钢卫生洁具、铸铁搪瓷浴缸、钢板搪瓷浴缸等。陶瓷卫生洁具是以石英粉、长石粉、黏土等为主要原料，经过粉碎、研磨、烧结等工序制成的。陶瓷卫生洁具具有色泽柔和、质地洁白、结构致密、吸水率小、强度较大、热稳定性好、耐酸腐蚀（氢氟酸除外）等特点，是传统的卫生洁具，也是目前用量最大的卫生洁具之一。陶瓷卫生洁具按结构和用途不同可分为陶瓷大便器、陶瓷小便器、陶瓷洗面盆、陶瓷水箱、陶瓷肥皂盒等。

思考题与习题

1. 简述建筑装饰用基本材料的类型、特点、适用范围及应用注意事项。
2. 简述装饰灯具和卫生洁具的类型、特点、适用范围及应用注意事项。

第 15 章　土木工程材料常规试验

15.1　土木工程材料试验的基本要求

　　检验材料质量的试验应根据现行的相关规范和技术标准进行。试验过程主要分 5 步，即选取试样、确定试验方法、进行试验操作、处理试验数据、分析试验结果。选取试样应按现行相关技术标准的有关规定进行，试样必须有代表性，应使从少量试样所得出的试验结果能确切反映整批材料的质量。通过试验所测得的材料性能指标都是按一定试验方法得出的有条件性的指标。试验方法不同，其结果也不同，因此，试验方法必须能正确反映材料的真实性能，且切实可行。试验操作过程中，必须使仪器设备、试件制备、测量技术等严格符合试验方法中的规定，以确保试验条件的统一，从而获得准确的、具有可比性的试验结果。整个试验操作过程中应注意观察出现的各种现象，并作好记录，以便分析。试验数据计算应与测量的精密度相适应，并遵守现行 GB/T 8170 的有关规定。分析试验结果时，应分析试验结果的可靠程度，说明在既定试验方法下所得成果的适用范围，将试验结果与材料质量标准相比较，并作出结论。

15.2　材料密度试验

1. 试验目的

学习掌握材料密度的概念和意义，掌握材料密度的测定方法。

2. 试验原理

材料内部一般含有一些孔隙，为了获得绝对密实状态的试样，须将材料磨成细粉，以排除其内部孔隙，再用排液置换法求出绝对密实体积。

3. 仪器设备

李氏瓶、天平、温度计、玻璃容器、密度瓶、筛子、烘箱、小勺、漏斗等。

4. 试验步骤

（1）将试样磨成粉末，通过 900 孔/cm² 的筛子后，将粉末放入 105～110℃烘箱内，烘干至恒重。

（2）将不与试样反应的液体倒入李氏瓶中，使液面达到 0～1mL 刻度之间，记下刻度数，将李氏瓶置于水温（20±2）℃的盛水玻璃容器中。

（3）用天平称取 60～90g 试样，用小勺和漏斗小心地将试样送入密度瓶中，直到液面上升到 20mL 左右，再称剩余的试样质量，计算出装入瓶中的试样质量 m。

（4）轻轻振动密度瓶，使液体中的气泡排出，记下液面刻度，前后两次液面读数之差即为瓶内试样所占的绝对体积 V。

5. 试验结果

根据下式计算密度 ρ，结果精确至 $0.01 g/cm^3$。

$$\rho = m/V$$

式中，m 为装入瓶中的试样质量（g）；V 为装入瓶中试样的绝对体积（cm^3）。

以两次试验结果的算术平均值作为测定结果。两次试验结果的差值不得大于 0.02g/cm^3，否则应重新取样进行试验。

15.3 砂的表观密度试验

1. 试验目的

掌握砂的表观密度的概念和测定方法，作为混凝土配合比设计和评定砂的质量的依据。

2. 试验原理

砂的表观密度（即视密度）是包括内部封闭孔隙在内的颗粒的单位体积质量。按照颗粒含水状态的不同，砂的表观密度有干表观密度与饱和面干表观密度之分。砂在完全干燥状态下测得的表观密度为干表观密度。

3. 仪器设备

天平、容量瓶（500mL）、烧杯、烘箱、浅盘、料勺、温度计等。

4. 试验步骤

（1）将 650g 试样在温度为（105±5）℃的烘箱中烘至恒重，冷却至室温备用。

（2）称取 300g（即 m_0）试样，装入盛有半瓶凉开水的容量瓶中。

（3）摇转容量瓶，排除气泡，塞紧瓶塞，静置 24h 左右。然后加水至与瓶颈平齐，再塞紧瓶塞，擦干瓶外水分，称其质量（即 m_1）。

（4）倒出瓶中的水和试样，再注入与上次水温相差不超过 2℃ 的凉开水至瓶颈刻度线。塞紧瓶塞，擦干瓶外水分，称其质量（即 m_2）。

5. 试验结果

根据下式计算砂的表观密度 ρ_0，结果精确至 $10 kg/m^3$。

$$\rho_0 = m_0 \rho_h / (m_0 + m_2 - m_1)$$

式中，m_0 为干砂的质量（kg）；m_1 为试样、水和容量瓶的质量之和（kg）；m_2 为水和容量瓶的质量之和（kg）；ρ_h 为水的密度（$1000 kg/m^3$）。

以两次试验结果的算术平均值作为测定结果。两次试验结果的差值不得大于 20kg/m^3，否则应重新取样进行试验。

15.4 砂的堆积密度试验

1. 试验目的

掌握砂的堆积密度的概念和测定方法，作为混凝土配合比设计的依据。

2. 试验原理

砂的堆积密度是包括颗粒间空隙在内的单位堆积体积的质量，有松散状态下的堆积密度和振实状态下的堆积密度。

3. 仪器设备

天平、容量筒、漏斗、烘箱、浅盘、料勺、直尺、筛子等。

4. 试验步骤

（1）将试样在温度为（105±5）℃的烘箱中烘至恒重，冷却至室温后筛除粒径大于4.75mm的颗粒，分成大致相等的两份备用。

（2）称得容量筒质量 m_1，将容量筒置于浅盘中的标准漏斗下，将漏斗出口处的挡板插严，取烘干试样装满漏斗。

（3）打开漏斗挡板，砂样流入容量筒中至上面成锥形为止。

（4）用直尺将多余的试样沿筒口中心线向两个方向刮平，称其质量 m_2。

5. 试验结果

根据下式计算砂的堆积密度 ρ_1，结果精确至 10kg/m^3。

$$\rho_1 = (m_2 - m_1) / V$$

式中，m_1 为容量筒的质量（kg）；m_2 为砂和容量筒的质量之和（kg）；V 为容量筒的体积（L）。

以两次试验结果的算术平均值作为测定结果。

15.5 砂的筛分析试验

1. 试验目的

掌握筛分析试验的方法，评定砂的级配及粗细程度是否符合规范要求。

2. 试验原理

通过筛分析试验评定砂的级配及粗细程度。在拌制混凝土时，细集料的级配和粗细程度对节约水泥和获得均匀的混凝土有重要影响。

3. 仪器设备

标准筛（图15-5-1）、摇筛机（图15-5-2）、天平、烘箱、浅盘、料勺、毛刷等。

4. 试验步骤

（1）将砂样通过9.5mm的标准筛，并在温度为（105±5）℃的烘箱中烘至恒重，冷却至室温备用。

（2）称取烘干试样500g，置于按孔径大小顺序排列的标准筛中，在摇筛机上筛

10min。取下标准筛，再按筛孔大小顺序，逐个进行手筛，直至每分钟的筛出量不超过试样总质量的 0.1％时为止。通过的颗粒并入下一号筛，和下一号筛中的试样一起过筛，直至各号筛全部筛完为止。试样的各号筛上的筛余量 m_r 均不得超过按

$$m_r = Ad^{1/2}/300$$

或

$$m_r = Ad^{1/2}/200$$

计算得到的值。其中，第一个公式用于质量仲裁，第二个公式用于生产控制检验。式中，m_r 为筛余量（g）；d 为筛孔尺寸（mm）；A 为筛面积（mm²）。

图 15-5-1　方孔标准筛　　　　　图 15-5-2　摇筛机

若筛余量超过以上公式得到的值，则应将该筛剩余的试样分成两份，再次进行筛分，并以该两份筛余量之和作为该号筛的筛余量。

（3）分别称量各号筛的筛余量，结果精确至 1g，各号筛的分计筛余量和底盘中剩余量之总和与砂样总质量相比，差值不得超过±1％。

5. 试验结果

（1）计算分计筛余百分率，即各号筛上的筛余量占试样总量的百分数，结果精确至 0.1％。

（2）计算累计筛余百分率，即该号筛上的分计筛余百分率与大于该号的各筛分计筛余百分率之总和，结果精确至 0.1％。

（3）根据各筛的累计筛余百分率绘出试样的颗粒级配曲线，将获得的曲线与国家标准规定的曲线相比较，评定该试样的颗粒级配。

（4）计算细度模数 μ_f。计算式为

$$\mu_f = (A_2 + A_3 + A_4 + A_5 + A_6 - 5A_1) / (100 - A_1)$$

式中，A_1、A_2、A_3、A_4、A_5、A_6 分别为 4.75mm、2.36mm、1.18mm、0.6mm、0.3mm、0.15mm 筛上的累计筛余百分率，计算精确到 0.1％。

砂的粗细程度应按细度模数确定。

（5）筛分试验应采用两个试样进行，并取两次试验结果的算术平均值作为测定结果。若两次所得细度模数之差大于 0.2，则应重新进行试验。

15.6 水泥细度试验

1. 试验目的

掌握水泥细度的概念和测定方法，评定水泥细度是否符合现行规范的要求。

2. 试验原理

水泥细度以 0.08mm 方孔筛上筛余物的质量占试样原始质量的百分数表示。

3. 仪器设备

水泥负压筛析仪（图 15-6-1～图 15-6-2）、天平、烘箱、料勺、毛刷等。

图 15-6-1 Ⅰ型水泥负压筛析仪　　　　图 15-6-2 Ⅱ型水泥负压筛析仪

4. 试验步骤

（1）将水泥负压筛析仪接通电源，将负压调整到 4000～6000Pa 的范围。

（2）称取烘干的水泥试样 25g，置于洁净的负压筛中，盖好筛盖，开动筛析仪，连续筛析 2min。筛析期间应将附着在筛盖上的水泥全部敲落在负压筛中。

（3）筛完在天平上称量筛余物。

（4）当工作负压小于 4000Pa 时，应清理吸尘器内的水泥，使负压恢复正常。有条件时应借助比表面仪（图 15-6-3）测定水泥的比表面积。

图 15-6-3 比表面积仪

5. 试验结果

根据下式计算水泥筛余百分率 F，结果精确至 0.1%。

$$F = m_1/m \times 100\%$$

式中，m_1 为筛余量（g）；m 为水泥试样质量（g）。

15.7 水泥标准稠度用水量试验

1. 试验目的

测定水泥净浆达到标准稠度时的用水量，为水泥凝结时间和安定性试验作好准备。

2. 试验原理

水泥标准稠度用水量以水泥净浆达到规定稠度时的用水量占水泥用量的百分数表示。水泥浆的稀稠程度对水泥的凝结时间、体积安定性等技术性质的影响很大。为便于对试验结果进行分析比较，必须在相同的稠度下进行试验。

3. 仪器设备

水泥净浆搅拌机（图 15-7-1～图 15-7-2）、试模、水泥标准稠度与凝结时间测定仪（维卡仪）（图 15-7-3～图 15-7-4）、量筒、天平等。

图 15-7-1　Ⅰ型水泥净浆
搅拌机

图 15-7-2　Ⅱ型水泥净浆
搅拌机

图 15-7-3　水泥标准稠度与
凝结时间测定仪

图 15-7-4　标准法维卡仪

4. 试验步骤

（1）将称好的水泥 500g 倒入搅拌机中，然后把量好的拌合水倒入搅拌机中，启动搅拌机。

（2）拌合结束后，立即将拌制好的水泥净浆置于玻璃板上的试模中，用小刀插捣均匀，并刮去多余净浆后，迅速移到维卡仪上，将其中心定在维卡仪的试杆下。

（3）降低试杆，使其与净浆表面接触，拧紧螺丝后突然放松，使试杆铅直自由地沉入浆中。在试杆停止沉入或放松试杆 30s 时，记录试杆与玻璃板之间的距离。有条件时应借助水泥水化热测试仪（图 15-7-5）测定水泥的水化热。

图 15-7-5　水泥
水化热测试仪

5. 试验结果

以试杆沉入净浆并距底板（6±1）mm 的水泥净浆为标准净浆。其拌合用水量为水泥的标准稠度用水量，按水泥质量的百分率计。

15.8 水泥凝结时间试验

1. 试验目的

掌握水泥凝结时间的概念和测定方法，测定水泥初凝时间和终凝时间，用以评定水泥性质。

2. 试验原理

水泥凝结时间有初凝与终凝之分。初凝时间是指从加水到水泥标准稠度净浆开始失去塑性的时间；终凝时间是指从加水到完全失去塑性的时间。

3. 仪器设备

水泥净浆搅拌机、水泥标准稠度与凝结时间测定仪（维卡仪）、量筒、天平、初凝试针（图 15-8-1）、终凝试针（图 15-8-2）、标准养护箱（图 15-8-3）等。

图 15-8-1 初凝试针　　　图 15-8-2 终凝试针　　　图 15-8-3 水泥恒温恒湿养护箱

4. 试验步骤

（1）以标准稠度用水量的水制成标准稠度净浆，一次装满试模，振动数次并刮平，立即放入标准养护箱中，记录加水时间为凝结时间的起始时间。

（2）试件在标准养护箱中养护至加水后 30min 时进行第一次测试。取出试件放到测定仪的试针下，降低试杆，使其与净浆表面接触，拧紧螺丝后突然放松，使试杆铅直自由地沉入浆中，观察试针停止沉入或放松试针 30s 时的读数。临近初凝时每隔 5min 测定一次，当试针下沉至距底板（4±1）mm 时，水泥达到初凝状态。

（3）取下初凝试针，换上终凝试针，试模翻转 180°，按初凝时间的测定方法继续测试。临近终凝时每隔 15min 测定一次，当试针沉入试体 0.5mm 时，水泥达到终凝状态。

5. 试验结果

从加水到初凝状态的时间为水泥的初凝时间，单位为 min。从加水到终凝状态的时间为水泥的终凝时间，单位为 min。

15.9 水泥安定性试验

1. 试验目的

掌握水泥安定性的概念和测定方法，用以评定水泥的性质。

2. 试验原理

水泥体积安定性是指水泥在凝结硬化过程中体积变化的均匀性。水泥中如果含有较多的游离 CaO、MgO 和 SO_3，就能使体积发生不均匀的变化，这样的水泥称为安定性不合格水泥。

3. 仪器设备

沸煮箱（图 15-9-1、图 15-9-2）、雷氏夹（图 15-9-3）、水泥净浆搅拌机、量筒、天平、标准养护箱、玻璃板等。

图 15-9-1 Ⅰ型水泥安定性沸煮箱

图 15-9-2 Ⅱ型水泥安定性沸煮箱

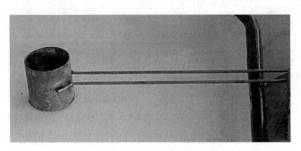

图 15-9-3 雷氏夹

4. 试验步骤

（1）把雷氏夹放在涂油的玻璃板上，将制成的标准稠度净浆一次装满雷氏夹，用小刀插捣数次并抹平，盖上涂油的玻璃板，立即放入标准养护箱中养护（24±2）h。

（2）脱去玻璃板取下试件，测定雷氏夹指针尖端的距离（A），结果精确至 0.5mm。将试件放入沸煮箱中的试件架上，指针朝上，然后在（30±5）min 内加热至沸腾，并恒沸（180±5）min。

（3）沸煮结束后，取出试件，测定雷氏夹指针尖端的距离（C），结果精确至 0.5mm。

5. 试验结果

当两个试件煮后增加距离（$C-A$）的平均值不大于 5.0mm 时，即认为该水泥安定性合格；当两个试件的（$C-A$）值相差超过 4.0mm 时，应用同一品种立即重做一次试验；若重做试验后仍如此，则认为该水泥安定性不合格。

15.10　水泥胶砂强度试验

1. 试验目的

掌握水泥胶砂强度的测定方法，用以评定水泥的强度等级。

2. 试验原理

水泥胶砂强度反映了水泥硬化到一定龄期后胶结能力的大小，是确定水泥强度等级的依据，是水泥的主要质量指标之一。

3. 仪器设备

水泥胶砂搅拌机（图 15-10-1、图 15-10-2）、水泥胶砂振实台（图 15-10-3）、水泥胶砂振实台标准养护箱、试模（图 15-10-4）、压力试验机（图 15-10-5）、抗折试验机（图 15-10-6、图 15-10-7）、抗压夹具、天平、量筒等。

图 15-10-1　Ⅰ型水泥胶砂搅拌机

图 15-10-2　Ⅱ型水泥胶砂搅拌机

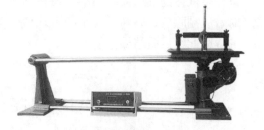
图 15-10-3　水泥胶砂振实台

图 15-10-4　水泥胶砂试模

图 15-10-5　压力试验机

图 15-10-6　杠杆式抗折试验机

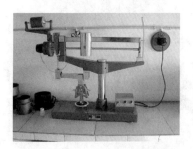
图 15-10-7　电动抗折试验机

4. 试验步骤

（1）称量水泥 450g、标准砂 1350g、拌合用水 225mL。在行星式水泥胶砂搅拌机中搅拌，用水泥胶砂振实台振实成型，做好标记放入标准养护箱中养护。

（2）试件成型后 24h 脱模，脱模的试件立即放入标准养护箱中养护，到龄期的试体试验前 15min 从养护箱中取出，擦去表面的沉积物，并用湿布覆盖。

（3）将试体放入抗折夹具内，以（50±10）N/s 的加荷速度均匀加载直至折断，在抗折试验机上读出抗折强度值。

（4）读出抗折强度值后的断块应立即进行抗压强度试验。将试体放入抗压夹具内，在抗压试验机上以（2400±200）N/s 的加荷速度均匀加载直至破坏。

5. 试验结果

（1）抗折强度以一组 3 个试体的抗折结果作为试验结果。当 3 个强度值中有一个超出平均值 10%时，应剔除后再取平均值，作为抗折强度的试验结果。

（2）抗压强度 f_c 按下式计算。

$$f_c = F/A$$

式中，F 为破坏荷载（N）；A 为受压面积（40mm×40mm）。

以 6 个试体的抗压强度的平均值作为试验结果。当 6 个测定值中有一个超出平均值 10%时，应剔除后，取剩下 5 个的平均值作为试验结果；如果测定值中还有超过平均值 10%的，则此组试验结果作废。

15.11　混凝土拌合物试验

1. 试验目的

掌握混凝土拌合物的基本概念，掌握和易性的测定方法和调整方法。

2. 试验原理

混凝土拌合物试验是为了检验混凝土拌合物是否满足施工所要求的流动性、黏聚性和保水性等。检查和易性是施工中混凝土质量控制的重要环节之一。

3. 仪器设备

混凝土搅拌机（图 15-11-1）、拌板、拌铲、磅秤、坍落度筒（图 15-11-2）、漏斗、捣棒、直尺、容量桶、试模等。

图 15-11-1　混凝土试验搅拌机

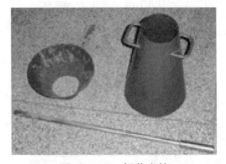

图 15-11-2　坍落度筒

4. 试验步骤

（1）混凝土拌合物的拌制。

1）人工拌合。一共有 4 个工作过程。

① 按所定配合比备料，以全干状态为准。

② 将拌板和拌铲用湿布润湿后，将砂倒在拌板上，然后加入水泥，用铲自拌板一端翻拌至另一端，然后再翻拌回来，如此重复直至颜色混合均匀，再加上石子，翻拌至混合均匀为止。

③ 将干混合料堆成堆，在中间做一凹槽，将已称量好的水倒入一半左右于凹槽中（勿使水流出），然后仔细翻拌，并徐徐加入剩余的水，继续翻拌。每翻拌一次，用铲在混合料上铲切一次，直至拌合均匀为止。

拌合时应力求动作敏捷，拌合时间从加水时算起应大致符合 3 个原则，即拌合物体积为 30L 以下时，拌合时间为 4～5min；拌合物体积为 30～50L 时，拌合时间为 5～9min；拌合物体积为 51～75L 时，拌合时间为 9～12min。

④ 拌好后根据试验要求立即做坍落度测定或试件成型。从开始加水时算起，全部操作必须在 30min 内完成。

2）机械搅拌。一共有 4 个工作过程。

① 按所定配合比备料，以全干状态为准。

② 预拌一次，即用按配合比的水泥、砂和水组成的砂浆及少量石子在搅拌机中进行涮膛，然后倒出并刮去多余的砂浆，其目的是使水泥砂浆先黏附满搅拌机的筒壁，以免正式拌合时影响拌合物的配合比。

③ 开动搅拌机，向搅拌机内依次加入石子、砂和水泥，干拌均匀，再将水徐徐加入。全部加料时间不超过 2min。水全部加入后继续拌合 2min。

④ 将拌合物自搅拌机卸出，倾倒在拌板上，再经人工拌合 1～2min 即可做坍落度测定或试件成型。从开始加水时算起，全部操作必须在 30min 内完成。

（2）普通混凝土拌合物的和易性测定。

每次测定前，用湿布将拌板及坍落度筒内外擦净、润湿，并将筒顶部加漏斗放在拌板上，用双脚踩紧踏板，使其位置固定。一共有 4 个工作过程。

① 用小铲将拌好的拌合物分 3 层均匀装入筒内，且每层装入高度在插捣后大致应为筒高的 1/3。顶层装料时，应使拌合物高出筒顶。插捣过程中，若试样沉落到低于筒口时，应随时添加，以使其自始至终保持高于筒顶。每装一层，分别用捣棒插捣 25 次，且插捣应在全部面积上进行，并应沿螺旋线由边缘逐渐向中心进行。插捣筒边混凝土时，捣棒应稍有倾斜，然后再铅直插捣中心部分。底层插捣应穿透整个深度；插捣其他两层时，应铅直插捣至下层表面为止。

② 插捣完毕即卸下漏斗，将多余的拌合物刮去，使其与筒顶面齐平。筒周围拌板上的拌合物必须刮净、清除。

③ 将坍落度筒小心平稳地铅直向上提起，不得歪斜，提起过程应在约 5～10s 内完成。将筒放在拌合物试体一旁，量出坍落后拌合物试体最高点与筒高的距离（以 1mm 为单位计，读数精确至 5mm）即为拌合物的坍落度。从开始装料到提起坍落度筒的整个过程应连续进行，并在 150s 内完成。

④ 按相关规定进行坍落度的调整，即在按初步计算备好试拌材料的同时，还须备好两份为调整坍落度用的水泥与水。备用的水泥与水的比例应符合原定的水胶比，且其用量可为原来计算用量的 5% 和 10%。当测得拌合物的坍落度过大时，可保持砂率不变，酌情增加砂和石子，并应尽快拌合均匀，重做坍落度测定。

5. 试验结果

拌合物的坍落度应测定两次，并取其平均值作为测定结果。如果提起坍落度筒后，拌合物发生崩塌或一边剪坏现象，则应重新测定。按相关规定观察黏聚性，即用捣棒在已坍落的拌合物锥体表面轻轻敲击。若锥体逐渐下沉，则表示黏聚性良好；若锥体倒塌、部分崩塌或出现石子离析现象，则表明黏聚性不好。按相关规定观察保水性，提起坍落度筒后，若有较多的水或稀浆从底部析出，则表明拌合物的保水性不好；若没有或仅有少量的水或稀浆从底部析出，则表明拌合物的保水性良好。

15.12　混凝土抗压强度试验

1. 试验目的

掌握混凝土抗压强度的测定和评定方法，检验混凝土的强度是否满足设计要求，作为混凝土质量评价的主要依据。我国采用边长 150mm 的立方体试件为标准试件。

2. 试验原理

将合格的试件放在压力试验机上，通过加压试验测得混凝土的抗压强度。

3. 仪器设备

压力试验机（图 15-12-1、图 15-12-2）、振动台、试模、捣棒、小铁铲、镘刀等。

图 15-12-1　二百吨位液压式　　　图 15-12-2　普通压力试验机
压力试验机

4. 试验步骤

（1）取 3 个试件为一组。拌合物的坍落度不大于 70mm 时，用振动台振实，将拌合物一次装满试模振实后抹平；拌合物的坍落度大于 70mm 时，用捣棒人工捣实，将拌合物分两层装入试模，每层插捣 25 次。

（2）试件成型后 24～36h 拆模，在标准养护条件下［温度（20±2）℃，相对湿度95% 以上］养护至规定龄期进行试验。

（3）试件取出后，在试压前应先擦干净，测量尺寸并检查其外观，测量结果应精确至1mm，并据此计算试件的承压面积值（A）。试件不得有明显缺损，其承压面的不平度要求不超过 0.05%，承压面与相临面的不垂直度偏差不超过±1°。

（4）把试件安放在试验机下压板中心，试件的承压面与成型轴的顶面垂直。开动试验机，当上压板与试件接近时，调整球座使其接触均衡。

（5）加压时应持续而均匀地加荷。加荷速度应遵守相关规范规定，即混凝土强度等级小于 C30 时，加荷速度为 0.3～0.5MPa/s；混凝土强度等级大于或等于 C30 时，加荷速度为 0.5～0.8MPa/s。当试件接近破坏而开始迅速变形时，应停止调整试验机油门，直至试件破坏，然后记录破坏荷载（F）。

5. 试验结果

混凝土立方体抗压强度 f_{cu} 按下式计算，结果精确至 0.1MPa。

$$f_{cu} = F/A$$

式中，F 为破坏荷载（N）；A 为受压面积（mm²）。

以 3 个试件测定值的算术平均值作为该组试件的抗压强度值。当 3 个测定值中的最大值或最小值与中间值的差值超出中间值的 15% 时，则把最大值与最小值一并舍去，取中间值作为该组试件的抗压强度值；如果两个测值与中间值的差都超出中间值的 15%，则该组试件的试验结果无效。

15.13　混凝土抗折强度试验

1. 试验目的

掌握混凝土抗折强度的测定和评定方法，检验路面混凝土的强度是否满足设计要求，作为路面混凝土质量评价的主要依据。我国采用 150mm×150mm×550mm 棱柱体试件为标准试件。

2. 试验原理

借助弯折压力试验机，对合格试件进行加荷，测得混凝土的抗折强度。

3. 仪器设备

弯折压力试验机（图 15-13-1）、振动台、试模、捣棒、小铁铲、镘刀等。

图 15-13-1　电液式弯折压力试验机

4. 试验步骤

（1）取 3 个试件为一组。拌合物的坍落度不大于 70mm 时，用振动台振实，将拌合物一次装满试模振实后抹平；拌合物的坍落度大于 70mm 时，用捣棒人工捣实，将拌合物分两层装入试模，每层插捣 25 次。

（2）试件成型后 24～36h 拆模，在标准养护条件下〔温度（20±2）℃，相对湿度 95% 以上〕养护至规定龄期进行试验。

（3）试件取出后，用三分点加荷方法在弯折压力试验机上进行试验。加荷速度应遵守相关规范规定，且应匀速加载，即混凝土强度等级小于 C30 时，加荷速度为 0.02～0.05MPa/s；混凝土强度等级大于或等于 C30 时，加荷速度为 0.05～0.08MPa/s。加载直至试件破坏，然后记录破坏荷载。

5. 试验结果

混凝土抗折强度 f_{cf} 按下式计算，结果精确至 0.01MPa。

$$f_{cf} = FL/ (bh^2)$$

式中，F 为破坏荷载（N）；L 为支座间距（450mm）；b 为试件截面宽度（150mm）；h 为试件截面高度（150mm）。

当试件的断裂面位于两个压头中间时，试验结果有效；当试件的断裂面位于两个压头外侧时，试验结果无效。当有 1 个试件结果无效时，可取其余 2 个的平均值；当有 2 个试件结果无效时，则该组试验结果无效。以 3 个试件测定值的算术平均值作为该组试件的抗折强度值。当 3 个测定值中的最大值或最小值与中间值的差值超出中间值的 15% 时，则把最大值与最小值一并舍去，取中间值作为该组试件的抗折强度值；如果两个测值与中间值的差都超出中间值的 15%，则该组试件的试验结果无效。

15.14　砂浆拌合物试验

1. 试验目的

掌握砂浆拌合物的和易性的测定方法，检验或控制现场拌制砂浆的质量。检验砂浆拌合物是否满足施工所要求的流动性和保水性。

2. 试验原理

通过砂浆稠度测定和分层度测定判断砂浆拌合物的质量。

3. 仪器设备

砂浆搅拌机（图 15-14-1）、拌板、拌铲、磅秤、砂浆稠度仪（图 15-14-2～图 15-14-4）、捣棒、砂浆分层度仪（图 15-14-5）、量筒、砂浆筒、木锤等。

图 15-14-1　砂浆搅拌机　　　图 15-14-2　Ⅰ型砂浆稠度仪　　　图 15-14-3　Ⅱ型砂浆稠度仪

图 15-14-4　维勃稠度仪　　　　　图 15-14-5　砂浆分层度仪

4. 试验步骤

（1）砂浆拌合物的拌制。

1）人工拌合。人工拌合应按以下顺序进行。

① 按设计配合比（质量比）称取各项材料用量，先把水泥和砂放入拌板干拌均匀，然后将混合物堆成堆，在中间做一凹坑。

② 将称好的石灰膏（或黏土膏）倒入凹坑中，再倒入一部分水，将石灰膏或黏土膏稀释，然后充分拌合，并逐渐加水，直至混合料色泽一致，和易性符合要求为止，一般需拌合 5min。

③ 用量筒盛定量水，拌好以后，减去筒中剩余水量，即为用水量。

2）机械拌合。机械拌合应按以下顺序进行。

① 拌适量砂浆（应与正式拌合的砂浆配合比相同），使搅拌机内壁黏附一薄层砂浆，使正式拌合时的砂浆配合比成分准确。先称出各材料用量，再将砂、水泥装入搅拌机内。

② 开动搅拌机，将水徐徐加入（混合砂浆须将石灰膏或黏土膏用水稀释至浆状），搅拌约 3min（搅拌的用量不宜少于搅拌容量的 20%，搅拌时间不宜少于 2min）。

③ 将砂浆拌合物倒至拌板上，用拌铲翻拌两次，使之均匀，拌好的砂浆应立即进行有关的试验。

（2）砂浆稠度测定。

① 将拌好的砂浆一次装入砂浆筒内，装至距筒口约 10mm 为止，用捣棒插捣 25 次，并将筒体振动 5～6 次，使表面平坦，然后移置于稠度仪底座上。

② 放松圆锥体滑杆的制动螺丝，使圆锥尖端与砂浆表面接触，拧紧制动螺丝，使齿条测杆下端刚好接触滑杆上端，并将指针对准零点。

③ 拧开制动螺丝，使圆锥体自动沉入砂浆中，同时开始计时，到 10s 立即固定螺丝，从刻度盘上读出下沉深度（精确至 1mm）。

圆锥筒内的砂浆只允许测定一次稠度，重复测定时应重新取样测定。

（3）砂浆分层度测定。

① 将拌合好的砂浆经稠度试验后重新拌合均匀，一次注满分层度仪，用木锤在容器周围距离大致相等的 4 个不同地方轻敲 1～2 次，并随时添加，然后用抹刀抹平。

② 静置 30min，去掉上层 200mm 砂浆，然后取出底层 100mm 砂浆重新拌合均匀，再测定砂浆稠度。

③ 取两次砂浆稠度的差值即为砂浆的分层度（以 mm 计）。

5. 试验结果

砂浆稠度、分层度均以两次试验结果的算术平均值作为测定结果。两次试验结果的差值不得大于 20mm，否则应重新进行试验。

15.15　砂浆抗压强度试验

1. 试验目的

掌握砂浆抗压强度的测定和评定方法，检验砂浆强度是否满足设计和施工要求，作为砂浆质量评价的主要依据。我国采用边长为 70.7mm 的立方体试件为标准试件。

2. 试验原理

借助压力试验机对合格砂浆试件进行压力试验,测得砂浆的抗压强度。

3. 仪器设备

压力试验机(图 15-15-1)、试模(图 15-15-2)、捣棒、小铁铲、镘刀等。

图 15-15-1 电子万能试验机

图 15-15-2 水泥砂浆三联试模

4. 试验步骤

(1) 取 6 个试件为一组。用于吸水基底的砂浆,采用无底试模,将试模置于有一层湿纸的普通黏土砖上,将砂浆一次装满试模,用捣棒插捣 25 次后抹平;用于不吸水基底的砂浆,采用有底试模,将砂浆分两层装入试模,每层插捣 12 次。

(2) 试件成型后,在(20±5)℃环境下经(24±2)h 即可脱模,气温较低时,可适当延长时间,但不得超过 2d。然后按以下 2 条规定进行养护。

① 自然养护可放在室内空气中养护,混合砂浆在相对湿度为 60%~80% 的常温条件下养护;水泥砂浆在常温并保持试件表面湿润的状态下(如将其置于湿砂堆中)养护。

② 标准养护时,混合砂浆应在温度为(20±3)℃、相对湿度为 60%~80% 的条件下养护;水泥砂浆应在温度为(20±3)℃、相对湿度为 90% 以上的潮湿条件下养护,试件间隔应不小于 10mm。

(3) 经 28d 养护后的试件从养护地点取出后,应尽快进行试验,以免试件内部的温、湿度发生显著变化。先将试件擦干净,测量尺寸并检查其外观,测量结果精确至 1mm,并据此计算试件的承压面积。若实测尺寸与公称尺寸之差不超过 1mm,则可按公称尺寸进行计算。

(4) 将试件置于压力机的下压板上,试件的承压面应与成型时的顶面垂直,试件中心应与下压板中心对准。

(5) 开动压力机,当上压板与试件接近时,调整球座使接触面均衡受压。加荷应均匀而连续,加荷速度应为 0.5~1.5kN/s(砂浆强度不大于 5MPa 时宜取下限;砂浆强度大于 5MPa 时宜取上限)。当试件接近破坏而开始迅速变形时,停止调整压力机油门,直至试件破坏,记录破坏荷载(F)。

5. 试验结果

砂浆立方体抗压强度 $f_{m,cu}$ 按下式计算,结果精确至 0.1MPa。

$$f_{m,cu} = F/A$$

式中，F 为破坏荷载（N）；A 为受压面积（mm^2）。

以 6 个试件测定值的算术平均值作为该组试件的抗压强度值。当 6 个测定值中的最大值或最小值与平均值的差值超出平均值的 20％时，以中间 4 个试件的平均值作为该组试件的抗压强度值。

15.16　钢筋拉伸试验

1. 试验目的

掌握测定钢筋屈服强度、抗拉强度和伸长率的方法。

2. 试验原理

通过拉伸试验确定应力与应变之间的关系曲线，评定钢筋的强度等级。

3. 仪器设备

钢筋（图 15-16-1）、万能试验机（图 15-16-2）、钢尺、游标卡尺、打点机等。

图 15-16-1　钢筋

图 15-16-2　微机控制电液伺服
万能试验机

4. 试验步骤

（1）自每批钢筋中任意抽取 2 根，距离端部 50cm 处截取一组试件（2 根）。

（2）在试件表面平行其轴线用铅笔画直线，用打点机在轴线上打出标距点。

（3）测量标距长度 L_0，测量结果精确至 0.1mm。用游标卡尺量取钢筋直径，计算横截面积 A_0。

（4）将试件固定在试验机夹头内，开动试验机进行拉伸，测力度盘的指针停止转动时的恒定荷载或第一次回转时的最小荷载，即为所求的屈服点荷载 F_s（N）。

（5）向试件连续施荷直至拉断，由力度盘读出最大荷载 F_b（N）。

（6）将已拉断的试件两端在断裂处对齐，量出已拉长的标距长度 L_1（mm）。

5. 试验结果

试件的屈服强度 δ_s 按下式计算，单位为 N/mm^2。

$$\delta_s = F_s / A_0$$

试件的抗拉强度 δ_b 按下式计算，单位为 N/mm^2。

$$\delta_b = F_b / A_0$$

伸长率 δ_5 或 δ_{10} 按下式计算。

$$\delta_5 \ (\text{或} \ \delta_{10}) = (L_1 - L_0)/L_0 \times 100\%$$

若试件在标距端点或标距外断裂，则试验结果无效而应重新试验。

15.17　钢筋冷弯试验

1. 试验目的
掌握钢筋冷弯试验的测定方法，评定钢筋的冷弯性能。

2. 试验原理
通过冷弯试验检验钢筋承受规定弯曲程度的弯曲变形性能，并显示其缺陷。

3. 仪器设备
压力机（图 15-17-1）或万能试验机（图 15-17-2）、具有不同直径的弯心等。

图 15-17-1　数显压力试验机　　　　图 15-17-2　液压式万能试验机

4. 试验步骤
（1）选择弯心直径和弯曲角度，调整两支轴的距离。

（2）装好试件，然后平稳地施加荷载。钢筋必须绕着弯心弯曲到要求的角度。

（3）试验应在 $10\sim35℃$ 或控制条件下 ［$(23\pm5)℃$］ 进行。

5. 试验结果
检查弯曲处的外面及侧面，如无裂缝、断裂或起层，即认为冷弯性能合格。

15.18　沥青针入度试验

1. 试验目的
掌握沥青针入度的测定方法，以评定其标号。

2. 试验原理
石油沥青的针入度以标准针在一定的荷重、时间及温度条件下铅直贯入沥青试样的深度来表示，单位为 $1/10\text{mm}$。

3. 仪器设备
沥青针入度测定仪（图 15-18-1～图 15-8-2）、恒温水浴（图 15-18-3）、试样皿、金属皿、砂浴或密闭电炉、筛子、保温皿等。

图 15-18-1 自动针入度仪

图 15-18-2 电脑针入度仪

图 15-18-3 循环式电热恒温水浴

4. 试验步骤

（1）将预先除去水分的试样在砂浴或密闭电炉上加热并搅拌。加热温度不得比估计软化点温度高 100℃，加热时间不得超过 30min。用筛子过滤除去杂质。

（2）将试样倒入预先选好的试样皿中，试样深度应大于预计穿入深度 10mm。

（3）试样皿在 15～30℃ 的空气中冷却 1～1.5h（小试样皿）或 1.5～2h（大试样皿），应防止灰尘落入试样皿。然后将试样皿移入保持规定试验温度的恒温水浴中。小试样皿恒温 1～1.5h，大试样皿恒温 1.5～2h。

（4）调整针入度仪基座螺丝，使其水平。将恒温 1h 的试样皿自槽中取出，置于水温严格控制为 25℃ 的平底保温皿中；当沥青试样表面水层高度不小于 10mm 时，再将保温皿置于针入度仪的旋转圆形平台上。

（5）按下启动按钮，试针停止后记下显示屏上的读数。在试样的不同点（各测点间及测点与金属皿边缘的距离不小于 10mm）重复试验 3 次，每次试验后将针取下，用浸有溶剂（煤油、苯或汽油）的棉花将针端附着的沥青擦干净。

5. 试验结果

以 3 次试验结果的算术平均值作为测定结果。3 次试验结果的最大值与最小值之差超过规范规定数值时，应重做试验。

15.19 沥青延度试验

1. 试验目的

掌握沥青延度的测定方法，作为确定其标号的依据。

2. 试验原理

延度是用规定的沥青试件在一定温度下以一定速度拉伸至断裂的长度，单位为 cm。

3. 仪器设备

沥青延度仪（图 15-19-1）、恒温水浴、金属板、试件模具、金属皿、砂浴或密闭电炉、隔离剂等。

4. 试验步骤

（1）将隔离剂涂于金属板上和试件模具（铜模）的内表面，将模具组装在金属板上。

（2）将预先除去水分的沥青试样放入金属皿，在砂浴上加热熔化、搅拌。加热温度不得比试样软化点温度高 100℃，用筛子过滤，并充分搅拌至气泡完全消除。

（3）将熔化沥青试样缓缓注入模中（自模的一端至

图 15-19-1　沥青延度仪

另一端往返多次）并略高出模具。试件在 15～30℃ 的空气中冷却 30min 后，放入（25±0.1）℃ 的恒温水浴中保持 30min 后取出，用热刀将高出模具的沥青刮去，使沥青面与模面平齐。沥青的刮法应自模的中间刮向两边，表面应刮得十分光滑。将试件连同金属板再浸入（25±0.1）℃ 的恒温水浴中保持 1～1.5h。

（4）检查延度仪滑板的移动速度是否符合要求，然后移动滑板，使指针正对标尺的零点。

（5）试件移至延度仪水槽中，将模具两端的孔分别套在滑板及槽端的金属柱上。水面距试件表面应不小于 25mm，然后去掉侧模。

（6）测得水槽中水温为（25±0.5）℃ 时，开动延度仪，观察沥青的拉伸情况。测定时，若发现沥青细丝浮于水面或沉于槽底，则应在水面加入乙醇或食盐水，调整水的密度至与试样的密度相近后再进行测定。

（7）试件拉断时，指针所指标尺上的读数即为试样的延度，以 cm 表示。正常情况下，试件应拉伸成锥尖状，在断裂时实际横断面的面积取零。若不能得到上述结果，则应报告在此条件下无测定结果。

5. 试验结果

以 3 次试验结果的算术平均值作为测定结果。若有 1 次试验结果不在其算术平均值的 5% 以内，其他两次试验结果在算术平均值的 5% 以内，则取两个较高值的平均值作为测定结果。

15.20　沥青软化点试验

1. 试验目的

掌握沥青软化点的测定方法，作为确定其标号的依据。

2. 试验原理

软化点是沥青试件在规定条件下因受热而下坠达 25.4mm 时的温度（℃）。

3. 仪器设备

沥青软化点测定仪（图 15-20-1～图 15-20-2）、金属板、金属皿、砂浴或密闭电炉、隔离剂、甘油、保温槽、钢球、烧杯、钢球定位器、温度计等。

图 15-20-1　Ⅰ型沥青软化点
测定仪

图 15-20-2　Ⅱ型沥青软化点
测定仪

4. 试验步骤

（1）将黄铜环置于涂上甘油滑石粉隔离剂的金属板或玻璃板上，将预先脱水的试样加热熔化，加热温度不得比试样估计软化点高 100℃。搅拌并过筛后注入黄铜环内至略高出环面为止，若估计软化点在 120℃ 以上，则应将铜环与金属板预热至 80～100℃。试样在空气（15～30℃）中冷却 30min 后，用热刀刮去高出环面上的试样，使其与环面平齐。

（2）将盛有试样的黄铜环及板置于盛满水（估计软化点不高于 80℃ 的试样）或甘油（估计软化点高于 80℃ 的试样）的保温槽内，或将盛试样的环水平安放在环架圆孔内，然后放在烧杯中，恒温 15min。水温保持（5±0.5）℃；甘油温度保持（32±1）℃。同时钢球也置于恒温的水或甘油中。

（3）烧杯内注入新煮沸并冷却至约 5℃ 的蒸馏水中（估计软化点不高于 80℃ 的试样），或注入预加热至约 32℃ 的甘油中（估计软化点高于 80℃ 的试样），使水面或甘油液面略低于连接杆的深度标记。

（4）从水或甘油保温槽中取出盛有试样的黄铜环，放置在环架中承板的圆孔中，并套上钢球定位器，把整个环架放入烧杯内，调整水面或甘油液面至深度标记。环架上任何部分均不得有气泡。将温度计由上承板中心孔铅直插入，使水银球底部与铜环下面平齐。

（5）将烧杯放在软化点测定仪上，然后将钢球放在试样上（须使各环的平面在全部加热时间内完全处于水平状态）立即加热，使烧杯内水或甘油温度在 3min 后保持每分钟上升（5±0.5）℃。在整个测定过程中，如温度的上升速度超出此范围，则试验应重做。

（6）试样受热软化下坠至与下承板面接触时的温度即为试样的软化点。

5. 试验结果

同时进行试验的两次结果之差不应超过规定数值，以两次结果的算术平均值作为试验结果。

思考题与习题

1. 简述土木工程材料常规试验的基本要求。

2. 简述材料密度试验、砂的表观密度试验、砂的堆积密度试验、砂的筛分析试验、水泥细度试验、水泥标准稠度用水量试验、水泥安定性试验、水泥胶砂强度试验、混凝土拌合物试验、混凝土抗压强度试验的过程及基本要求。

参 考 文 献

[1] Earl Garrick, Nancy Fregoso. Introduction to Building Materials [M]. Washington: Delmar Pub, 2010.

[2] Edward Allen, Joseph Iano. Fundamentals of Building Construction: Materials and Methods [M]. Washington: Wiley-Blackwell, 2013.

[3] Edward Allen, Joseph Iano. Fundamentals of Building Construction: Materials and Methods [M]. Washington: John Wiley & Sons, 2008.

[4] Fernando Pacheco Torgal, Said Jalali. Eco-efficient Construction and Building Materials [M]. London: Springer London Ltd, 2014.

[5] Fernando Pacheco Torgal, Joseph Labrincha, Luisa Cabeza, etc. Eco-efficient Materials for Mitigating Building Cooling Needs: Design, Properties and Applications [M]. Washington: Woodhead Publishing, 2015.

[6] Forrest Wilson. Building Materials Evaluation Handbook [M]. Washington: Springer-Verlag New York Inc, 2012.

[7] G. Ali Mansoori, Thomas F. George, Lahsen Assoufid, etc. Molecular Building Blocks for Nanotechnology: From Diamondoids to Nanoscale Materials and Applications [M]. Washington: Springer-Verlag New York Inc, 2014.

[8] Ross Spiegel, Dru Meadows. Green Building Materials: A Guide to Product Selection and Specification [M]. Washington: Wiley-Blackwell, 2010.

[9] Shuenn-Yih Chang, Suad Khalid Al Bahar, Adel Abdulmajeed M. Husain. Advances in Civil Engineering and Building Materials IV [M]. Washington: CRC Press, 2015.

[10] Thomas C. Jester. Twentieth-Century Building Materials: History and Conservation [M]. Washington: Getty Conservation Institute, 2014.

[11] 程玉龙. 建筑材料 [M]. 重庆: 重庆大学出版社, 2016.

[12] 董晓英. 建筑材料 [M]. 北京: 北京理工大学出版社, 2016.

[13] 杜旭斌. 建筑材料检测与试验 [M]. 北京: 中国水利水电出版社, 2016.

[14] 李军. 建筑材料与检测 [M]. 武汉: 武汉理工大学出版社, 2015.

[15] 卢经扬, 余素萍, 崔岩, 等. 建筑材料 [M]. 3 版. 北京: 清华大学出版社, 2016.

[16] 孙洪硕, 孙丽娟. 建筑材料 [M]. 北京: 人民邮电出版社, 2015.

[17] 王海波, 冷超群, 赵霞. 建筑材料 [M]. 北京: 北京理工大学出版社, 2016.

[18] 吴丽琴, 商宇. 建筑材料 [M]. 北京: 电子工业出版社, 2016.

[19] 杨小刚. 建筑材料与检测 [M]. 北京: 人民邮电出版社, 2015.

[20] 叶建雄. 建筑材料基础实验 [M]. 北京: 中国建材工业出版社, 2016.

[21] 张思梅, 柴换成. 道路建筑材料 [M]. 北京: 中国水利水电出版社, 2016.

[22] 赵丽颖. 建筑材料与检测 [M]. 北京: 北京理工大学出版社, 2016.

[23] 周明月, 刘春梅. 建筑材料及检测 [M]. 武汉: 武汉理工大学出版社, 2016.